油田重大开发试验地面工程关键技术

汤　林　吴　浩　张维智　等编著

石油工业出版社

内容提要

本书阐述了中国石油天然气集团有限公司油田重大开发试验地面工程的建设情况及关键技术发展现状，重点对中国石油天然气集团有限公司重大开发试验地面工程取得的成果进行了总结，介绍了二元复合驱、三元复合驱、蒸汽辅助重力驱、火驱、减氧空气/泡沫驱、二氧化碳驱、天然气驱、微生物驱、聚合物驱后聚表剂驱和烟道气驱等十项重大开发试验地面工程关键技术。

本书适合从事油田地面工程生产与建设的技术人员、科研人员、管理人员和高等院校相关专业师生阅读。

图书在版编目（CIP）数据

油田重大开发试验地面工程关键技术/汤林等编著.
—北京：石油工业出版社，2020.10

ISBN 978-7-5183-4236-5

Ⅰ.①油… Ⅱ.①汤… Ⅲ.①油田开发—地面工程—工程技术 Ⅳ.①TE4

中国版本图书馆CIP数据核字（2020）第181283号

出版发行：石油工业出版社
（北京安定门外安华里2区1号　100011）
网　址：www.petropub.com
编辑部：（010）64523535　　图书营销中心：（010）64523633

经　　销：全国新华书店

印　　刷：北京中石油彩色印刷有限责任公司

2020年10月第1版　2020年10月第1次印刷

787×1092毫米　开本：1/16　印张：18.25

字数：410千字

定价：136.00元

前言

FOREWORD

中国石油天然气集团有限公司（以下简称中国石油）自 2005 年部署启动油田重大开发试验工程，十余年来开展了五大类十大项试验，形成了八项油田开发战略性接替技术，一批成熟的开发技术已进入工业化推广。油田重大开发试验及工业化推广大幅度提高了单井产量和采收率，为实现国内原油稳产提供了切实可行的技术手段，对中国石油可持续发展具有重要意义。

油田重大开发试验带来的开发方式转变，给地面工程带来了诸多挑战和难题。重大开发试验地面工程流程复杂、技术难点多、工程投资大，在一定程度上造成地面系统不适应、运行成本增加等问题，成为制约重大开发试验进一步发展的瓶颈。针对油田重大开发试验，中国石油开展了大量的地面工程关键技术攻关工作，不断优化简化地面工艺流程，研发新设备、新材料及新技术，降低工程投资和运行成本，逐步形成了重大开发试验地面工程关键技术序列，有力地支撑了油田重大开发试验顺利开展和工业化推广。

为总结油田重大开发试验地面工程关键技术成果，便于从事油田地面生产的管理人员和工程技术人员借鉴与参考，汤林等组织编著了《油田重大开发试验地面工程关键技术》一书，主要内容包括二元复合驱、三元复合驱、蒸汽辅助重力驱（简称 SAGD）、火驱、减氧空气 / 泡沫驱、二氧化碳驱、天然气驱、微生物驱、聚合物驱后聚表剂驱和烟道气驱等开发方式的驱油机理、发展历程及效果、地面工程建设情况、关键技术，以及新设备与新材料等。全书共分为九章。第一章由汤林和熊新强编写；第二章由吴浩、朱景义、谢卫红、王忠祥、王亚林、林海波、李言、商永滨、柳敏编写；第三章由朱景义、张维智、谢卫红、王忠祥、赵雪峰、赵忠山、李娜、古文革编写；第四章由张松、郭峰、樊玉新、蒋旭、张瑛、贺吉涛、王宝峰、李刚、顿宏峰编写；第五章由张哲、王春燕、路学成、马兵、黄继红、李连群、王宁、杨智鹏、卢洪源编写；第六章由解红军、张哲、王斌、胡建国、程海鹰、高伟、王忠良、李振新、陶树新、刘松群、李新彩编写；第七章由王念榕、马晓红、马占恒、程振华、翟博文、赵大庆、孟岚编写；第八章由李志彪、朱忠谦、袁伟、李阳编写；第九章由张维智、朱景义、李志彪、张哲、吴志斌、王昌尧、刘铁军、罗能强、丁晔、张萌萌编写。全书由张哲和张磊统稿，由吴浩和张维智初审，汤林审定。石油工业出版社章卫兵、李中对本书出版提出了宝贵的意见，在此一并致以谢意！

由于编者水平有限，错误和疏漏在所难免，敬请广大读者提出宝贵意见，共同促进油田重大开发试验地面工程技术水平不断提高。

目录

CONTENTS

第一章 概 论

面对老油田高采出程度、高含水、资源劣质化和单井产量不断下降等油田开发形势，从2005年起，中国石油天然气集团有限公司（以下简称中国石油）启动油田重大开发试验项目，积极开展战略性接替技术攻关，在高含水、低渗透、稠油油藏开发及提高采收率技术等方面取得重要进展。新型油藏开发方式和技术为地面工程传统技术带来了挑战和难题。针对重大开发试验地面工程的特点和难点，中国石油持续开展研究，取得一系列地面工程的新认识、新技术和新设备以及关键技术路线，指导和引领今后油田重大开发试验地面工程的技术推广和发展方向。

第一节 中国石油油田开发形势

能源是国民经济发展的重要支撑，能源安全直接影响到国家安全、可持续发展以及社会稳定。近年来，国际贸易局势复杂多变，对我国现有的能源供应格局产生影响，也给能源安全带来了新的挑战。

我国已成为世界上最大的原油和天然气进口国。原油和天然气对外依存度持续攀升，根据中国石油集团经济技术研究院发布的《2018年国内外油气行业发展报告》，2018年我国石油净进口量4.4×10^8t，石油对外依存度升至69.8%；天然气进口量$1254\times10^8m^3$，对外依存度升至45.3%，能源安全存在较大风险。值此形势下，国内油气生产企业均在加快研究部署提升油气勘探开发力度的工作。为坚决打好打赢勘探开发进攻战，夯实保障国家能源安全的基础，中国石油积极应对，加大勘探投入、强化精细开发、狠抓降本增效、抓好科技攻关，连续多年实现国内原油1×10^8t以上持续有效稳产。

然而，面临资源劣质化加剧、勘探对象日益复杂、效益开发难度加大等制约因素，今后一段时间，保障国家能源安全任务艰巨，同时油价不确定性因素增加，老油田稳产和新油田效益建产难度加大，油田开发形势依然严峻，总体上油田开发难度持续加大，原油稳产面临着许多艰巨的任务和挑战，具体包括以下几个方面：

（1）注水开发油田整体进入“双高”阶段，依靠现有技术提高采收率难度加大。中国石油国内80%的原油产量来自水驱，注水开发仍是油田的主体开发技术。截至2018年底国内油田综合含水达到85%以上，可采储量采出程度超过75%，在高含水、特高含水期剩余油高度分散又相对富集，层内非均质严重，水驱强注强采存在注水无效、低效循环等问题，技术经济效益变差，加之油田地面工程存在设备腐蚀、老化、能耗高等问题，高含水、特高含水期油田效益开采难度增大，亟需攻关精细水驱开发技术。

（2）化学驱开采对象变差，挖潜难度增大，技术配套体系仍需完善。化学驱开采对象正由一类油藏向二类和三类油藏转变，从以砂岩油藏为主向砾岩、复杂断块、高温高盐等其他类型油藏转变。大庆油田聚合物驱区块多数进入含水回升和后续水驱开发阶段，油藏内部剩余油分布更为零散，长期高强度注采加剧了油藏非均质性，原油产量迅速递减，开发调整难度加大；二类油藏和砾岩油藏化学驱还处于研究和开发阶段，聚合物驱后进一步提高采收率技术方向不明确。化学复合驱油技术尚处于研发阶段，廉价高效的化学复合驱驱油主剂的工业化生产技术尚不完善，驱油过程中高碱体系造成的乳化和结垢问题仍待系统攻关，低碱、无碱驱油体系驱油技术尚未成熟。

（3）以蒸汽吞吐为主的热采稠油产量快速递减，亟需转变开发方式。新发现的大规模超稠油油藏，亟需能够实现经济有效开发的提高采收率技术。稠油油藏开发方式以蒸汽吞吐为主，通过小井距和密集井网实现了年均2%～3%高速开发和千万吨级的稠油生产规模，采收率达到20%～30%。稠油开发进入蒸汽吞吐的中后期，地层压力低、高含水、汽窜等严重影响生产，油汽比由初期的1.2降至不足0.15，造成操作成本高，部分区块的经济效益难以覆盖开发成本。蒸汽辅助重力泄油（SAGD）和火驱是稠油开发的接替技术，但目前还处于相对前期的阶段，开发机理、技术有效性和配套工艺等还需要进一步验证和总结。

（4）低渗透油藏开发规模逐年加大，新井单井产量不断下降。2006年以来，新增探明储量品位变差，新探明的低渗透及特低渗透储量占总探明储量的70%以上，低渗透动用储量和年产量比例不断上升，分别已超60%和40%。低渗透油藏自然产能低，导致单井产量低，需压裂投产，但压裂后油层非均质严重，导致采收率低。低渗透油藏注气混相和非混相驱油技术还处于试验阶段，尚未形成工业化应用能力，油层保护、水平井和小井眼钻采技术与国际先进水平相比还有一定差距，超低渗透油藏开发技术还有较大的发展空间。

（5）地面工程适应开发方式转变、降本增效和安全环保要求高、任务重。随着新开发储量品位的劣质化和三次采油技术的规模化推广，采出物处理难度加大，已建地面工艺设施适应性差，新建系统规模大，对地面工程建设和运行管理要求不断提高，地面工程需要创新驱动、技术升级，以适应开发方式转变的要求[1]。随着含水率不断升高、产量递减逐渐加快，地面工程投资大、成本高、效益差，降本增效任务重。地面工程规模庞大、点多面广，随着新的安全生产法和环境保护法的颁布，地面工程做好本质安全、实现安全环保、建设绿色油田任重道远。

面对严峻的开发形势，全力打好勘探开发进攻战，实现老油田提高采收率和新油田效益建产，促进油气开发业务高质量发展，是当前和今后一个时期的工作重心。为此，中国石油在2005年就部署开展了油田重大开发试验技术攻关，攻克了一批具有战略性、革命性意义的油田开发关键技术。

第二节　油田重大开发试验和战略性接替技术

一、油田重大开发试验

2005 年，中国石油及时部署启动了油田重大开发试验，针对中高渗透砂砾岩、低 / 特低渗透砂岩、稠油 / 超稠油和特殊岩性等不同类型油藏在多个油田区块开展技术攻关和现场试验，逐步形成了较为系统的、适合自身油藏地质特点的提高采收率技术体系。十多年来油田重大开发试验开展了 5 大类 10 大项试验，具体包括水介质类、化学 / 生物介质类、气介质类、热能介质类和特殊岩性类 5 个大类，在超低渗透油藏转变注水开发方式、化学驱、超稠油 SAGD、火驱、减氧空气 / 泡沫驱、CO_2 驱、天然气驱、微生物驱、烟道气驱和聚合物驱后聚表剂驱等 10 项试验类型。油田重大开发试验项目效果简表（2018 年度）见表 1–2–1。

表 1–2–1　油田重大开发试验项目效果简表（2018 年度）

类别	含油面积 km^2	地质储量 10^4t	增加可采储量 10^4t	累计产量 10^4t	高峰期单井日产油 t
水介质类	135.6	9082	2277	472	3.6
化学 / 生物介质类	21.58	1968	372	245.5	0.8
气介质类	44.17	6925	1177	86.7	4.6
热能量类	33.97	14608	4326	1306	25.7
特殊岩性类	201.15	9284	1260	217.8	30.6
合计	436.47	41867	9412	2328	9.3

截至 2018 年底，重大开发试验共运行项目 39 项，其中先导试验 / 扩大试验类项目 17 项、工业化试验类项目 12 项、工业化推广类项目 10 项。油田重大开发试验成效突出，试验区覆盖地质储量超过 4×10^8t，增加可采储量约 9000×10^4t。2018 年试验区工业化推广年产油量 1647×10^4t，2009—2018 年累计产油 1.1×10^8t。油田重大开发试验成效突出，取得的主要成果如下：

（1）单井产量明显提高。截至 2018 年底，重大开发试验实施后单井的预测 / 实际峰值日产量达 14.2t，是试验前单井日产量（5.5t）的 2.6 倍；试验区平均单井日产量为 8.6t，是试验前的 1.6 倍。潜山注气、风城 SAGD 和塔里木油田碳酸盐岩开发无论是峰值产量还是目前的单井产量均取得了较好的效果。

（2）采收率大幅提高。2018 年的 10 项重大开发试验项目预计平均提高采收率 17.5% 以上，截至 2018 年底重大开发试验项目平均阶段采出程度 14.3%，采油速度 1.9%。其中预计提高采收率和阶段采出程度最高的前三项重大开发试验分别是新疆油田红浅火驱、风城 SAGD 和新疆油田三元复合驱；采油速度较高的重大开发试验是新疆油田红浅火驱、风城 SAGD、三元复合驱和二元复合驱以及吉林油田 CO_2 驱。

（3）工业化应用效果突出。油田重大开发试验项目在前期开展先导试验和扩大试验的基础上，继续开展了工业化试验和工业化推广（表 1–2–2）。2018 年，9 项工业化推广项目合计产油 1635.7×10^4t，其中长庆油田超低渗透工业化推广年产油 841.5×10^4t，大庆油田三元复合驱工业化年产油 449.0×10^4t，超稠油 SAGD 工业化推广年产油 208.4×10^4t，其他产油来自聚合物驱、蒸汽驱和 CO_2 驱工业化推广。

表 1–2–2　油田重大开发试验工业化推广情况（2018 年度）

序号	项目名称	提高采收率，%	年产油，10^4t
1	大庆油田三元复合驱工业化推广	20.0	449.0
2	长庆油田超低渗透（0.3mD）工业化推广	15.0	841.5
3	辽河油田杜 84 超稠油 SAGD 工业化推广	30.0	105.4
4	新疆油田风城超稠油 SAGD 工业化推广	50.0	103.0
5	辽河油田蒸汽驱工业化推广	17.7	39.8
6	新疆油田七区和八区化学驱工业化推广	15.4	35.0
7	辽河油田化学驱工业化推广	15.5	16.2
8	大港油田化学驱工业化推广	14.5	41.6
9	吉林油田黑 46 CO_2 驱工业化推广	11.5	4.2
合计		17.5	1635.7

（4）经济效益显著。油田重大开发试验项目大多显示出了良好的经济效益，体现了提高采收率技术的高技术、低成本和高产出的特点。辽河油田锦 16 块二元复合驱采油速度大幅提高，高峰期平均采油速度 3%，项目内部收益率超过 20%；新疆油田七中区二元复合驱试验区采油速度由 0.5% 上升到高峰期的 3.2%，增加可采储量超过 12×10^4t，内部收益率达 15% 以上。

二、油田开发战略性接替技术

中国石油经过几十年油田开发工作的积淀，特别是油田重大开发试验的科技攻关和深入实践，逐步形成了 9 项油田开发战略性接替技术[2]，为进一步提高采收率、实现国内原油稳产提供了切实可行的技术手段。

1. 二元 / 三元复合驱技术

二元复合驱是通过表面活性剂和聚合物的协同作用来提高原油采收率的三次采油技

术，与水驱相比，二元复合驱高峰采油速度可提高 3～5 倍，采收率可提高 15% 以上，是中高渗透砂砾岩油藏注水开发后期大幅度提高采收率的战略性接替技术。

三元复合驱是在碱驱、表面活性剂驱和聚合物驱的基础上发展起来的一项大幅提高采收率的新技术，三元复合体系既具有较高的黏度，又可与原油形成超低界面张力，能够在扩大波及体积的同时大幅度提高驱油效率，从而提高原油采收率 20% 以上，是提高采收率的重要技术措施。

2. 蒸汽辅助重力泄油技术（SAGD）

SAGD 技术是在靠近油藏的底部钻一对上下平行的水平井，其垂直距离为 5～7m，上面的水平井作为注汽井，下面的水平井作为生产井，注入的高干度蒸汽上浮加热地层中的原油，降黏后的原油靠重力作用泄到下面的水平生产井产出。该项技术具有驱油效率高、采收率高（可达 60% 以上）的优点，特别适合于开采原油黏度非常高的特（超）稠油油藏和天然沥青。

3. 火驱技术

该技术通过注气井向油层连续注入空气并点燃油层，实现层内燃烧，从而将地层原油从注气井推向生产井的一种稠油热采技术。火驱过程伴随着复杂的传热、传质和物理化学变化，具有蒸汽驱、热水驱和烟道气驱等多种开采机理，驱油效率可高达 85% 以上，采收率可达 70% 左右。火驱技术对于稠油老区和新区、中浅层和深层 / 超深层稠油油藏、普通稠油和特（超）稠油油藏都具有广泛的适应性。

4. 减氧空气 / 泡沫驱油技术

减氧空气 / 泡沫驱是由空气驱发展创新而来，空气驱主要原理是：（1）烟道气驱，烟道气与原油混相及近混相驱；（2）油藏增压作用：通过注入气体恢复地层压力；（3）CO_2 与 N_2 等气体溶于原油，使原油体积膨胀；（4）CO_2 溶于原油，降低原油黏度；（5）生成的烟道气抽提原油中的轻组分；（6）就地生成的二氧化碳驱；（7）氧化及燃烧反应生成大量的热量，升高油藏温度，降低原油黏度。但考虑到氧气和油气混合物会带来一定的爆炸风险，且其在有水环境下具有强腐蚀风险，创新发展出减氧空气驱，在保留空气驱油优势基础上可降低爆炸和腐蚀风险。而减氧空气泡沫驱则是将注减氧空气和泡沫驱有机结合起来，用减氧空气作为驱油剂，泡沫兼作调剖剂和驱油剂，实现调剖和驱油的双重作用，既能大规模注入提高地层压力，又能有效避免水窜和气窜问题，从而大幅度提高单井产油量和采收率。减氧空气 / 泡沫驱油技术对于高含水油藏以及裂缝发育的低渗透油藏提高采收率具有较大的应用潜力。

5. 二氧化碳驱油技术

二氧化碳驱油技术是指以 CO_2 为驱油介质提高石油采收率的技术，在能达到混相的条件下，CO_2 具有极高的驱替效率，能大幅度提高油井的生产能力。CO_2 在驱油的同时还能实现温室气体 CO_2 的减排，具有显著的经济和社会双重效益。该技术适用油藏参数范围较宽，不仅适用于常规油藏，对低渗透、低压、水敏性油藏可快速补充地层能量，显著提高单井日产量和采收率。

6. 天然气驱油技术

该技术是以天然气作为驱油介质，补充地层能量，提高驱油效率的一种提高采收率技术。选择天然气作为驱替介质，主要是因为它不与油层岩石发生作用，不伤害油层，注入的天然气可以循环利用，采出油气的分离技术成熟可靠等。但由于天然气的相对密度和黏度远低于地层中原油和水的相对密度和黏度，导致天然气在油层中易发生重力分异和黏度指进，因此天然气驱油技术主要适用于地层倾角较大的构造油藏。

7. 微生物驱油技术

该技术是利用微生物的代谢活动及其代谢产物作用于油藏和油层流体，以提高原油采收率。该技术具有高效、环境友好和廉价等特点，是一项具有生物智能的提高采收率技术，对于常规水驱后的油藏和枯竭油藏的强化采油，具有广泛的应用前景。

8. 聚合物驱后油藏提高采收率技术

我国是世界上实施聚合物驱规模最大的国家，目前已实施聚合物驱的地质储量超过 15×10^8t。聚合物驱后仍有 50% 左右的原油残留于地下，室内和矿场试验都表明聚合物驱后聚表剂驱等可提高采收率 10% 左右。因此，聚合物驱后油藏提高采收率技术可以利用原有聚合物驱井网加密和现有地面集输系统，充分挖掘剩余油潜力，进一步提高油田整体开发水平。

9. 烟道气驱油技术

烟道气是天然气、原油或煤炭等有机物在完全燃烧后生成的产物，通常含有 80%～85% 的氮气和 15%～20% 的 CO_2 以及少量的杂质。因其具有可压缩性、溶解性、可混相性和腐蚀性，通过形成 CO_2 驱和氮气驱驱动原油产出。同时，烟道气驱进行了废气和 CO_2 的部分埋存，具有提高原油采收率和降低温室气体排放的双重效果，对稠油油藏的持续开发和降低开采成本具有重要意义。

油田开发战略性接替技术是在目前中国石油油田开发总体形势下应运而生并逐步形成的，将在未来一段时间内对中国石油原油产量稳产及增长发挥重要作用。其中，三元复合驱已在大庆油田工业化推广，成为水驱和聚合物驱之后的主体接替技术，SAGD 已在辽河油田和新疆油田工业化推广，实现了特（超）稠油油藏规模化开发。二元驱、火驱、减氧空气 / 泡沫驱、CO_2 驱和天然气驱等 6 项技术取得了较为显著的试验进展，下一步将规模推广。

第三节　地面工程面临的挑战与取得的成果

一、油田重大开发试验地面工程面临的挑战

油田重大开发试验各项新技术、新模式带来的开发方式转变，给地面工程带来了诸多挑战，部分新型开发方式的地面工艺流程复杂、投资高，原有的集输和处理技术对新的开发需求适应性较差、运行成本高，地面工程点多面广、管理难度大、安全环保要求高，这些问题成为制约重大开发试验进一步发展的瓶颈，地面工程工艺技术的选择面临很多难题和挑战。

（1）油田重大开发试验地面工程工艺流程复杂、技术难点多、工程投资高。与常规油田开发相比，重大开发试验化学驱、SAGD 和气介质驱等开发方式的配套地面工程需要建设地面注入系统。如化学驱需要建设配制站和注入站，SAGD 需要建设注汽站，气介质驱需要建设注气站，同时还要建设配套的注入管网及计量、配注设施等。重大开发试验地面注入系统比水驱注水系统工艺更复杂、流程更长，增加了地面工程建设的难度。

油田重大开发试验地面工程技术难点多、覆盖范围广，需要创新研发化学剂配制与注入、高干度蒸汽发生与输送、CO_2 超临界注入、空气减氧等一系列注入系统的新技术序列，同时还需要攻关高含化学剂采出液集输与处理技术、含化学剂采出水处理技术、SAGD 高温密闭集输技术、SAGD 采出水回用注汽锅炉技术、CO_2 循环回收技术、CO_2 防腐技术、火驱尾气处理技术等一系列集输处理系统的技术难点。

由于油田重大开发试验地面系统工艺流程复杂、设备设施数量多，并通过一系列创新研发和综合攻关引入了大量的新技术、新设备和新材料，重大开发试验地面工程投资普遍较高。与常规油田开发相比，重大开发试验地面工程投资占比由 30% 以下上升到普遍超过 40%，化学驱和 SAGD 百万吨产能地面工程投资分别增加 35%～80% 和 100%，单井地面工程投资增加 20%～60% 和 40%。

（2）开发方式转变造成地面系统适应性较差、运行成本高。与常规油田开发相比，由于开发方式的转变使得井口采出液和伴生气物性发生较大改变，已有地面集输与处理系统难以适应，不能满足生产需要，部分处理技术不能适应新开发方式的要求，给采出物的集输与处理带来了挑战。如含三元成分采出液油水分离时间长、脱水难度大，集输与处理系统结垢严重；SAGD 高温采出液计量、集输、耐高温材料的选择和防腐保温均存在诸多难题；气介质驱造成井流物气液比升高、气量大，井口计量和站内分离系统均存在一定的不适应性。因此地面工艺技术的选择面临很多难题和挑战。

此外，开发方式的转变及井流物物性的改变，还造成地面系统采出液、采出水和伴生气的处理时间变长、能耗升高、药剂量增加，致使地面系统运行成本增加。如 SAGD 开发单位操作成本增加 60%，化学驱开发单位药剂耗量增加 45%，这些都进一步增加了地面系统降本增效的难度。

（3）油田重大开发试验地面工程管理难度大、安全环保要求高。地面工程建设具有

“点多、面广、线长、涉及专业多、设备类型多”等特点，管理难度大、安全环保要求高，特别是重大开发试验带来的开发方式的转变，地面工艺流程更加多样化和复杂化，集输与处理难度加大，高温集输、高压注入、结垢腐蚀和尾气处理等极端工况增多，可能会引起安全和环保事故，这些都进一步增加了地面系统的管理难度和安全环保要求。

二、油田重大开发试验地面工程取得的成果

在油田重大开发试验实施过程中，中国石油开展了大量的地面工程技术攻关工作，不断优化与简化地面工艺流程，降低工程投资和运行成本，研发并推广各项新技术、新设备、新材料，逐步形成了重大开发试验地面工程关键技术序列，有力地支撑了油田重大开发试验顺利开展和工业化规模推广应用。

1. 二元复合驱地面工程关键技术

二元复合驱地面工程形成了“熟储合一”“熟化罐复配”“一泵多站”“一管两站”和“一泵多井”以及聚合物黏度保持、不加热单管集油、含化学剂采出液脱水和采出水处理等关键技术。聚合物和表面活性剂复配在熟化罐内进行，二元复合驱母液输送采用“一泵多站”和“一管两站”输送至分散建设的注入站，注入站内采用一泵多井注入。采出液集输主要依托已建集输管网，站内处理一般采用两段热化学脱水。采出水处理主要采用“气浮 + 二级过滤”作为主体处理技术，也可采用“沉降罐 + 气浮”二合一工艺技术。

2. 三元复合驱地面工程关键技术

配制与注入技术是三元复合驱地面工程的关键技术之一。三元复合驱配制与注入先后形成了目的液、单泵单井单剂、“低压三元、高压二元”和“低压二元、高压二元”四类配制技术及配套工艺。目前主要推荐集中配制、分散注入的“低压二元、高压二元”技术。三元复合驱采出液集输主要依托已建系统，处理流程推荐为“预脱水→一段脱除游离水→二段热化学电脱水”。三元复合驱采出水处理一般采用“序批式沉降→一级双层滤料过滤罐→二级双层滤料过滤器”的三段处理工艺。

3. SAGD 地面工程关键技术

SAGD 地面工程形成了高干度蒸汽发生、等干度分配、计量和长距离输送等关键技术，集输系统高温密闭集输与处理、能量综合利用和伴生气处理等关键技术，水系统有采出水回用于注汽锅炉处理和 MVC 机械压缩蒸发等关键技术。

4. 火驱地面工程关键技术

火驱地面工程注入系统的关键技术有注空气工艺技术和高压空气分配注入技术。火驱采出液含气量较大，集输系统采用油套分输流程，站内热化学沉降脱水。火驱伴生气处理关键技术的技术路线是：（1）伴生气 CH_4 含量不小于 12% 时，作为燃料综合利用；（2）伴生气 CH_4 含量小于 12% 时，放空或回注；（3）非甲烷总烃（C_{2+}）含量不能满足当

地要求时，焚烧后排放。

5. 减氧空气 / 泡沫驱地面工程关键技术

减氧空气 / 泡沫驱地面工程关键技术主要有空气减氧技术、高压减氧空气注入技术和气液混合注入技术。减氧工艺主要采用膜分离，减氧空气注入采用“两段增压、低压去氧、高压注入”工艺。采出液集输及处理系统依托已建系统，一般采用油气分输流程和单井功图计量，脱水系统采用三相分离。

6. CO_2 驱地面工程关键技术

CO_2 驱注入系统关键技术有液相注入和超临界注入，推荐采用超临界注入。采出液集输都依托已建流程，油气混输为主。伴生气多作为站场的燃料气，下一步推荐伴生气循环回收注入，伴生气处理仅进行脱水。CO_2 驱防腐技术路线为干气管道采用碳钢，CO_2 注入系统采用碳钢 + 缓蚀剂防腐，液相注入系统采用耐低温 Q345E 钢，油、气、水三相系统和湿气系统采用不锈钢（S31603）材质。

7. 天然气驱地面工程关键技术

天然气驱注气采用一段增压，流程为气源气→过滤器→注气压缩机组→配注阀组→注入井。目前国产高压注气压缩机组已相对成熟，推荐选用国产电驱往复式压缩机。伴生气一般是处理后用于循环注气，处理以常规脱水脱烃为主。

参 考 文 献

[1]汤林，等. 油气田地面工程关键技术［M］. 北京：石油工业出版社，2014.

[2]何江川，王元基，廖广志，等. 油田开发战略性接替技术［M］. 北京：石油工业出版社，2013.

第二章　二元复合驱地面工程

聚合物—表面活性剂二元复合驱是聚合物驱和三元复合驱的拓展，其地面工程在借鉴聚合物驱成果的基础上，探索形成了二元复合驱配制与注入、聚合物黏度保持、二元采出液集输与处理和二元采出水处理等关键技术，有力地支撑了二元复合驱试验开展及工业化推广。

第一节　概　　述

聚合物—表面活性剂二元复合驱既有聚合物驱提高波及体积的功能，又有三元复合驱提高驱油效率的作用，可提高采收率 15% 以上，是中国石油油田开发战略性接替技术之一[1]。自 2007 年开始二元复合驱在 5 个油田区块开展试验，取得了明显的效果，积累了较为丰富的开发经验，从 2018 年开始在新疆油田、辽河油田和大港油田开展了工业化推广。

一、驱油机理

二元复合驱是指在水中加入聚合物和表面活性剂，利用聚合物的流度控制能力及黏弹性作用和表面活性剂能够大幅降低油水界面张力的特性，提高波及系数和洗油效率，进而提高采收率的一种三次采油技术[2]，原理示意图如图 2-1-1 所示。在非均质油藏中，注入水主要沿高渗透层运移，低渗透层波及程度低，注入二元复合驱体系后高渗透层注入压力逐渐升高，部分二元体系进入低渗透层，因此提高了波及体积。此外，二元复合驱体系是一种非牛顿流体，在合适的环境条件下二元复合驱中的表面活性剂能够有效降低油水界面张力，极大提高毛细管数，使残余油饱和度降低，从而大幅提高采收率。

聚合物—表面活性剂二元复合驱是近年来发展起来的三次采油技术，可以充分发挥聚合物提高波及体积和表面活性剂降低界面张力的协同作用来提高原油采收率[3]。近年来二元复合驱技术发展迅速，与聚合物驱相比，采收率可以进一步提高；与三元复合驱相比，得益于近年来表面活性剂产品性能改进以及新型表面活性剂产品的出现，使得在不加入碱的条件下，二元复合驱体系与原油的界面张力仍然能够达到超低，避免了碱的负面影响，为化学驱发展开辟了新的路线，是注入产出前景好、具有发展潜力的三次采油方法。

二元复合驱中不加入碱有以下技术优势：一是降低了油藏岩层及地面流程各节点结垢对注入压力和油井产液的影响，同条件下能够降低注入压力，油井产液量下降幅度小；二是减少了设备的数量，简化了注入工艺和流程，对设备材料的防腐阻垢等要求降低；三是可以在保持体系黏度的条件下降低聚合物用量，从而降低化学剂成本；四是减少由于碱

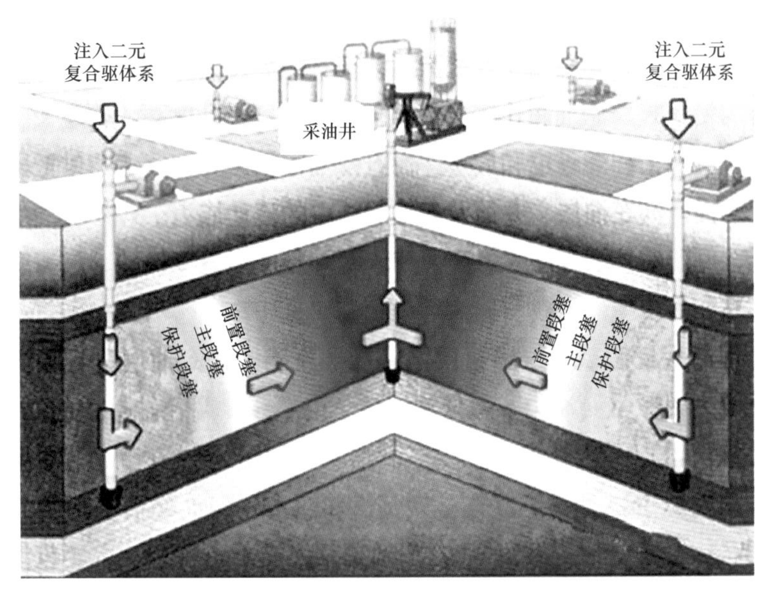

图 2-1-1　二元复合驱原理示意图

的存在造成的频繁作业，降低作业成本；五是采出液破乳剂使用量减少，降低了破乳成本。二元复合驱注入表面活性剂浓度为 0.2%～0.25%（质量分数），注入聚合物浓度一般为 1500～2500mg/L。

二、发展历程及驱油效果

1. 发展历程

二元复合驱是中国石油油田开发战略性接替技术之一，该技术对中高渗透砂砾岩油藏注水开发后期老油田稳产、提高采收率和提高经济效益具有重要意义。中国石油将该技术列入 2005 年启动的油田重大开发试验项目，自 2007 年开始部署了 5 个区块开展二元复合驱重大开发试验，分别为辽河油田锦 16 块（2007 年）、新疆油田七中区（2007 年）、吉林油田红岗红 113 区块（2009 年）、长庆油田马岭北三区（2011 年）和大港油田港西三区（2011 年），试验取得了明显的效果，积累了较为丰富的开发经验。从 2018 年开始，新疆油田、辽河油田和大港油田开展二元复合驱工业化推广，2018 年产量 86×10^4t，预计 2022 年二元复合驱工业化推广产量可达 200×10^4t 以上。

辽河油田自 2007 年起在锦 16 块优选储层物性好、连通程度高、储层发育好的二层系开展二元复合驱工业化试验。2008 年 8 月开始空白水驱，2011 年 4 月全面转二元复合驱。进入化学驱阶段后，通过区块整体调驱，合理动态调控，充分发挥二元复合驱增油降水的特点，试验区开发效果得到了明显的提升。2013 年底在工业化试验取得成功的基础上，开展了厚层和强水淹先导试验，在锦 16 块中部 $Ⅲ_{3-4}$ 开展厚层二元复合驱试验，共设计 5 注 10 采，于 2015 年 11 月正式转二元复合驱；在锦 16 块东部 $Ⅱ_{3-4}$ 开展强水淹二元复合驱试验，共设计 4 注 9 采，于 2016 年 1 月正式转二元复合驱。到 2018 年底，锦 16 块二元复合驱共有油井 69 口、注入井 36 口。

新疆油田七中区 2007 年 11 月完成井网调整，2010 年 7 月进入二元复合驱试验阶段。2012 年 11 月至 2013 年 11 月，先后 4 次调整注入配方，降低聚合物分子量及表面活性剂浓度，扩大波及范围，提高渗流速度。2014 年 9 月实施调整方案，保留北部物性较好的 8 注 13 采井组继续试验，下调注入速度，其余区域转注水，2019 年 12 月化学剂注完，计划 2021 年 6 月全部结束。试验区注入二元体系后，注入压力升高，注采压差增大，渗流阻力增加，剖面动用改善。

吉林油田 2009 年 7 月开始在红岗油田萨尔图油层红 113 区块开展二元复合驱试验，现场于 2009 年末开始空白水驱，2010 年 8 月至 2014 年 12 月顺利完成化学药剂段塞的注入。红 113 井组二元复合驱矿场试验充分证实了萨尔图油层实施化学驱技术提高采收率的可行性，形成了适合化学驱技术应用的油藏精细描述、井网井距优化、配方体系筛选与评价、降低体系黏度损失注入工艺、多层分注工艺与调剖控窜配套技术体系。

长庆油田马岭北三区二元复合驱试验项目于 2010 年 10 月立项，开展小井距二元复合驱现场试验，2011 年 7 月确定了地面建设方案，9 月二元复合驱现场试验方案通过审查，确定了实施方案及现场实施进度，2012 年开始建设，一期部署注入井 9 口、采液井 16 口。至 2018 年底，马岭北三区二元复合驱实现 9 井组整体注入，试验区日产油由 10.9t 上升到 15.8t。

大港油田港西三区 2014 年 6 月开始开展了精细分层规则井网阶段的二元复合驱试验，以试验层为核心精简开发层系，利用新井构建规则五点法井网，开发效果十分显著，达到了方案预期，试验区 14 口受益油井全部见效，其中有 3 口井含水降幅峰值超过 12%，1 口井含水峰值降幅为 20%，日增油峰值超过 35t，增油效果显著。

2. 驱油效果

二元复合驱试验实现了无碱大幅度提高采收率的目标，整体提高采收率 15% 以上，为中高渗透油藏寻找到了新的绿色战略接替技术。

辽河油田锦 16 块二元复合驱工业化试验取得良好效果，综合含水由转驱前的 96.7% 下降到 82.9%，日产油在转驱后两年达到了峰值的 350t，至 2018 年底仍处于 300t 以上的高产期，较水驱开发产量增加了 11.6 倍，阶段累计产油 33.0×10^4t，提高采收率 20%。锦 16 块二元复合驱中心井组与大庆油田和胜利油田化学驱中心井组含水降幅及增油幅度相比，含水降幅好于聚合物驱但不及三元复合驱，增油幅度远好于聚合物驱，与三元复合驱相差不大。

新疆油田七中区克下组是我国第一个砾岩油藏二元复合驱工业化试验区，试验采用五点法井网、150m 井距 16 注 26 采井组。设计注入化学剂溶液 0.66PV，采用 3 种段塞注入。2015 年 11 月试验区达到见效高峰，日产油增幅超过 3 倍。截至 2018 年 12 月，试验区二元复合驱见效率达 100%，试验区采油速度由 0.9% 提高至 3.6%，阶段提高采收率 13.7%，预计 2021 年 6 月试验结束时提高采收率 18.0%，好于方案预期，超方案设计 2.5 个百分点。

吉林油田红岗萨尔图油层红113区块二元复合驱试验区面积0.36km^2，规模为9注16采。方案设计试验层段采用三段分注方式，按照聚合物前置段塞、二元主段塞、二元副段塞与聚合物保护段塞四段塞注入，注入药剂体积0.7PV。在药剂注入0.261PV时，有13口油井开始逐渐见效，见效比率达到81.2%。区块日产油量由试验前的15.4t上升到27.6t，平均综合含水下降2.0%。到2018年12月，试验区日产油量比水驱递减预测产量提高4倍以上，提高采收率16.6%。

长庆油田马岭北三区二元复合驱试验区投产投注后，压力水平保持较高，平面压力分布不均衡，通过两轮次注采参数优化、堵水调剖及聚表二元的注入，试验区地层压力趋于合理，平面上趋于均衡。截至2018年12月，累计注入二元体系0.136PV，完成设计的20.97%。4口井见效明显，阶段提高采出程度2.36%，单井日产油量平均由试验前的1.4t上升到2.2t，综合含水率由95.2%下降到92.9%，预计试验最终提高采收率15%。

大港油田港西三区二元复合驱试验区，7口注入井日注568m^3，14口采油井日产液432m^3，日产油65.3t，综合含水84.9%，注采比1.24。截至2018年底累计注入二元溶液0.284PV，累计产油8.715×10^4t，区块采油速度3.02%，阶段提高采出程度7.62%，预测最终采收率75.1%，累计增油13.18×10^4t，提高采收率16.5%。

三、地面工程建设情况

1. 总体工艺

二元复合驱地面工程主要建设内容包括二元复合驱配制与注入、油气集输与处理以及采出水处理。在配制站内，聚合物和表面活性剂经水稀释形成二元复合驱母液，输送至注入站经注入泵加压与高压来水混合成二元复合驱目的液，经注入管道和注入井注入油藏。生产井采出液经集输管道输送至脱水站经两段脱水处理，形成合格原油，脱出的采出水输送至采出水处理系统处理。二元复合驱总体工艺流程示意如图2-1-2所示。

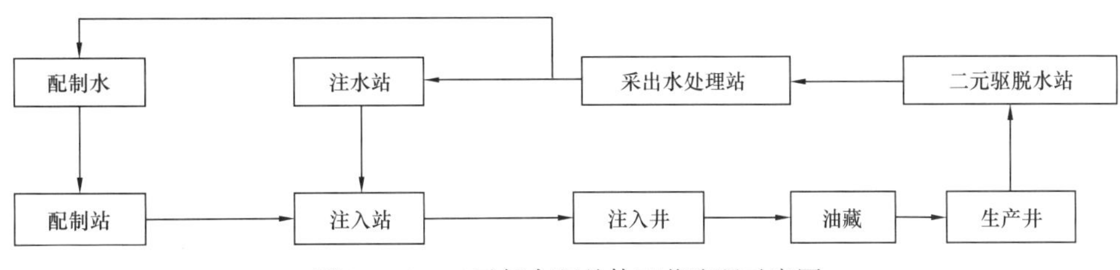

图2-1-2　二元复合驱总体工艺流程示意图

辽河油田、新疆油田和大港油田等的二元复合驱配制与注入充分借鉴了大庆油田聚合物驱地面工程建设经验，地面配制与注入系统的总体布局有“集中配制、集中注入”和“集中配制、分散注入”两种。一般在试验阶段、开发规模较小的情况下，大多采用了“集中配制、集中注入”的布局模式，建设配注站，方便试验开展和运行管理；在工业化推广阶段，为有效降低地面工程投资，推荐采用“集中配制、分散注入”建设模式，分别建设配制站和注入站，聚合物和表面活性剂在配制站复配成二元复合驱母液，在配制站或注入站内设置表面活性剂调节流程，实现注入泵前低压端化学药剂浓度和比例可调。同时为保持聚合物黏度，配制用水及分散熟化、输送和注入等环节均需要采取黏度保持措施，降低黏度损失率。二元复合驱母液输送可采用“单泵单站”或“一泵多站”方案，注入站内可采用“单泵单井”或“一泵多井”。

在试验阶段二元复合驱采出液集输与处理可充分依托已建水驱设施，在工业化推广阶段采出液集输推荐采用不加热单管集油技术，采出液处理推荐采用“一段沉降脱水 + 二段热化学脱水”技术或“两段热化学脱水”技术。在热化学脱水不能满足生产需求的情况下，电化学脱水可以作为二段脱水技术使用，且最好与水驱低含水原油汇合后共同脱水。

二元复合驱采出水处理推荐充分依托水驱已建采出水处理系统。对于新建的系统，推荐采用“气浮 + 二级过滤”作为主体处理技术；对采用重力沉降工艺改造的处理站，可采用“沉降罐 + 气浮”合一工艺技术。

2. 油田建设现状

1）辽河油田

辽河油田锦 16 区块二元复合驱工业化试验 2007 年启动，地面工程 2011 年 4 月建成投产，建设锦 16 块 24 个井组，主要建设了 1 座配制站、1 座注入站、1 座原油脱水站、1 座采出水处理站，1 座注水站（回注处理后的二元复合驱采出水）以及配套工程等。截至 2018 年底，辽河油田锦 16 块二元复合驱共转驱 33 井组，注入量达 2900m^3/d，年产油 6.5×10^4t，二元复合驱生产井 54 口、计量接转站 2 座、联合站 1 座。

在先导试验取得成功的基础上，目前辽河油田正在建设锦 16 块扩大地面系统，包括锦 16 西 48 注 75 采地面系统和锦 16 东 26 注 35 采两大部分，其中锦 16 西二元复合驱地面工程主要建设 1 座集中配制站（与锦 16 东合用）、2 座注入站、1 座原油脱水站（改扩建）、1 座采出水处理站（改扩建）以及配套工程等；锦 16 东地面工程主要建设 1 座注入站、1 座原油脱水站（改造）、1 座采出水处理站（改造）以及配套工程等。

辽河油田锦 16 区块二元复合驱地面系统总体布局图如图 2–1–3 所示，总体工艺流程示意图如图 2–1–4 所示。

2）新疆油田

新疆油田二元复合驱总体布局图如图 2–1–5 所示，配注工艺流程示意图如图 2–1–6 所示。

2007 年，新疆油田在七中区克下组油藏东部进行二元复合驱先导性重大试验项目，地面建设二元配注站 1 座，配注规模 1080m^3/d，采用“一元目的液可调”的二元复合驱配注工艺，站内配套建设聚合物配制系统、表面活性剂配制系统、熟化调配系统、注入系统等，辖注入井 18 口、采油井 26 口。该试验区工程于 2010 年投运，经过对“分散→熟化→高压注入→高压混配→注入井口”全程黏度剪切检测，聚合物黏度损失率小于 10%，浓度误差小于 4%。

2013 年新疆油田结合七东 1 区聚合物驱工业化试验，建成七中区和七东区三次采油采出液处理站建设工程，原油处理规模为 35×10^4t/a、采出水处理规模为 6000m^3/d。原油处理部分采用“两段大罐 + 电脱”处理技术，处理后的净化油含水小于 1%；采出水处理采用“溶气气浮 + 推流式生物接触氧化”高效处理技术，处理后的采出水中的含油量和悬浮物含量均小于 15mg/L，达到了设计指标的要求，与传统工艺相比处理成本降低 20%。

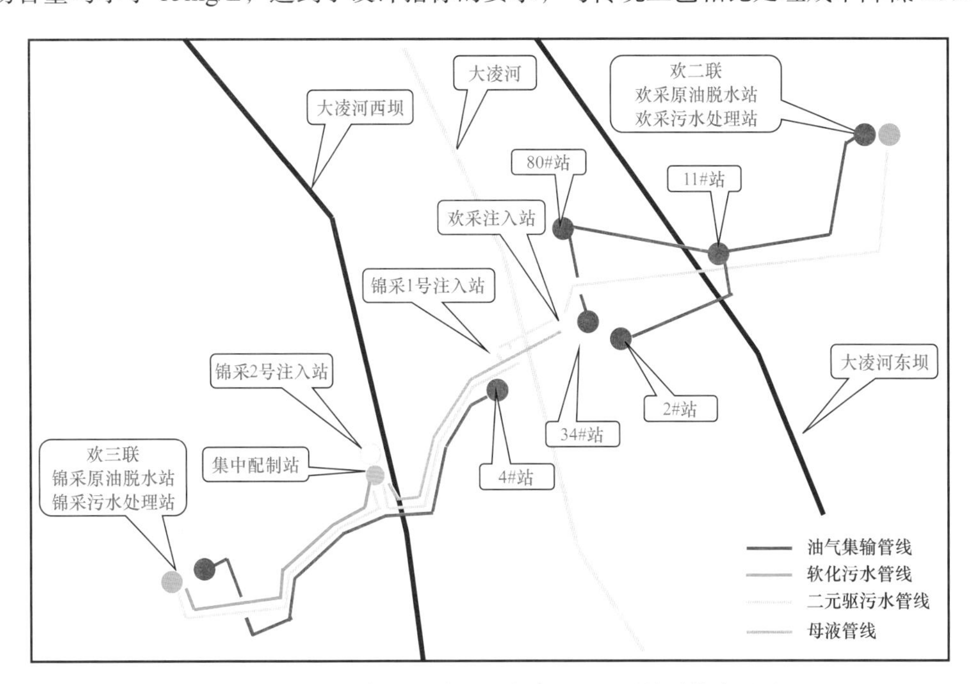

图 2-1-3　辽河锦 16 区块二元复合驱地面系统总体布局图

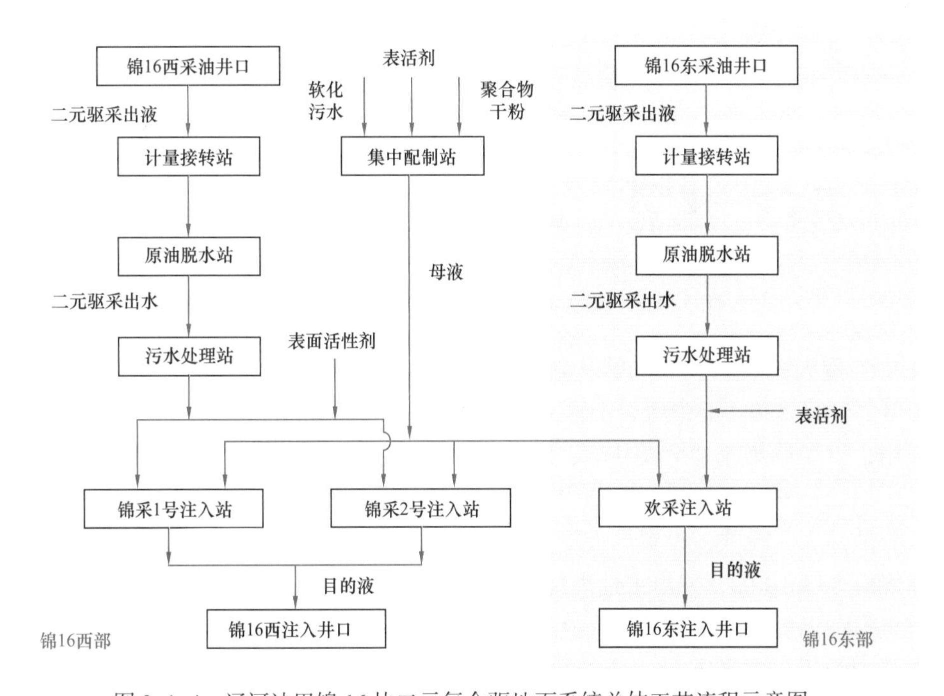

图 2-1-4　辽河油田锦 16 块二元复合驱地面系统总体工艺流程示意图

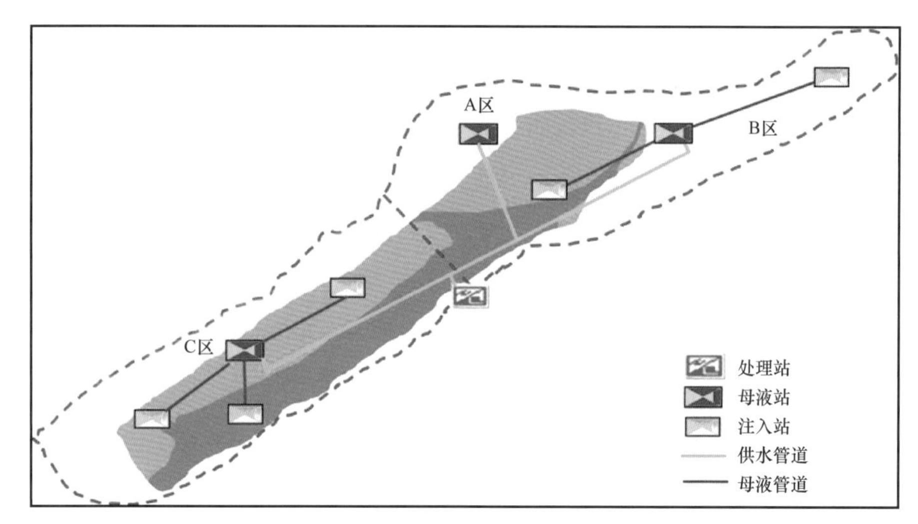

图 2-1-5 新疆油田二元复合驱总体布局图

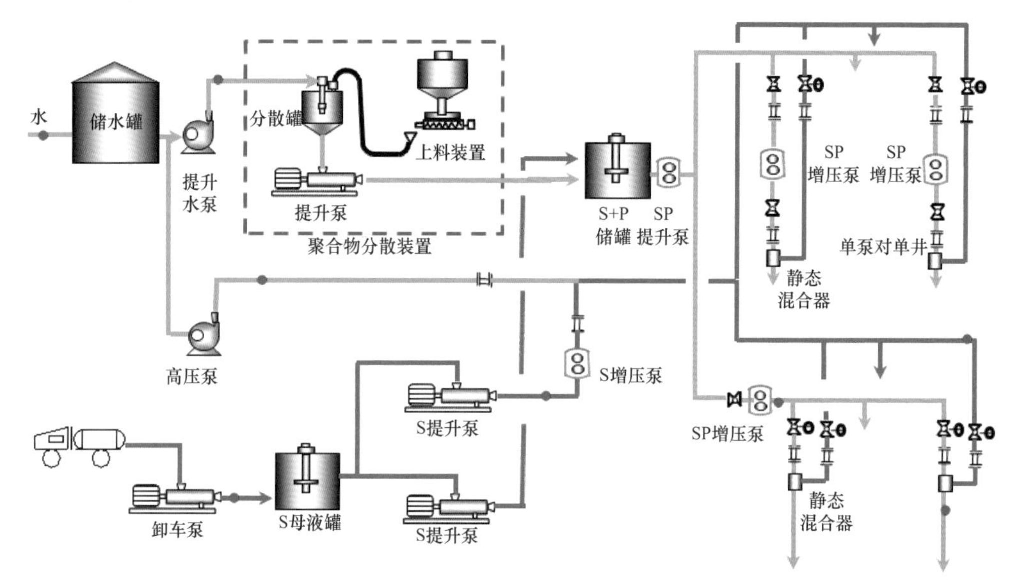

图 2-1-6 新疆油田二元复合驱配注工艺流程示意图

在总结重大开发试验成果的基础上，结合地质油藏的潜力，2017 年新疆油田公司对七东 1 区、八区 530、七中区、七区八道湾和七西区等区块的“二三结合”化学驱进行了总体规划，以发展集成“平面共享、纵向共用”地面系统集约化部署为原则，规划建设采油井 921 口、计量站 101 座、注入井 730 口，各类管道约 1500km。站场部署采用“集中配制、分散注入”模式，设置母液配制站 3 座，注入站 8 座，化学驱集中处理站 1 座，原油处理规模 80×10^4t/a，采出水处理规模 20000m^3/d。

截至目前已完成八区 530、七中区和七区八道湾 3 个区块前缘水驱部分地面工程的建设，累计建设采油井 545 口、计量站 56 座、注入井 366 口、各类管道约 800km、母液配制站（一期）3 座、注入站（一期）6 座。

3）吉林油田

吉林油田二元复合驱试验规模相对较小，红113二元驱试验站始建于2009年，注入工艺设备采用橇装式装置，每轮共实施5口井注入，最大注入液量为1000m^3/d，单井注入量最小约76m^3/d，最大为215m^3/d，注入压力不大于18MPa。采用清水配制二元复合驱母液、采出水稀释的注入方式，5口注入井可以通过变频调节注入量，同时实现单井组不同浓度的配制和注入。

至2018年底，吉林油田二元复合驱建成产能0.6×10^{4}t/a、配注站1座、井组4座、注入井9口、采油井10口、集输站场1座、联合站1座、集输管道13.673km、注入管道6.1km。

4）长庆油田

长庆油田马岭油田北三区试验区2011年开始启动，部署注入井和采油井共计41口，其中注入井16口、采油井25口，建成产能规模3.375×10^{4}t/a。根据北三区实际情况，由于试验区块面积较小，配制注入规模较小，建设有集配制、注入功能一体的试验站1座，配套站外系统。聚合物母液配制能力300m^3/d，表面活性剂配制能力1.88m^3/d（浓度40%）。注入系统规模600m^3/d，单井平均注入量31.3m^3/d，试验区实际注入量约500m^3/d。配套原油脱水系统规模3×10^{4}t/a，采出水处理系统规模600m^3/d。

5）大港油田

大港油田港西三区三断块二元复合驱试验区部署注入井7口，采油井14口，设计注入溶液总注入量为560m^3/d。二元复合驱配注系统充分利用原港西三区注聚系统，改建注聚四站作为聚/表配制注入站（港西三区三断块二元复合驱配注站），新建单井注入管道5.25km，聚2站聚合物母液配制能力2000m^3/d，表面活性剂原液储存能力为120m^3。采用采出水配制二元复合驱母液，采出水稀释，单泵单井的注入方式。大港油田港西三区三断块二元复合驱总体布局图如图2-1-7所示。

港西三区三断块油水处理及注水依托西二联，处理后的低含水油输至西一联合站，脱出的采出水入西二联的采出水处理系统处理。西二联设计来液处理能力为16000m^3/d，采出水处理能力13000m^3/d。

四、地面工程难点

1. 采出物物性特点

1）采出液特点

由于聚合物和表面活性剂的加入，二元复合驱采出液具有聚合物含量高、表面活性剂含量高、携带泥沙量大、乳化严重等特点。由于油藏地质类型的不同，各试验区块采出液物性也有较大的差异。辽河油田锦16块是高渗透砂岩油藏，原油物性见表2-1-1。新疆油田七中区是砾岩油藏，七中区克下组油藏原油物性见表2-1-2，由于砾岩油藏存在极大不均质性，二元复合驱采出液聚合物含量为500～600mg/L、表面活性剂含量为200～500mg/L、携泥砂量大、温度为10～15℃。

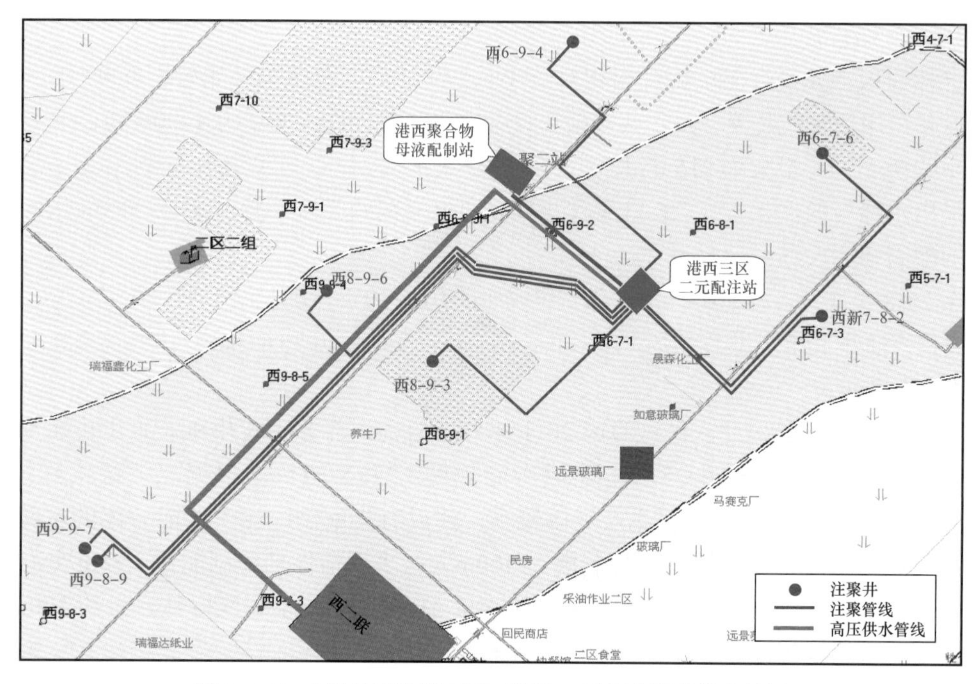

图 2-1-7　大港油田港西三区三断块二元复合驱总体布局图

表 2-1-1　辽河油田锦 16 块原油物性表

密度，g/cm³	50℃黏度，mPa·s	含蜡，%	胶质 + 沥青质，%	凝固点，℃
0.9365	84.5	3.2	31.2	-11

表 2-1-2　新疆油田七中区克下组油藏原油物性

原油密度，g/cm³	黏度，mPa·s				含蜡，%	初馏点，℃	凝固点，℃
	20℃	30℃	40℃	50℃			
0.858	80.20	24.57	17.85	15.98	2.67～6.00	80	-20～-4

吉林油田红岗红 113 区萨尔图油层原油为石蜡基普通原油，地层原油黏度为 12.9mPa·s，相对密度为 0.821，原始气油比为 34.3m³/t，原油体积系数为 1.105。地面脱气原油黏度为 46 mPa·s，相对密度为 0.885，胶质含量为 14.1%，沥青质含量为 1.9%～2.9%，含蜡量为 19.3%，含硫量低为 0.1%，凝固点平均为 33℃，初馏点 111.3～139.0℃。油藏原油酸值为 0.103～0.14mg（KOH）/g。前置段塞注入以来，采出液聚合物浓度在 10mg/L 左右平稳波动。从 2013 年 1 月开始，部分井监测结果逐渐升高，平均浓度为 50mg/L 左右。总体上北部油井产出液中聚合物浓度相对较高、南部相对较低。采出液氯离子浓度在注入初期稳定在 3560m/L 左右，随着试验药剂注入产出液氯离

子浓度总体呈上升趋势，在2011年11月达到最高值4885mg/L后开始下降，从2013年4月开始，整体氯离子浓度有所下降，部分见效井氯离子浓度下降明显，后期整体趋于稳定。

长庆油田马岭油田北三区原油物性见表2-1-3，地面原油密度为0.849g/cm^3，原油黏度为6.29mPa·s（25℃），原油含蜡量为11.3%，凝固点为17℃。地层原油黏度为2.3～3.2mPa·s。

表2-1-3 长庆马岭油田北三区原油物性表

序号	项目	单位	参数	备注
1	原油密度	g/cm^3	0.849	
2	凝固点	℃	17	
3	初溜点	℃	92	
4	含蜡量	%	11.3	
5	地层原油黏度	mPa·s	2.3～3.2	
6	地面原油黏度	mPa·s	6.29	25℃

大港油田港西三区三断块原油物性参数见表2-1-4，二元复合驱实施前原油密度为0.918g/cm^3，黏度为54.9mPa·s，含蜡为10.4%，胶质+沥青质含量为12.76%。二元复合驱实施后原油密度为0.8963mg/cm^3，黏度为52.6mPa·s，含蜡为10.8%，胶质+沥青质含量为11.26%。试验前后原油物性没有明显变化。

表2-1-4 大港油田港西三区三断块原油物性参数表

参数	密度 g/cm^3	黏度，mPa·s		饱和压力 MPa	含蜡量 %	胶质+ 沥青，%
		地面	地下			
试验前	0.918	54.9	16.2	10.2	10.4	12.765
试验后	0.8963	52.6	15.4	10.2	10.8	11.263

2）采出水特点

辽河油田锦16区块二元复合驱采出水成分复杂，采出水处理站进出水指标见表2-1-5。相比于二元复合驱实施之前，采出水中含油由200～300mg/L增加到300～500mg/L，悬浮固体含量从150～250mg/L增加到300～500mg/L，采出水聚合物含量为300～1200mg/L、表面活性剂含量为30～50mg/L。二元复合驱采出水处理沉降时间明显延长，水中油及悬浮固体去除难度显著增加。

新疆油田七中区块采出水水矿化度高，可达15000～20000mg/L，聚合物含量为

500～600mg/L，表面活性剂含量为200～300mg/L，携泥砂量大。新疆油田七中区克下组油藏二元复合驱采出水物性见表2-1-6。

表2-1-5 辽河油田锦16块采出水处理站进出水指标表 单位：mg/L

项目	含油	悬浮固体	聚合物	表面活性剂
进水水质	300～500	300～500	300～1200	30～50
出水水质	30	30	—	—

表2-1-6 新疆油田七中区克下组油藏二元复合驱采出水物性

检测参数 \ 名称		混合采出水
离子含量 mg/L	$Na^+ + K^+$	3812.8
	Mg^{2+}	18.9
	Ca^{2+}	119.3
	Cl^-	4679.4
	SO_4^{2-}	158.4
	CO_3^{2-}	0.00
	HCO_3^-	2318.1
pH值		8.11
矿化度，mg/L		11106.9
水型		$NaHCO_3$
聚合物含量，mg/L		556
表面活性剂含量，mg/L		273
黏度（26℃），mPa·s		1.53

长庆油田马岭油田北三区开发初期采出水平均矿化度为23.794g/L，钙镁离子含量为557mg/L。二元复合驱实施后，2011年取样分析水型为Na_2SO_4型，平均矿化度为15.494g/L，钙镁离子含量为521mg/L，矿化度呈现下降趋势。

大港油田港西三区三断块二元复合驱试验前，西二联污水处理站来水中含油量为230～320mg/L，悬浮物含量为45～50mg/L；试验后来水中含油量为140～400mg/L，悬浮物含量为45～50mg/L。试验前后精细处理后的含油和悬浮物含量变化不大，主要因为港西三区三试验区产出液的量相对西二联总处理量占比不到10%，未对整个系统造成较大的影响。

2. 给地面工程带来的难点和问题

二元复合驱地面工程主要由配制与注入系统、油气集输和处理系统以及采出水处理系统组成。二元复合驱油田开发需要按一定比选注入聚合物和表面活性剂，地面工程需要新建或改建配制与注入系统，由于聚合物和表面活性剂的加入，已建地面油气集输与处理系统、采出水处理系统存在诸多不适应，需要进一步改造升级以满足二元复合驱工业化推广的需要。二元复合驱给地面工带来的难点和问题主要有：

（1）配制用水水源选择难度大、处理成本高。

从保持聚合物黏度考虑，二元复合驱配制用水要求水质矿化度不能太高，从界面张力角度考虑，水中二价离子含量不能太高，因此一般需要使用清水配制。在中西部新疆油田和长庆油田等，由于地下水及采出水矿化度普遍较高，寻找适宜的配制水源难度较大，配制用水处理难度加大、处理成本较高。

（2）聚合物黏度保持难度大。

二元复合驱开发主要利用聚合物的高黏物性，改变油水流度比提高采收率。一旦聚合物溶液受外界因素影响造成相对分子质量下降、黏度降低，就直接影响驱油效果，同时造成聚合物浪费，增加了开发成本。因此二元复合驱地面工艺流程中聚合物从分散、熟化、输送和注入等各个环节都要采取黏度保持措施，减少聚合物的黏度损失，这是二元复合驱中的一个难题。

（3）采出液乳化程度高，脱水处理难度大。

二元复合驱采出液外观呈深褐色，属高含水乳化油，是非常稳定的 W/O 型乳状液，分离及脱水困难，采出液长时间沉降水相中仍含有大量的泥沙。水中油颗粒直径的分布范围宽，大的油滴在静止沉降以后会自动油水分离，但分离时间长；而较小的油滴则会长时间存在于水中，并且由于泥沙的存在，使得水中油分离困难。

二元复合驱电脱水器的电极上面容易吸附油滴等杂质，形成黏附油层，该黏附层介质含有较高的极性组分（表面活性剂和金属离子），具有较强的导电性，大大缩短了两极板之间的距离，最终导致了脱水电流升高，电脱水器存在频繁垮电场的现象。如果该黏附层不予清除，电脱水器很难恢复正常，强行启动后极易造成电极绝缘吊挂烧毁。

（4）含聚合物采出水处理难度大。

二元复合驱采出水聚合物含量高、油珠粒径小、乳化严重，处理过程中悬浮物和油的去除变得复杂，在很大程度上影响着采出水的处理。采出水中的聚合物分子是高度水化了的负电性无规则线团，采出水中由于残余聚合物的存在，成为高度稳定的胶体体系。同时，聚合物水化分子本身又兼具亲油亲水双重效果，以皮膜形式存在于油水界面，使水中的残油含量增多，聚合物的含量越大，溶液的黏度也随之上升，大大降低了悬浮物和油珠的沉降速度。二元复合驱采出水要达到与常规采出水相同的油水分离效果，其沉降时间将增加为常规采出水的数倍以上。

同时由于阴离子型聚合物的存在，严重干扰了絮凝剂的使用效果，使絮凝作用变差，大大增加了药剂的用量。如按常规处理方式，需相应提高药剂使用量和增加大量的设备以满足处理技术指标要求。此外由于聚合物吸附性较强，携带的泥沙量较大，大大缩短了反冲洗周期，增加了反冲洗的工作量。同时由于泥沙量增大，要求各处理工艺环节必须设置排泥设施，必要时需增加污泥处理环节。

第二节 关键技术

二元复合驱作为中高渗透砂砾岩油藏注水开发后期大幅度提高采收率的战略性接替技术，在工业化试验取得显著成果后，已经进入规模化工业推广阶段。二元复合驱地面工程已经形成了配套的关键技术序列，主要有配制与注入技术、油气集输与处理技术和采出水处理技术，较好地适应了二元复合驱规模化工业推广的需求。

一、配制与注入技术

二元复合驱配制与注入主要包括聚合物母液配制、聚合物—表面活性剂二元复合驱母液复配和二元复合驱目的液注入等过程，地面工程包括配制用水处理单元、聚合物母液配制单元、表面活性剂调配单元、二元复合驱母液复配单元和二元复合驱目的液注入单元。

聚合物母液配制的主要要求是配制均匀合格的溶液并做好聚合物黏度保持，形成了聚合物配制技术和聚合物黏度保持技术；表面活性剂调配和二元复合驱母液复配主要是表面活性剂向聚合物母液的加入、计量和调节，形成了二元复合驱母液复配技术，通过增加表面活性剂调配单元，对聚合物配制短流程进行补充，有利于注入配方调整，提高地面工艺流程的适应性；二元复合驱目的液注入主要是二元复合驱母液升压与注水站高压来水均匀混合成二元复合驱目的液并输送至注入井井口注入的过程。

1. 二元复合驱配制技术

1）聚合物配制技术

聚合物是一种或几种单体经聚合反应而生成的产物。油田作为驱油剂常用的聚合物主要是聚丙烯酰胺，是由聚丙烯酰胺单体聚合而成的高分子化合物，具有水溶性，相对分子质量为 950×10^4～4000×10^4。按照相对分子质量不同，聚丙烯酰胺主要有 950×10^4～1200×10^4，1200×10^4～1600×10^4，1600×10^4～1900×10^4，1900×10^4～2200×10^4，2500×10^4～3000×10^4，3000×10^4～3500×10^4 和 3500×10^4～4000×10^4 等 7 种[4]。

二元复合驱是聚合物驱的拓展，在二元复合驱中聚合物的作用同聚合物驱一样，主要是利用其高黏物性，改变油水流度比从而提高采收率。聚合物配制就是将聚合物干粉与水混合，制成一定浓度的聚合物母液的过程，也称为聚合物母液配制。二元复合驱聚合物配制可充分借鉴聚合物驱已经形成的聚合物配制成熟技术。

大庆油田从20世纪70年代开始聚合物驱先导试验，经过大量的研究和试验，探索出了成熟的聚合物配制技术，并在各油田二元复合驱试验中推广应用，取得了良好的应用效果。大庆油田聚合物驱工业化推广形成了成熟的“集中配制、分散注入”地面建设模式，地面工程分别建设聚合物配制站和聚合物注入站[5]。

经过多年探索和研究，配制站内集中配制浓度为5000mg/L的聚合物母液，主要采用简化后的“分散→熟化→外输→过滤”短配制流程，也即“熟储合一”流程，原理如图2-2-1所示。在配制站内聚合物干粉按一定比例均匀地散布在水中，使干粉充分润湿，完成初步混合过程。分散后的聚合物干粉与水的混合液经搅拌、溶胀至完全溶解，形成黏度稳定的高浓度水溶液，即聚合物母液，完成熟化过程。当注入站需要时，熟化完成的聚合物母液则通过螺杆泵升压，经粗细两级过滤器过滤后低压输送至分散建设的注入站。

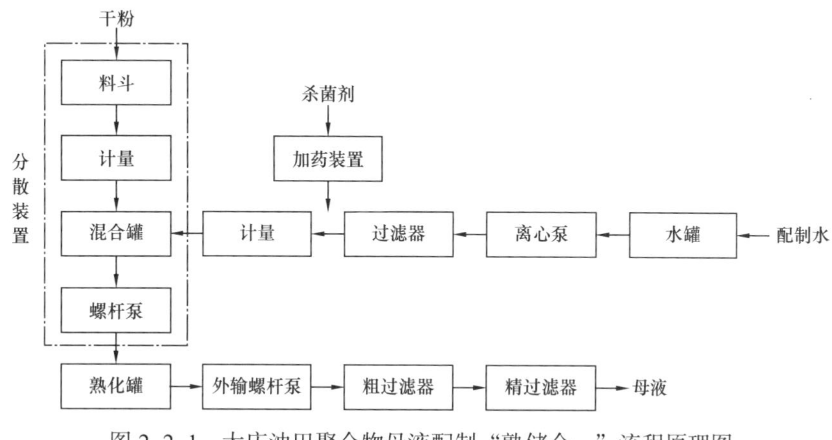

图2-2-1　大庆油田聚合物母液配制“熟储合一”流程原理图

“熟储合一”流程取消了原先在熟化罐后设置的转输螺杆泵和外输储罐，聚合物母液直接从熟化罐外输，减少了中间环节，方便了管理，聚合物黏度损失减少2%，工程建设投资可降低5%。聚合物母液输送可根据实际情况采用“单泵单站”或“一泵多站”的不同泵组配置方式，以及“单管单站”或“一管两站”的不同管道布置方式。

“分散注入”是指在开发区域内分散建设注入站，配制站输送来的聚合物母液进入聚合物母液储罐缓冲，经过注入泵升压后与注水站输送来的高压水按比例混配均匀后形成聚合物目的液，再经管道输送至注入井井口注入地层。注入站可采用“单泵单井”或“一泵多井”的注入工艺。

“集中配制、分散注入”在大庆油田聚合物驱及之后的三元复合驱均取得了成功应用，特别适用于化学驱大规模工业化推广，工艺流程示意图如图2-2-2所示。一座配制站可以同时满足多座注入站的聚合物母液供应需求，配制站集中建设，单台设备处理量大，设备总数少，可有效降低建设投资，同时避免了油田开发周期性带来的设备利用率低等问题，保证了设备长期使用，具有明显的技术经济效益。

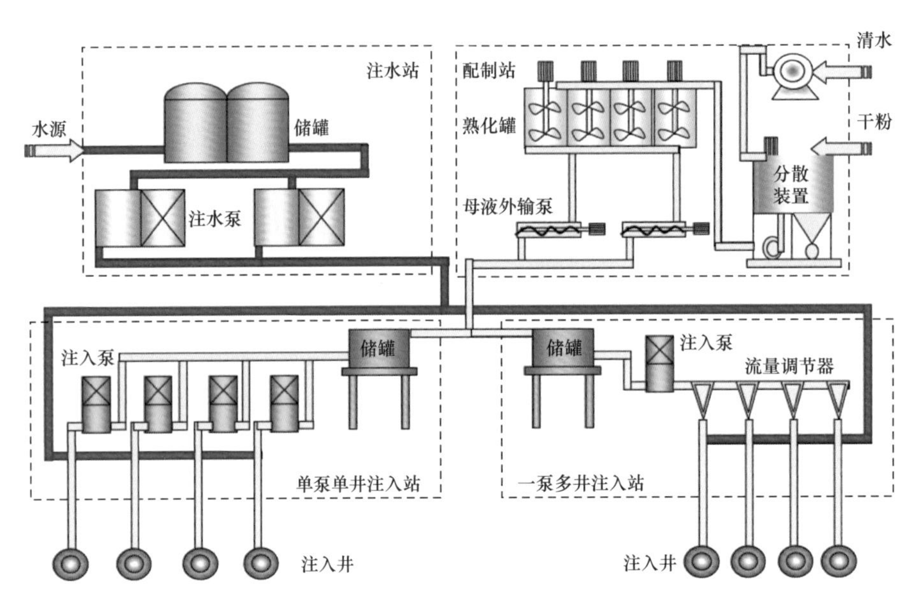

图 2-2-2　大庆油田聚合物驱“集中配制、分散注入”工艺流程示意图

二元复合驱试验及工业化推广过程中，辽河油田由于受到地理条件的限制，在工业化试验阶段即采用了“集中配制、分散注入”，新疆油田和大港油田在二元复合驱工业化推广阶段也开始采用这一建设模式。与聚合物驱不同的是，二元复合驱还有表面活性剂的加入，目前各油田一般在聚合物熟化罐内同时加入表面活性剂，实现聚合物熟化与聚合物—表面活性剂复配同时完成，进一步优化和简化了地面工艺流程。

2）聚合物黏度保持技术

聚合物黏度保持是聚合物驱、二元 / 三元复合驱等化学驱地面工程需要解决的重点问题之一，地面工艺流程及设备也以保持聚合物黏度为主要目的。聚合物黏度损失包括由于发生氧化还原、水解等化学反应，使分子链断裂或改变聚合物的结构，从而导致相对分子质量下降和黏度降低；也包括由于剪切等物理作用使分子链断裂，从而导致黏度降低。聚合物黏度降低会直接影响驱油效率，同时造成聚合物浪费，增加驱油成本。因此，地面工艺流程各个节点均应考虑聚合物黏度保持措施，尽量降低黏度损失率。一般要求，地面配注系统聚合物黏度损失率应控制在 10% 以内。为保持聚合物黏度，对配制用水、分散熟化、输送和注入等地面工艺环节均提出了相应的要求。

（1）聚合物母液配制用水。

水质对聚合物黏度的影响有两个方面，即影响初始黏度和影响黏度的稳定性。影响初始黏度的主要因素是水中的 Fe^{2+}，S^{2-}，Ca^{2+}，Mg^{2+}，Na^{+}，K^{+} 和氧，影响黏度稳定性的主要因素是水中的微生物、Cu^{2+} 和氧。为保持黏度，聚合物配制对用水水质的要求是矿化度及离子含量均不能太高。各油田因地制宜，选择了合理的配制水源，其中既有清水水源，也有经过深度处理的油田采出水，还有二者的混合水源。

大庆油田聚合物驱实践认为，Fe^{2+}，Ca^{2+} 和 Mg^{2+} 等 2 价阳离子对聚合物初始黏度的影

响大约 9 倍于 1 价阳离子，Fe^{2+} 影响最大，Ca^{2+} 影响次之；在有氧条件下，Cu^{2+} 对聚合物黏度稳定性影响很大。大庆油田要求配制聚合物溶液时尽量选择矿化度低的水，对于金属阳离子含量较高、矿化度较高的水或者深度处理的油田采出水，应采取一定的技术措施进行处理。一般要求配制用水总铁含量在 0.5mg/L 以下，钙离子和镁离子含量不小于 20mg/L 时，总矿化度小于 1000mg/L。另外，当矿化度大于 5000mg/L 时，溶解氧含量应不大于 0.05mg/L，矿化度不大于 5000mg/L 时溶解氧含量应不大于 0.5mg/L。采用油田采出水配制时，需要曝氧处理去除 Fe^{2+} 和 S^{2-}。

长庆油田定量分析了配制过程中离子对聚合物溶液黏度的影响程度，并以此来控制配制用水各类离子的含量。在工艺设计中采取密闭隔氧措施减少溶解氧，采用水源井清水配制时须控制 pH 值、悬浮固体及水中细菌含量。长庆油田二元复合驱配制清水处理流程图如图 2-2-3 所示。通过对比分析，使用水源井清水配制聚合物成本最低。但部分地区水源井清水硬度较高，所含 Ca^{2+} 和 Mg^{2+} 含量不小于 200mg/L，会影响聚合物黏度，无法直接使用，故选用“纤维球过滤 + PE 烧结管过滤 + 钠离子交换”的清水处理工艺，通过离子交换降低 Ca^{2+} 和 Mg^{2+} 含量，使水源井清水可直接使用。

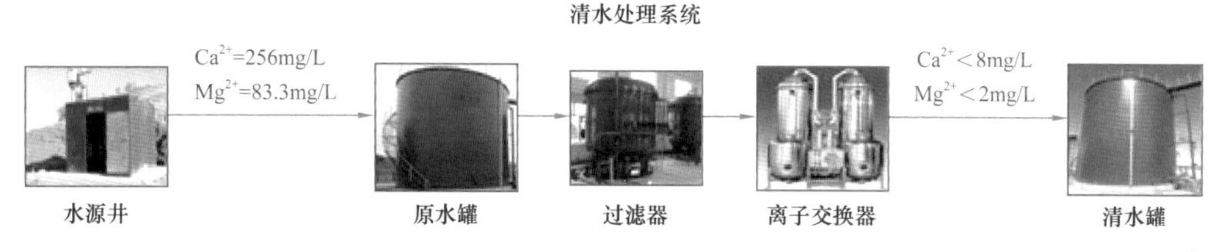

图 2-2-3 长庆油田二元复合驱配制清水处理流程图

大港油田根据港西三区三断块二元复合驱注入井现场状况，针对采出水中细菌及二价铁等物质会对聚合物黏度造成严重降解的问题，通过室内研究和现场试验成功研发“曝气 + 化学法”一体化采出水深度处理工艺，处理后的配制用水中各种细菌都小于 25 个 /mL，Fe^{2+} 含量不大于 0.2mg/L，处理后水质满足配制用水技术指标要求，成功用于聚合物母液和表面活性剂溶液的配制。

吉林油田现场试验结果显示，与深度处理的采出水相比，采用清水配制有利于聚合物黏度保持。但考虑到区域水量平衡，吉林油田二元复合驱采用清水配制和采出水稀释的方式。由于清水中含铁较高，配制聚合物母液用清水采用除铁过滤方式，将清水中含铁由 2.34mg/L 降至 0.2mg/L，以满足现场配制要求。

（2）聚合物分散熟化及黏度保持。

聚合物配制有分散和熟化两个过程，通过分散和熟化聚合物干粉通常被制成浓度 5000mg/L 的聚合物母液。由于聚合物干粉具有不易溶解的特性，聚合物分散就是将聚合物干粉按一定比例均匀地散布在水中，下粉过程中要保证质量稳定和搅拌均匀，并使干粉充分湿润，完成初步混合的过程。

聚合物分散有两种：一种是水力分散，让聚合物直接和水接触，分散、溶胀；另一种就是风力分散后再和水接触。不同分散方式对聚合物黏度的影响实验数据见表 2-2-1。室内环境和温度下，水力分散和风力分散模拟实验显示，风力分散效果较好，聚合物黏度数值相对稳定，黏度损失更小；水力分散的聚合物溶解均匀度稍差，但水力分散设备数量少、维护工作量小、使用寿命长、运行噪声低。风力分散和水力分散各有优缺点，总体上都能满足聚合物母液的配制要求和黏度保持要求，在各油田均有应用。

表 2-2-1　不同分散方式对聚合物黏度的影响实验数据

方式		水力分散	风力分散	备注
外观		均匀	均匀	聚合物母液浓度为 5000mg/L，熟化时间 2h
测试现象		数值变化不稳	数值相对稳定	
黏度 mPa·s	1	1985	2187	
	2	1821	2215	
	3	1853	2223	
	4	2034	2219	

分散后聚合物母液为未完全溶解的含有鱼眼的初混液，这部分溶液通过单螺杆泵送至熟化罐熟化，聚合物溶液经搅拌和溶胀后达到完全溶解，溶液黏度达到稳定。在熟化过程中应充分考虑机械剪切对聚合物黏度的影响，应控制搅拌器转速，使聚合物既能完全溶解又尽量少受机械剪切的影响。聚合物母液黏度损失受熟化搅拌速度、搅拌时间影响较大。图 2-2-4 为聚合物母液浓度为 2000mg/L 时黏度损失率与熟化搅拌速度的关系图，可以看出搅拌速度越大，溶液的黏度下降越大，在 50r/min 处出现拐点，黏度损失率陡增。因此选择搅拌速度控制在 40～50r/min。此外搅拌时间越长黏度下降越大，根据试验结果熟化搅拌时间应控制在 2h 左右。

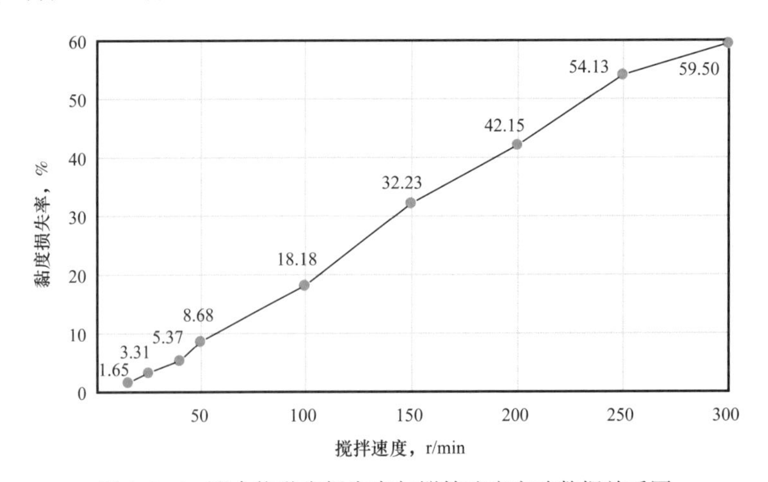

图 2-2-4　聚合物黏度损失率与搅拌速度实验数据关系图

（3）聚合物母液输送及黏度保持。

聚合物母液输送要求具有连续性，输送过程中黏度损失率要低。常用的输送用泵中，普通离心泵依靠高速旋转及离心力将液体动能转化为势能送出，运行中有较大的剪切力，会造成聚合物瞬间机械降黏，因此不应选用；齿轮泵，输量小，提高输量只有提高转数，高转速同样会造成聚合物剪切降黏，因此也不能选用；柱塞泵体积大，振动大，输送压力较高、流量脉动，适用于聚合物高压注入；螺杆泵具有输送流量稳定，低剪切，自吸性好的优点，因此适用于聚合物母液的输送。目前聚合物母液输送的大排量、低剪切输送泵有单螺杆泵和双螺杆泵，排量范围为 80～100m^3/h，输送压力为 1.6～3.2MPa，螺杆泵的黏度损失率在可控制在 2% 以下。

在大庆油田聚合物驱“集中配制、分散注入”地面建设模式中，聚合物母液从配制站输送至注入站，输送泵的配置方式有“单泵单站”方案和“一泵多站”方案。“一泵多站”就是在配制站内单台外输泵负责为多个注入站供液。与“单泵单站”相比优点是用泵少，简化了外输工艺，节省了工程投资；缺点是同一输送泵所属的注入站只能供给同一种母液。聚合物母液外输管道设置方式有“单管单站”和“一管两站”。“一管两站”即一条母液管道为两座注入站串联输液，在每座注入站安装流量调节器，相比于“单管单站”实现了注入站两两串联、减少了母液输送管道，节省了工程投资，缺点是不能为其中的单独一座注入站输送特殊相对分子质量和特定浓度的聚合物母液。

聚合物母液输送管道的流速和长度也会对黏度产生影响。在输送聚合物时，流速越高，聚合物黏度损失率越大；弯头对聚合物降解率的影响相当于 30～60m 直管的影响；异径管对聚合物降解率的影响相当于 2～3m 直管的影响。为减少剪切造成的聚合物降解，输送聚合物管道流速一般控制在 0.6～0.8m/s，剪切速率不应大于 90s^{-1}。弯头根据使用条件尽量采用大曲率半径；变径等流道突变处应采用平滑过渡，阀门应采用全开方式运行。聚合物母液输送管道的长度宜控制在 6km 以内，起终点压降宜小于 2.0MPa，管道黏度损失应控制在 5% 以内。

聚合物母液黏度还易受管道材质影响，铁质管道腐蚀产生的铁离子会影响聚合物黏度。长庆油田通过各种工况下腐蚀、黏损机理研究，确定设备和管道材质选用不锈钢，站外管道选用柔性复合管。大庆油田聚合物驱经过大量试验表明，钢骨架塑料复合管、玻璃钢管、塑料合金复合管、不锈钢管和碳钢内涂层管等均可用于聚合物母液输送。大庆油田多采用钢骨架塑料复合管。

（4）二元复合驱注入及黏度保持。

二元复合驱注入泵一般采用低剪切高压柱塞泵，其原理与柱塞式注水泵相同，只是在结构上做了改造，降低机械剪切，以适于聚合物输送过程中的黏度保持。其主要防止聚合物黏度损失的措施是降低泵速，同时改变进出口阀形状，使其更接近梭形，防止聚合物流道突变造成剪切。一般要求柱塞泵的黏度损失率不超过 5%。注聚泵与注水泵阀对比示意图如图 2-2-5 所示。

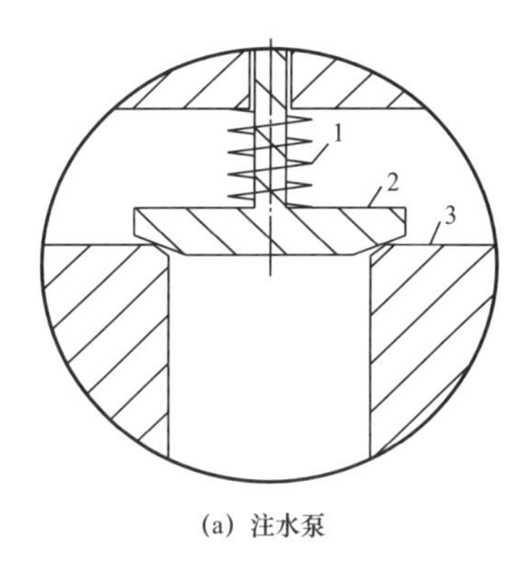

(a) 注水泵

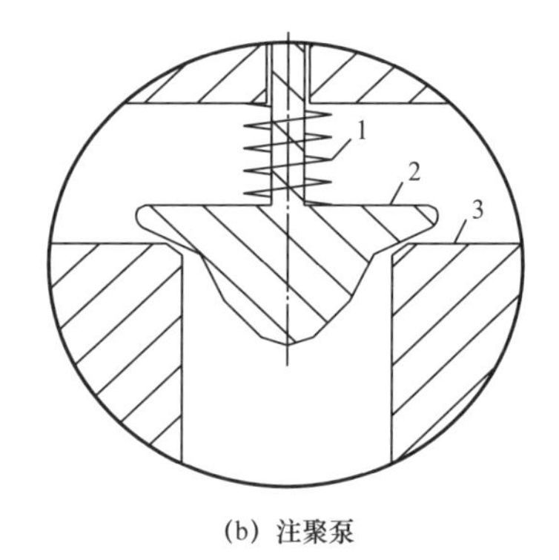

(b) 注聚泵

图 2-2-5　注聚泵与注水泵阀对比示意图

1—弹簧；2—阀球；3—阀座

在注入站内二元复合驱母液与注水站高压来水混配，聚合物和表面活性剂二元复合驱母液需要均匀分散到稀释水中。混配器是实现药剂均匀混合的设备，也称静态混合器，主要依靠其内部多种形状的导流片将几种流过静态混合器的物质经折返、交叉和旋转等紊流措施使流体均匀混合。静态混合器内部紊流部件交叉越多混合越均匀，但其剪切越严重，反之混合越不均匀。因此，为保证聚合物黏度，要求静态混合器应混合均匀，不均匀度系数在 ±5% 以内，黏度损失应尽量最小。目前各油田二元复合驱注入多采用较简单的左右旋片式静态混合器。

3）二元复合驱复配技术

与聚合物驱不同，二元复合驱增加了表面活性剂，需要设置聚合物和表面活性剂复配单元，从而形成均匀的二元复合驱母液。同时根据开发注入配比的需要，需要设置聚合物浓度调节流程，实现注入浓度可灵活调节。经过多年的工业化试验，二元复合驱聚合物-表面活性剂复配工艺不断优化改进，形成了目前的“熟化罐复配”技术，在工业化推广阶段已开始成熟应用。

在二元复合驱工业化试验阶段，表面活性剂原液是经泵增压后在高压注入泵前端（喂液泵后）注入，与聚合物母液完成复配，形成聚合物—表面活性剂二元复合驱母液，再经注入泵升压与高压采出水混合后注入。这种工艺在应用过程中存在计量不稳、两种药剂黏度较高混合不均匀等问题，造成单井二元复合驱目的液注入精度不达标，目前大部分油田已不再使用该流程。

为解决上述问题，二元复合驱母液复配改在聚合物熟化罐内进行，设置二元调配熟化罐，即“熟化罐复配”技术。聚合物母液、表面活性剂原液和配制用水分别经泵输送至二元调配熟化罐，聚合物母液、表面活性剂原液和水在二元调配熟化罐内熟化 2～2.5h。二元调配熟化罐内设低剪切搅拌器，使药剂和水充分混合复配，同时完成熟化和复配过程，形成二元复合驱母液。二元复合驱母液由喂入泵（输送泵）升压、过滤后直接通过注入泵与高压采出水混合注入。“熟化罐复配”使化学药剂混合均匀，保证了注入计量精度，目前各二元复合驱开发区块基本均采用了这种复配工艺流程。各油田表面活性剂

原液一般通过罐车拉运卸入储存罐，储存罐中的表面活性剂通过螺杆泵泵入表面活性剂稀释罐中与水混合成表面活性剂母液，根据配方和流程的不同，表面活性剂母液浓度为 20%～40%。

此外，新疆油田和长庆油田等部分油田在熟化罐复配流程基础上，根据注入要求继续进行了优化改进，保留了表面活性剂在注入泵前的注入流程，实现了注入泵前二元复合驱母液浓度和比例可调，同时满足注入精度和注入比例调节要求，适应了二元复合驱开发的需求。

4）二元复合驱配制技术应用

（1）辽河油田。

辽河油田二元复合驱配制用水首先进入配制站内的储水罐，经储存和杀菌后由供水泵提升去聚合物分散溶解装置溶解聚合物干粉。聚合物干粉由吊车吊到储料斗上方，人工打开进入分散溶解装置，分散装置主要由储料斗、下料器、水射器、混合箱和螺杆泵组成。聚合物采用水力分散，干粉经下料器精确计量进入水射器，水射器为水环流喷射式结构，可形成一股相对高压射流，将聚合物干粉带入混合箱，整个流程水与粉分散效果好、混合均匀。

混合箱内的聚合物母液再由转输泵提升进熟化罐，熟化时间为 2.5h，聚合物母液浓度为 5000mg/L。同时，在配制站内表面活性剂原液按目的液浓度直接掺入聚合物母液去熟化罐管线和采出水去注入站管线，实现“熟化罐复配”和浓度调节。熟化复配完成的二元复合驱母液由外输螺杆泵增压，经过两级过滤器过滤，滤除鱼眼及杂质，通过母液管线输送到注入站。

（2）新疆油田。

新疆油田同样采用射流水力分散，聚合物干粉通过料斗、螺旋上料机被输送到刮板下料器。缓冲罐内的水经离心泵加压后与干粉在水粉混合器混合后进入分散罐，配成聚合物母液浓度为 5000mg/L。

表面活性剂原液通过螺杆泵加压进入配液罐。其中一部分表面活性剂经螺杆泵加压到表面活性剂稀释罐，与配制用水在表面活性剂稀释罐内混合稀释，配成表面活性剂稀释液，用于在注入泵前注入表面活性剂调节浓度。表面活性剂稀释罐内设搅拌器。

表面活性剂配液罐内的另一部分表面活性剂经螺杆泵提升进入二元调配熟化罐，与聚合物母液和水在二元调配熟化罐内熟化 2h，熟化复配制成二元复合驱母液，熟化罐内设低剪切搅拌器。二元复合驱母液与表面活性剂稀释液的表面活性剂浓度相同。

（3）长庆油田。

长庆油田二元复合驱试验站内配制用水经泵提升进入分散装置。聚合物干粉与配制水通过分散装置混合后，在分散装置自带的储罐中初步搅拌溶解，之后进入熟化罐搅拌熟化并储存，当注入系统需要时，再通过外输泵输送至外输系统。熟化罐当储罐使用，减少了储罐和转输泵，节约了用地与用电，适合北三区二元复合驱试验项目特点。

按照聚合物与表面活性剂的混合点在流程中的位置，选用“低压混合、高压注入”工艺，即聚合物与表面活性剂的混合点设置在熟化调配罐和注入泵前，流程具有调节灵活、运行功率较小、黏损率小的特点。

（4）吉林油田。

吉林油田聚合物配制采用风力分散，如图 2-2-6 所示。风力分散装置下料采用螺旋下料器控制干粉量，分散采用鼓风机—文丘里管的风送方式，用鼓风机吹送压缩空气经文丘里管产生负压，抽吸干粉沿风力输送管道送入水粉混合器内的干粉供料，在分散罐内与恒流量配制清水通过水粉头均匀混合。在分散罐内进行初步搅拌混合，完成分散。分散后聚合物母液为未完全溶解的含有大量鱼眼的初混液，这部分溶液通过单螺杆泵送至熟化罐熟化，熟化搅拌时间控制在 2h 左右。

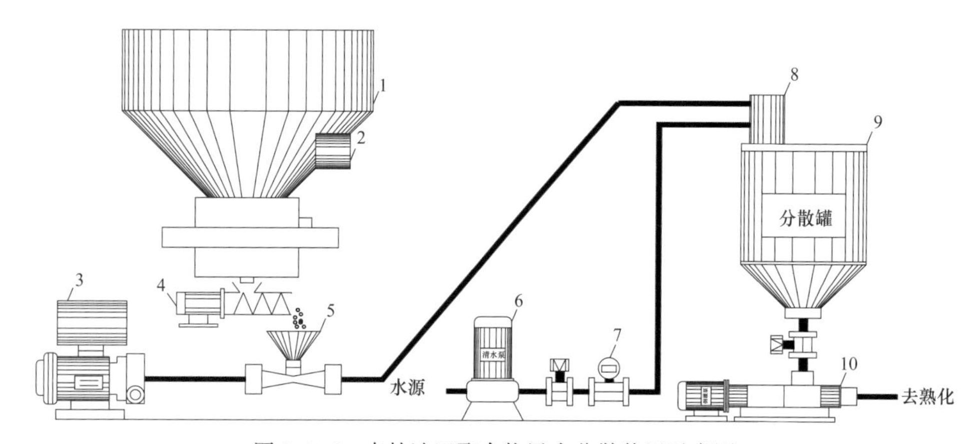

图 2-2-6　吉林油田聚合物风力分散装置示意图

1—料斗；2—振动电动机；3—鼓风机；4—螺旋下料器；5—文丘里管及受料斗；6—水泵；7—流量计；8—水粉混合器；9—分散搅拌罐；10—螺杆泵

吉林油田二元复合驱试验初期表面活性剂存储增压采用单独的系统，即表面活性剂通过计量泵定量供至聚合物母液喂液泵出口，通过静态混合器搅匀后至注入泵入口。后期根据现场应用实际经验，将表面活性剂加注流程改为表面活性剂与聚合物母液统一在熟化罐内混合。即在熟化罐进液时，表面活性剂由螺杆泵通过计量后送至熟化罐，统一在熟化罐内搅拌熟化复配，螺杆泵与熟化罐进液控制联锁，熟化罐进液信号同时触发表面活性剂输送用螺杆泵运行，泵出口计量流量计当次累计流量达到设定值时，自动停止表面活性剂输送用螺杆泵运行。

（5）大港油田。

大港油田二元复合驱配制采用常规采出水，聚合物母液配制采用水力分散，聚合物干粉采用人工方式加入溶解熟化单元的储料斗内，溶解熟化单元通过计量下料器精确控制下粉量，与深度处理后的恒流采出水自动混合，配制成聚合物母液，在熟化单元的熟化槽内进行搅拌熟化。配制过程严格控制聚合物分散、熟化几个核心程序正常工作。

2. 二元复合驱注入技术

二元复合驱注入是指聚合物和表面活性剂复配形成的二元复合驱母液通过高压注入泵升压，在注入泵后掺入注水站高压来水，使二元复合驱母液稀释成目标浓度的二元复合驱目的液，通过注入管道输送至注入井井口注入。根据地质条件和二元复合驱配方的不同，既有单泵单井注入，也有部分区块采用了单泵多井或二者结合的注入方式。

辽河油田通过泵对泵恒压匹配技术，不通过中间任何缓冲，用建在河套外配制站的二元复合驱母液外输泵直接给 2km 外注入站的二元复合驱母液注入泵喂液，减少了喂液泵环节及对聚合物的物理剪切，降低了黏度损失率。辽河油田二元复合驱注入工艺原理流程图如图 2-2-7 所示。

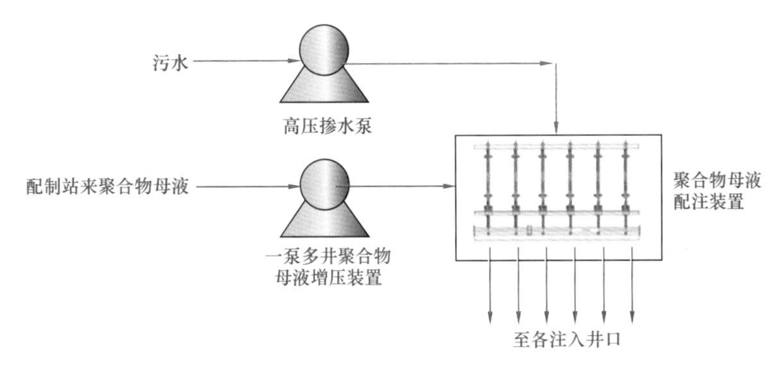

图 2-2-7　辽河油田二元复合驱注入工艺原理流程图

新疆油田首创砾岩油藏“一元可调目的液注入”技术[6]，结合化学药剂的二次复配以及熟化的需要，根据注入目的液中表面活性剂浓度将表面活性剂与水混合形成一元液；在聚合物母液中加入注入浓度要求的表面活性剂形成二元复合驱母液，一元液与二元复合驱母液根据聚合物注入浓度、注入量要求实现在线调节，如图 2-2-8 所示。

如部分井需要降低聚合物浓度，只需要通过离心泵将表面活性剂稀释液输送到注入泵前端并在低压处与二元复合驱母液按规定的比例混合。注入系统采用单泵对单井注入，通过对注入泵变频控制，实现对单井注入量调节。该工艺实现单井注入量和聚合物浓度可调，同时保证在聚合物浓度调整过程中表面活性剂浓度恒定，该工艺聚合物黏度损失率小于 10%，浓度误差小于 4%。

长庆油田二元复合驱试验形成了“清水配制、低压混合、高压注入、配注合一、单泵单井”的地面工艺技术路线，如图 2-2-9 所示。按照地质要求，采用一元（聚合物）浓度可调目的液配注方案，基本流程与新疆油田类似。按照聚合物与表面活性剂的混合点在流程中的位置，选用低压混合、高压注入工艺，即聚合物与表面活性剂的混合点设置在注入泵前，流程具有运行功率较小和黏损率小的特点。利用高压柱塞泵将按照注入要求的比例配制好的二元复合驱母液进行增压注入，同时根据配方要求对需要进行聚合物浓度调整的单井，将表面活性剂母液与二元复合驱母液进行混合，实现对复合液体系中聚合物浓度的调整。

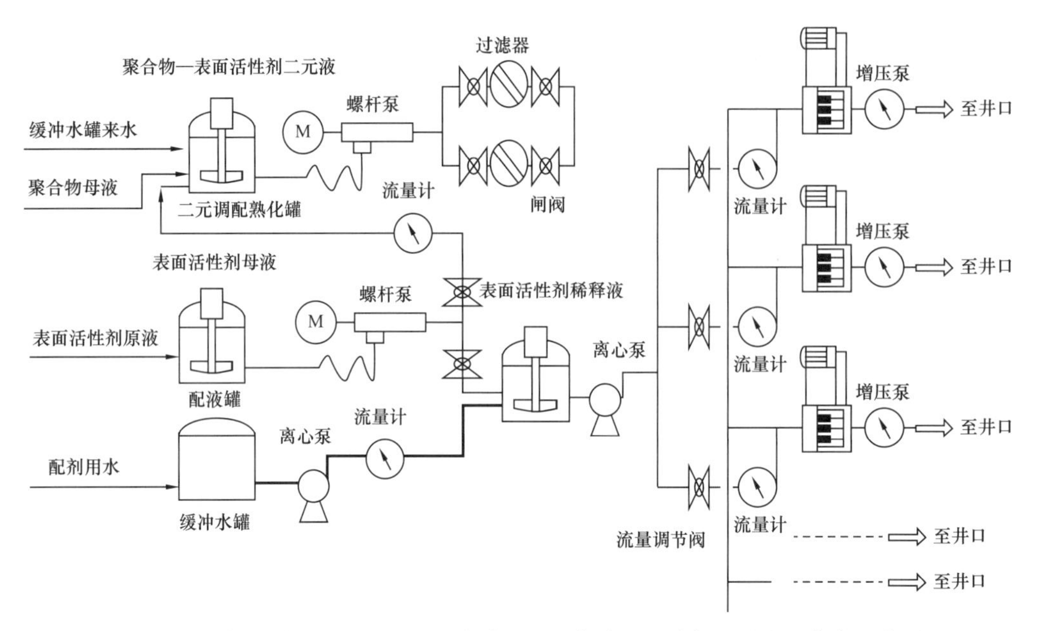

图 2-2-8 新疆油田“一元可调目的液”二元复合驱母液复配及注入技术示意图

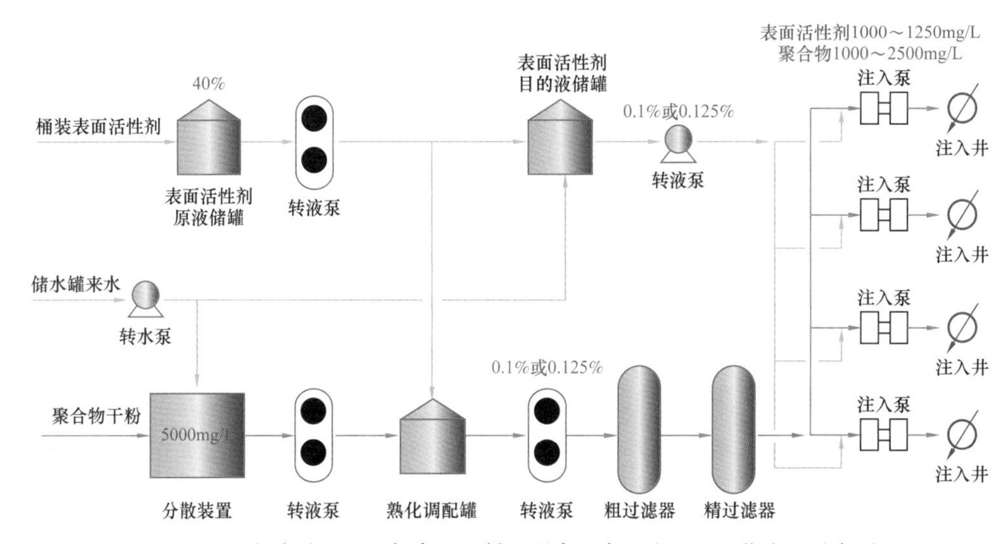

图 2-2-9 长庆油田二元复合驱“低压混合、高压注入”工艺流程示意图

吉林油田根据现场应用实际，聚合物母液与表面活性剂的混合液经螺杆泵加压，过滤器过滤后送入注入泵，由注入泵对二元液进行增压分配后与处理过的高压采出水进行比例混配，再经过静态混合器进一步的混配溶合，达到要求的配制浓度后，由高压管汇输出，再经过地面管线送到注水井井口注入地下。5 口注入井可以通过变频调节注入泵流量实现每口井的注入量的调节目的，同时可实现单井组不同浓度的配制和注入。

大港油田表面活性剂原液从罐车卸入表面活性剂储存罐，储存罐中的表面活性剂通过螺杆泵泵入表面活性剂稀释罐中与采出水混合成浓度为 20% 的表面活性剂母液，稀释罐中的表面活性剂母液经泵增压后在注入泵前端掺入，与聚合物复配形成二元复合驱母液。大港油田二元复合驱配注工艺示意图如图 2-2-10 所示。

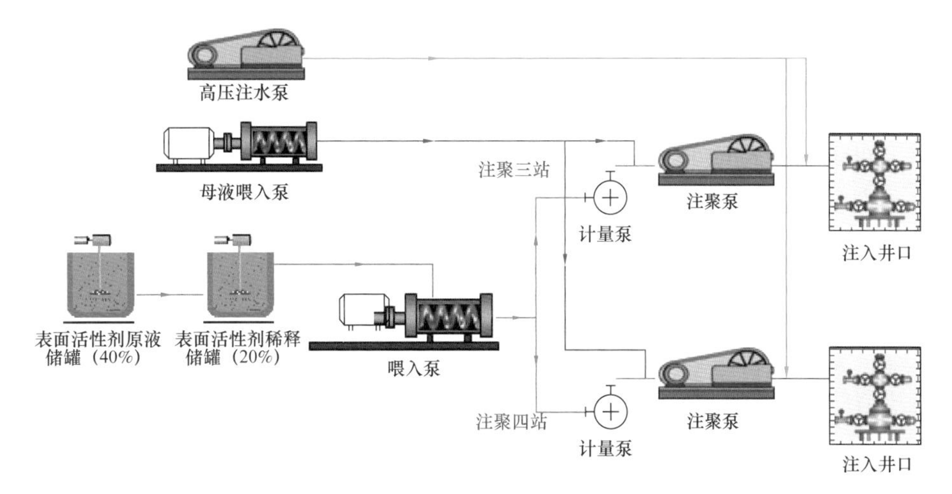

图 2-2-10　大港油田二元复合驱配注工艺示意图

二、油气集输与处理技术

二元复合驱试验区块在水驱阶段地面工程通常已建成了完善的油气集输和处理系统以及采出水处理系统。二元复合驱实施后由于规模相对较小，各油田采出液处理基本以依托已建水驱油气集输和处理系统为主，少部分油田根据二元复合驱采出液的特点对已建系统进行了适应性改造，基本满足了二元复合驱的生产需要。各油田二元复合驱采出液集输工艺以不加热单管集油为主，也有掺输、单井罐及捞油等生产形式，需要根据油品物性和实际情况确定。采出液处理以热化学脱水为主，同时部分油田也采用了沉降脱水和电化学脱水。由于试验区规模较小，对已建系统冲击不大，已建系统能够满足二元复合驱的生产需求。

在二元复合驱工业化推广阶段，采出液集输与处理推荐采用不加热单管集油技术、“一段沉降脱水 + 二段热化学脱水”技术和“两段热化学脱水”技术。电化学脱水受聚合物的影响，电脱水器的电极上面容易黏附油层，影响运行效果。在热化学脱水不能满足生产需求的情况下，电化学脱水可以作为二段脱水技术使用，且最好是与水驱低含水原油汇合到一起进行电化学脱水，减少聚合物对电脱水器的影响[7]。

辽河油田锦 16 块二元复合驱开采后采出液特点为高含水乳化稀油，若按照锦州采油厂原有的井口加热、掺热水或掺稀油的集输方式，耗能大、运行成本高。考虑到锦 16 块二元复合驱油品低凝点（–19℃）的特点，采出液集输采用单管常温输送工艺技术，在井场设置计量平台，井口来油进入称重式油井计量器，充分利用地层能量，单井油气实现井口不加热常温单管密闭输送，达到降低能耗、降低投资及运行成本、提高经济效益目的。采出液处理方面，锦 16 块二元复合驱采用一段加热预分离和二段电脱的全密闭脱水工艺，节省了二段脱水系统升压设备，降低了油气损耗，流程实现了“无泵”工艺。部分油井的伴生气从井口混输至计量接转站，经分离后进入站内已建天然气处理设施，最后进入已建天然气管网。

主要工艺流程如下：天然气出卧式分离缓冲罐→空冷器（利旧）→除油器（利旧）→计量（利旧）→天然气外网（已建）。

新疆油田针对砾岩油藏采出液携泥砂量大、泥砂粒径小（2.00～8.00μm）、采出水矿化度高（15000～20000mg/L）、温度低（10～15℃）等特点，原油处理采用“两段大罐沉降＋电脱”处理工艺，取得了净化油含水小于1%的脱水效果。为了减少相变炉、生化池结垢，研究了温度、压降、曝气、离子积、泥砂和pH值等因素对结垢的影响，依据结垢机理和结垢影响因素进行针对性防垢研究，提出工艺防垢和化学防垢相结合的防垢对策。工艺防垢研究低温脱水除砂原油处理工艺，采用不加热处理，最大限度减少2.00～8.00μm范围泥砂和温度对系统结垢的总体影响，且该工艺能耗低，打破常规大罐沉降70～80℃除砂温度要求；化学防垢研发新型阻垢剂KL-502，阻垢率达到92.3%。相变炉清垢周期由35天左右延长为190天左右。

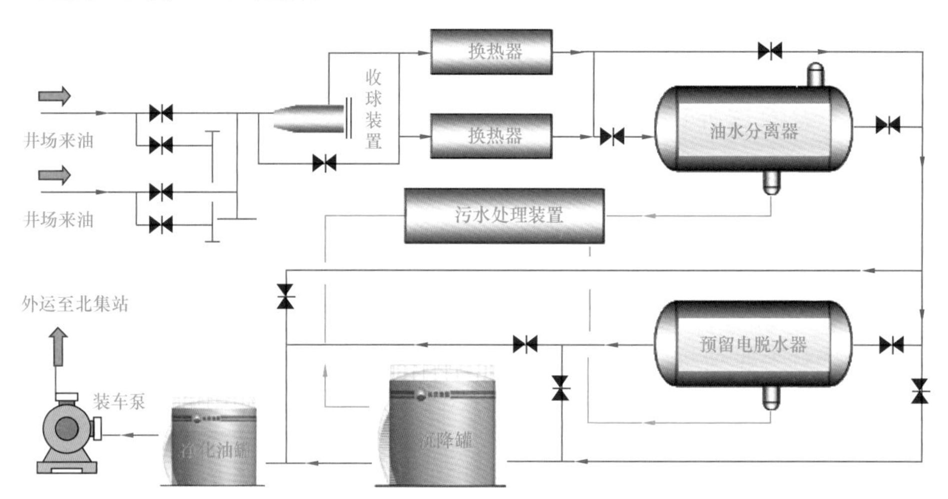

图2-2-11　长庆油田北三区试验站集输系统工艺流程

长庆油田结合成熟使用的密闭油水分离及大罐脱水工艺，在北三区二元复合驱试验区采用了“密闭脱水＋大罐沉降”的两级脱水工艺，并预留电脱水器位置，主要工艺流程如图2-2-11所示。密闭脱水在密闭油水分离器内进行，其结构图如图2-2-12所示。来液中含有伴生气时，转换装置开启，内部液面高度为筒体总高的1/5～1/3，来液从气液旋流分离装置进入，经液体分布装置，减缓来液流速，进行预脱气；经过填料脱水装置，对原油再次进行气液分离；同时，气体经填料脱水装置二次除油。除油后的气体经过除雾装置，降低带液率，气体自出口排出。液体在筒体中沉降分离，进入油水分离室。来液中没有伴生气时，转换装置关闭，罐体内充满来液，罐体成为既分离又传输的管道，液位高度通过油水室导波雷达液位计和基地式液位计显示，通过油水界面仪显示油水界面，自动控制油水界面仪和油水室液位，控制水出口电动阀开度排水，油室通过油出口出油。

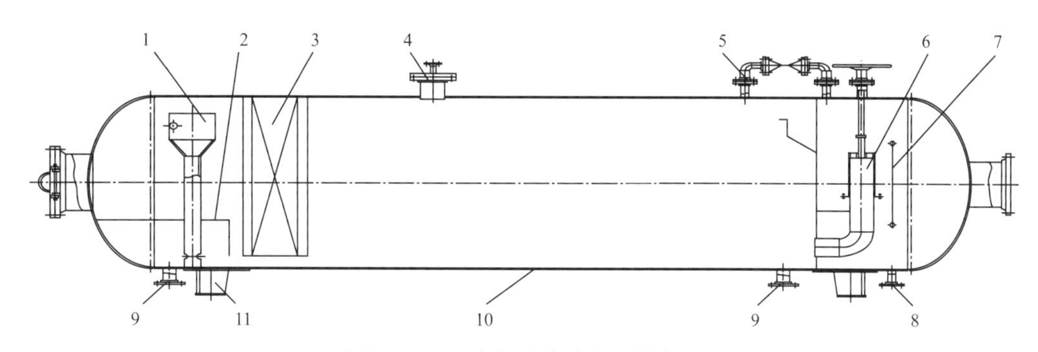

图 2-2-12　密闭油水分离器结构图

1—入口旋流分离器；2—布液装置；3—整流器；4—气体出口；5—连通器；6—水堰板；7—油堰板；8—油水出口；9—排污口；10—容器壳体；11—鞍座

吉林油田二元复合驱规模较小，产液仅占红岗联合站辖区总产液量的 1/13，对已建油气集输流程无影响。红 113 试验站产出液直接进入已建集输系统，与水驱采出液混合后统一处理。油气集输系统总体布局采用二级布站与三级布站相结合的模式，站外单井根据生产实际采用掺输、冷输、单井罐及捞油多种模式生产。红岗联合站站内油气集输采用二相分离密闭流程，脱水流程为“一段常温化学脱水 + 二段热化学大罐沉降”，具体流程如下：站外来液→计量阀组间→两相分离器→计量表→ 5000m^3 一次沉降罐→ 1000m^3 沉降缓冲罐→加药、脱水泵→脱水炉→ 5000m^3 二次沉降罐→ 5000m^3 净化油罐→外输泵。伴生气经二相分离器分离后，依次进入除油器和空冷净化器进行干燥、净化分离，然后一部分气经计量后去给加热炉提供热量，剩余气进入伴生气管网输送至附近已建集气站进行脱水、净化、干燥处理流程，最后统一输送外销。

三、采出水处理技术

各油田二元复合驱采出水具有成分复杂、原油含量高、乳化严重、聚合物及表面活性剂含量高等特点，处理技术、工艺流程和运行管理在各油田均无成熟经验，采出水处理是二元复合驱地面工程的难点和大规模推广的关键技术之一。各油田根据实际情况，通过技术研发和现场试验，采用沉降、气浮和微生物处理等多种技术处理二元复合驱采出水，取得了较好的实际运行效果，满足了二元复合驱生产的需要。

辽河油田通过室内模拟二元复合驱采出水处理试验，确定欢三联内已建采出水处理工艺无法满足二元复合驱采出水处理的需要。根据地质部门要求，处理后的二元复合驱采出水含油量不大于 30mg/L、悬浮物含量不大于 30mg/L，因此需要针对二元复合驱采出水的复杂性和特殊性选择合适的处理流程。总结辽河油田采出水处理的成功经验并结合大庆油田调研的成果，确定了先除油后除悬浮物的技术路线，采用了“曝气沉降 + 溶气式气浮 + 二级双滤料过滤器”的工艺流程。

新疆油田针对二元复合驱采出水聚合物浓度高（590～980mg/L）、表面活性剂浓度高（410～700mg/L）和黏度大（2.34～3.05mPa·s）的问题将物理方法和生物方法有机结合，研发“气浮 + 推流式生物接触氧化”处理工艺，以“溶气气浮”作为“微生物处理”的预处理设施，通过高效溶气气浮设备，抗击来水负荷冲击，保证微生物处理平稳运行；利用微生物分解代谢的能力，分解水中的乳化油及悬浮物，从处理效果看整套工艺影响主要因素为表面活性剂浓度，在表面活性剂浓度小于 50mg/L 时，净化水可达到含油量不大于 20mg/L、悬浮物含量不大于 20mg/L 的指标。

长庆油田二元复合驱试验站采出水处理总体工艺方案立足于长庆油田的成熟工艺，并充分借鉴其他油田采出水处理经验，采出水处理采用了“气浮沉降 + 混凝沉降 + 双滤料过滤”的工艺流程。

吉林油田红岗红 113 二元复合驱试验区产出液较少，均混入已建集输系统处理，采出水也进入红岗红一联合站统一处理，处理后在联合站辖区统一回注。红岗红一联合站采出水处理系统设计规模 $2.0\times10^4m^3/d$，采用“压力沉降除油 + 二级过滤”工艺流程，设计出水指标含油量为 8mg/L、悬浮物含量为 3mg/L、粒径中值为 2μm。

大港油田港西三区二元复合驱采出水处理任务主要由西二联承担，采出水处理采用“沉降 + 多功能一体化处理”的常规处理工艺流程和“曝气 + 化学法”的深度处理工艺流程，处理后采出水达到配制用水水质标准。采出水深度处理主要是除铁和杀菌，减少用于配制聚合物母液时对聚合物黏度影响，保证聚合物在油层中的长期热稳定性。处理后的配聚用水中各种细菌都小于 25mg/L，Fe^{2+} 含量不大于 0.2mg/L，处理后水质满足配制用水技术指标要求。

四、技术路线

二元复合驱推荐的地面工艺技术路线如下。

1. 配制与注入技术

二元复合驱工业化推广推荐采用“集中配制、分散注入”地面建设模式，分别建设配制站和注入站，可采用的工艺技术有“熟储合一”“熟化罐复配”“一泵多站”“一管两站”和“一泵多井”。

二元复合驱配制用水推荐使用油田采出水，聚合物分散采用风力分散和水力分散均可，聚合物和表面活性剂复配在熟化罐内进行，根据需要设置浓度调节流程。复配的二元复合驱母液输送采用一泵多站和一管两站输送至分散建设的注入站，注入站内采用一泵多井，在注入泵后来自注水站的高压水与二元复合驱母液混配成目标浓度的二元复合驱目的液，通过注入管道输送至注入井口注入。同时为保持聚合物黏度，配制用水及分散熟化、输送和注入等环节均需要采取黏度保持措施，降低黏度损失率。

2. 油气集输与处理技术

二元复合驱试验阶段油气集输与处理均依托已建水驱集输和处理系统，由于试验区规模较小，对系统冲击不大，已建系统能够满足二元复合驱的生产需求。

二元复合驱工业化推广阶段，油气集输推荐采用不加热单管集油技术，采出液处理推荐采用“一段重力沉降脱水 + 二段热化学脱水”技术或“两段热化学脱水”技术。在热化

学脱水不能满足生产需求的情况下，电化学脱水可以作为二段脱水技术使用，且最好与水驱低含水原油混合降低化学剂浓度后共同脱水。

3. 采出水处理技术

二元复合驱采出水处理推荐充分依托水驱已建采出水处理系统。对于新建的系统，推荐采用“气浮＋二级过滤”作为主体处理技术[8]；对采用重力沉降工艺改造的处理站，可采用“沉降罐＋气浮＋二级过滤”合一工艺技术。

五、发展方向

二元复合驱已经进入工业化推广阶段，目前的配制与注入技术、油气集输与处理技术和采出水处理技术基本能够满足二元复合驱地面生产的需要。但同时也存在一些需要进一步研究解决的关键技术问题，进一步优化简化地面工艺，降低地面建设投资和运行成本。二元复合驱下一步应重点攻关下面 4 个方面。

1. 二元复合驱高效配制技术

1）聚合物干粉自动密闭投加技术

目前的配制过程中，聚合物干粉投加需要人工操作完成，工人劳动强度大、配制车间环境差、生产管理难度大，另外需要建设高大库房，工程投资高。下一步随着二元复合驱推广规模的扩大，需要降低劳动强度、提高生产效率、强化本质安全和节省投资成本，需要研发聚合物干粉全自动传输投料工艺技术，实现密闭上料及过程自动化[9]。

2）二元复合驱母液连续配制技术

聚合物和表面活性剂在熟化罐内完成熟化和复配，目前为序批式工艺，各系统及设备根据二元复合驱母液存量情况间歇式运行，自动化水平不高。由于熟化复配时间长，二元调配熟化罐数量多、占地面积大，导致投资较大、运行成本及能耗较高。为提高熟化复配效率、降低建设投资，下一步应开展连续配制技术研究，研发水粉研磨器等关键设备，缩短熟化复配时间，进行连续熟化技术及设备研究。

2. 二元复合驱个性化注入及一体化装置研究

由于油藏的差异，二元复合驱需要个性化注入，不同的注入井及注入的不同阶段需要注入不同分子量的聚合物。现有的“集中配制、分散注入”地面建设模式要实现个性化注入，需要根据母液类型分别建设母液管道、母液储罐和分组汇管等，造成注入工艺复杂、管理不便，投资较高。因此下一步需要研究个性化注入工艺及装置，并实现一体化集成，形成“橇装模块化配注模式”，达到提高设备利用率、实现个性化注入和降低工程投资的目的。

3. 采出液高效脱水技术研究

由于聚合物和表面活性剂的加入，二元复合驱采出液高度乳化、携带大量泥砂，采用电脱水处理时，电脱水器受聚合物的影响，电极上面容易黏附油层，影响运行效果，因此一般需要与水驱来液混合后处理以减少聚合物的影响。采用热化学脱水时，为取得较好的破乳效果，确保原油含水率合格，需要增加破乳剂投加量，造成运行成本增加和泥量增多。因此下一步应继续研究适应含聚采出液处理的高效电脱水器，研发高效脱水药剂，减少污泥产量，系统提高含聚采出液的脱水处理效率。

4. 二元复合驱采出水低成本处理技术研究

与采出液处理相似，二元复合驱采出水处理同样也存在除油与除悬浮物困难、药剂用量大以及污泥产量多的问题。目前推荐采用的“气浮 + 二级过滤”或“沉降罐 + 气浮”技术，是通过增加药剂投加量、延长流程和增加沉降时间等方式以确保处理效果，下一步应继续研究低成本、高效和短流程的采出水处理技术，降低建设投资和运行成本。

第三节　新设备和新材料

一、配注系统“四化”建站模式及设备

中国石油在对二元复合驱地面配注工艺优化、简化及标准化设计基础上，创建了流程布局标准化、工艺单元模块化、建设安装橇装化和生产管理数字化的“四化”建站模式，大幅度缩短了配注系统流程、提高了效率、降低了成本、提升了信息化管理水平。

模块化是指按照二元复合驱配注工艺特点，各类站场由若干定型化的模块组成，各模块具有独立性、互换性、通用性和高度集约性，与常规注聚配注工艺相比，减少了占地面积，缩短了建设周期，节省了建设投资，且可易地重复利用。二元复合驱配注装置按照功能划分为 8 个模块，如图 2-3-1 所示。

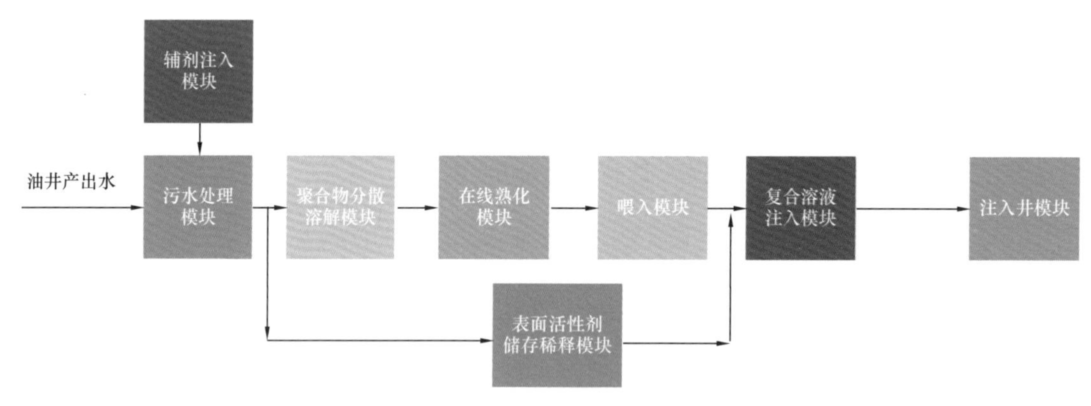

图 2-3-1　二元复合驱配注模块示意图

橇装化是指在实现各配注单元模块化的基础上，为加快地面工程建设速度，二元复合驱配注系统各模块全部在工厂内制造及组装，工厂预制率达到 95% 以上；实现了工厂化预制、橇装化安装，且便于运输和现场吊装；橇块间管道和配电实现现场快速连接。

数字化是指通过工艺程序控制配注站内的 300 多个自控点，数据实现自动采集，并通过通信网络实现数据交换与设备互动，生产过程采取分散控制，集中监视。各模块设备启停、故障监测与报警、参数采集与处理均通过自控系统自动运行，具备自动和手动双动控制，整体采用 PLC 控制，油水井和配注站生产参数实时传输，实现生产过程监控可视化，工艺运行参数设定远程化，可远程对站库及生产过程进行综合管理。

标准化是指场站建设按照二元复合驱不同配注规模，形成配注站系列标准化设计图纸，实现布局模式统一、场站标准统一、设备定型统一、设备备用统一。配注站视觉形象标准化，目前已形成了配注能力 1000m^3/d，1500m^3/d，2000m^3/d，2500m^3/d，3000m^3/d 和 4000m^3/d 6 个系列建站标准定型产品。二元复合驱标准化注入站示意如图 2–3–2 所示。

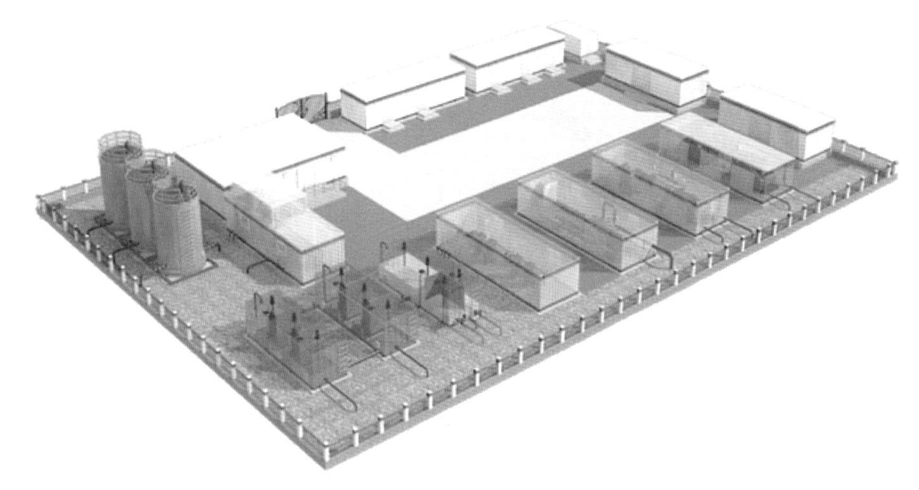

图 2–3–2　二元复合驱标准化注入站示意图

大港等油田二元复合驱“四化”模式使地面建设成本及周期大幅降低，较常规固定建站模式相比，占地面积减少 60%，单井地面工程投资减少 32% 以上，实现了中等规模配注站 120 天内建设完成。

二、双螺带搅拌器

为了更进一步缩短二元复合驱超高分子量聚合物的熟化时间，采用计算流变学数值模拟方法，对不同类型的搅拌器进行了对比模拟，优选出了双螺带螺杆搅拌器，并采用示踪粒子图像测速法（PIV），对双螺带螺杆搅拌器搅拌流场进行验证。图 2–3–3 是双螺带搅拌器的 CFD 模拟速度矢量场图，图 2–3–4 为 PIV 测量流场图。

从图 2–3–3 和图 2–3–4 中可以看出，双螺带搅拌器在全流域形成轴向大循环，消除了中间混合死区，减少了近壁区域流体的停滞，大大提高了高黏弹性聚合物溶液的混合速率。

根据实验结果和模拟数据，开发了适合黏弹性聚合物母液的双螺带螺杆搅拌器工业产品，现场应用试验表明，与常规的螺旋推进式搅拌器相比，熟化时间由 180min 降低为 120min，减少了 60 min，有效提高了生产效率。

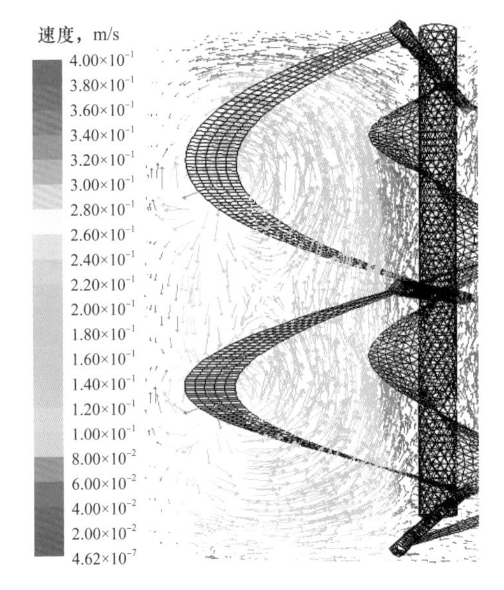

图 2-3-3　双螺带搅拌器 CFD 模拟速度矢量场图

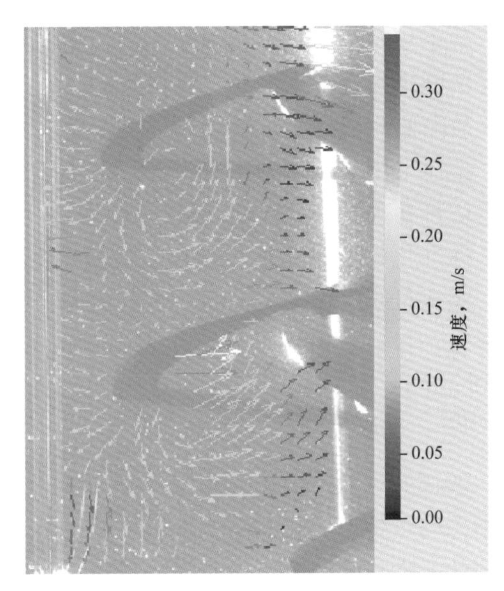

图 2-3-4　双螺带搅拌器 PIV 测量流场图

三、静态混合器

静态混合器的作用是将高浓度的聚合物母液与水混合形成目的浓度的聚合物溶液，静态混合器的种类比较多，常用的有 H 型、X 型和 K 型等。通过大量的优选试验，针对中分子量聚合物，确定了由 K 型和 X 型两种混合单元组合使用效果最好，研制了 KX 型静态混合器。针对超高分子量聚合物溶解性和混合效果差的问题，开发了预混式静态混合器。

KX 型组合式静态混合器由 K 型结构和 X 型结构混合单元组成，如图 2-3-5 所示。

图 2-3-5　静态混合器混合单元结构图

在 K 型结构段，流体被迫沿螺旋片做螺线运动，另外流体还有自身的旋转运动。正是这种自旋转，使管内任一处的流体在向前移动的同时，不仅将中心的流体推向周边，而且将周边的流体推向中心，从而实现良好的径向混合效果，使流体混合物在出口处达到一定的混合程度。

在 X 型结构段，流体被狭窄的倾斜横条分流，由于横条放置得与流动方向不垂直，绕过横条的分流体，并不是简单的合流，而是出现次级流，这种次级流起着“自身搅拌”的作用，使各股流体进一步混合。图 2-3-6 为组合式静态混合器全流场流线图。

图 2-3-6　组合式静态混合器全流场流线图

组合型静态混合器具有最小的混合不均匀度，且在保证混合效果的前提下，能够降低黏度损失达 3%。

四、二元复合驱专用取样器

取样的真实性会影响到前端药剂配制质量及驱油效果。为保证注入二元复合驱溶液各项指标满足生产实际需求，在二元复合驱配制注入系统中各节点设置专用取样设施是十分必要的。吉林油田研发的专用取样器采用缓慢放气法控制二元复合驱注入液进入专用聚合物取样瓶，防止流速过高造成所取样品降解，确保了取样的真实性。

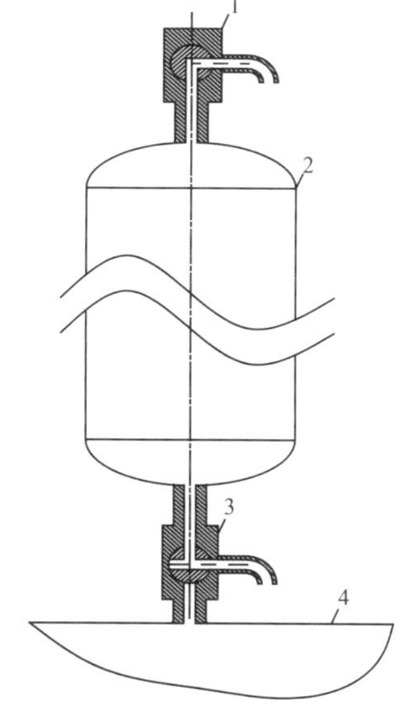

图 2-3-7　高压聚合物取样器实物及结构示意图

1—球阀；2—取样器储液罐；3—三通球阀；4—管线

参考文献

[1] 何江川，王元基，廖广志，等 . 油田开发战略性接替技术［M］. 北京：石油工业出版社，2013.

[2] 廖广志，马德盛，王正茂，等 . 油田开发重大试验实践与认识［M］. 北京：石油工业出版社，2018.

[3] 中国石油勘探与生产公司 . 聚合物—表面活性剂二元复合驱技术文集［M］. 北京：石油工业出版社，2014.

[4]李杰训. 聚合物驱油地面工程技术[M]. 北京：石油工业出版社，2008.

[5]乔明. 配注水质对二元复合驱油剂黏度的影响研究[J]. 石油工程建设，2014，12(6)：56-57.

[6]刘田玲，冉蜀勇，赵美刚，等. 七中区二元复合驱配制注入工艺[J]. 内蒙古石油化工，2014(13)：51-53.

[7]汤林，等. 油气田地面工程关键技术[M]. 北京：石油工业出版社，2014.

[8]汤林，张维智，王忠祥，等. 油田采出水处理及地面注水技术[M]. 北京：石油工业出版社，2017.

[9]李杰训，赵忠山，李学军，等. 大庆油田聚合物驱配注工艺技术[J]. 石油学报，2019，40(9)：1104-1115.

第三章　三元复合驱地面工程

根据开发要求、体系性能和采出液物性特点，三元复合驱地面工程形成了“集中配制、分散注入”的“低压三元（二元）、高压二元”配制与注入工艺技术，确定了“两段脱水”和“序批式沉降＋两级过滤”采出液处理工艺，明确了工艺参数和主体设备的技术指标，实现了复杂采出液有效处理，为三元复合驱工业化推广打下了坚实的基础[1]。

第一节　概　　述

三元复合驱是将碱驱、表面活性剂驱和聚合物驱联合使用的方法，聚合物起到了流度控制和调剖的作用，碱和表面活性剂起到了降低油水界面张力、改变岩石润湿性的作用，同时碱还具备降低表面活性剂吸附损耗的牺牲剂功能。三元复合体系既具有较高的黏度，又可与原油形成超低界面张力，能够在扩大波及体积的同时大幅度提高驱油效率，从而提高原油采收率20%以上，是提高采收率的重要技术措施[2]。

一、驱油机理

三元复合驱是在碱驱、表面活性剂驱和聚合物驱的基础上发展起来的一项大幅提高采收率的新技术，三元复合驱除了具有各组分的全部驱油机理外，还可以发挥表面活性剂、聚合物和碱三者的协同效应，三元复合驱的驱油机理和主要作用如下：

（1）表面活性剂，可有效降低界面张力，提高洗油效率；碱水虽然与石油酸生成一定量的表面活性剂物质但是量较少，加入表面活性剂可以弥补这一缺点；在一定条件下，表面活性剂可与聚合物形成络合结构，有利于增大复合体系的黏度；表面活性剂的乳化作用可增大驱替相的黏度。三元复合驱体系注入表面活性剂浓度为0.1%～0.6%（质量分数），大幅降低了成本。

（2）聚合物，可有效增大表面活性剂和碱的黏度，减小驱油流度比，增大表面活性剂或碱水体系波及范围，洗油效率更高，增大了表面活性剂体系的利用率；用作牺牲剂与地层中二价离子反应减小表面活性剂或碱的消耗；提高乳状液稳定性等。三元复合驱体系注入聚合物浓度一般为1000～2000mg/L。

（3）碱，与表面活性剂发生协同效应，弥补表面活性剂体系的不足，使复合体系与原油形成超低的界面张力，降至10^{-3}mN/m以下，从而具有较好的原油乳化能力；与地层水中的二价离子反应，减少了表面活性剂的消耗，降低驱油成本；可有效乳化原油，通过乳化捕集和乳化携带作用将原油采出。三元复合驱体系注入碱浓度为1.0%～1.2%（质量分数）。

与单一聚合物驱相比，由于表面活性剂和碱的存在，三元复合驱在增大波及系数的同时也有效降低了油水界面张力；与表面活性剂或碱水驱油技术相比，由于聚合物的存在使得三元复合体系波及范围更大，增大了表面活性剂体系的利用率。

二、发展历程及驱油效果

三元复合驱是20世纪80年代初国外提出的化学驱油方法，是从聚合物—表面活性剂二元复合驱体系发展而来的。当时，二元复合驱无论是在室内研究还是在矿场试验中都取得了非常好的技术效果，受到行业普遍重视。但当时的二元复合驱体系表面活性剂用量大、浓度高（表面活性剂浓度高达5%～10%），成本太高限制了二元复合驱的商业化应用。而三元复合驱正是通过加入廉价的碱剂来部分代替价格比较昂贵的表面活性剂以实现大规模应用。

Dome等石油公司最早开发了低表面活性剂浓度的三元复合驱技术，在浓度低于0.5%（质量分数）的表面活性剂溶液中加入适当的碱，配以适当的聚合物以保持体系黏度，该体系取得了与二元复合驱相同的采收率提高幅度，而化学剂用量却降低至原来的1/10以下。随后美国Tanner油田、Cambridge油田和West Kiehl油田进行了三元复合驱试验，技术上取得了成功，但经济效益无明显优势。印度尼西亚、沙特和马来西亚等多个国家也先后开展了三元复合驱试验，但这些地区为高温高盐油藏，受限于耐高温抗盐聚合物和表面活性剂的开发，复合驱技术应用难度大。随着耐温抗盐驱油剂和新配方的不断研发，三元复合驱应用规模可进一步扩大。

大庆油田从1988年开始三元复合驱室内研究，1993年开始进口表面活性剂三元复合驱矿场试验。1996年开始进口表面活性剂三元复合驱扩大试验，得出了大庆油田适合三元复合驱、提高采收率可达20%左右的结论，但受制于进口表面活性剂价格较高，造成三元复合驱整体经济效益差。针对进口表面活性剂矿场试验存在的问题，2000年研制出具有自主知识产权的表面活性剂，实现工业化规模生产，开展了国产表面活性剂三元复合驱先导试验，明确了国产表面活性剂的效果，优化了三元复合驱配套技术。2005年为落实“加速推进大庆油田三元复合驱油技术攻关、先导试验和工程技术配套”的指示，大庆油田开始三元复合驱工业化试验，在南五区开展一类油层和北一区断东开展二类油层开展强碱三元复合驱试验。为了降低强碱对地层的伤害程度和对举升及地面工艺带来腐蚀和结垢等问题，在北二区西部开展二类油层弱碱体系三元复合驱试验。大庆油田南五区一类油层三元复合驱试验，最终提高采收率20%以上，比同类聚合物区块高10%。大庆油田北一区断东二类油层三元复合驱试验，为首次针对非均质性较强的二类油层开展强碱三元复合驱试验，经过7年现场试验攻关，试验最终提高采收率28%。大庆油田北二区西部二类油层弱碱三元复合驱试验，结果显示石油磺酸盐弱碱三元复合体系与萨北二类油层配伍性好，提高采收率29%。与注入相同孔隙体积的强碱三元复合驱及聚合物驱相比，弱碱三元复合驱提高采收率与强碱三元复合驱相当，是聚合物驱的2倍，同时弱碱三元复合驱采出端结垢弱于强碱三元复合驱，结垢井数比例低，垢质成分为碳酸盐。工业化试验对大庆油田大规模推广应用三元复合驱具有重要的指导意义，实现了三元复合驱由强碱体系向弱碱

体系的转变，由主力油层向油层条件较差、非均质性严重的二类油层的转化。

从2009年开始，针对机采井结垢和采出液处理难等问题，开展杏六区东部Ⅱ块一类强碱三元复合驱示范、北一区断西西块二类强碱三元复合驱示范和北三东西块二类三元复合驱弱碱示范，表面活性剂性能改善，配套工艺逐步成熟，技术标准建立，达到工业化应用条件。大庆油田在水驱和聚合物驱之后，三元复合驱发展成为主体接替技术，从2014年开始三元复合驱的工业化推广应用，截至2018年三元复合驱总体提高采收率18%以上，累计动用地质储量2.09×10^8t，累计生产原油2157×10^4t，2018年三元复合驱产油量449×10^4t。大庆油田成为世界上最大的三元复合驱驱研发与生产基地。大庆油田三元复合驱原油产量变化如图3-1-1所示。

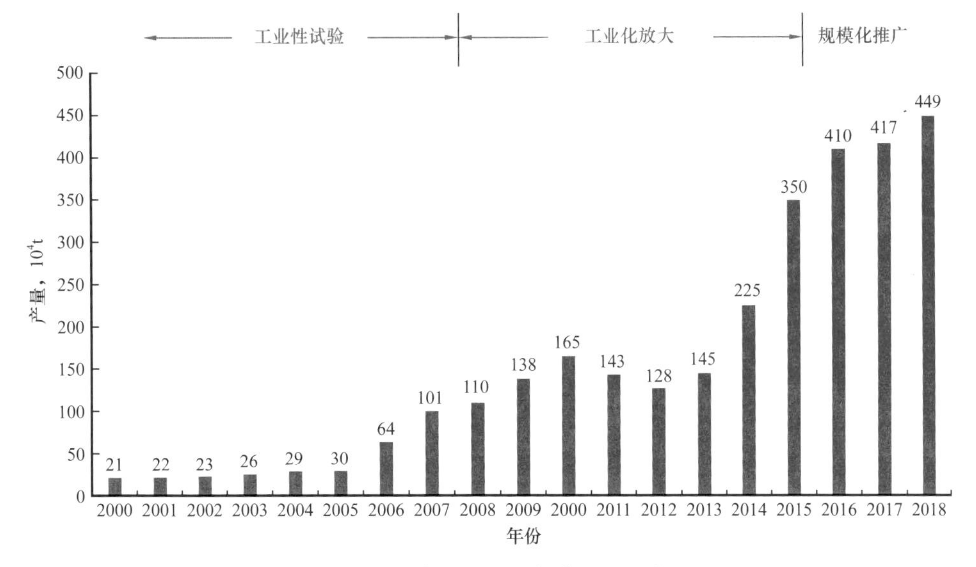

图3-1-1　大庆油田三元复合驱原油产量

大庆油田三元复合驱地面工程经过室内研究、先导性矿场试验、工业性矿场试验和大规模工业化推广应用4个阶段，取得了丰富的研究成果，形成了适应三元复合驱的地面工程技术系列[3]。

三元复合驱配注工艺技术方面。在“九五”和“十五”的先导性矿场试验阶段，通过对三元化学剂配伍性质研究，形成了目的液的配注工艺。这种工艺已经过杏二中试验站等多座试验站运行考核，三元复合体系配注的化学剂浓度和单井注入量准确度高达98%。在“十一五”工业性现场试验阶段，开发了每种化学剂对应一台泵实现化学剂注入量可任意调节的工艺技术，单泵单井单剂工艺完全能够满足化学剂个性化注入要求，但是也存在设备投资较高、注入泵的数量多、生产运行维护费用高等问题。“十二五”和“十三五”期间，根据开发提出的注入过程中“聚合物浓度可调，碱和表面活性剂浓度不变”的个性化注入要求，针对单泵单井单剂配注工艺的问题，进一步简化形成了“低压三元、高压二元”的地面工程三元配注站新工艺。注入化学剂浓度准确度达95%以上，注入量准确度在98%以上，能够满足三元复合驱开发要求。随着工业化推广应用的需要，形成基于集中配制，分散注入的“低压三元、高压二元”配注工艺。由于注入端结垢的影响，在生产过程中运行“低压二元、高压二元”工艺，根据单井聚合物浓度分组高压二元的技术措施，提高单井碱浓度方案合格率。

三元复合驱采出液原油脱水工艺技术方面。“十五”期间，表面活性剂的国产化以后，通过室内模拟对比试验和现场试验研究表明，采出液处理难度明显增加。在采油四厂杏二中试验区国产烷基苯磺酸盐类表面活性剂强碱体系三元复合驱和采油三厂小井距 α-烯烃表面活性剂弱碱体系三元复合驱两个试验区，针对现场试验存在的问题进行了研究攻关，开发了新型的游离水脱除器、电脱水供电设备和电化学脱水器，在试验区当时化学剂含量变化范围条件下，能够实现采出液的有效处理。但仍存在采出液脱水工艺技术没有经过高峰期检验等问题，需要进行现场试验，进一步完善三元复合驱采出液处理工艺技术。“十一五”期间，结合三元复合驱的工业性现场试验，依托南五区、北一区断东和北二西三元试验区，针对采出液乳化严重问题，研制了 SP 系列破乳剂；针对泡沫问题，研制了 AF 系列消泡剂；针对聚结填料的堵塞问题，开发了具有可再生填料的游离水脱除设备；针对电脱水器平挂极板淤积问题，研制了组合电极电脱水器及配套大电流供电设备。在“十二五”和“十三五”期间，依托试验区、北一区断西西和北三东三元复合驱示范区，结合三元复合驱的推广应用，形成了以两段脱水为主体的三元复合驱采出液脱水工艺，研发并现场应用了适合强碱体系和弱碱体系三元复合驱采出液处理化学药剂，优化确定加药量。为提高脱水系统的稳定性，从化学药剂方面，研究了油井酸洗作业应对措施；从设备方面，研究了脉冲脱水技术，提高运行稳定性；从工艺方面，试验了回收油单独回收处理工艺，避免中间层的产生，提高了脱水系统的运行平稳性。

三元复合驱污水处理工艺技术方面。“十五”期间，针对国产表面活性剂三元复合驱采出水处理开展了长期的现场试验，研制出配套复合清水剂 CF1001，提出了以横向流聚结—气浮组合分离装置为除油沉降分离设备、以石英砂磁铁矿双层滤料过滤设备为一级过滤、以海绿石磁铁矿双层滤料过滤设备为二级过滤的三段处理工艺。现场试验研究表明，这些处理工艺处理后的水质达到了大庆油田含聚污水高渗透油层回注水水质控制指标，实现了三元复合驱采出水的有效处理。“十一五”期间又分别试验了“曝气沉降罐→横向流聚结气浮组合式沉降分离装置→石英砂磁铁矿双层过滤器→海绿石磁铁矿双层滤料过滤器”流程和“曝气沉降罐→三元高效油水分离装置→石英砂磁铁矿双层过滤器→海绿石磁铁矿双层滤料过滤器”流程。“十二五”和“十三五”期间，针对三元复合驱采出水黏度大、乳化程度高的特点，转变过于依赖投加化学复合清水剂为主的思路，充分考虑物理化学的协同作用，提出了序批式的沉降处理工艺及其由此产生的序批式油水分离设备，采用沉降时间长、耐冲击的沉降设备和降低过滤罐滤速的方法，同时配合投加水质稳定剂，来实现三元复合驱含油污水水质达标，最终形成了大庆油田较为成熟的“序批式沉降→一级石英砂磁铁矿双层滤料过滤罐→海绿石磁铁矿双层滤料过滤器”三元复合驱采出水处理工艺技术。

新疆油田开展了砾岩油藏三元复合驱试验，开展了二中区和七东区三元复合驱油先导试验[4]。新疆油田二中区是中国第一个砾岩油藏三元复合驱先导性试验。截至 1998 年

底，试验区综合含水 92.4%，提高采收率为 23.15%，试验取得了良好的效果。为了进一步完善、评价砾岩油藏复合驱技术，2015 年新疆油田在七东区筛选 9 注 16 采试验区进行砾岩油藏弱碱三元复合驱先导性试验，三元复合驱试验开展后油井全见效，单井日产油由 6.7t 上升到 8.5t，预计提高采收率 20.5%，预计累计产油 29.8×10^4t，2018 年实际产油量 2.2×10^4t。

三、地面工程建设情况

1. 总体工艺

三元复合驱配注总体工艺采用集中配制、分散注入的“低压三元（二元）、高压二元”配注工艺。碱和表面活性剂卸车、储存、转输系统，结合注水站就近集中建设二元调配站，新建碱和表面活性剂二元水配制系统，把碱和表面活性剂加入配制罐内，配成含碱和表面活性剂注入目的浓度的水溶液，输送到聚合物配制站，用于配制聚合物母液，然后分别输至每座注入站；同时在注水站用注水泵，将含碱和表面活性剂为注入目的浓度的水溶液升压，送至注入站，在注入站按注聚合物的模式进行注入。大庆油田三元复合驱配注系统总体工艺流程如图 3-1-2 所示。

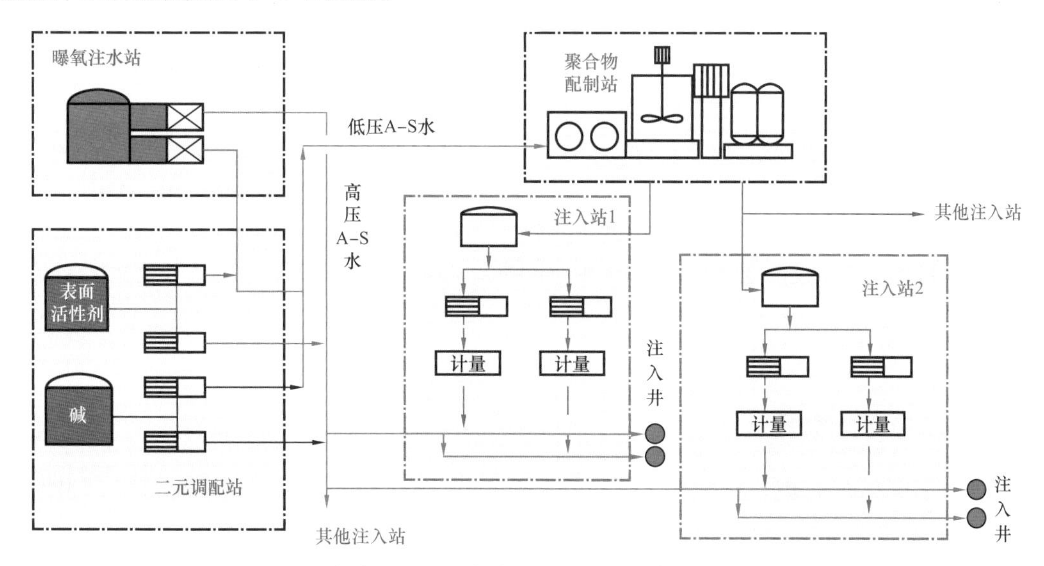

图 3-1-2 大庆油田三元复合驱配注系统总体工艺流程示意图

三元复合驱地面油气集输系统主要依托已建系统，形成了“油井→计量间→转油放水站→脱水站”总体工艺流程，即油井采出液首先经计量间汇集到转油放水站进行游离水脱除、放水回掺，然后再将低含水油输送到脱水站进行处理。转油放水站采用分三相分离工艺，脱水站一般采用两段脱水工艺，即一段游离水脱除，二段电化学脱水；转油放水站和脱水站脱除的含油污水外输至污水处理站，污水处理站采用“序批式沉降 + 两级过滤”的处理工艺。大庆油田三元复合驱集输处理系统总体工艺流程如图 3-1-3 所示。

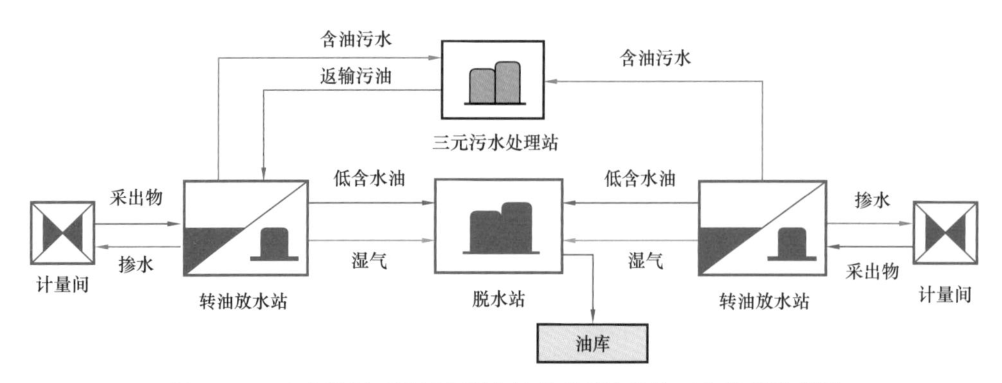

图 3-1-3　大庆油田三元复合驱集输处理系统总体工艺流程示意图

2. 油田建设现状

从 2014 年开始，大庆油田三元复合驱进入全面推广阶段。截至 2018 年底，大庆油田三元复合驱投入工业化区块 24 个，建成三元复合驱注入井 2909 口，新（扩）建转油放水站和采出水处理站等大中型工业站场 58 座，新建注入站和计量间等小型工业站场 143 座，形成了配制注入、原油集输脱水和采出水处理等比较完善的地面工程系统，保障了工业化的顺利实施。大庆油田在北一区断东开展二类油层强碱体系三元复合驱矿场试验，在南五区开展一类油层强碱体系三元复合驱矿场试验，在北二区西部开展二类油层弱碱体系三元复合驱矿场试验。

新疆油田七东区弱碱三元复合驱先导性试验，地面建设建设三元复合驱注入井 9 口、采油井 16 口，建产能 5.2×10^4t/a，建设三元注入站 1 座，配注规模 720 m^3/d，采用“单泵单井、两级浓度调配”的三元配注工艺。站内配套建设碱液配制系统、表面活性剂配制系统、熟化调配系统、复配注入系统以及相应的水、电、建、暖、仪表自动化等系统工程。

四、地面工程难点

1. 采出物物性特点

大庆油田油品普遍具黏度高、含蜡高、凝固点高的三高特点，三元复合驱采出原油的蜡、胶质和沥青质含量与相同层位水驱和聚合物驱采出原油无显著差异。由于三元复合体系中含有碱、表面活性剂和聚合物及碱与油藏水、油藏矿物的作用产物，所以采出液成分较水驱和聚合物驱复杂，油水相黏度大，油水乳化程度高，油水分离速率低。采出原油中钠及硅元素含量高，机械杂质含量高，携砂量大，导电性强，易在分离设备中形成淤积物，造成流道堵塞和电极短路。三元复合驱采出水水质特点为黏度大、驱油剂含量高、矿化度高、碱度高、颗粒细小、油水沉降分离困难。通过对三元复合驱采出水水质特性检测，与水驱、聚合物驱相比，三元复合驱采出水的黏度增大，可达 3.0～6.0mPa·s；与聚合物驱相比，采出水中油珠 Zeta 电位绝对值更大，为 −80～−50mV；矿化度高达 6000～15000mg/L；pH 值高，可达到 10.0～11.5；采出水中油珠粒径中值更为细小，

为 2.57～3.75μm。采出水油水分离特性差，采出水经过室内 8h 静止沉降后，含油质量浓度仍高达 100mg/L 以上。大庆油田水驱、聚合物驱与三元复合驱采出液物性对比见表 3–1–1。

表 3–1–1 大庆油田水驱、聚合物驱与三元复合驱采出液物性对比表

采出方式	水驱	聚合物驱	弱碱 三元复合驱	强碱 三元复合驱
密度（20℃），kg/m^3	856.4	865.1	866.3	861.5
原油黏度（50℃），mPa·s	21.1	22.6	22.3	25.4
蜡含量，%	26.7	29.6	28.4	27.5
胶质含量，%	7.83	7.21	8.76	7.96
原始气油比，m^3/t	45.5	46.6	44.9	45.3
凝点，℃	33	32.6	30.4	31.6
Na^+ 含量，mg/L	6.2	14.8	24.3	34.2
Si^{4+} 含量，mg/L	1.6	1.5	1.8	3.1
机械杂质含量，%	0.05	0.16	0.21	0.24
水中油珠粒径中值，μm	20.7	15.3	3.75	2.57
水相聚合物含量，mg/L	—	400～600	800～1400	800～1400
水相表面活性剂含量，mg/L	—	无	60～120	60～120
pH 值	7.5～8.5	7.5～8.5	8.0～10.0	10.0～11.5
Zeta 电位，mV	-35～-20	-40～-30	-50～-30	-80～-50
水相黏度，mPa·s	0.7～1.0	1.5～2.5	1.5～3.0	3.0～6.0
矿化度，mg/L	4000～6000	4000～6000	6000～7000	7000～15000

新疆油田砾岩油藏经过前期研究及先导试验发现砾岩油藏三元复合驱采出液具有均质性强，采出液具有含聚量（600mg/L）高、含碱量（1600mg/L）高、含表量高（400mg/L）和赫尔矿化度高（15000～20000mg/L）的特性。新疆油田砾岩油藏三元复合驱采出液处理难度更大。

2. 给地面工程带来的难题和问题

（1）配注系统复杂，地面工程投资大、成本高。

三元复合驱注入量大、组分多、配注工艺流程复杂，国内外没有成熟的工业化配注工艺可借鉴；注入指标要求高，各井实现个性化配注，且注入压力变化大，水质要求高，矿化度过高影响界面张力。三元复合驱配注系统的优化简化是地面工程难点中的难点。

（2）采出液脱水难度大。

三元复合驱采出液油水界面张力低，油珠粒径小，导致采出液乳化程度高，难于破乳；采出液导电性增强，脱水电流增大，电脱水器内件污染严重，严重影响电脱水设备的平稳运行；采出液携污量大，脱水聚结填料堵塞，游离水脱除器运行效率下降，脱水效果变差，脱水时间长。

（3）采出水处理难度大、泥量多。

与水驱和聚合物驱相比，三元复合驱水包油型的乳状液中的油珠细小，在沉降过程中浮升速度变慢，采出水难以净化，在投加大量药剂的情况下，产生了大量的泥渣，处理费用高；另外，采出水中含有大量溶解性有机物和无机物，净化后水质容易重新恶化。

（4）地面系统腐蚀结垢严重。

三元复合驱地面工程设备与管道的腐蚀结垢较为严重，在一定程度上影响了三元复合驱技术的推广。由于聚合物、表面活性剂和碱的加入，三元复合驱采出液腐蚀性提高，对金属材质腐蚀较为严重，挂片试验显示腐蚀主要以均匀腐蚀为主，对油田常用涂层和玻璃钢等防腐措施的破坏作用比水驱更大，因此防腐工作难度大、技术要求高。同样，三元复合驱地面管线和设备还存在结垢问题，部分集油管线结垢平均厚度超过 20mm，严重影响油田正常生产，垢质较软、密度低，难溶于酸。由于药剂体系中含碱，碱液配注系统结垢严重，造成碱注入泵、碱管线和碱过滤器堵塞，影响设备使用寿命和正常生产运行。

第二节 关键技术

三元复合驱地面工程已经形成了关键技术序列，主要有配制与注入技术、油气集输与处理技术、采出水处理技术和防腐技术，较好地适应了三元复合驱工业化推广地面系统建设和生产的需求。

一、配制与注入技术

三元复合驱配制与注入技术是三元复合驱地面工程核心技术。针对三元复合驱配注，大庆油田开展了三元组分的溶解特性和管输特性试验研究。通过试验研究三元化学剂（碱、表面活性剂、聚合物）的性质，掌握了三元复合驱用化学剂间的配伍性质；研究了三元复合体系的流变性，建立了三元复合驱体系管输压降计算方法；研究了温度对 30%NaOH 溶液相态变化规律的影响，为工业碱液的储运提供了设计依据。

在大量试验研究的基础上，根据化学剂的性质、化学剂之间的配伍性质以及复合体系的流变性的研究结果，研究出了三元复合驱配注技术。随着三元复合驱研究的不断深入和试验规模的不断扩大，地面配注工艺技术也在不断地研究创新和优化简化，先后研发出目的液配注技术、单泵单井单剂配注技术、“低压三元、高压二元”配注技术和“低压二元、高压二元”配注技术。这些三元复合驱注配技术的研发和不断优化改进，为三元复合驱试验的成功及工业化推广奠定了基础[5]。

1. 目的液配注技术

大庆油田在三元复合驱先导性矿场试验阶段，油田先后建成了4座三元复合驱配注试验站，均采用了目的液配注技术，工艺流程图如图3-2-1所示。通过杏二中等多座试验站运行考核，三元复合体系配注的化学剂浓度和单井注入量准确度高达98%。

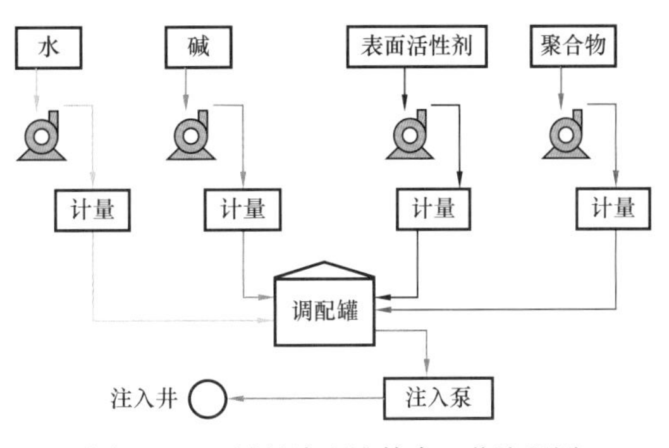

图 3-2-1　目的液配注技术工艺流程图

目的液配注技术即把三种化学剂按复合体系配方共同混配成目的浓度的三元复合体系，碱和表面活性剂通过各自的卸车装置输送到储罐，聚合物在站内分散后输送到三元调配罐，在聚合物进调配罐的同时，把定量的表面活性剂、碱与水依照一定的次序，用转输泵泵输到调配罐搅拌，聚合物与碱和表面活性剂共同熟化至要求浓度的复合体系。

目的液配注技术优点是配制精度高，可以单泵单井也可以单泵多井；缺点是不能利用已建聚合物配制站剩余能力，同时该流程体系中聚合物浓度固定，不能进行调整，灵活性差。

2. 单泵单井单剂配注技术

在三元复合驱工业化现场试验阶段，根据开发方案对地面工程提出的单泵对单井目的液注入、便于单井个性化设计与注入过程中化学剂浓度可调整的要求，同时保证化学剂浓度误差，大庆油田在北一区断东、南五区和北二区西部的三个区块采用了每种化学剂对应一台泵、实现化学剂注入量可任意调节的单泵单井单剂配注技术。单泵单井单剂配注工艺流程图如图3-2-2所示。

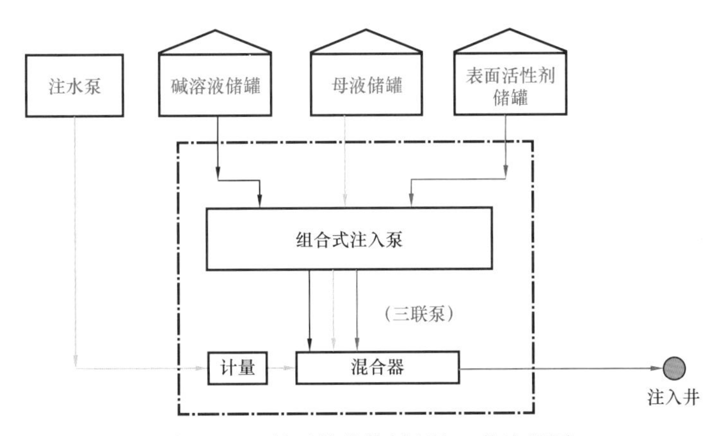

图 3-2-2　单泵单井单剂配注工艺流程图

该技术优点：工艺相对简单、结构紧凑、操作集中；待注液的配比精确；注入参数可随时调整，注入配方可随时调整，实现个性化注入；装置整体拆装方便、可重复使用等。

单泵单井单剂配注技术可实现化学剂浓度的准确度高达95%，单井注入量准确度高达98%。

组合式注入泵又称做多联泵，是“单泵单井单剂”配注技术的核心设备，是针对多种介质定比混合而研发的一种升压设备。特点是集增压与计量于一身，可以严格按照配方要求进行计量和匹配。通过组合式注入泵把三种化学剂按配方依次与计量后的高压水混配，形成目的浓度的三元复合体系并注入。

单泵单井单剂技术完全能够满足化学剂个性化注入要求，但是也存在设备投资较高、注入泵的数量多和生产运行维护费用高等问题。

3.“低压三（二）元、高压二元”配注工艺技术

根据开发方案提出的“聚合物浓度可调，碱和表面活性剂浓度不变”的个性化注入要求，在“目的液”和“单泵单井单剂”工艺的基础上，形成了三元复合驱“低压三元、高压二元”配注工艺。针对结垢严重区块，采用“低压二元、高压二元”配注工艺，满足了三元复合驱工业化推广应用的需要。工艺流程简图如图3-2-3和图3-2-4所示。

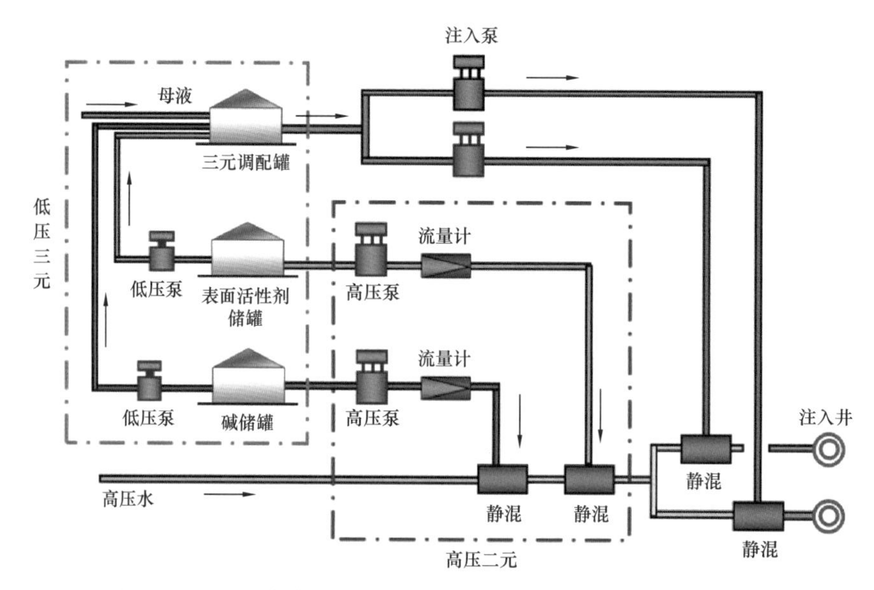

图3-2-3　三元复合驱“低压三元、高压二元”配注工艺流程简图

“低压三元、高压二元”配注技术基本原理：

（1）低压三元。碱和表面活性剂通过接卸装置进入储罐，配制站来的聚合物母液进入母液储罐，同时碱和表面活性剂通过低压泵按配方比例要求输送至母液储罐，同聚合物配制成低压三元液。

（2）高压二元。碱和表面活性剂通过高压泵按顺序点滴注入高压注水管道，通过静态混合器混配成高压二元体系，在注入阀组进行流量调节和分配。

（3）目的液混配。配制的低压三元母液通过注入泵升压、按聚合物配注工艺单泵单井或一泵多井配注，在注入阀组与高压二元水混合，通过单井静态混合器混配成符合指标的三元复合体系，至注入井注入。

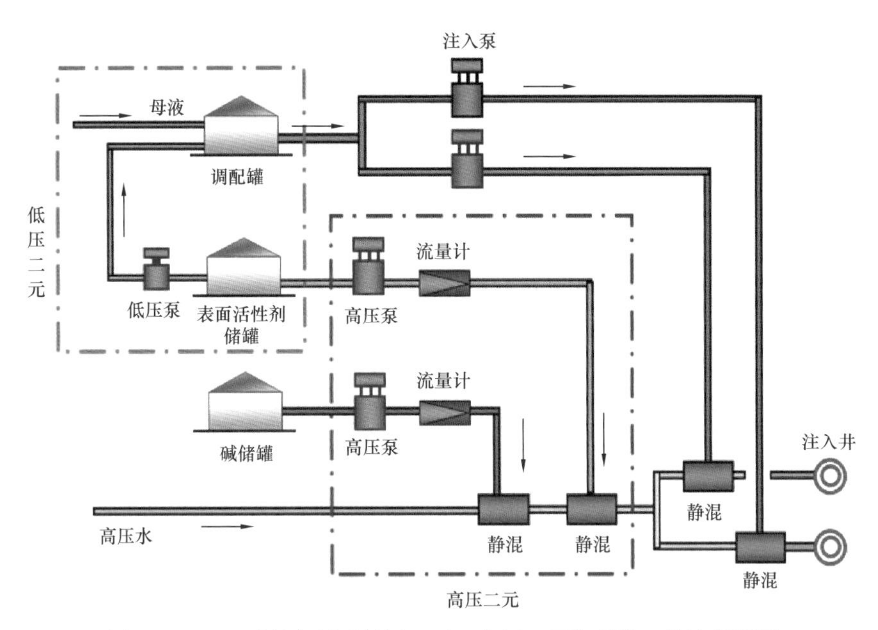

图 3-2-4　三元复合驱“低压二元、高压二元”配注工艺流程简图

“低压三元、高压二元”配注技术特点是在满足碱和表面活性剂配注精度的前提下，可以实现聚合物浓度的个性化注入。注入化学剂浓度准确度达 95% 以上，注入量准确度在 98% 以上，能够满足三元复合驱开发要求。

4.“集中配制、分散注入”工业化配注布局模式

随着大庆油田三元复合驱工业化推广应用的需要，“低压三（二）元、高压二元”配注技术充分利用已建聚合物驱配制站剩余能力，形成基于“集中配制、分散注入”的配注工艺流程，与单泵单井单剂技术相比，降低配注系统工程投资 20% 以上。由于受注入泵结垢的影响，在生产过程中主要运行“低压二元、高压二元”配注工艺，形成了两种“集中配制、分散注入”布局模式。

布局模式一：配制站提供低压二元母液，调配站提供高压二元水，如图 3-2-5 所示。

在聚合物配制站用含表面活性剂的水配制聚合物，集中配制成含表面活性剂目的浓度的低压二元母液，具体为将含目的液浓度表面活性剂的低压一元水通过管道输送至配制站作为配制用水，在配制站配制为含聚合物的低压二元液后输送至注入站。同时在二元调配站将注水站外输高压水混配为高压二元水后输至注入站。高压二元水与低压二元液在高压注水阀组处，按一定比例混合，形成三元目的液，通过站外单井注水管道输至注入井井口。

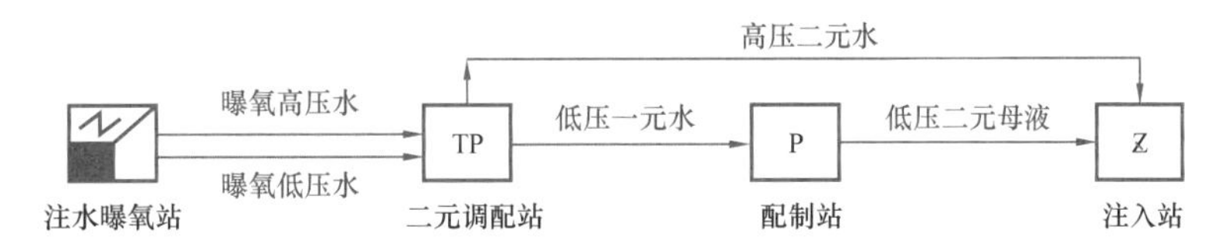

图 3-2-5　“集中配制模式一”布局模式

布局模式二：低压二元母液和高压二元水均由调配站提供，如图 3–2–6 所示。

在调配站集中调配低压二元母液和高压二元水，分散输送至各注入站。在三元复合驱产能区块内选定 1 座配注站，在该站按全区量配制低压二元母液和高压二元水；其余注入站按聚合物注入工艺建设，注入站所需低压二元母液和高压二元水由调配站提供。

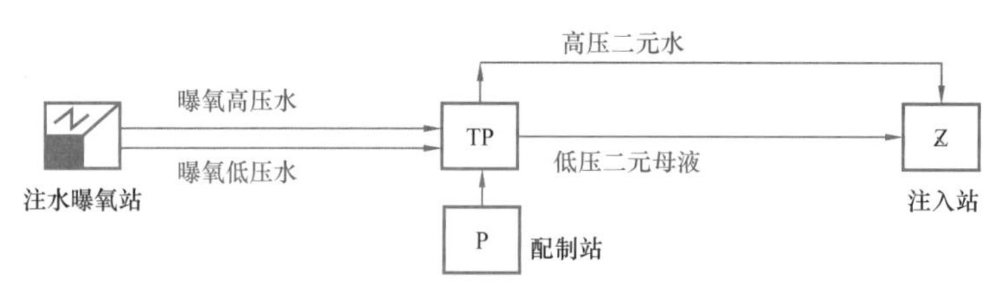

图 3–2–6 “集中配制模式二”布局模式

新疆油田在七东弱碱三元试验区采用的“单泵单井、两级浓度调配”配注技术就是以“低压二元、高压二元”为基础，并进一步将高压二元水调配流程简化为目的液调配流程，实现表面活性剂与聚合物（SP）低压二元液一级在线调节和表面活性剂与碱（SA）高压二元液二级在线调节。该流程将结垢反应放于调配罐内，减少了调配罐后端碱与表面活性剂混合液失钙率，保证高压注入泵及配套系统正常生产，减少了结垢点，目的液达标率高达 94% 以上，单泵单井地面目的液黏度损失小于 12%，浓度误差小于 5%。

“低压二元、高压二元”配注工艺在单井聚合物浓度变化范围大的区块，存在单井碱浓度合格率低的问题。通过把聚合物浓度相近的井合成一组，分别供给高压二元液，这样单井聚合物浓度在较小范围内分布时，可以保证碱浓度误差在达标范围内，从而提高碱浓度合格率。但仍然存在高压端碱流程中结垢严重的问题，需要在生产过程中，通过清防结合的方式，缓解配注系统结垢问题。

三元复合驱注入四类技术的配注精度均能满足三元复合驱开发要求。但是，目的液技术不能进行化学剂注入浓度调整，无法实现单井个性化注入；单泵单井单剂技术建设投资高、设备数量多、生产运行费用高。目前，推荐的三元复合驱地面配注技术为“低压三元、高压二元”配注技术和“低压二元、高压二元”配注技术，在满足油藏和开发配注要求的情况下尽可能使用“低压二元、高压二元”配注技术，以减少建设投资和运行费用。在弱碱三元复合驱区块，由于结垢问题较为严重，推荐使用“低压二元、高压二元”配注技术，实现低压端无碱化。

二、油气集输与处理技术

三元复合驱采出液是一种复杂的油水混合体系，破乳困难、携污量大、油包水型乳状液导电性增强，处理难度极大。大庆油田通过多年的试验研究，形成了三元复合驱采出液油气集输与处理关键技术，实现了三元复合驱采出液的有效处理[6, 7]。

采用微观可视化方法，研究了采出液微观结构及相分离特性变化规律，揭示了多相态采出乳状液难分离的机理。由于碱的溶蚀作用，Si^{4+} 和 CO_3^{2-} 增加，导致采出液水相过饱和，持续析出粒径小于 1μm 的碳酸盐、非晶质二氧化硅等新生矿物微粒，悬浮于水中和

吸附在油水界面上，形成空间位阻阻碍油珠之间的聚并，造成油、水、固三相分离困难。发明了水质稳定剂，将采出水中碱土金属碳酸盐由过饱和态转变为欠饱和态，抑制新生微粒析出，从而降低水中悬浮固体去除难度；研制出系列破乳剂，使油水界面上吸附的胶态和纳米级的颗粒润湿性发生反转，消除了颗粒造成的空间位阻，并可聚集、聚并原油乳状液中的细小油珠，实现破乳。

针对采出液携污量大、脱水聚结填料堵塞、游离水脱除器运行效率下降、脱水效果变差等问题，开发了具有可再生填料的游离水脱除器，可以有效地降低脱后油中含水率，避免含水过高对后续电脱水的影响，具有不易堵塞、易于堵塞物清理的特点，实现了脱水填料的原位再生，节省了填料更换的运行成本。研究了乳状液在电场中电流及含水变化规律，发明了平竖挂组合电极脉冲式供电的电脱水处理系统，避免了水滴拉链短路，降低了运行电流，有效解决脱水设备易垮电场问题。图 3-2-7 为大庆油田三元复合驱原油脱水工艺流程示意图。

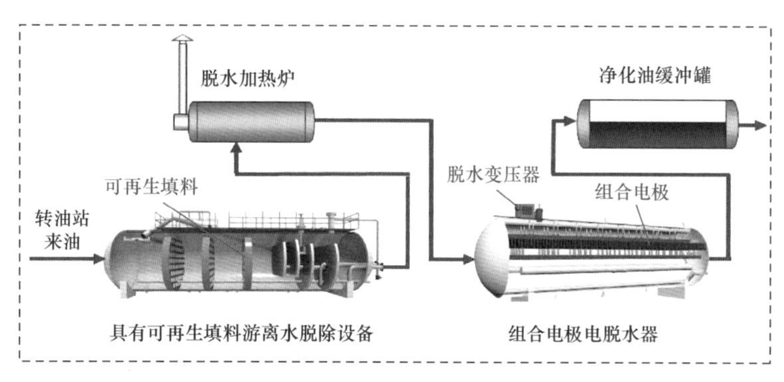

图 3-2-7　大庆油田三元复合驱原油脱水工艺流程示意图

新疆油田二中区三元试验采出液处理设有单独的脱水系统，该系统原油处理工艺流程采用“一段热化学脱水工艺”，在采出液中加入 TD-1 破乳剂脱水，脱水温度大于 50℃，用药量大于 80mg/L，沉降时间大于 6h，取得了净化油含水小于 1% 的脱水效果；七东 1 弱碱三元复合驱试验采出液直接进入 81 号原油处理站处理，目前该试验正在进行，81 号原油处理站运行平稳。

三、采出水处理技术

采出水处理一直是制约三元复合驱发展的瓶颈问题之一。针对三元复合驱采出水水质成分复杂、油水乳化严重、分离效果差、处理工艺复杂等一系列问题，大庆油田多年来通过科研攻关，优化流程，研发设备，最终实现了三元复合驱采出水达标处理[8, 9]。

开发出了高效序批式沉降分离设备，其运行包括三个阶段，即进水阶段、静沉阶段和排水阶段，称为一个运行周期。在一个运行周期中，最主要的阶段为静沉阶段，这一阶段含油污水处在一个绝对静止的环境中，油、泥、水进行分离不受水流状态干扰，分离效率高。序批式油水分离是一个有序且间歇的过程，即个体间歇、整体连续。序批式沉降与常规连续流沉降相比具有如下特点：

（1）油珠上浮不受水流下向流速干扰。常规连续流沉降，油珠浮升速度 u 需克服下向流速度分量 v，才可实现上浮去除（$u-v>0$）；而序批式沉降采用静止沉降，消除了水流的下向流影响，实现了油珠的有效上浮（$u'=u$），提高了分离效果。图 3-2-8 为序批式沉降与连续流沉降油珠上浮示意。

（2）有效沉降时间不受布水和集水系统干扰，不会出现短流。常规连续流沉降处理时，特别是罐体直径较大时，布水和集水很难做到均匀，有死水区，部分区域出现短流，短流区域的下向流速过高，影响到沉降分离效果。而序批式沉降，沉降时间得到了充分保证。

（3）耐冲击负荷强，可以有效控制出水水质。常规连续流沉降处理设备分离效率受到的干扰因素多，一旦油系统来水水质变化较大时，致使出水水质不稳定，后续滤罐不能正常运行；序批式油水分离设备受到的干扰因素少，油、泥、水在静沉阶段可以平稳地进行分离，进而可有效控制出水水质，使其水质稳定在一定的范围内，保证滤罐的平稳运行，图 3-2-9 为序批式沉降油、泥、水分离示意图。

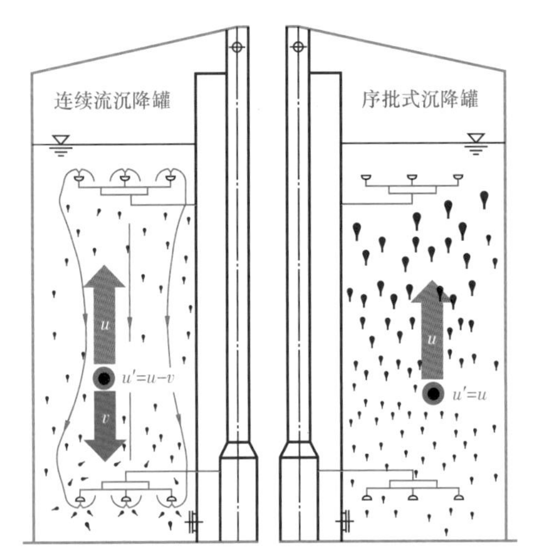

图 3-2-8　序批式沉降与连续流沉降油珠上浮示意图

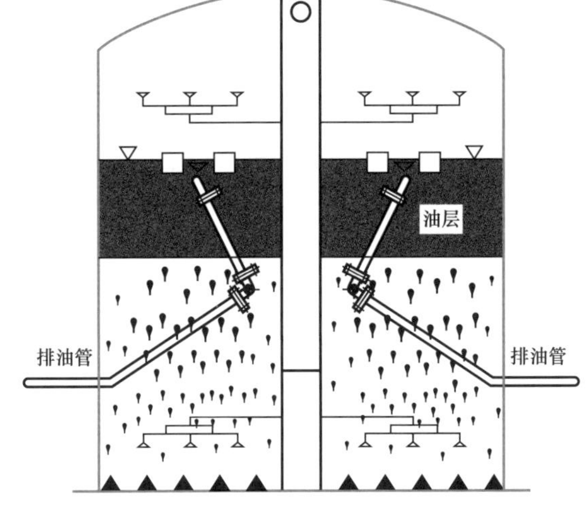

图 3-2-9　序批式沉降油、泥、水分离示意图

此外、序批式沉降采用的是浮动收油，可以缩短污油在罐内的停留时间（不会形成老化油层），可以保障污油最大限度地有效回收，提高设备含油处理效率。

由序批式沉降设备和两级压力式双滤料过滤器构成三元复合驱采出水处理工艺（图 3-2-10）。当采出水中三元含量返出较低时，采用序批式沉降的处理工艺。当采出水中三元含量返出较高且水中离子过饱和时，在采用序批式沉降处理工艺的同时，在掺水中投加水质稳定剂抑制过饱和悬浮固体析出。采用过滤罐气水反冲洗技术，可以节省过滤罐反冲洗自耗水量 40%，滤料含油量降到 0.2% 以下。在常规气水反冲洗的基础上，采用定期提温反洗技术，可以有效解决冬季集输污水温度较低，滤料脱附效果较差，反冲洗排油不畅的问题。

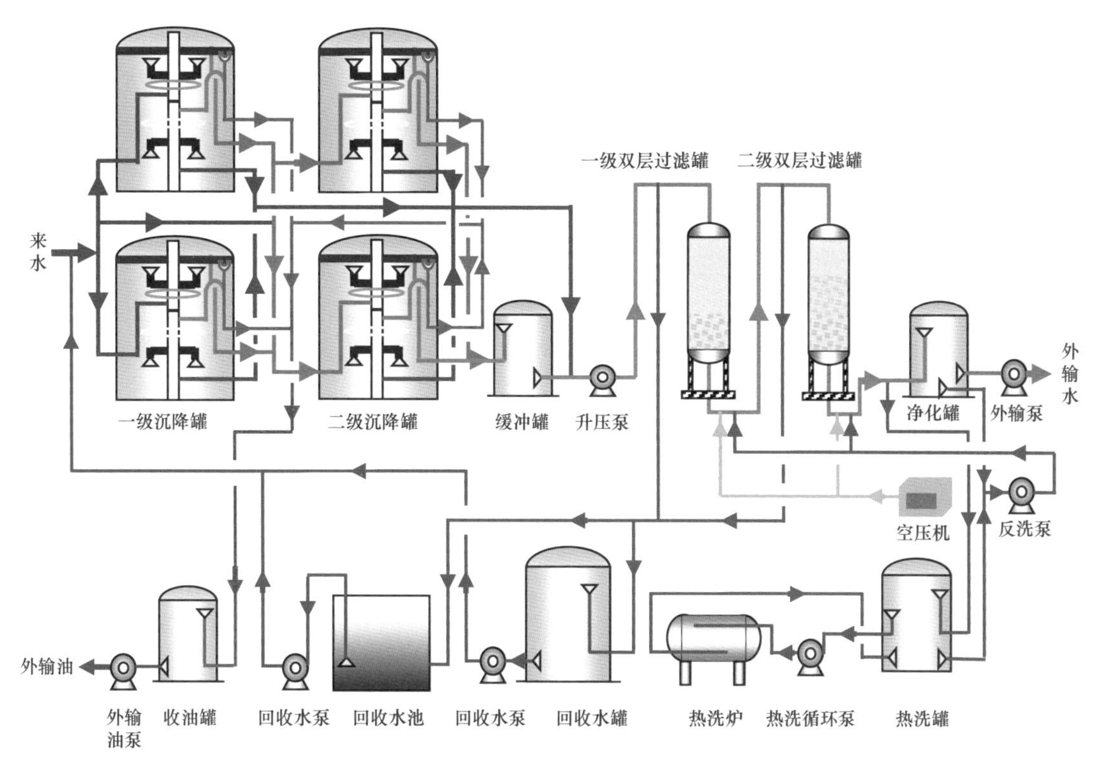

图 3-2-10　大庆油田三元复合驱采出水处理工艺流程图

从运行效果看，在污水站来水平均含油量为 121mg/L，序批式沉降出水平均含油量为 46.7mg/L，一滤出水平均含油量为 30.0mg/L，外输水平均含油量为 11.8mg/L。全流程整体含油量去除率为 90.2%，其中沉降段除油贡献率为 61.4%，过滤段除油贡献率为 28.8%，外输水含油量的达标率为 100%；来水平均悬浮固体含量为 76.8mg/L，序批式沉降出水平均悬浮固体含量为 49.7mg/L，一滤出水平均悬浮固体含量为 30.6mg/L，外输水平均悬浮固体含量为 20.6mg/L。全流程整体悬浮固体去除率为 73.2%，其中沉降段除悬浮固体贡献率为 35.3%，过滤段贡献率为 37.9%，外输水悬浮固体水质达标率为 76.9%。同时，开展序批式沉降与连续流沉降对比试验，试验结果表明：序批式沉降比连续流沉降对含油量和悬浮固体的去除效果提高了 20%。

“九五”期间，新疆油田二中区三元试验采出水处理工艺流程采用“混凝沉降 + 气浮 + 过滤污水处理工艺”（图 3-2-11），反冲洗水取自缓冲池的滤前水。该工艺在采出液中加入杀菌剂、缓释阻垢剂、浮选机和除氧剂，取得了净化水回注水质指标效果；七东$_1$弱碱三元复合驱试验采出水直接进入 81 号采出水处理站与其他采出水混合后处理，目前该试验正在进行，81 号采出水处理站运行平稳。

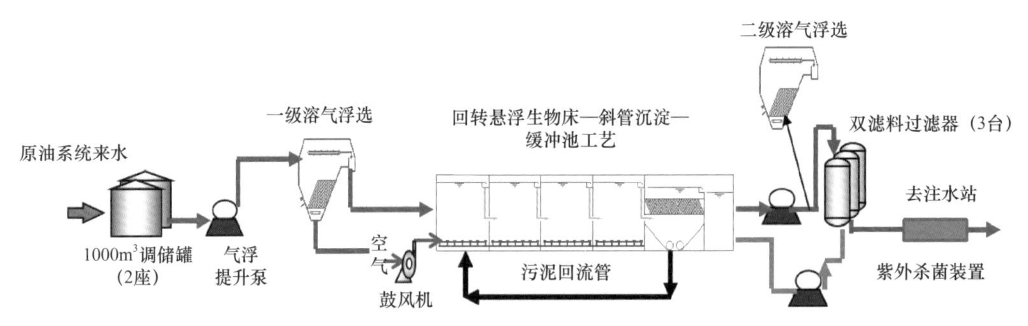

图 3-2-11　新疆油田三元复合驱采出水处理工艺流程图

四、腐蚀与防护

1. 腐蚀特点

三元复合驱中主要驱油剂（聚合物、表面活性剂和碱）对金属腐蚀都有一定程度的抑制作用[10, 11]。但由于界面张力低和侵蚀性强等原因，三元复合驱驱油剂成分对油田常用涂层和玻璃钢等非金属防腐措施的破坏作用却比水驱和聚合物驱更大。因此腐蚀与防护问题不可忽视。

三元体系介质的腐蚀性取决于水的腐蚀性。在配注系统中，油田采出水用于配制驱油剂，由于采出水本身成分复杂、腐蚀性较高，导致三元复合驱注入系统腐蚀问题有所加重。同时由于腐蚀可能产生二价铁离子，会对三元体系介质产生降黏度作用，影响三元复合驱的驱油效果，因此必须有针对性选择有效的防腐措施或耐蚀材质，防止或降低腐蚀的影响。

2. 防腐技术

三元复合驱地面系统防腐技术的发展经历了两个阶段：第一阶段是在三元复合驱油技术矿场试验初期与中期，为规避腐蚀风险，站场内多采用耐蚀材质解决防腐问题，取得了很好的防腐效果，但也导致防腐成本居高不下。第二阶段，是在三元复合驱油技术矿场试验后期，以降低工程投资，优化防腐技术措施为目的，系统分析三元复合驱防腐技术存在的问题，并开展了针对性研究。明确了三元配注系统各工艺段介质的腐蚀特点及行为规律，并筛选出合适的防腐措施，解决了设备管道防腐成本过高的问题。

三元复合驱配注系统中部分介质缓蚀性强的储罐、容器内防腐采取普通碳钢裸罐盛装，缓蚀性弱的储罐、容器内防腐采用耐三元介质较好的涂层；易于涂层防腐的管道内防腐采用环氧粉末涂层，难于涂层防腐或不能保证内防腐质量的站内管道、泵、阀门、静态混合器等，采用 1Cr18Ni9Ti 等耐三元介质的不锈钢材质。管道、容器、储罐的外防腐及保温等方案采用成熟的油田常用措施。主要防腐技术及措施如下。

1）储罐材质及内防腐

三元复合驱配注系统各类储罐材质及内防腐措施适用情况详见表 3-2-1。

表 3-2-1　三元复合驱各类储罐材质及内防腐汇总表

类型	储罐类型	盛装介质	材质及内防腐措施
强碱三元	碱储罐	30%～50%NaOH 溶液	碳钢 / 不做防腐
	表面活性剂储罐	50% 烷基苯磺酸盐	碳钢 / 酚醛环氧涂料
	中、高分子量聚合物母液罐、熟化罐	5000～6000mg/L 聚丙烯酰胺	碳钢 / 内衬聚四氟乙烯
			不饱和聚酯树脂玻璃钢
	二元调配罐、熟化罐	5000～6000mg/L 聚丙烯酰胺 +0.1%～0.3% 烷基苯磺酸盐	碳钢 / 酚醛环氧涂料①
			碳钢 / 内衬聚四氟乙烯
	三元调配罐	5000～6000mg/L 聚丙烯酰胺 +0.1%～0.3% 烷基苯磺酸盐 +1.2%NaOH 溶液	碳钢 / 酚醛环氧涂料①
			碳钢 / 内衬聚四氟乙烯
弱碱三元	碱储罐	8%，12% 和 24%Na_2CO_3 溶液	碳钢 / 不做防腐
	表面活性剂	20% 石油磺酸盐	碳钢 / 酚醛环氧涂料
	中、高分子量聚合物母液罐、熟化罐	5000～6000mg/L 聚丙烯酰胺	不饱和聚酯树脂玻璃钢
			碳钢 / 内衬聚四氟乙烯
	二元调配罐	5000～6000mg/L 聚丙烯酰胺 +0.1%～0.3% 石油磺酸盐	碳钢 / 酚醛环氧涂料①
			碳钢 / 内衬聚四氟乙烯
	三元调配罐	5000～6000mg/L 聚丙烯酰胺 +0.1%～0.3% 石油磺酸盐 +1.2% Na_2CO_3 溶液	碳钢 / 酚醛环氧涂料①
			内衬聚四氟乙烯

①　所在罐储罐防腐方式一般采用双螺带搅拌器，液体黏度大，搅拌时的剪切力强，容易造成涂层脱落，要求涂层附着力不小于 12MPa。

2）管道材质及内防腐

三元复合驱注采系统的管道材质及内防腐形式为碳钢 / 熔结环氧粉末涂层，如果由于管径过小，无法做涂层防腐，可选用 1Cr18Ni9Ti 不锈钢。

五、技术路线

三元复合驱推荐的地面工艺技术路线如下。

1. 配制与注入技术

三元复合驱地面配注技术推荐为“低压三元、高压二元”和“低压二元、高压二元”配注技术，在满足配注要求的情况下尽可能使用“低压二元、高压二元”配注技术，以减少建设投资和运行费用。配制与注入系统的布局模式采用“集中配制、分散注入”模式。在弱碱三元复合驱区块，由于结垢问题较为严重，推荐使用“低压二元、高压二元”配注技术，实现低压端无碱化。

2. 油气集输与处理技术

三元复合驱地面油气集输主要依托已建系统，大庆油田形成了“油井→计量间→转油放水站→脱水站”工艺流程，即油井采出液首先经计量间汇集到转油放水站进行游离水脱除、放水回掺，然后再将低含水油输送到脱水站进行处理。

三元复合驱采出液处理采用“预脱水→一段脱除游离水→二段热化学电脱水”工艺流程，即转油站来液在游离水脱除器一段脱水后，含水原油经脱水炉升温后在电脱水器进行二段脱水。

3. 采出水处理技术

采出水处理先后试验了横向流聚结—气浮组合分离装置、曝气沉降罐、石英砂磁铁矿双层滤料过滤设备等多种设备及组合流程，目前形成了较为成熟的“序批式沉降→一级双层滤料过滤罐→二级双层滤料过滤器”三元复合驱采出水处理流程，并已推广应用，取得了较好的效果。

4. 防腐技术

三元复合驱配注系统中部分介质缓蚀性强的储罐和容器内防腐采取普通碳钢裸罐盛装，缓蚀性弱的储罐和容器内防腐采用耐三元介质较好的涂层；易于涂层防腐的管道内防腐采用环氧粉末涂层，难于涂层防腐或不能保证内防腐质量的站内管道、泵、阀门、静态混合器等，采用 1Cr18Ni9Ti 等耐三元介质的不锈钢材质。

六、发展方向

三元复合驱已在大庆油田进行了工业化规模推广，建议下一步开展相关研究，为三元复合驱地面系统提质增效提供技术支持，重点攻关以下 4 个方面：

（1）配制与注入技术。以“低压三元、高压二元”和“低压二元、高压二元”配注技术为基础，进一步优化地面配注系统，增加单泵多井比例，减少注入系统各节点垢堵、提高注入时率，降低地面建设投资和运行成本。

砾岩油藏三元复合驱采用单泵单井配注，存在设备数量多、地面检修维护工作量大的问题，难以实现工业化推广，应在总结各大油田“单泵多井”配注工艺基础上，结合砾岩油藏非均质油藏个性化注入要求，探索一种分压调控个性化三元配注工艺及研发相关设备，并通过数值仿真模拟系统黏度损失的影响因素。

（2）油气集输与处理技术。随着开发程度加深，采出液成分和性质也发生变化，应进一步研究针对采出液性质变化的应对措施和技术手段，筛选适应整个开发周期的高效破乳剂，提高处理系统的运行平稳性，降低生产运行成本，以提高三元复合驱的整体经济效益。

（3）采出水处理技术。进一步优化采出水处理系统各节点设备的处理效果，提高处理效果、确保出水水质；进一步优选高效净水剂，减少污泥产量，降低水处理系统的运行

费用。

（4）除垢技术。目前三元复合驱地面系统除垢取得了一定的效果，但酸洗和管道除垢等措施频次高、影响生产时率，地面配注系统的腐蚀结垢等问题依然较为突出，垢下腐蚀使得管道除垢难度增加，研发高效在线除垢防垢技术迫在眉睫。

第三节　新设备和新材料

一、称重式射流稳压型分散装置

随着超高相对分子质量抗盐聚合物的应用，使得针对中高相对分子质量聚合物开发的聚合物配注工艺及设备难以适应，在生产过程中，暴露出一些问题。分散装置下料不均匀，导致聚合物分散效果变差，溶液中鱼眼和黏团较多，配制母液浓度误差较大，溶液携带的气泡增多，注入泵效率降低，搅拌器搅拌熟化效果差，聚合物溶液熟化时间增长。

针对超高相对分子质量抗盐聚合物，开发了一种恒压射流分散、旋流除气的新型水粉混合器，其结构形式如图 3-3-1 所示。

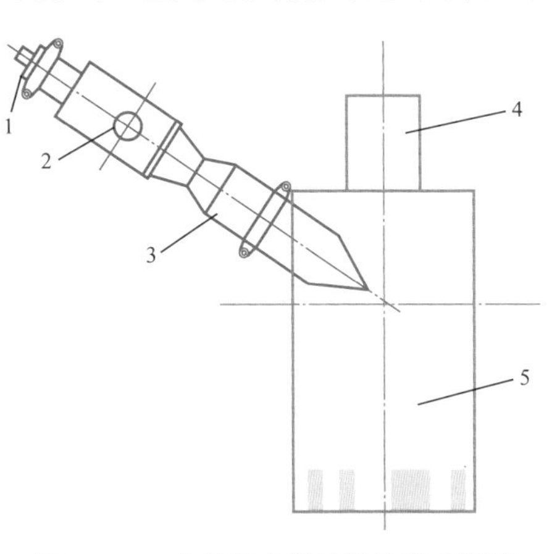

图 3-3-1　水粉混合器的结构形式简图

1—干粉进口；2—清水进口；3—喷射器；4—排气口；5—旋风除气

在聚合物配制站，利用原分散装置的供料系统，进行了新型水粉混合器现场试验，水流量 $Q \leqslant 108\mathrm{m^3/h}$、水压力 $p \leqslant 0.5\mathrm{MPa}$ 时，配制相对分子质量为 2500 万抗盐聚合物溶液。试验表明，熟化后基本没有鱼眼，溶液中的气泡量较少，配制的聚合物溶液密度由 $1.007\mathrm{g/cm^3}$ 提高到 $1.012\ \mathrm{g/cm^3}$。

以新型水粉混合器为核心，研发了具有旋流除气、射流分散、干粉称重计量的新型分散装置，在三元复合驱矿场试验站进行了应用试验，配液准确度在 ±2% 以内（测试结果见表 3-3-1）。

表 3-3-1　分散装置配制母液质量浓度数据表

序号	设定质量浓度，mg/L	检测质量浓度，mg/L	相对误差，%
1	1600	1576.5	−1.47
2	1600	1618.6	1.16
3	1350	1341.3	−0.64
4	1350	1327.4	−1.68
5	1350	1353.6	0.27

称重式射流稳压型分散装置解决了超高相对分子质量聚合物分散效果差、溶液中鱼眼和黏团较多、误差较大和气泡增多问题，在大庆油田得到推广应用。

二、碳酸钠分散配制装置

针对已建碱分散装置存在故障率高、粉尘大的问题，在室内研究的基础上，研发了碳酸钠分散配制装置。碳酸钠分散配制装置主要由干粉料罐、螺杆给料器、称重传感器、水泵、混合溶解罐、转输离心泵等组成。采用密闭上料装置将干粉加入储料斗，通过称重传感器，用螺杆给料器将干粉均匀连续送入混合溶解罐。配制水泵将配制水送入混合溶解罐，干粉在混合溶解罐内与配制水混合，经搅拌器搅拌使混合液充分溶解，然后用离心泵转输至碱液储罐中储存。碳酸钠分散配制装置流程如图 3–3–2 所示。

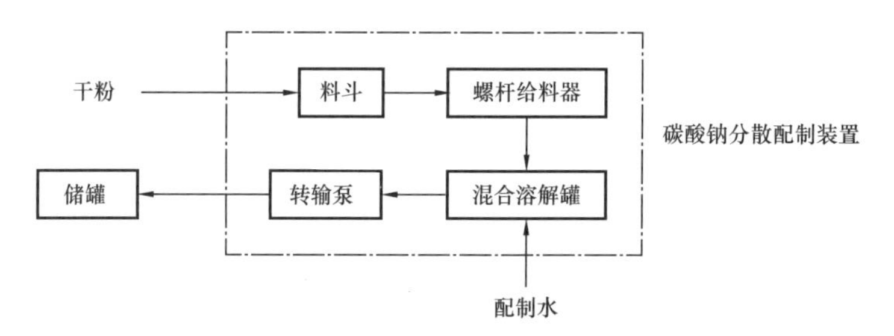

图 3–3–2　碳酸钠分散配制装置流程图

根据碱液分散配制装置的功能要求，装置必须能够对干粉和水分别进行计量，并均匀混合。该装置由干粉供料系统、供水系统、混合溶解系统、溶液输送系统和自动控制系统等组成，碳酸钠分散配制装置示意如图 3–3–3 所示。

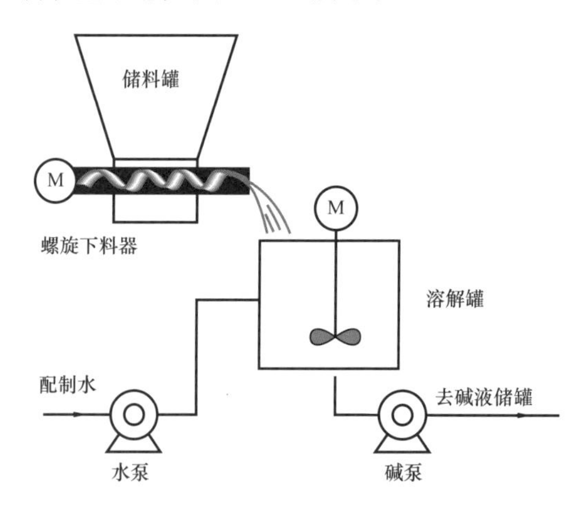

图 3–3–3　碳酸钠分散配制装置示意图

为了避免扬尘现象，三元复合体系配注站的碳酸钠分散配制装置增设了密闭上料装置。干粉采用重量法计量，与体积法计量相比，其精度高。取消了水粉混合器，不易堵塞干粉进罐口。采用溶液配制装置配制碱液，工艺设备集成度高，自动化程度高，控制精度高，运行维护工作量小，人工劳动强度小。

图 3-3-4 为北三 -6 三元复合体系配注站应用的碳酸钠分散配制装置，配制能力为 $80m^3/h$，功率 30kW，工作压力 0.6MPa，设备重量 6.6tf。现场应用结果表明，碳酸钠分散配制装置的配制浓度误差为 2.37%。

图 3-3-4 北三 -6 三元复合体系配注站碳酸钠分散配制装置

三、可再生填料游离水脱除器

三元复合驱用化学剂将极大地增强采出乳状液的稳定性。针对三元复合驱采出液携污量大、脱水聚结填料易堵塞、游离水脱除器运行效率下降等问题，大庆油田提出选择高效填料，强化分散相聚结，改进游离水脱除器结构设计等措施，研发了具有可再生填料的游离水脱除器，可有效降低脱后油中含水率，避免含水过高对后续电脱水的影响。可再生填料游离水脱除器具有不易堵塞、易于清理的特点，实现了脱水填料的原位再生，节省了填料更换的运行成本。可再生填料游离水脱除器已取得国家专利。

图 3-3-5 为新型游离水脱除器结构简图，新型聚结材质为陶瓷，具有亲水性，可以有效降低脱后油中含水率，避免含水过高对后续电脱水的影响，有效控制大电流对脱水电场的冲击。填料的横断面为蜂窝状，纵向为直管形，不易堵塞，易于对堵塞物的清理，具有

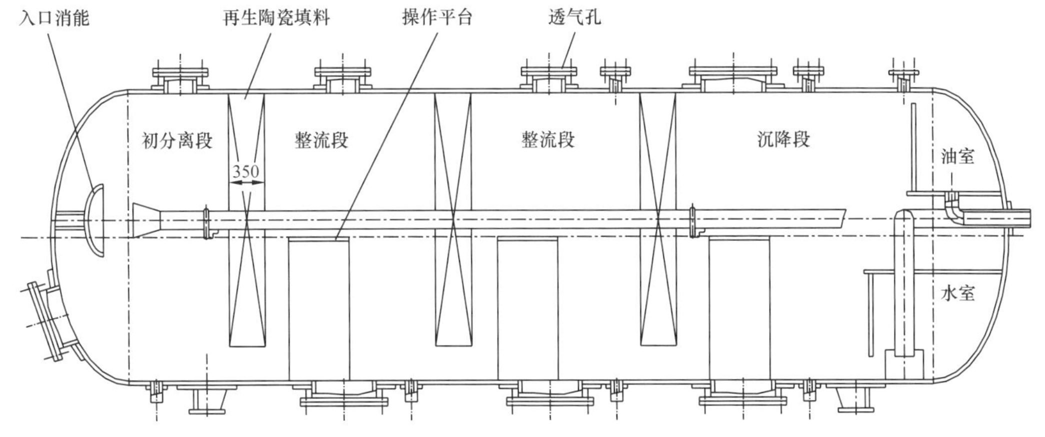

图 3-3-5 新型游离水脱除器结构简图

可再生性。结合新型游离水聚结填料的研制，开发了新型的游离水脱除器。新型游离水脱除器采用三组 350mm 厚度的管式蜂窝型再生陶瓷填料，抗堵塞能力强。考虑到填料的再生性，在每段聚结器的旁边，设置了操作平台，便于清理填料。

新型游离水脱除器进行了不同沉降时间的游离水脱除试验，脱水温度：38～40℃；破乳剂 SP1010，投加浓度 40mg/L；采出液中化学剂含量：聚合物浓度为 850～950mg/L，表面活性剂浓度为 100～150mg/L。图 3-3-6 为不同沉降时间的游离水脱除现场试验曲线。

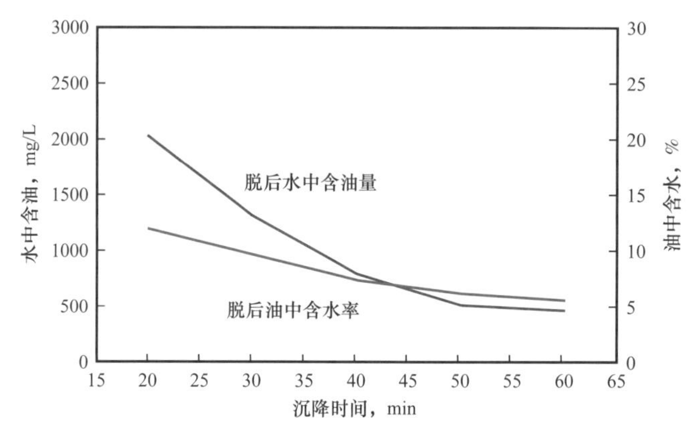

图 3-3-6　不同沉降时间的游离水脱除现场试验曲线

由图 3-3-6 中可以看出，在试验区现有驱油化学剂含量条件下，采出液沉降 30min，处理后油中含水量为 10% 左右，采出水含油量低于 1500mg/L，随着沉降时间的延长，脱出采出水含油量和油中含水量进一步降低，沉降 40min，采出水含油量低于 1000mg/L。

新开发的游离水脱除聚结填料具有很好的人工再生功能，达到了预期效果，有效地解决了填料淤积后恢复问题。游离水脱除器清淤周期半年 1 次，效果较好，清淤时间可以安排在每年的 5 月和 11 月，此时气温合适，便于清淤工作的开展。图 3-3-7 为新型游离水脱除器填料再生照片。

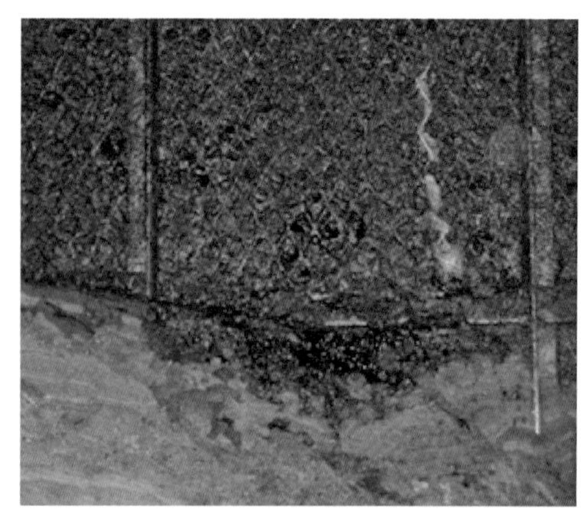

(a) 填料堵塞照片

(b) 填料清洗再生后照片

图 3-3-7　新型游离水脱除器填料再生照片

四、组合电极采出液电脱水器及配套供电设备

为了解决平挂电极电脱水器处理三元采出液时电极钢板网孔间泥状物难于清理、常规竖挂电极脱水器预处理电场较弱对乳状液含水率适应范围窄等问题，按照不减少乳状液在电场中的停留时间，减小单层极板的水平投影面积，可降低泥状物的淤积的原理，结合平挂电极电脱水器和竖挂电极电脱水器的特点，开发了组合电极电脱水器。

组合电极电脱水器电极分上下两部分，上部采用长短相间的竖挂电极，下部采用平挂柱状电极。增加了乳状液的预处理空间，对来液含水率适应性明显提高，进液含水率由 20% 提高到 30%，极板淤积物减少，清淤周期提高到原来的 1.75 倍。采用双管布液方式，提高了布液均匀度，使电极板利用率提高。采用可拆卸式单管收水结构，收水平稳，易于拆卸，清淤维修方便。高效组合电极电脱水器可在 150A 电流下平稳运行，在三元复合驱工业化现场试验中能保证外输油含水率在 0.3% 之内，该设备也已取得国家专利。图 3-3-8 为组合电极电脱水器结构示意图。

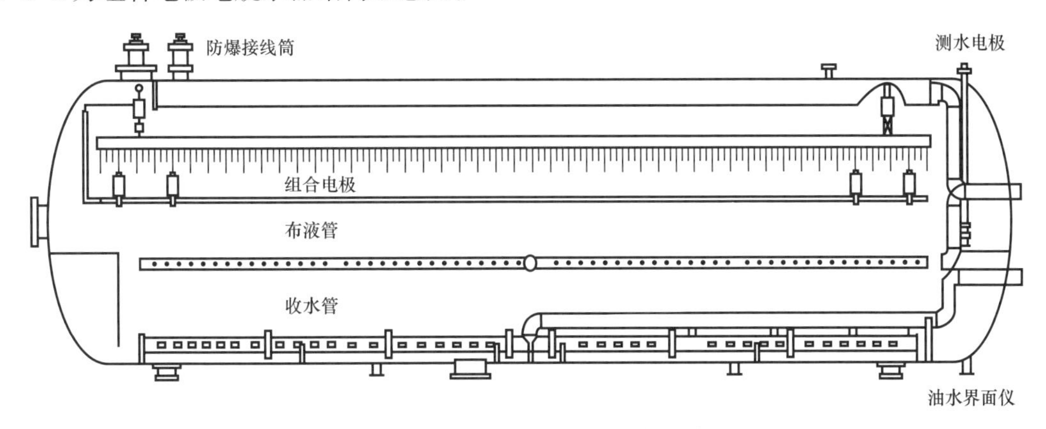

图 3-3-8　组合电极电脱水器结构示意图

随着采出液中三元化学剂含量的增加，脱水电流升高，并且电流波动较大。为了提高脱水设备的运行稳定性，研发和应用变频脉冲电脱水供电装置，提供足够的输出能力，输出电流 0～160A 内任意设定，设有电流（恒流）反馈、过流截止双重保护电路，设有电场自动恢复功能，满足三元复合驱电脱水的供电要求。

2009 年 8—11 月在三元 217 试验站进行了电脱水设备的处理能力试验，试验电脱水器规格为 ϕ3000mm × 4000mm，设计处理量为 5m^3/h。试验结果表 3-3-2。

表 3-3-2　电脱水器脱水现场试验数据表

序号	处理温度 ℃	加药量 mg/L	处理量 m^3/h	来液含水 %	脱后油中含水 %	脱后采出水含油 mg/L	电场运行 情况
1	49	50	3.1	12.2	0.15	1532.5	稳定
2	50	50	4.2	15.1	0.11	1938.3	稳定
3	48	50	5.3	11.5	0.12	1664.4	稳定

续表

序号	处理温度 ℃	加药量 mg/L	处理量 m^3/h	来液含水 %	脱后油中含水 %	脱后采出水含油 mg/L	电场运行 情况
4	49	50	6.1	9.8	0.10	1681.9	不稳定
5	49	50	7.5	13.0	0.11	2839.9	不稳定

由表中可以看出：ϕ3000mm×4000mm 组合电极电脱水器，在现有三元化学剂浓度下，来液温度 50℃、来液含水率 15% 以下，处理能力为 $5m^3/h$，按单位面积电极负荷率计算，ϕ4000mm×16000mm 组合电极电脱水器处理能力为 $50m^3/h$。

五、三元复合驱采出水处理药剂

1. 三元复合驱采出液破乳剂

根据 O/W 型三元复合驱采出液最主要的两个稳定机制——固体颗粒稳定机制和高乳化程度稳定机制，三元复合驱采出液破乳剂配方构成中，应同时包含大分子量高枝化度的改性聚醚和可使油水界面上吸附的胶态和纳米尺度的颗粒物润湿性发生反转进入水相的润湿性改变成分。同时，由于 O/W 型三元复合驱采出液与采出水属于同样的乳状液类型，三元复合驱采出液破乳剂应该兼有反相破乳剂的清水作用和低含水乳化原油脱水双重作用，即在三元复合驱采出液处理过程中加入合适破乳剂的情况下，采出水处理中应不再需要投加反相破乳剂等除油剂。

由于三元复合驱采出液静置沉降过程中 O/W 型油水过渡层的出现，采用常规破乳剂评价方法中抽底水测定含油量的方法评价破乳剂清水效果，由于没有综合考虑油水过渡层中聚集而没有聚并的油珠，筛选出的破乳剂在现场应用中往往出现油水不分离的现象，其原因是现场采出液油水分离为动态过程，如果油珠之间不能相互聚并就不会形成不稳定的次稳态聚集体而表现出油珠不能上浮而实现油水分离。为此，定义了水相乳化油量的新概念和测定方法：水相乳化油是指水相中尚未聚并的处于乳化状态原油的总含量，不仅包括悬浮在水相中相互独立的油滴，还包括油水界面处油水层之间聚集而未聚并的油滴。采用的标准为采出液静置沉降后于抽底水测定含油量前先将其上下颠倒以释放出油水过渡层中的油珠，这样抽底水测定的含油量更接近于现场采出液动态过程中分离采出水的含油量。

按上述原则，采用水相乳化油量和油相水含量作为评价破乳剂对三元复合驱采出液破乳效果的指标，通过大量药剂筛选和复配试验，研制出 SP 系列三元复合驱采出液破乳剂，其中 SP1003 适用于表面活性剂含量不大于 30mg/L 的三元复合驱采出液，SP1008 和 SP1010 适用于表面活性剂含量高于 30mg/L 的三元复合驱采出液。

破乳剂 SP1003 对杏二中试验站三元复合驱采出液的破乳效果见表 3-3-3。破乳剂 SP1003 对杏二中试验区低驱油剂含量三元复合驱采出液具有良好的油水分离特性，在加药量为 20mg/L 的情况下，可使脱水泵出液经过 30min、40℃静置沉降后的水相悬浮油量和乳化油量由不加药情况下的 917mg/L 和 16032mg/L 分别下降到 203mg/L 和 532mg/L，并使油相水含量由 26% 下降到 1.1%。对比 SP1003 和现场试验前杏二中试验站在用破乳剂的清水效果可见，在加药量相同的情况下，前者的水相悬浮油量和乳化油量比后者分别降低了 56.2% 和 66.0%。

表 3–3–3　SP1003 对杏二中试验站脱水泵出液的油水分离效果

药剂名称	加药量 mg/L	水相含油量，mg/L		油相水含量 %
		悬浮	乳化	
—	0	917	16032	26
在用破乳剂	20	463	1563	1.5
SP1003	20	203	532	1.1
备注	采出液水相 pH、表面活性剂含量和聚合物含量分别为 9.21mg/L，25mg/L 和 108mg/L			

破乳剂 SP1008 对大庆油田北一区断东试验区高驱油剂含量三元复合驱采出液的破乳效果见表 3–3–4。

表 3–3–4　破乳剂 SP1008 对北一区断东试验区高驱油剂含量三元复合驱采出液的破乳效果

日期	采出液水相驱油剂含量 mg/L		加药量 mg/L	30min 水相乳化油量 mg/L	30min 油相水含量 %
	表面活性剂	聚合物			
2009.1.6	28	998	0	317	2.4
			100	82	2.3
2009.6.26	72	996	0	3647	3.5
			100	1234	2.5
2009.7.31	74	862	0	20244	20
			100	1863	1.2
2009.8.4	68	994	0	1492	2.6
			100	868	2.1
2009.8.22	65	744	0	24593	13
			100	2876	1
2009.9.18	91	1064	0	4448	14
			100	2731	6
2009.10.9	63	984	0	11725	7.8
			100	2522	8.4

由表3-3-4中可见，破乳剂SP1008对不同阶段北一区断东试验区三元复合驱采出液具有良好的油水分离效果，在其加药量为100mg/L的情况下，可使表面活性剂含量为28～91mg/L，聚合物含量为744～1064mg/L的北一区断东试验区三元复合驱采出液经过30min、40℃静置沉降后的水相乳化油量控制在3000mg/L以内，满足含三元污水处理站进水条件，油相中水含量则低于5%。

破乳剂SP1010对南五试验区高驱油剂含量采出液的破乳效果见表3-3-5。

表3-3-5 破乳剂SP1010对南五试验区高驱油剂含量三元复合驱采出液的破乳效果

日期	采出液水相驱油剂			加药量 mg/L	30min水相乳化油量 mg/L	30min油相水含量 %
	pH值	表面活性剂 mg/L	聚合物 mg/L			
2009.7.6	10.13	68	859	0	8317	10
				100	2858	0.6
2009.8.14	10.12	61	975	0	40812	8.0
				100	1909	4.0
2009.9.15	10.08	60	981	0	8576	6.0
				100	3791	2.4
2009.11.12	10.19	154	1060	0	8373	——
				150	2431	——

由表3-3-5中可见，破乳剂SP1010对南五试验区高驱油剂含量三元复合驱采出液具有良好的破乳效果，在加药量为100～150mg/L的情况下可使表面活性剂含量为60～154mg/L，聚合物含量为859～1060mg/L的三元复合驱采出液经过30min静止沉降后的水相含油量降低到4000mg/L以下，油相水含量低于5%。

2. 三元复合驱采出液消泡剂

三元复合驱采出液由于表面活性剂的原因，存在起泡问题，泡沫分散性测试表明，高表面活性剂含量（>100mg/L）三元复合驱采出液中的泡沫结构为水连续相，从中提取的界面活性物质主要是表面活性剂、碱土金属碳酸盐等新生矿物微粒和部分水解聚丙烯酰胺的微生物代谢产物，主要的稳定机制为Gibbs-Marangoni效应和固体颗粒稳定效应。为此，在消泡剂配方设计中以具有高界面活性的硅油为主剂，同时添加能使界面上吸附的胶态和纳米尺度颗粒物完全被水润湿进入水相的润湿性转变成分。此外，在消泡剂配方筛选和优化中还应剔除三元复合驱采出液油水分离有不利影响的配方。

根据上述原则，以南五试验区和北一区断东试验区三元复合驱采出液为介质，通过大量药剂筛选和复配试验，研制出由AF1001和AF1002组成的AF系列三元复合驱采出液消泡剂。AF1001和AF1002对南五试验区综合三元复合驱采出液的消泡效果见表3-3-6。

由表 3-3-6 可见，消泡剂 AF1001 和 AF1002 对南五试验区三元复合驱采出液具有良好的消泡效果，在其加药量分别为 130mg/L 和 80mg/L 的情况下就可将水相聚合物含量为 1041mg/L，表面活性剂含量为 106mg/L，pH 值为 10.13 的三元复合驱采出液经过 15min 静置的消泡率由未加药时的 44.7% 提高到 100%。

表 3-3-6　消泡剂 AF1001 和 AF1002 对南五试验区高驱油剂含量三元复合驱采出液的消泡效果

药剂型号	加药量 mg/L	消泡率，%				
		2min	5min	10min	15min	20min
空白	0	42.1	42.1	42.1	44.7	52.6
AF1001	30	54.1	59.5	89.2	94.6	100.0
	100	47.2	61.1	88.9	97.2	100.0
	130	83.3	86.1	94.4	100.0	100.0
AF1002	20	54.5	72.7	90.9	97.0	100.0
	80	73.7	81.6	94.7	100.0	100.0
	100	54.1	75.7	86.5	100.0	100.0

注：水相聚合物含量为 1041mg/L，表面活性剂含量为 106mg/L，pH 值为 10.13。

从 2009 年 11 月 20 日开始在南五试验区地面掺水中投加消泡剂 AF1002，消泡剂投加前后南五试验站三相分离器出液的含气量的变化情况见表 3-3-7。

表 3-3-7　消泡剂 AF1002 在南五试验区三元复合驱采出液处理中的应用效果

日期	采出液水相表面活性剂含量，mg/L	消泡剂加量 mg/L	三相分离器出液气液体积比
2009.11.19	114	0	0.41
2009.11.20	112	93	0.19
2009.11.21	121	92	0.07
2009.11.22	121	32	0.08
2009.11.23	123	32	0.22
2009.11.24	119	38	0.14
2009.11.25	125	112	0.07
2009.11.26	128	82	0.07

由表 3-3-7 中可见，通过在掺水中投加 32～112mg/L 消泡剂 AF1002，可使三相分离器出液的气液比由 0.41 降低到 0.22 以下，可显著改善三相分离器的气液分离效果。自投加消泡剂 AF1002 后，南五试验站三相分离器的气液分离效果得到显著改善，解决了离心脱水泵泵效下降和电脱水器上部积气的问题。

3. 三元复合驱采出液水质稳定剂

采用扫描电镜（SEM）和能量色散 X 射线衍射技术（EDX）对滤膜上截留的现场三元复合驱采出水中的悬浮固体微粒进行鉴定发现，三元复合驱采出水中的大部分难以去除的胶态悬浮固体微粒为从过饱和水相中析出的碳酸盐和非晶质二氧化硅微粒，由于这些微粒尺寸小，而且其析出和长大又是一个持续的过程，采用常规的物理和生化处理方法不仅去除效率低，并且处理后的三元复合驱采出水在注水管网和油藏中仍会继续析出新生矿物微粒造成注水系统的污染和油藏堵塞，由于这些新生矿物微粒尺寸小，采用化学混凝法去除这部分悬浮固体微粒不仅加药量极高，而且由于不可避免地要去除水中的几乎全部阴离子型聚丙烯酰胺，所形成的占水量体积 5% 以上的絮体难以处置，从经济和环保角度看不具有可行性。因此要从根本上解决三元复合驱采出水的悬浮固体微粒去除问题，必须消除其中碳酸盐等新生矿物微粒的析出。根据三元复合驱采出液的过饱和稳定机制，对于过饱和的三元复合驱采出水，可应用螯合剂或联合应用 pH 值调节剂和螯合剂，将采出水由过饱和态转变为欠饱和态，抑制采出水中新生矿物微粒的析出，降低采出水中悬浮固体去除的难度。

按照上述思路，以杏二中试验区高过饱和程度的三元复合驱采出水的介质，通过大量药剂筛选和复配试验，研制出基于螯合剂的三元复合驱采出液水质稳定剂 WS1001，WS1002 和 WS1003，其中螯合剂的作用机理包括：（1）螯合剂与碱土金属离子形成水溶性的复合离子，降低碱土金属碳酸盐和硅酸盐的过饱和度；（2）Mg^{2+} 为硅酸聚合的催化剂，螯合剂与 Mg^{2+} 结合后会减缓非晶质二氧化硅的形成速度并减小非晶质二氧化硅微粒的尺寸，这样形成的非晶质二氧化硅微粒的尺度在纳米级，不影响回注三元复合驱采出水的水质。

水质稳定剂 WS1001 对 2007 年 7 月杏二中试验站三元复合驱采出水中悬浮固体含量的降低效果见表 3–3–8 和表 3–3–9。

表 3–3–8　水质稳定剂 WS1001 对杏二中试验站三元复合驱采出水中悬浮固体含量的降低作用

瓶号	水质稳定剂加量，mg/L	悬浮固体含量，mg/L
1	0	45
2	500	27
3	750	20

注：水样的初始悬浮固体含量为 63mg/L；水样在 40℃下老化 16h 后用快速定量滤纸过滤。

表 3–3–9　水质稳定剂 WS1001 对杏二中试验站三元复合驱采出水在高温下的稳定作用

瓶号	水质稳定剂加量，mg/L	悬浮固体含量，mg/L
1	0	330
2	875	28

注：水样的初始悬浮固体含量为 63mg/L；水样在 80℃下老化 16h 后用快速定量滤纸过滤。

由表 3-3-8 中可见，水质稳定剂 WS1001 对杏二中试验站三元复合驱采出水中的悬浮固体含量有显著的降低作用，在加药量为 750mg/L 的条件下可将水中常规沉降和过滤手段难以去除的悬浮固体微粒的含量由 45mg/L 降低到 20mg/L，为使处理后回注采出水的悬浮固体含量达到 20mg/L 以下创造了有利条件。

由表 3-3-9 中可见，杏二中试验区三元复合驱采出水中投加水质稳定剂 WS1001 可显著提高其在高温下的稳定性，在 WS1001 加药量为 875mg/L 的条件下可使其经过 16h 和 80℃老化后的胶态悬浮固体含量由 330mg/L 降低到 28mg/L。

上述数据和分析表明，在杏二中试验区地面掺水中投加水质稳定剂 WS1001 不仅可以显著降低因掺高温水而使采出液中悬浮固体含量大幅度上升的问题，显著降低该试验区采出水的处理难度，还可有效抑制或减缓掺水管线的结垢和淤积。

根据杏二中试验区的油气集输和采出液处理流程，可采取图 3-3-9 中所示的水质稳定剂加药方式，其优点：一是药剂在地面掺水和油井采出液混合前就投加在掺水中，可防止因地面掺水与油井采出水不兼容而导致的新生矿物颗粒析出，便于螯合剂作用效果的充分发挥；二是地面掺水中螯合剂的浓度高，便于控制地面掺水在掺水加热炉和掺水管道中高温环境下的颗粒物析出和沉积。

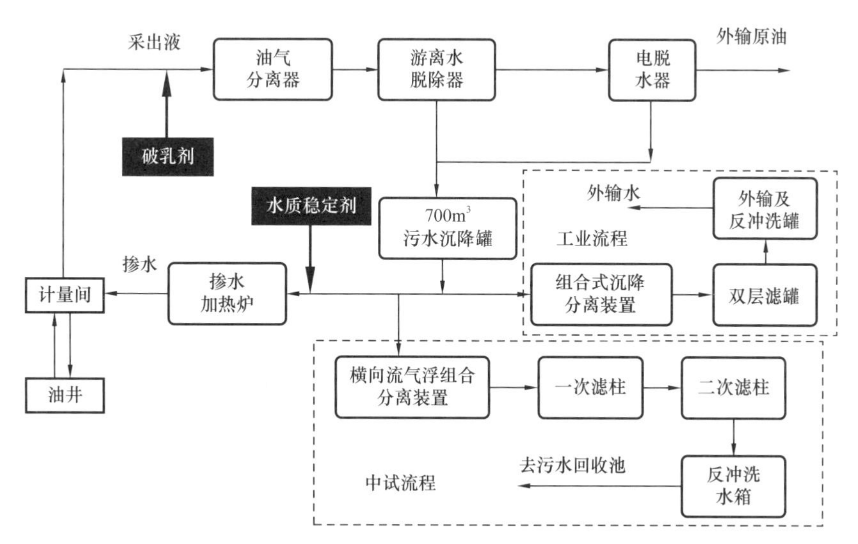

图 3-3-9　杏二中试验站系统集输流程和水质稳定剂应用方案

参考文献

[1] 赵雪峰，李玉华，陈魏芳，等．三元复合驱工业化应用中采取的地面工程控投资措施 [C] // 中国石油学会．第三届中国油气田地面工程技术交流大会论文集，2017：20-25.

[2] 程杰成．三元复合驱油技术 [M]．北京：石油工业出版社，2013：124-126.

[3] 李学军．大庆油田三次采油地面工艺配套技术 [J]．大庆石油地质与开发，2009，28（5）：174-179.

[4] 李龙，黄强，戚亚明，等．新疆油田三元复合驱碱液调配技术研究 [J]．油气田地面工程，2018，37（6）：6-8.

[5]于力.大庆油田地面工程三元配注工艺的发展历程[J].油气田地面工程，2009，28(7)：42–43.

[6]李学军，刘增，赵忠山.三元复合驱采出液中频脉冲电脱水技术[J].油气田地面工程,2007,26(11):21–22.

[7]李娜.不同注入阶段强碱三元复合驱采出液的处理[J].油气田地面工程，2012，31(8)：23–24.

[8]赵秋实.三元复合驱采出水处理工艺分析[J].油气田地面工程，2013，32(6)：68–71.

[9]古文革，陈忠喜，赵秋实，等.大庆油田三元复合驱采出水处理工艺技术[J].工业用水与废水，2018，49(2)：48–53.

[10]郑萌.水解聚丙烯酰胺对碳钢在海水中的缓蚀研究[D].青岛：中国海洋大学，2008.

[11]易聪华，邱学青，杨东杰，等. 改性木质素磺酸盐GCL2–D1的缓蚀机理[J]. 化工学报，2009，60(4)：959–964.

第四章　SAGD 地面工程

根据蒸汽辅助重力泄油（Steam Assisted Gravity Drainage，SGAD）开发要求和特点，地面工程经过几十年探索形成了蒸汽注入、高温采出液集输和处理等关键技术[1]，有力支撑了 SAGD 开发技术工业化试验的开展，同时为 SAGD 开发技术工业化推广打下了基础。

第一节　概　　述

SAGD 是一种将蒸汽从位于油藏底部附近的水平生产井上方的一口直井或一口水平井注入油藏，驱使被加热的原油和蒸汽冷凝液从油藏底部的水平井产出的采油方式，具有高采油能力、高油气比、高采收率及降低井间干扰，避免井间窜通的优点[2-4]。

一、驱油机理

SAGD 开发技术是由加拿大 R.M.Butler 博士根据注水采盐原理于 1978 年提出的。SAGD 的基本原理是利用热传导与流体热对流相结合，以蒸汽作为热源，依靠沥青及蒸汽冷凝液的重力作用开采稠油。驱油机理是从注汽井注入高干度或过热蒸汽，与冷油区接触，释放汽化潜热加热原油。被加热的原油黏度降低和蒸汽冷凝水在重力作用下向下流动，从水平生产井中采出，蒸汽腔在生产过程中持续扩展，占据产出原油空间。

相比蒸汽吞吐和蒸汽驱，SAGD 开采技术充分利用了蒸汽在油层中热量，热量利用更为高效，可以提供更高的产液温度，具有驱油效率高和采收率高的优点，是超稠油热力开采的一项前沿技术，广泛应用于厚层超稠油开采。SGAD 开采已成为中国石油稠油开发的主体技术之一。以新疆油田为代表的浅层超稠油双水平井 SAGD 开发技术，主要用于厚层超稠油未动用储量的开发。以辽河油田为代表的直井与水平井组合 SAGD 开发方式，主要用于在超稠油油藏蒸汽吞吐后期大幅度提高采收率方面。双水平井 SAGD 开发技术原理如图 4-1-1 所示，直井—水平井组合 SAGD 开发技术原理如图 4-1-2 所示。

二、发展历程及驱油效果

经过几十年的探索和试验，目前中国石油形成了具有“中国特色”的双水平井和直井—水平井组合 SAGD 系列技术，在新疆油田和辽河油田分别实现了 SAGD 工业化应用。

1. 新疆油田

通常将埋深小于 700m、地层原油黏度大于 50000mPa·s 的油藏称为浅层超稠油油藏。

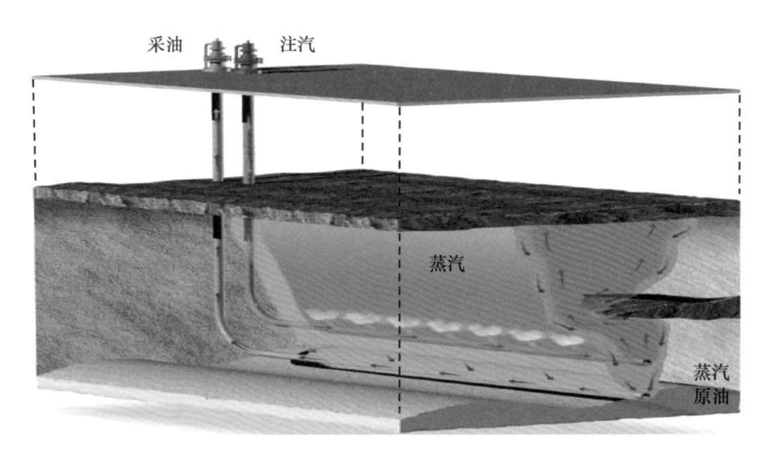

图 4-1-1　新疆油田浅层双水平井 SAGD 技术原理图

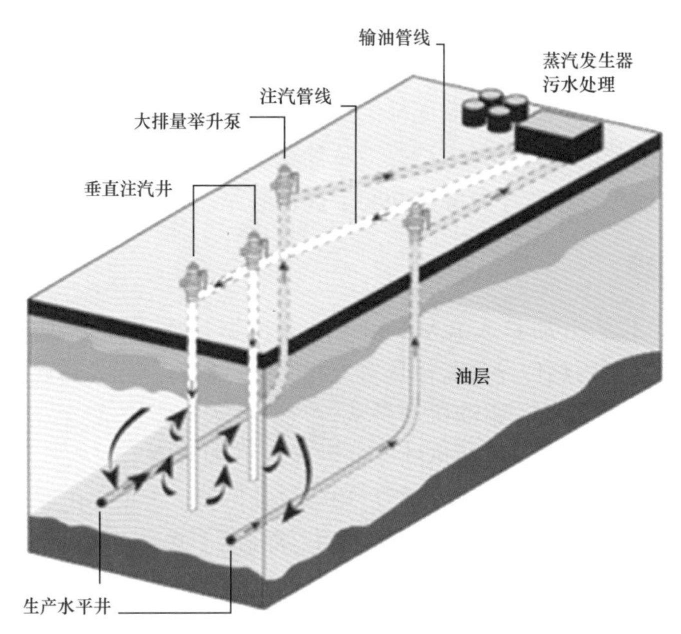

图 4-1-2　辽河油田直井—水平井组合 SAGD 技术原理图

准噶尔盆地西北缘的克拉玛依油田蕴藏着丰富的超稠油资源，目前以蒸汽吞吐和蒸汽驱开发方式为主。当地层温度条件下原油黏度大于 1000000mPa·s 时，蒸汽吞吐和蒸汽驱已经不具备经济效益，而 SAGD 技术是目前唯一的商业化开采技术。

风城油田位于准噶尔盆地西北缘北端，距新疆维吾尔自治区克拉玛依市东北约 120km。风城油田油资源丰富，油藏埋深一般为 200～600m，50℃时原油平均黏度为 5000～50000mPa·s，密度为 0.9536～1.004g/cm^3，凝固点为 15～20℃，具有密度大、黏度高的特点，属于浅层超稠油，是未来新疆油田稠油开发主力接替区块。其超稠油勘探起于 20 世纪 50 年代，规模开发始于 2005 年，在 2008 年进入工业化开发阶段：1983—1994 年井组试验阶段，开展了直井吞吐和斜直水平井吞吐试验，取得了超稠油开采的初步认识；2005—2007 年湿蒸汽开发试验阶段，选择原油黏度相对较低的重 43、重检 3 和重 32

开辟了 3 个常规热采试验区，取得了较好的开发效果；2008 年后开展 SAGD 技术推广研究，其开发经历了两个阶段：

（1）先导试验阶段（2008—2012 年）。2008 年先后开辟了重 32 井区和重 37 井区 SAGD 先导试验区，实施双水平井 12 井组，历时 4 年，双水平井 SAGD 先导试验取得成功。

（2）工业化开发阶段（2012 年至今）。2012 年开始工业化开发，至 2018 年共动用含油面积 $10km^2$，投建产能 $150 \times 10^4t/a$，2018 年产油量突破 100×10^4t，并实现百万吨持续稳产。

SAGD 开发试验区单井累计产量已达 5.34×10^4t，平均日产量为 23.8t，油汽比为 0.25。其采出效果是常规技术采出效果 7～15 倍。新疆油田 SAGD 技术和常规技术开采效果对比如图 4-1-3 所示。

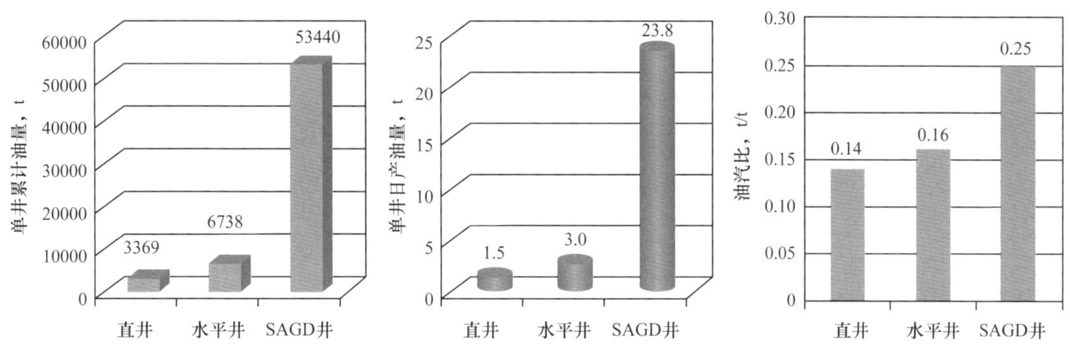

图 4-1-3　新疆油田 SAGD 技术和常规技术开采效果对比图

2. 辽河油田

辽河油田为寻求蒸汽吞吐后进一步提高采收率有效接替方式，在杜 84 块主体部位开展了超稠油转换 SAGD 开发方式的研究、试验与推广工作：

1）先导试验 8 井组（2005—2007 年）

2005 年下达并实施“曙一区杜 84 块超稠油蒸汽辅助重力泄油（SAGD）先导试验方案”，形成 8 个 SAGD 先导试验井组（31 注 8 采），含油面积 $0.3km^2$。2006 年 10 月，8 个试验井组按照项目进度安排全部转入 SAGD 生产，日产液、日产油、含水率和油汽比均达到方案设计指标并通过股份公司专家组验收。截至 2007 年底，SAGD 先导试验区 8 个井组累计产油量 26.73×10^4t，阶段投入产出比为 1∶0.81，其中馆陶油层已收回投资，阶段投入产出比为 1∶1.21。

2）工业化试验 40 井组（2008—2014 年）

先导试验获得成功后，2008 年下达并实施“曙一区超稠油 SAGD 开发工业化试验开发方案”，部署 119 个井组，分两期建设。首先实施一期工程即工业化试验 40 井组（118 注 40 采），计划 2008 年集中转 SAGD，阶段生产 14 年，累计产油 667×10^4t，累计油汽比为 0.28，阶段采出程度 37.9%，最终采收率 59.05%，与蒸汽吞吐对比，提高采收率 29.1%。最高年注汽量 343×10^4t，年产液量 412×10^4t，年产油量 98×10^4t，建产能 118×10^4t/a。

工业化试验方案实施过程中，因金融危机和洪水等因素致使转 SAGD 进度推迟 2～3 年，含油饱和度和峰值产量下降，期间辽河油田根据实际实施进程，持续优化实施方案，2011 年统筹考虑先导试验 8 井组及工业化试验 40 井组，编制完成 SAGD 工业化一期 48 井组调整方案。调整方案对开发指标和工作量进行了调整，最高年注汽量 326.7×10^4t，年产液量 386.4×10^4t，年产油量 82.0×10^4t，高峰产油时间推后 4 年，整体生产时间较原方案延长 1 年，但年均采油速度、采收率和提高可采储量三项指标与原方案基本相当。2011 年工业化一期 48 井组全部转 SAGD 开发，产量持续攀升。

3）工业化推广（2015 年至今）

工业化试验方案规划工业化二期工程共 71 井组，同样因油价下降没有按规划进度实施。仅在工业化一期地面富余能力基础上扩建 24 井组，目前处于预热和 SAGD 初期阶段，二期工程剩余 47 井组将根据油价和油田开发形势适时建设。

截至 2018 年底，曙一区杜 84 块累计建设 72 井组（一期 48 井组 + 扩建 24 井组），年产油规模 106.1×10^4t，已在百万吨规模稳产 3 年。馆陶先导试验区采出程度 64%，最终采收率可达 73%。对比吞吐阶段峰值产量高 14.0×10^4t，SAGD 阶段累计产油 798.1×10^4t，基本实现了 SAGD 工业化应用，并成为辽河油田千万吨稳产的重要组成部分。

三、地面工程建设情况

1. 总体工艺

目前，中国石油开展 SAGD 重大开发试验区块的总体工艺为：采出液经集输和处理系统处理后合格油外输，伴生气经气处理系统处理后放空，污水经水处理系统后由注汽系统加热并输至注入井注入地下。

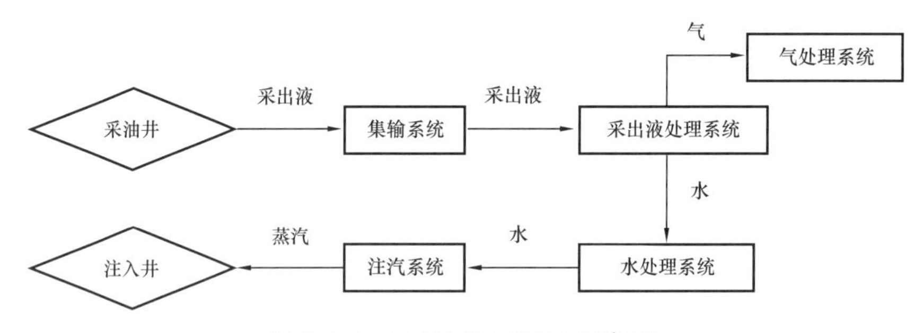

图 4-1-4　SAGD 地面工艺流程框图

2. 油田建设现状

1）新疆油田

截至 2018 年底，新疆油田已建的 SAGD 开发区块包括重 32 井区、重 37 井区和重 45

井区 3 个 SAGD 先导试验区，以及重 32 井区、重 1 井区、重 18 井区和重 58 井区 4 个工业化开发区（总体布局如图 4-1-5 所示，地面集输工艺流程如图 4-1-6 所示）。已建燃气锅炉 33 台、130t/h 燃煤流化床锅炉 3 座、地面配备 SAGD 高温密闭处理站 2 座、高温密闭转油站 1 座、原油高温密闭处理能力为 180×10^4t/a。

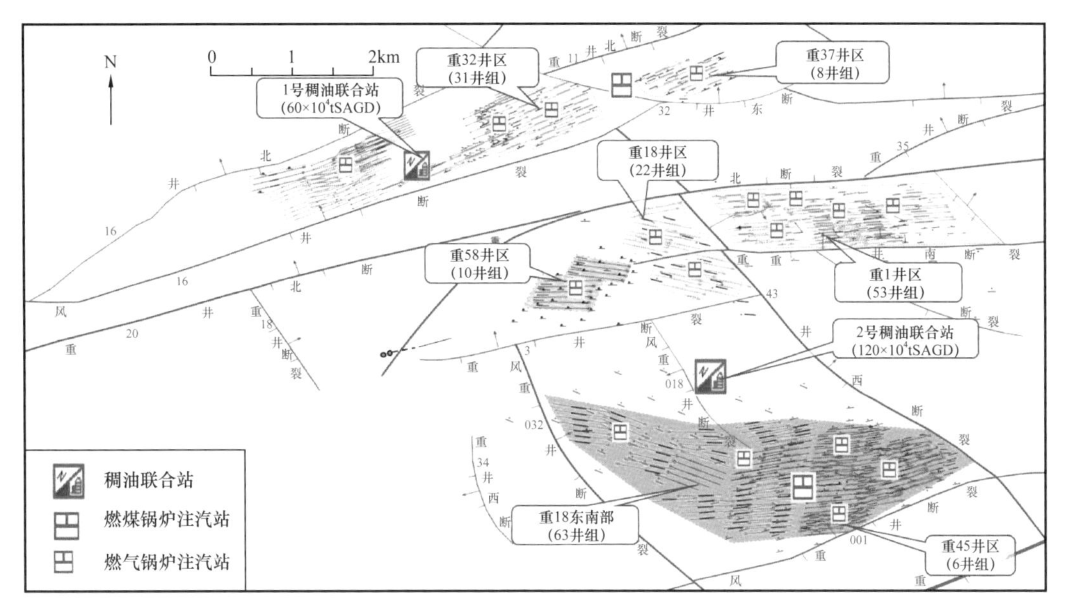

图 4-1-5 新疆风城油田 SAGD 地面总体布局图

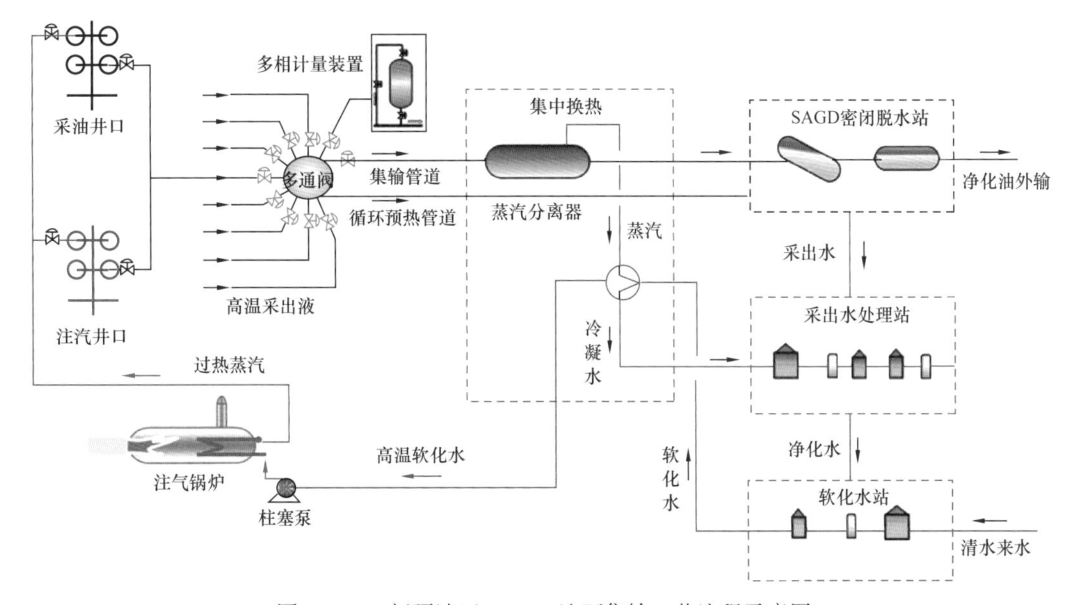

图 4-1-6 新疆油田 SAGD 地面集输工艺流程示意图

2）辽河油田

辽河油田 SAGD 开发主要在杜 84 块实施，地面工程建设充分考虑了新建系统和已建蒸汽吞吐系统相结合，油气集输、注汽、采出水处理和供电等进行了总体布局、统一优化，充分依托已建设施，降低工程投资。油气集输系统采用大二级布站，总体布局实现新建与已建设施结合，充分利用了已建设施，杜 84 区块 SAGD 地面总体布局图如图 4–1–7 所示。

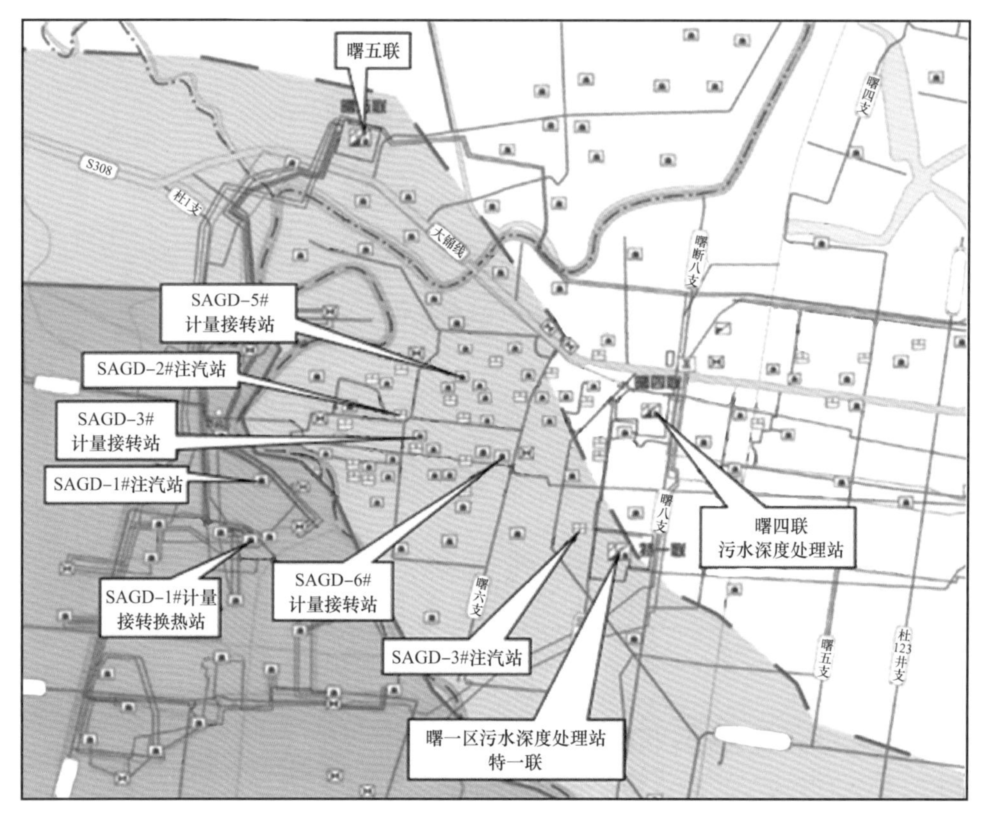

图 4–1–7　辽河杜 84 区块 SAGD 地面总体布局图

截至 2018 年底，辽河油田曙一区杜 84 块共实施 SAGD 井组 72 座，共建成注汽站 12 座，其中新建 3 座集中注汽站和 5 座先导注汽站，扩建 4 座注汽站，共有注汽锅炉 39 台，注汽能力 567.11×10^4t/a，实际注汽负荷率约 75%。采出液集输系统新建计量接转站 4 座，改造联合站 2 座，辽河油田 SAGD 地面总体工艺示意图如图 4–1–8 所示。

四、地面工程难点

1. 采出物物性特点

1）新疆油田

（1）采出液物性特点。

风城油田油藏原油物性变化范围大，大部分储量属于特稠油和超稠油范畴。油品普遍具有“三高四低”（即原油黏度高、酸值高、胶质含量高，硫含量低、含蜡低、沥青质低、凝固点低）和黏温反应敏感等特点。地面脱气原油 20℃时密度为 0.94～0.99g/cm^3，

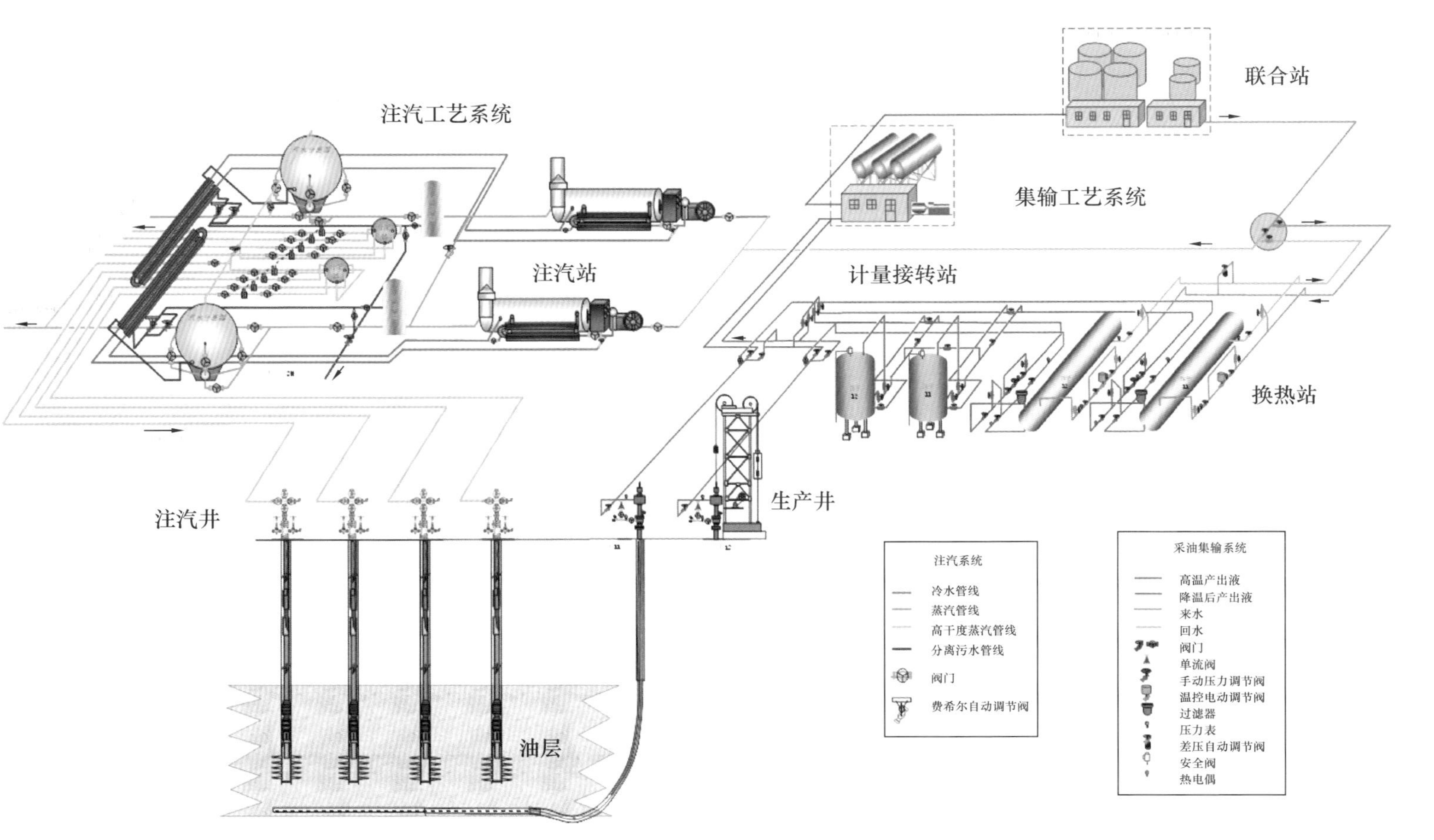

图 4-1-8　辽河油田 SAGD 地面总体工艺流程示意图

50℃时黏度为2000～718×10^4mPa.s，地层温度为14～23℃，油藏条件下原油黏度为2×10^4～500×10^4mPa.s，原油以固态赋存，原油物性见表4-1-1，不同阶段的SAGD采出液基本物性见表4-1-2。

表4-1-1　新疆风城油田SAGD性质统计表

层位	密度 g/cm^3	黏度（50℃） mPa·s	含蜡 %	酸值 mg（KOH）/g	凝固点 ℃	初馏点 ℃	胶质含量 %	沥青质含量 %
$J_3q_2^{2-1}$+$J_3q_2^{2-2}$	0.945～0.996	1248～2800000	1.1	4.9	20.8	165.2	15.1	8.8
$J_3q_2^{2-3}$	0.940～0.996	1287～7180000	1.4	3.4	18.9	185.2	15.5	8.2
J_3q_3	0.904～0.997	2428～4090000	1.0	3.5	24.9	179.1	16.3	8.3
J_1b	0.916～0.999	242～680000	1.1	4.5	14.0	177.9	19.4	5.2

表4-1-2　新疆风城油田SAGD采出液物性表

分析项目		循环预热阶段初期	循环预热阶段中后期	正常生产阶段
pH值		7.81	7.94	7.96
离子含量 mg/L	HCO_3^-	147.2	108.4	112.4
	Ca^{2+}	22.7	20.3	18.4
	Mg^{2+}	10.3	8.4	6.5
	Cl^-	2115.2	1114.8	955.8
	SO_4^{2-}	80.7	67.4	57.6
	K^++Na^+	1590.9	1806.3	655.6
矿化度，mg/L		3967	2075.2	1806.3
水型		碳酸氢钠	碳酸氢钠	碳酸氢钠
含油，mg/L		11415	114134	256321
悬浮物含量，mg/L		22500	11400	2750

新疆油田超稠油属环烷基原油，属稀缺资源，全球已探明石油储量中该类资源仅占2.2%，可用于炼制高等级变压器油、冷冻机油、橡胶油、重交通道路沥青和航天煤油等。

（2）采出水物性特点。

新疆油田风城SAGD采出水基本物性参数详表4-1-3。由于SAGD开发的特点，SAGD采出水进站温度为130～150℃，含油可达2500mg/L，较吞吐区采出水高，且由于SAGD开发方式地层温度较高，二氧化硅在水中的溶解度上升，工业推广开发期在300mg/L左右，远高于吞吐开发和先导试验阶段采出水中二氧化硅的含量。

表 4-1-3　新疆风城油田采出水基本物性一览表

检测项目		先导试验阶段	工业推广阶段	常规吞吐采出液
pH 值		7.08	8.21	8.13
离子含量 mg/L	CO_3^{2-}	26.6	未检出	22.1
	HCO_3^-	164.8	422.7	422.7
	Ca^{2+}	1.7	5.2	76.2
	Mg^{2+}	2.1	2.8	4.1
	Cl^-	174.2	2130.4	1314.5
	SO_4^{2-}	195.1	99.7	299.3
	K^++Na^+	283.1	1578.1	1558.1
	CO_3^{2-}	26.6	未检出	22.1
矿化度，mg/L		765.3	4027.5	3147.2
水型		重碳酸钠	重碳酸钠	重碳酸钠
二氧化硅含量，mg/L		150	298.0	159.7
总硬度（以 $CaCO_3$），mg/L		23	24.5	23.5

SAGD 采出水中含油率高主要是因其油滴相对较小，新疆风城油田的常规吞吐和 SAGD 采出液油滴粒径分布进行对比如图 4-1-9 所示。可以看出，SAGD 采出液水相中的油滴粒径明显小于吞吐开发采出液，主要原因是由于 SAGD 开采方式导致井底温度持续高于稠油初馏点，在减压过程中可能会有稠油中轻组分逸出，并且在降温过程中逸出的轻组分在油水两相中重新再分配，从而导致采出水含油量增加。

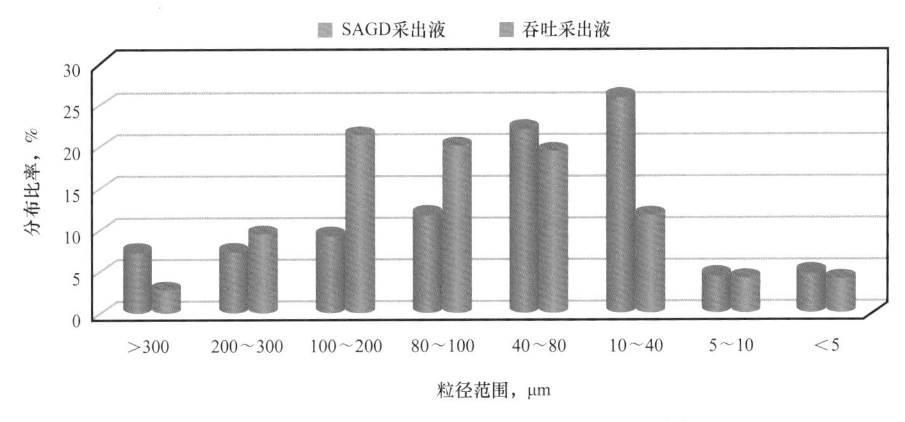

图 4-1-9　SAGD 开发和吞吐开发采出液油滴粒径分布对比图

2）辽河油田

（1）采出液物性特点。

辽河油田曙一区超稠油原油全分析统计结果表明，原油物性具有“四高一低”的特点，即地面脱气原油具有密度大、黏度高、凝固点高、胶质 + 沥青质含量高、含蜡量低的特点。

SAGD 开发前杜 84 块兴Ⅵ组油层原油物性：20℃时的密度平均为 1.001g/cm^3；黏度高，50℃时的黏度为 16.815 × 10^4 mPa · s，胶质 + 沥青质含量平均为 57.84%，凝固点平均为 26.5℃，含蜡量平均为 2.2%。兴Ⅰ组油层原油物性：20℃时的密度平均为 1.007g/cm^3，黏度高，50℃时的黏度为 19.16 × 10^{4}mPa · s，胶质 + 沥青质含量平均为 56.8%，凝固点平均为 29℃，含蜡量平均为 1.8%。按稠油分类标准，属于超稠油油藏。

馆陶油层原油物性：20℃原油密度平均为 1.007g/cm^3，50℃原油黏度为 23.191 × 10^4 mPa · s，胶质 + 沥青质含量高，胶质 + 沥青质含量为 52.9%，凝固点高，为 27℃，含蜡量为 2.44%。按稠油分类标准，属超稠油油藏。

采用 SAGD 开发后，SAGD 混合原油 20℃原油密度平均为 1.02 g/cm^3，50℃原油黏度为 15.689 × 10^{4}mPa · s，凝固点为 39℃。SAGD 开发后兴Ⅵ组产出原油中的胶质与沥青质含量变为 63.12%，馆陶组油层产出原油中的胶质沥青质含量变为 58.11%。

对比 SAGD 开发前后的原油物性数据，原油物性变化不大；随着开发时间的不断延长，井口产出原油中的胶质沥青质含量升高。

（2）伴生气物性特点。

SAGD 开发前伴生气物性见表 4-1-4。SAGD 开发后伴生气物性见表 4-1-5。

随着 SAGD 采油生产的深化，油井排放气体中 CO_2 和 H_2S 含量逐渐上升。

表 4-1-4　辽河油田杜 84 区块 SAGD 开发前伴生气组成表　单位：%（摩尔分数）

井号	O_2	N_2	C_1	C_2	C_3	iC_4	nC_4	iC_5	nC_5	C_{6+}	CO_2	H_2
馆平 10	0.91	3.49	28.72	0.21	0.16	0.03	0.06	0.02	0.02	0.05	66.15	0.11
馆平 11	1.55	5.75	27.83	0.21	0.16	0.03	0.06	0.03	0.03	0.06	64.15	0.11
馆平 12	2.20	8.62	12.53	0.49	0.40	0.09	0.17	0.09	0.10	0.33	71.30	3.12
馆平 13	0.89	3.99	13.50	0.44	0.42	0.09	0.18	0.09	0.11	0.46	74.96	4.05
馆平 14	1.26	4.32	15.19	0.14	0.12	0.03	0.05	0.02	0.02	0.08	78.57	0.06
馆平 15	2.95	9.13	29.53	0.20	0.13	0.02	0.03	0.01	0.00	0.01	57.69	0.22
馆平 16	1.75	6.39	5.17	0.29	0.25	0.05	0.10	0.05	0.08	0.10	82.59	2.08

表 4-1-5　辽河油田杜 84 区块 SAGD-6 号计量接转站单井伴生气组分表　单位：%

井号	O_2	N_2	C_1	C_2	C_3	iC_4	nC_4	iC_5	nC_6	C_{6+}	CO_2	H_2S	H_2
H18	0.16	0.52	9.02	0.13	0.13	0.03	0.06	0.03	0.04	0.3	87.82	1.31	0.46
H19	0.49	2.05	25.22	0.42	0.32	0.07	0.11	0.16	0.08	1.26	69.21	0.14	0.46
H21	6.17	21.99	22.54	0.17	0.15	0.03	0.05	0.03	0.02	0.38	48.45	0.04	
H22-1	1.49	11.91	72.5	0.05	0.01						14.04		

续表

井号	O_2	N_2	C_1	C_2	C_3	iC_4	nC_4	iC_5	nC_6	C_{6+}	CO_2	H_2S	H_2
H22–1	4.34	21.1	62.22	0.04	0.01						12.28		
H23–1	16.04	58.16	14.59	0.05	0.05	0.01	0.02			0.35	10.65	0.02	0.06
x6#–H19	0.57	2.22	25.61	0.43	0.33	0.06	0.1	0.04	0.03	0.23	69.75	0.16	0.47
x6#–H21	0.79	3	32.18	0.23	0.18	0.03	0.06	0.02	0.02	0.3	62.8	0.11	0.28
X6–H23–1	5.17	23.39	54.67	0.07	0.02	0				0.27	16.41		
杜 84 馆 HK20	0.56	2.66	27.34	0.39	0.33	0.07	0.13	0.06	0.08	0.48	66.98	0.41	0.5
杜 84 馆 22–1	0.27	7.74	74.46	0.05	0.02						17.43		0.03

（3）采出水物性特点。

SAGD 开发前，杜 84 块兴隆台油层水型属 $NaHCO_3$ 型。兴Ⅰ组水的总矿化度为 1957 mg/L，总硬度 5mg/L，Cl^- 含量为 390 mg/L，Na^++K^+ 含量为 612 mg/L；杜 84 块缺少兴Ⅵ组水分析资料，相邻的杜 229 块兴Ⅵ组水的总矿化度为 1943 mg/L，总硬度 10 mg/L，Cl^- 含量为 140mg/L，Na^++K^+ 含量为 577 mg/L。

馆陶油层水性属 $NaHCO_3$ 型，总矿化度为 2112.2 mg/L，总硬度 207.9 mg/L，Cl^- 含量为 128.5 mg/L，Na^++K^+ 含量为 516.2 mg/L。

SAGD 开发后，曙一区深度处理站进水水质见表 4–1–6。

表 4–1–6　曙一区深度处理站进水水质表

检测参数	单位	检测结果
钠和钾（Na^++K^+）	mg/L	458.4
镁（Mg^{2+}）	mg/L	5.4
钙（Ca^{2+}）	mg/L	18.9
氯化物（Cl^-）	mg/L	203.1
硫酸盐（SO_4^{2-}）	mg/L	150.2
重碳酸盐（HCO_3^-）	mg/L	760.7
碱度（以 $CaCO_3$ 计）	mg/L	624.1
总硬度（以 $CaCO_3$ 计）	mg/L	69.1
总矿化度	mg/L	1596.7
pH 值	—	7.43

续表

检测参数	单位	检测结果
悬浮物含量	mg/L	10000～20000
含油量	mg/L	2000～5000
偏硅酸（以 SiO_2 计）	mg/L	252.6

SAGD 开发造成污水站来水温度、油、悬浮物以及二氧化硅含量升高，污水站增加除硅工艺以保证出水硅满足锅炉用水指标，污水站调整药剂投加量，保障油和悬浮物满足污水站处理要求。

2. 给地面工程带来的难点和问题

稠油 SAGD 开发带来了许多地面工程技术难题，常规稠油开发注汽、集输、油水处理和热能利用等工艺技术不能满足生产需要，与常规吞吐开发相比，SAGD 开发在地面工程设计建设过程中有以下难点：

（1）已建地面设施对 SAGD 生产的不适应。为充分利用已建设施、降低工程投资，SAGD 开发初期地面工程充分依托已建地面设施，但大部分已建站场、管线等设施已经运行 10 年以上，各类设施的耐温能力、承压能力存在不确定性，设备的适应性较差，在工业化推广阶段不能满足生产需要。

（2）高干度蒸汽发生、输送和计量成本高、难度大。常规稠油开发多采用湿蒸汽锅炉，锅炉出口蒸汽干度为 80%，不能满足 SAGD 开发需要，需要进一步研究高效高干度蒸汽发生技术。SAGD 注汽站产生大量的蒸汽，如果采用多条注汽管线，占地面积大、投资高、热损失大，不利于生产运行管理，需解决 SAGD 注汽站蒸汽安全输送和管线补偿问题。SAGD 开发要求注汽管线蒸汽干度在 95% 以上，对计量分配精度也有更高的要求，如何解决 SAGD 注汽管线等干度分配、计量、调节也是需要进一步解决的技术难题。

（3）SAGD 产出液高温集输和处理难点多。SAGD 高温产出液密闭集输技术难点包括高温产出液在线自动计量、集输工艺流程、工艺参数确定、耐高温集输设备及材料、防腐保温材料等。在井口来液管线中，油、汽、水、砂多相流共存的高温饱和流体对集输系统冲击明显，计量、换热和机泵等设备选型困难，集输系统压力不易调控。此外，稠油采出液胶质含量高、黏土含量高，黏土易在油水界面上形成稳定的壳状结构，采出液呈胶体、乳液双重稳定特性，常规脱水工艺无法处理 SAGD 采出液。

（4）采出水处理成本高。超稠油采出水具有高温、高硅和高矿化度等特点，直接外排不符合环保标准，回注成本高且浪费水资源。目前新疆油田和辽河油田稠油采出水深度处理后回用注汽锅炉，但处理成本高、污泥产量大，因此如何实现稠油采出水低成本处理是亟待解决的难点问题。

（5）超稠油长输存在困难。超稠油黏度大，常温下流动性差，采用超稠油加热降黏可实现管输，但能耗较大，不能长距离管输；采用超稠油乳化管输，需二次破乳脱水，处理费用比较高；采用掺稀油降黏输送，会影响下游炼厂产品质量。

（6）热能综合利用难度大。SAGD 井口产出液温度达到 160～200℃，这部分热能若不能回收利用，将造成极大的能源浪费。但稠油 SAGD 开发热能资源具有点多、面广、余热品位低等特点，回收利用难度大，锅炉给水提温、蒸汽吞吐换热等方式无法实现余热平衡和回收利用，热能利用率低，SAGD 热能综合利用需要进一步统筹规划、系统解决。

对于稠油开发而言，油藏、采油及地面是一个有机结合的整体。若以上关键技术及配套设备不能在较短的时间内得到有效解决，将成为制约稠油大规模工业化开发的重要因素。

第二节 关键技术

经过不断的科研攻关，中国石油逐步形成了 SAGD 开发地面工程关键技术序列，包括 6 大系列、12 项技术，如图 4-2-1 所示。

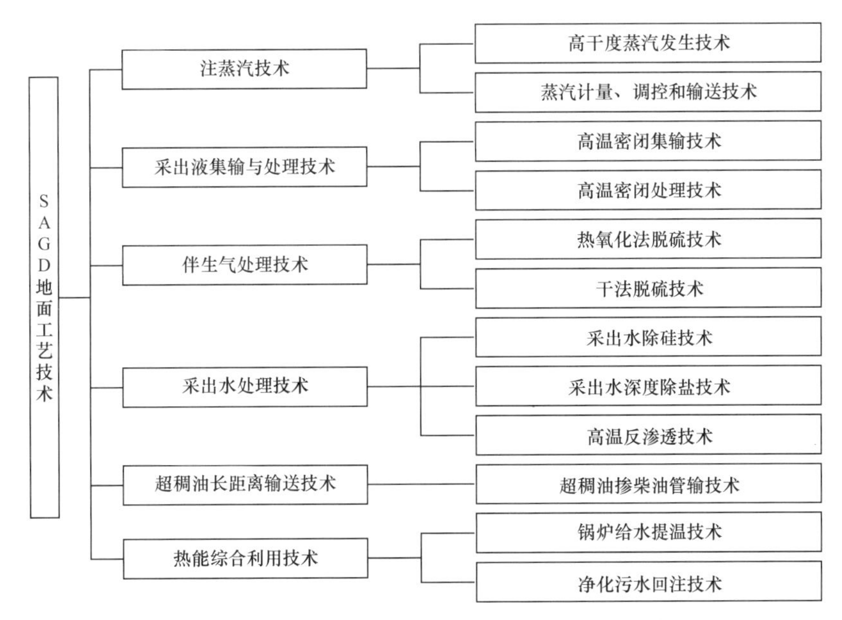

图 4-2-1 SAGD 开发地面配套工艺技术序列示意图

一、注蒸汽技术

对于 SAGD 开采来说，最期望的是到达油层的蒸汽干度为 100%，这就要求锅炉出口蒸汽是过热蒸汽。注汽干度直接影响 SAGD 的油汽比指标，井下蒸汽干度越高，油汽比相对越高，所以，提高井底的蒸汽干度，可降低生产成本，从而实现 SAGD 规模实施[5, 6]。

1. 高干度蒸汽发生技术

1）新疆油田

新疆油田在 SAGD 开发过程中，先后采用了高干度注汽锅炉、直流过热注汽锅炉蒸汽发生技术和分段蒸发式循环流化床锅炉等蒸汽发生技术。

（1）高干度锅炉蒸汽发生技术。该锅炉主要是在湿蒸汽锅炉的技术上进行了受热面的优化和控制系统的调整，锅炉使用除盐水发生高干度蒸汽，锅炉出口蒸汽干度为95%。图4–2–2为新疆油田高干度蒸汽锅炉现场图。

图4–2–2　新疆油田高干度蒸汽锅炉现场图

该种蒸汽发生方式于2009年应用于重37试验区，共使用3台，其中2台22.5t/h锅炉运行正常，1台50t/h锅炉由于振动等原因停用。由于该炉型对水质要求高（无盐水）、稠油采出水回用工艺处理成本高、适应性较差，目前已不再新建。

（2）直流过热锅炉蒸汽发生技术。直流过热锅炉是为了生产过热蒸汽研发出的新设备，该技术在湿蒸汽注汽锅炉的基础上增加了“汽水分离器、蒸汽过热器、汽水掺混器、喷水减温器”等设备，有效防止了锅炉提高干度过程中的受热面结盐，实现了注汽锅炉回用净化采出水生产过热蒸汽，蒸汽过热度为30℃。图4–2–3为新疆油田直流过热注汽锅炉技术原理图。

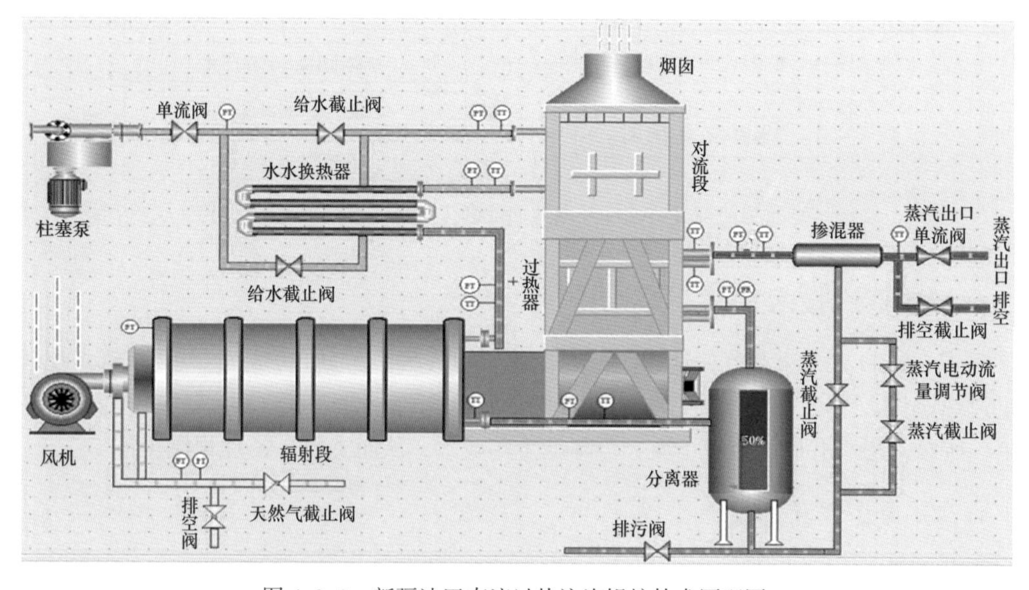

图4–2–3　新疆油田直流过热注汽锅炉技术原理图

工作原理：锅炉由辐射段、过渡段、对流段、过热段、分离掺混系统及辅机设备（包括燃烧器、给水泵等）组成。其原理是锅炉将辐射段出来的 75% 干度的湿饱和蒸汽通过分离器进行汽水分离，分离后将分离出的干度达 99% 的饱和蒸汽与含盐的饱和水分成两路，其中饱和蒸汽输入锅炉对流段底部的过热段，加热至过热后进入掺混器，与分离出的饱和水进行混合，利用过热蒸汽将饱和水加热汽化形成过热度 5～30℃的过热蒸汽。该蒸汽发生方式于 2008 年在重 32 试验区首次使用，并在后续的产能开发区规模化应用。

图 4-2-4 所示为新疆油田 23t/h 燃气注汽锅炉现场图。

图 4-2-4　新疆油田 23t/h 燃气注汽锅炉现场图

（3）分段蒸发式循环流化床注汽技术。通过对锅炉汽水循环方式及防腐技术进行研究，采用 130t/h 循环流化床注汽锅炉生产过热蒸汽，锅炉采用分段蒸发技术，锅炉出口蒸汽过热 10～30℃。该种锅炉是为了适应新疆油田燃料结构调整而研发的。燃煤循环流化床注汽锅炉的推广，既降低了稠油生产成本，也适当缓解了新疆油田天然气供不应求的局面。该锅炉通过使用分段蒸发技术，允许 60% 的净化水和 40% 的清水掺混，解决了稠油采出水回用汽包注汽锅炉的问题。锅炉给水矿化度为 2000mg/L，远超电站锅炉给水标准的 0.18mg/L。新疆油田循环流化床燃煤注汽锅炉原理示意如图 4-2-5 所示。

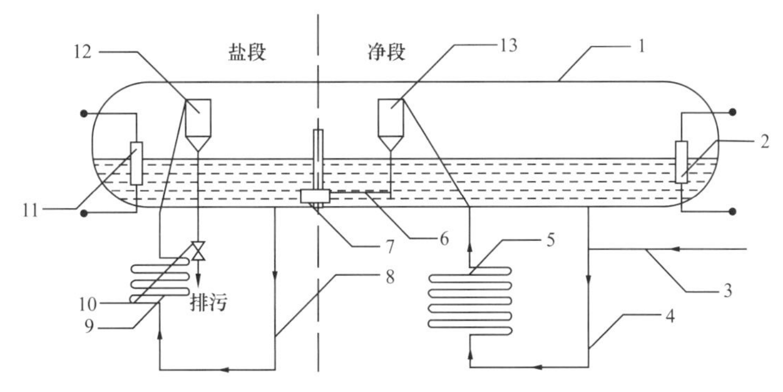

图 4-2-5　新疆油田循环流化床燃煤注汽锅炉原理示意图

1—汽包；2—净段液位计；3—自省煤器给水；4—净段下降管；5—锅炉炉膛上升管；6—净段排污；7—净段 - 盐段隔板和联通阀；8—盐段下降管；9—盐段蒸发受热面；10—盐段排污阀；11—盐段液位计；12—盐段汽水分离装置；13—净段汽水分离装置

2）辽河油田

目前辽河油田采用的SAGD高干度过热蒸汽发生技术主要有两种："直流湿蒸汽锅炉+汽水分离器+过热器"技术和"汽包炉+MVC"技术。

（1）"直流湿蒸汽锅炉+汽水分离器+过热器"技术。"直流湿蒸汽锅炉+汽水分离器+过热器"技术即在常规湿蒸汽锅炉上加装换热器及过热器，通过新型球型汽水分离器、等干度分配器等装置，锅炉出口由干度75%提高到99%。既能产生过热蒸汽，又能实现高温分离水回用注汽锅炉。

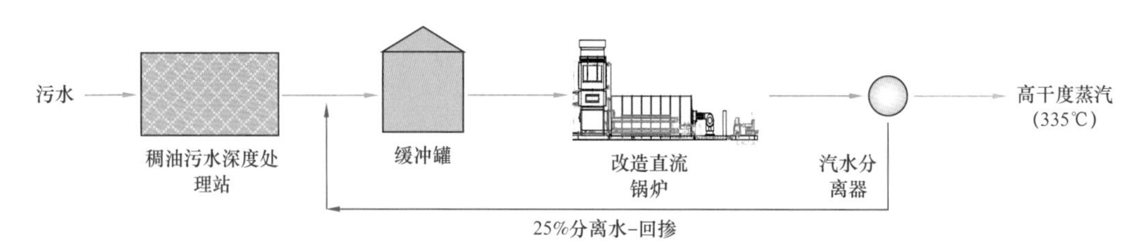

图4–2–6　辽河油田"直流湿蒸汽锅炉+汽水分离"技术示意图

高干度汽水分离工作原理：从锅炉来75%干度的湿蒸汽进入高干度汽水分离器，通过重力分离、旋转分离及膜板分离实现汽水分离，将分离出的干度99%以上的蒸汽输入注汽主干线，之后由各计量分配间分配注入注汽井。高温分离水进换热器换热提高对流段入口水温，实现热能综合利用。

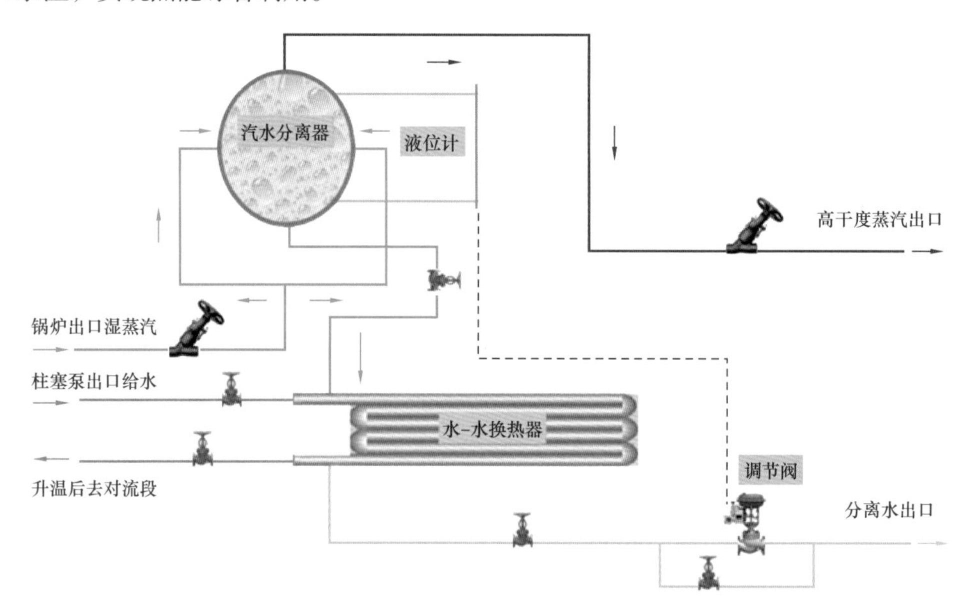

图4–2–7　辽河油田SAGD高干度汽水分离器工作原理示意图

（2）"汽包炉+MVC"技术。燃煤汽包炉是广泛应用于电力行业的生产过热蒸汽的成熟技术，并且从20世纪60年代就实现了国产化，可以用煤、油、气来作燃料，有利于实施燃料结构调整，同时汽包炉排量大、热效率高，适合SAGD开发的生产特点。然而大型燃煤汽包炉的水质要求高，电站用水可以循环使用，仅补充3%～5%的清水，降低了

水处理难度。油田注汽用水注入地下后和原油及油层水混合采出，用传统水处理工艺将采出水再次处理为锅炉的合格用水，成本非常高，在一定程度上制约了汽包炉注汽的推广使用。

国外机械压缩蒸发法水处理（MVC）技术解决了水处理的技术瓶颈，可实现油田采出水经济处理后满足汽包锅炉的水质要求，为油田注汽采用汽包炉创造了条件。

辽河油田“汽包炉 +MVC”技术用水为稠油采出水，经 MVC 处理产生蒸馏水，然后用于汽包锅炉产生过热蒸汽为油井注汽。MVC 装置已经于 2014 年 5 月开始中试，中试处理规模达到 $20m^3/h$，出水硬度≤2μmol/L，总铜≤5μmg/L，总铁≤30μmg/L，含油≤0.3μmg/L，电导率（25℃）≤60μS/cm，二氧化硅≤0.2μmg/L，浊度≤1NTU，达到工业汽包锅炉用水指标，已通过集团公司验收。目前，辽河油田汽包锅炉注汽站于 2017 年 5 月投产，规模为 1×20t/h，设计压力 14MPa，温度 400℃。“汽包炉 +MVC”技术的流程示意如图 4–2–8 所示。

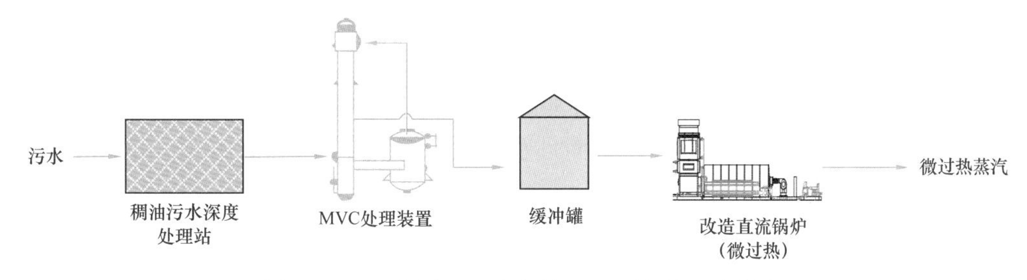

图 4–2–8　辽河油田“汽包炉 +MVC”技术示意图

2. 蒸汽计量、调控和输送技术

1）新疆油田

新疆油田配套形成了成熟的蒸汽分配计量调控技术和过热蒸汽高质量输送技术。使用耐磨锥形孔板计量过热蒸汽，实现了 SAGD 井组按需注汽，注汽量计量调节精度误差小于 10%，较好地满足了新疆油田 SAGD 开发的技术需求。图 4–2–9 为新疆油田 SAGD 井口蒸汽分配计量调节橇。

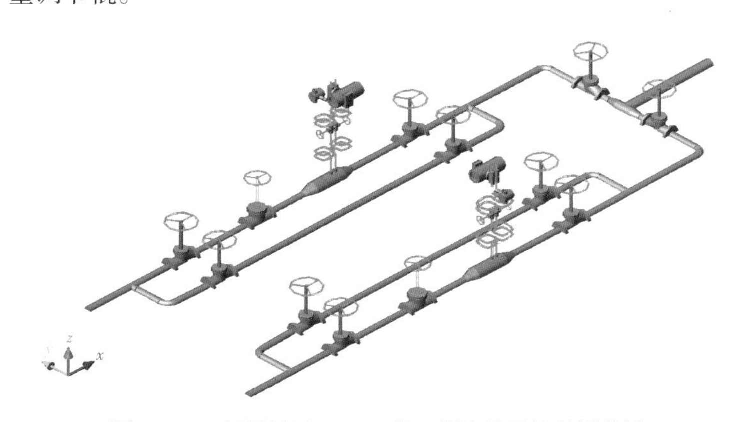

图 4–2–9　新疆油田 SAGD 井口蒸汽分配计量调节橇

新疆油田自2011年起，伴随着130t/h循环流化床锅炉的试验与推广，开始使用大口径注汽管道，通过采用旋转补偿与自然补偿相结合的方式，使干线压降减少到0.5MPa/km以下。该方式不但相对节约了投资与运行费用，也大大提升了输送效率，使注汽站的有效注汽半径由23t/h锅炉的750m，扩展至5km左右。同时，通过优化注汽管道选材，合理减少了注汽管道壁厚，既节约了投资，又减少了管道焊接的难度。

2）辽河油田

辽河油田曙一区先导试验阶段，采用直流锅炉配套球形汽水分离器来获取高干度。由于地面管线和井筒的热损失，仅能保证蒸汽进入油层的干度为60%～70%。由于采用过热蒸汽来提高和控制进入油层的蒸汽干度，是决定SAGD注汽效果的核心技术。因此结合油藏规划和现有工艺水平改进确定了辽河油田SAGD总体的注汽系统技术路线为：直流锅炉集中注汽+汽水分离器+干线输送+蒸汽计量点+分支线注汽管线去注汽井。

曙一区SAGD注汽系统主体配套工艺为：锅炉用水和SAGD高温产出液换热升温后去SAGD集中注汽站，产生的75%干度蒸汽再经过汽水分离器将干度提高至接近100%后进入综合注汽干网，所有注汽站产生的蒸汽都汇集到综合管网中，再通过支干线去蒸汽计量间分配至注汽井，各注汽井根据需求取汽，相对于以往的一台锅炉对应一口井的集中注汽方式，不仅节约投资和占地面积，而且系统分配蒸汽更加灵活和合理。

（1）汽水分离及蒸汽分配计量技术。结合油田现场实际情况，辽河油田开发研制了新型球形汽水分离器系统，包括汽水分离器和等干度分配器，如图4-2-10所示。分离器干度达到99%以上，满足了高干度注汽的工艺技术条件。

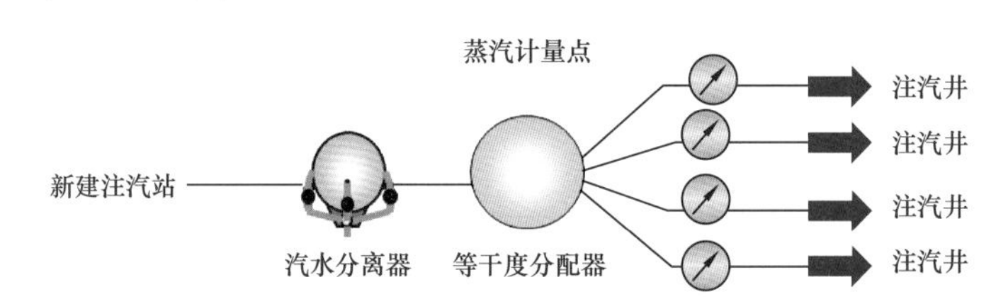

图4-2-10 辽河油田SAGD过热蒸汽等干度分配、计量和调节工艺流程示意图

汽水分离器采用旋风分离方法，综合了离心分离、重力分离及膜式分离作用来进行汽水分离。同时，为检验球形汽水分离器的分离效果，采用了钠度计法、光谱分析法和采出水排量计算法三种方法对分离器出口蒸汽的干度进行测定。

（2）蒸汽干度与流量在线监测系统。先导试验阶段的蒸汽分配计量由于在汽水分离器出口，干度接近100%，计量相对容易。SAGD规模实施阶段考虑到投资和用地，采用集中建站、综合管网供汽方式更为合理，在这种情况下，蒸汽需经过干线长距离输送到注汽井井场分配计量后去往各注汽井，这时各管线内蒸汽干度和流量将出现较大差异，从而导致原有的测量方法不能满足生产需要的精度要求。

通过借鉴国际上成熟可靠的湿蒸汽流量测量方法，设计出了湿蒸汽流量及干度测量仪，该装置具有投资和运行费用低、操作管理方便的优点，同时主设备没有任何运动部件，可靠性高、维护量小，技术成熟可靠，并且有现场运行的实例。

测量原理：将标准孔板与经典文丘里管串联于湿蒸汽管道中，根据质量守恒定律，流经两流量计的质量流量相同。管道经良好保温处理，忽略沿程热量损失及压力损失，湿蒸汽无相变，则流经两流量计的湿蒸汽干度也相同。因为两质量流量方程中只有质量流量 Q_m 与干度 x 两个未知数，联立方程求解，即可得出 x 值。将得出的干度值 x 代入质量流量方程式求出瞬时质量流量，再对时间积分得出累计流量。如图 4-2-11 所示。

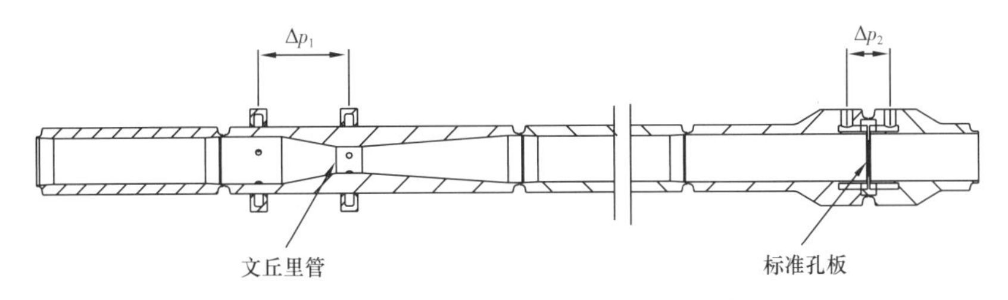

图 4-2-11　湿蒸汽流量及干度测量元件

经过现场试验与应用，蒸汽干度与流量在线监测技术能够对 SAGD 高干度蒸汽进行准确计量，干度计量误差为 ±3.6%，质量流量最大误差为 4.88%，不同干度下最大流量偏差为绝对平均值的 2.8%，有效地保证了 SAGD 注汽效果。

（3）大型注汽锅炉集中布置及蒸汽长距离输送技术。随着 SAGD 实施规模不断扩大，SAGD 井组数不断增加，对注汽量的要求也大幅度增加，先导试验的分散注汽已经不能满足现场生产需要，为了突破地面条件和投资制约，集中注汽方式成为首选。根据 SAGD 注汽井多、注汽井集中、注汽量大和连续注汽等特点，首次选用了 50t/h 和 100t/h 大型注汽锅炉，并实现了多台锅炉集中布置。大型锅炉集中建站具有提高能源利用率、减少司炉人员数量、降低运行费用、易于实现科学管理以及提高供热质量等特点。

辽河油田首次选用了大口径注汽管道，与小口径注汽管道分散注汽相比，采用大口径注汽管道集中注汽具有节约投资、节省占地、减少热量损失、便于调节等优点。

主要生产实际参数如下：

① 注汽管线总压降不大于 3.83MPa；

② 管线耐压等级为 14MPa；

③ 蒸汽干度，注汽站出口蒸汽干度为不大于 99%；

④ 注汽速度，单井注汽速度为 250～350t/d；

⑤ 首次选用了大口径注汽管线（ϕ325mm × 32mm、ϕ273mm × 26mm 等），蒸汽输送距离 5km。减少注汽管网热损失，每吨蒸汽耗油从 63kg 降到 58kg。

二、采出液集输与处理技术

1. SAGD 高温密闭集输技术

根据 SAGD 油田采出物的特点和地面工程存在的难点，在不同阶段采用了不同的油气集输工艺。在先导试验阶段，SAGD 产量较低，油气集输可以依托已建油气集输管网，换热采用分散换热方式；在扩大试验阶段，新建高温油气混输管道，采用集中换热方式；

在工业化应用阶段，采用双线高温密闭油气混输、集中换热方式[7, 8]。

1）新疆油田

SAGD 正常生产采出液的井口温度为 160～200℃，井口油压为 1.5～2.5MPa，具备长距离密闭输送的基础条件，同时 SAGD 采出液具有高温携汽性质，现场实践表明，SAGD 生产阶段井口携汽量较常规蒸汽吞吐生产方式大，在管输至处理站的过程中，随着压力的降低，蒸汽会闪蒸分离，需要在集中处理站进行蒸汽分离。

新疆油田 SAGD 集输工艺先后经历了以下三个阶段：

阶段一是 2008 年在重 32 试验区采用“分散换热”布站方式，计量管汇站、换热站和注汽站合建，油井采出液在井口与注蒸汽用水换热后温度低于 100℃，进入已有地面集输管线。工艺原理图如图 4-2-12 所示。

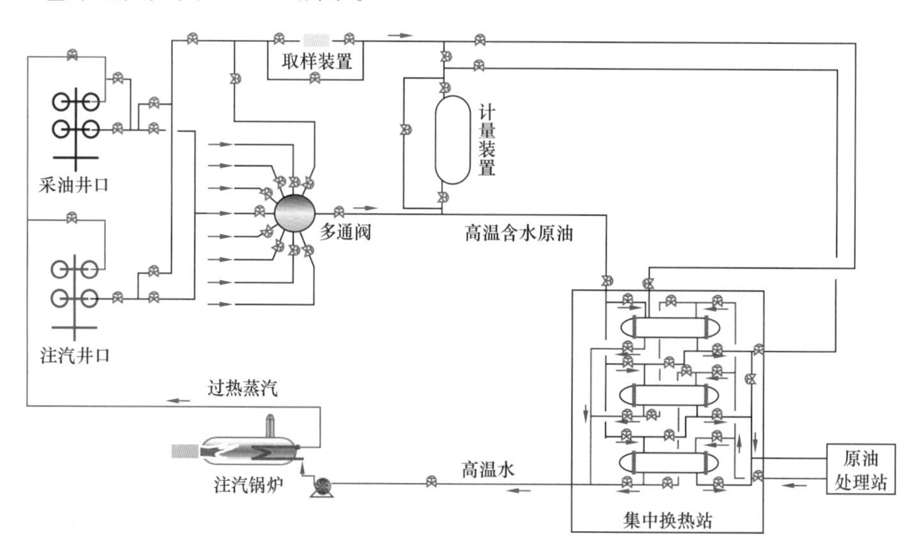

图 4-2-12　新疆重 32 区块 SAGD 先导试验地面工艺原理图

阶段二是 2009 年在重 37 试验区采用“油气混输、集中换热”的布站方式，集中换热站依托原油处理站建设，方便冷源的调配。油井采出液经集输管道高温密闭输至集中换热站与注汽锅炉给水换热，实现锅炉给水升温、SAGD 采出液降温。

阶段三是 2012 年后在 SAGD 工业化推广阶段，距离原油处理站不大于 3km 的井组，采用“采油井场→集油计量管汇站→原油处理站”二级布站密闭集输流程。距离较远的区块增设换热接转站，采用“采油井场→集油计量管汇站→高温接转站→原油处理站”的三级布站密闭集输流程。三级布站流程综合考虑热能集中利用，从井口到接转站采用高温密闭汽液混输工艺，高温接转站采用“汽液分离 + 高温外输”的汽液分输、密闭接转工艺，集油干线采用汽液分输工艺，分离出蒸汽管输至处理站集中换热，采出液泵输至处理站，从而实现了热能集中利用，避免了分散换热，冷源难以调配的问题。

考虑到 SAGD 不同生产阶段采出液个性化差异明显，新疆油田首创了以“双线集输、集中换热”为特点的高温密闭集输工艺，增加了集输系统调配的灵活性，可有效解决 SAGD 循环预热阶段管输能力不足、井组间生产不同步问题。充分利用了井底采油泵举升

能量，实现了全流程无动力高温（180℃）密闭集输，系统密闭率达到 100%，形成了超稠油 SAGD 开发地面配套工艺技术，100×10^4t/a 的 SAGD 稳产成果。图 4-2-13 为新疆油田 SAGD 高温接转站工艺流程示意图。

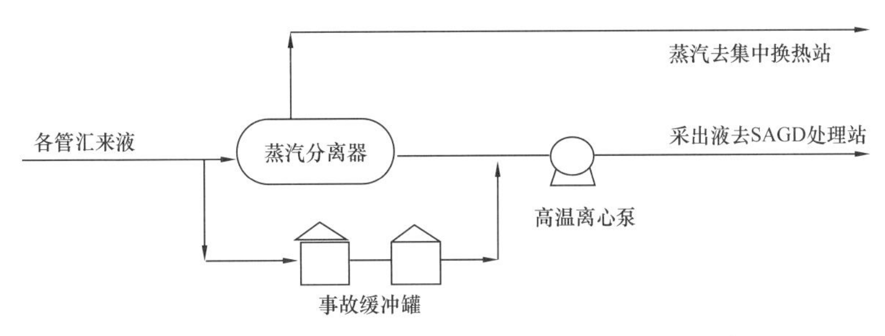

图 4-2-13　新疆油田 SAGD 高温接转站工艺流程示意图

根据 SAGD 采出液的“高温、高携汽、高乳化”的固有特征，和其潜在的“密闭集输难、原油脱水难、热量平衡难”的问题，经过长期的技术攻关和现场实践，形成了 SAGD 开发地面关键技术，其中集输技术有：

（1）SAGD 单井回压控制技术。通过节点试验，确定影响单井回压的关键节点参数；在合理限制井口回压的同时，又充分利用井口回压，提出处理站的一级分离器的运行压力设计是井口回压的关键因素；将 SAGD 开发初期的处理站进站压力由 0.9MPa 优化为 0.6MPa，在降低单井回压、提高阶段产量的同时，又扩大了集输半径。

（2）SAGD 高温密闭集输技术。集输流程：对集输半径小于 3km 的采用“单井—计量管汇—处理站”的一级布站集输工艺；对集输半径大于 3km 的采用“单井—计量管汇—高温接转站—处理站”的二级布站集输工艺；高温接转站采用“汽液分离、高温原油接转”的密闭接转工艺，配套了高效蒸汽处理器、高温离心泵及冷却设备和双螺杆泵接转设备。

2）辽河油田

辽河油田杜 84 区块 SAGD 采用高温密闭集输流程，其工艺原理图如图 4-2-14 所示。采出液进接转站平均温度在 160℃，产液量约 7680m^3/d，含水率为 85%。单井来液经自动取样及单井计量后进入油气缓冲罐，通过油气缓冲罐实现油气分离，油气缓冲罐压力一般控制在 0.6～1.0MPa，含水原油通过高温输油泵增压输送到联合站。已经建成投产 4 座计量接转站，实现 SAGD 高温产出液（140～180℃）高温密闭集输。

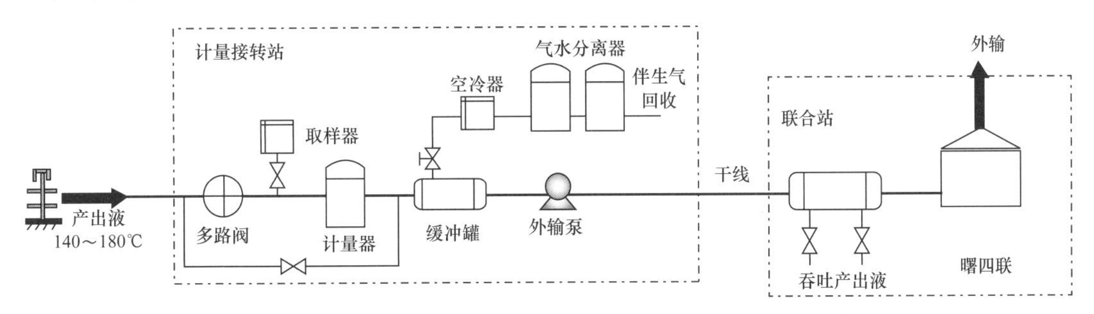

图 4-2-14　辽河油田 SAGD 高温密闭集输流程工艺原理图

2. SAGD 采出液高温密闭处理技术

根据 SAGD 采出物特点和地面工程存在的难点，SAGD 采出液采用高温密闭处理工艺。其中新疆油田 SAGD 采出液高温密闭处理采用“汽液分离 + 预脱水 + 高温热化学脱水”的高温密闭脱水工艺，辽河油田主要采用高温热化学沉降脱水工艺。

1）新疆油田

新疆油田 SAGD 采出液和常规吞吐开发采出液相比，基本物性、油水乳化特性和脱水机理等方面都存在较大差异，油水分离困难。新疆油田 2008—2011 年试验阶段 SAGD 采出液依托常规的二段热化学沉降工艺进行油水分离。2012—2013 年，新疆油田 SAGD 高温密闭脱水工艺技术研究取得突破，在 2012 年底建成了国内首座 SAGD 采出液高温密闭脱水站，采用“预脱水 + 高温热化学脱水”的工艺，实现了 SAGD 采出液在低黏度和高密度差的最佳脱水条件下高效脱水。2013 年后采用“汽液分离 + 预脱水 + 高温热化学脱水”的高温密闭脱水工艺，分离的蒸汽作为采出水深度处理的驱动热源，实现热能的综合利用。形成下列 SAGD 密闭处理技术：

（1）SAGD 高温密闭脱水技术。采用“蒸汽分离 + 高效预脱水 + 热化学脱水”的密闭脱水工艺，确定原油黏度和油水密度差的温度平衡点，通过控制各节点的换热温度达到最优的脱水温度；研发了适用于 SAGD 采出液的预脱水剂和高效正相脱水剂；实现了超稠油 4h 内脱水（含水量小于 1.5%），形成了国内领先的 SAGD 高温密闭脱水工艺包。

（2）SAGD 密闭脱水热平衡技术。针对 SAGD 密闭脱水全工艺流程换热节点多、换热器形式多和富裕热量多的特点，研发了“各换热器组 + 乙二醇循环换热冷却系统”的分布式热量收集及集中处理系统；具有调节范围大，波动性平衡好的优点，解决了常规的水热平衡联动性差，影响范围大的缺点，也为下一步攻关的余热深度利用预留了热量统一接口。新疆油田 SAGD 高温密闭处理工艺流程示意图如图 4-2-15 所示。

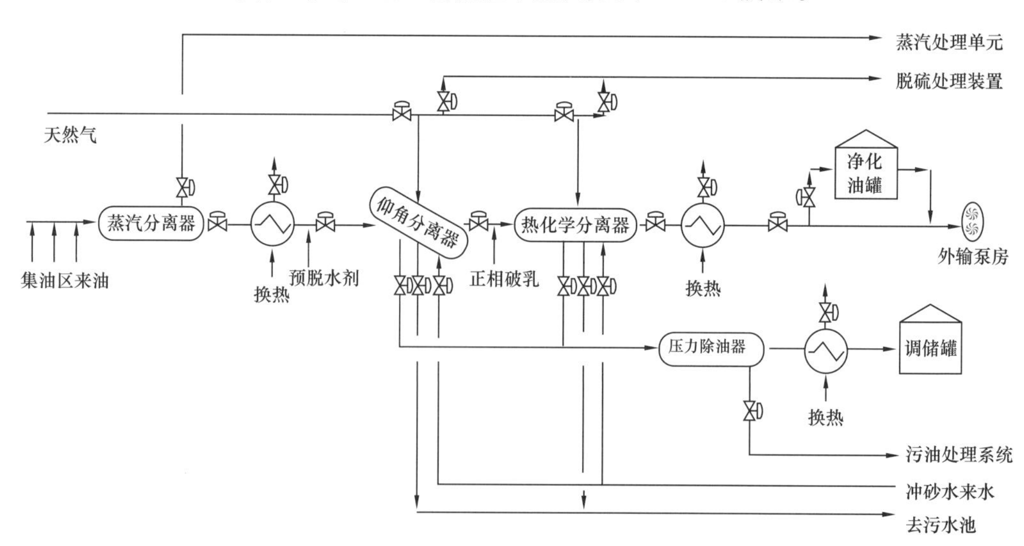

图 4-2-15　新疆油田 SAGD 高温密闭处理工艺流程示意图

SAGD 的高温密闭脱水具有蒸汽（伴生气）分离、采出液换热、热化学脱水、在线冲排砂等功能，主要装置包含：蒸汽处理器、高仰角预脱水分离器、热化学脱水分离器等。脱水流程为：来液→蒸汽分离（脱蒸汽、伴生气）→采出液换热→预脱水处理（脱游离水）→热化学脱水→二级换热→净化油罐。采出水采用“压力罐除油→采出水换热→除油罐”工艺，处理指标见表 4-2-1。

表 4-2-1 新疆油田 SAGD 高温密闭脱水处理站采出水处理指标表

序号	名称	设计指标	运行指标
1	预处理装置液相出口含汽率，%	≤3	≤3
2	预处理装置出油含水率，%	≤30	≤10
3	预处理装置汽相出口携液率，%	≤3	≤3
4	热化学脱水装置出油含水率，%	≤5	≤1.5
5	预处理装置出水含油率，mg/L	≤8000	≤300
6	热化学脱水装置出水含油率，mg/L	≤8000	≤200
7	预脱水药剂加药量，mg/L	≤300	≤50
8	正相破乳剂加药量，mg/L	≤300	≤40

新疆油田 SAGD 采出液高温密闭脱水技术，确定了 SAGD 采出液高温密闭脱水工艺流程和边界条件，创新性提出“破胶失稳 + 破乳脱水”的两段处理工艺，解决了 SAGD 采出液油水分离的难题；完成了高温脱水药剂的研制，预处理剂采用改性聚醚复配高聚物，具有耐高温性能，使多重稳定乳液体系脱稳转相为单一的 W/O 型乳液，且不影响破乳脱水，耐温破乳剂采用改性聚酯复配沥青质分散剂和泥砂清洗剂，并引入耐温基团，最高耐温可达 220℃；完成高效脱水设备的研发，SAGD 采出液高温密闭脱水试验站处理风城油田共计 60 对 SAGD 井组液量 5500～7000m^3/d，含水 85%，沉降 3～4h，混合原油黏度在 50000mPa·s 左右，在各类药剂加药量不大于 100mg/L 的情况下，可以满足交油含水不大于 1.5% 和采出水含油不大于 300mg/L 的指标。SAGD 采出液高温密闭脱水研究成果得到了工业化应用，填补了国内超稠油高温密闭处理领域的空白，打破了国外对该项技术的垄断，整体技术水平处于国际先进水平。

2）辽河油田

辽河油田 SAGD 采出液处理主要采用高温热化学沉降脱水工艺，具体有二段高温热化学沉降脱水工艺、高温热化学沉降脱水工艺 + 闪蒸脱水工艺、高温热化学沉降脱水工艺 + 电脱水工艺，工艺流程示意图如图 4-2-16 所示。

为充分利用热能，SAGD 采出液首先进入一段换热器，与蒸汽吞吐采出液换热，提高系统热能利用效率。然后进入一段三相分离器，之后根据工艺不同或进入二段换热器 + 二段三相分离器，或进入闪蒸脱水器，或进入二段换热器 + 电脱水器，最后处理合格的原油储存和外输。高温热化学沉降脱水技术关键是控制脱水温度、优化停留时间以及合理筛选脱水药剂，达到净化油含水量≤5% 的要求。

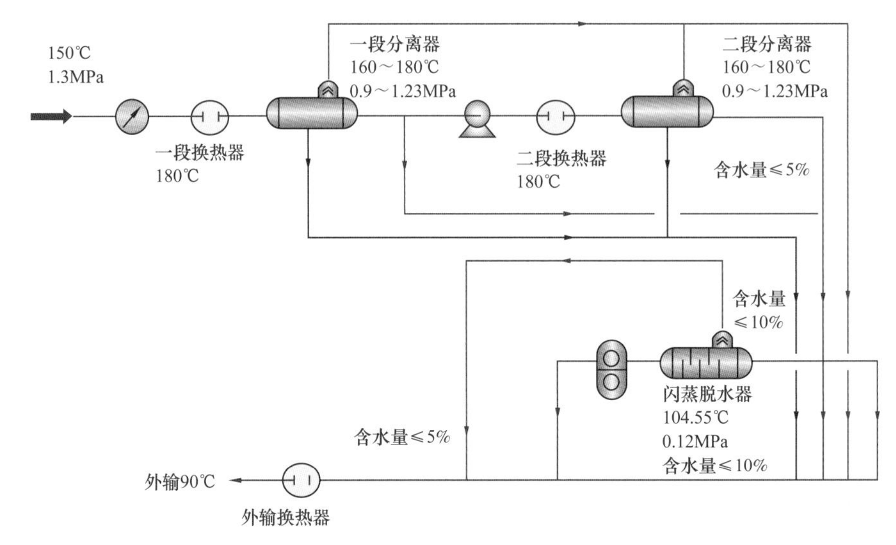

图 4-2-16　辽河油田 SAGD 高温热化学沉降脱水工艺流程示意图

三、伴生气处理技术

SAGD 伴生气具有温度高、CO_2 含量高、CH_4 含量少、H_2S 含量变化较大和气产量较低的特点（油汽比小于 10），H_2S 含量为 2000～80000mg/m^3，部分区块可达 20000～50000 mg/m^3，现阶段伴生气处理的主要任务是脱硫后达标排放。

1. 新疆油田

新疆风城油田 SAGD 伴生气以水蒸气为主，在稠油联合站冷却脱水后，伴生气气质组分分析见表 4-2-2。SAGD 伴生气处理工艺原理图如图 4-2-17 所示。

表 4-2-2　新疆油田伴生气气质组分分析表

组分含量，%（摩尔分数）													相对密度	高位发热量 kJ/m^3	低位发热量 kJ/m^3	H_2S 含量 mg/m^3	总硫 mg/m^3
O_2	N_2	CO_2	C_1	C_2	C_3	iC_4	nC_4	iC_5	nC_5	C_6	C_7	C_8					
0.16	1.81	18.85	77.55	0.55	0.16	0.07	0.09	0.04	0.04	0.58	0.06	0.02	0.7691	29219.18	—	35500.00	2.20

注：上述相对密度、高位发热量、H_2S、总硫的结果均为 20℃、101.325kPa 条件下的值。

H_2S 含量存在较大的区块差异，重 18 井区的 H_2S 含量为 1000～2000mg/m^3，重 1 井区的 H_2S 含量为 30000～50000mg/ m^3，工程设计应根据混合气的取样分析结果确定硫化氢含量。

针对 SAGD 伴生气组分复杂温度高、气量波动大、含饱和水等特点，风城油田 2 号稠油联合站新建伴生气处理系统，采用“热氧化—半干法脱硫除尘一体化”工艺，消除了

轻烃、饱和含水等因素对脱硫系统的影响，处理成本与常规干法脱硫工艺相比降低 90% 以上。

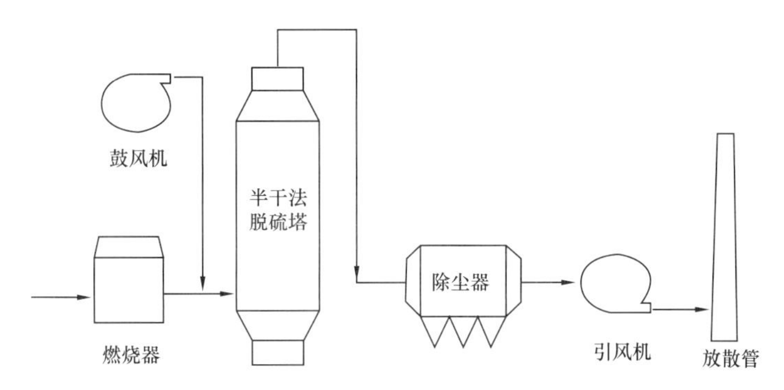

图 4-2-17　新疆风城油田 SAGD 伴生气处理工艺原理图

2. 辽河油田

辽河油田杜 84 区块 SAGD 伴生气组成见表 4-2-3，脱硫装置工艺流程图如图 4-2-18 所示。伴生气在计量接转站分离出来，压力 0.8～1.0MPa，温度 160℃，气油比低，约 $10m^3/t$（油）。目前和蒸汽吞吐、蒸汽驱的伴生气一并集输和处理，总产气量约 $20\times10^4m^3/d$，其中 SAGD 的气仅为 4×10^4～$5\times10^4m^3/d$。伴生气处理主要目的是脱硫，主要工艺流程为冷却 + 分离 + 干法脱硫 + 放空，脱除 H_2S 至其含量不大于 $10mg/m^3$ 以后经放散立管排放至大气。

表 4-2-3　辽河油田杜 84 区块 SAGD 伴生气组成表　　单位：%

位置	SAGD-1 号计量接转站	SAGD-6 号计量接转站	SAGD-5 号计量接转站
O_2	0.57	0.77	0.53
N_2	2.98	3.13	3.06
C_1	18.86	19.13	19.93
C_2	0.38	0.27	0.43
C_3	0.37	0.23	0.4
iC_4	0.09	0.05	0.09
nC_4	0.16	0.1	0.18
iC_5	0.09	0.05	0.1
nC_5	0.1	0.06	0.11
C_{6+}	0.48	0.38	0.35
CO_2	71.82	75.02	70.27
H_2S	1.09	0.46	1.24
H_2	3.01	0.34	3.29

伴生气干法脱硫采用3塔集中脱硫工艺，提高尾气脱硫效果，以及方便脱硫剂的更换。当其中1台脱硫塔换料时，其他2台脱硫塔运行，脱硫塔换料后，更换脱硫剂的脱硫塔处于串联流程末端，以保证脱硫装置脱硫效果。同时由于伴生气携液量大，采用分离、冷却除湿工艺，脱除尾气中水和重烃，避免后端脱硫塔脱硫剂快速失效。

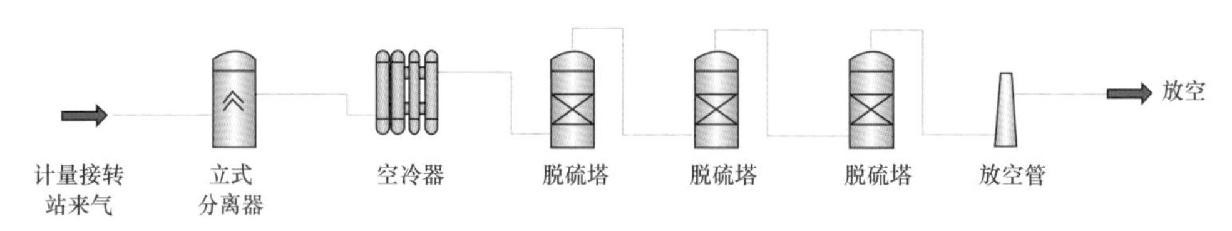

图4-2-18　辽河油田SAGD伴生气脱硫装置工艺流程图

（1）正常生产操作控制：伴生气→分离器→空冷器→脱硫塔。

（2）排污操作控制：空冷器、立式分离器、脱硫塔排污→污油污水回收装置。

（3）设备检修、换料操作控制。

① 设备检修或换料时操作控制。单台设备检修或换料时，伴生气自检修塔下一脱硫塔进入系统，使用其余2台设备脱硫。

② 设备换料后操作控制。

1号脱硫塔换料流程：伴生气→2号脱硫塔→3号脱硫塔→1号脱硫塔→集气干线。

2号脱硫塔换料流程：伴生气→3号脱硫塔→1号脱硫塔→2号脱硫塔→集气干线。

3号脱硫塔换料流程：伴生气→1号脱硫塔→2号脱硫塔→3号脱硫塔→集气干线。

由于脱硫剂遇水容易失效，因此脱硫吸收塔前端设了空冷和分离设备，脱除游离水以后再进入吸收塔。图4-2-19为辽河油田杜84区块干法脱硫装置。

图4-2-19　辽河油田杜84区块干法脱硫装置

干法脱硫的核心是脱硫剂，目前应用最广泛的脱硫剂是氧化铁系脱硫剂。常规氧化铁脱硫剂是以活性Fe_2O_3、锰盐及其氧化物为基本原料，并添加助剂和粘结剂制成。该脱硫剂具有硫容低（≤15%）、单价低（6000～7000元/t）、阻力小、净化度高、强度高、耐水性较差等特点。氧化铁衍生物脱硫剂有羟基氧化铁、无定形铁、W702等，普遍具有硫容高（≥25%）、单价高（20000～23000元/t）、脱硫速度快、耐冲击、耐水性强等特点，可用于天然气、油田伴生气和煤层气等气体的精脱H_2S。两种脱硫剂对比见表4-2-4。

表 4-2-4　干法脱硫脱硫剂对比表

脱硫剂	常规氧化铁	羟基氧化铁
活性成分	活性 Fe_2O_3	羟基氧化铁
密度（堆密度），kg/m^3	约 730	约 800
脱硫反应速度	快	快
能否再生	不再生	不再生
脱硫产物	厂家回收	厂家回收
穿透硫容（质量分数），%	≤15	≥25
单价，元 /t	6000～7000	20000～23000
优点	年运行费用低	（1）硫容高，不易穿透； （2）更换过程中不会自燃，安全性较高； （3）抗压性较好，不易破碎； （4）抗水性好，水浸泡后仍可继续使用
缺点	（1）硫容较低，易穿透； （2）更换过程容易自燃，需要控制措施； （3）抗压性差，易破碎； （4）抗水性差，水浸透即会失效	年运行费用高

四、采出水处理技术

稠油采出水主要集中在新疆油田和辽河油田，考虑到对已建地面水处理设施的依托，SAGD 采出液从进入联合站开始，即与吞吐和火驱等其他稠油采出液混合后一并处理，因此本书提及的采出水均是混合采出水[9]。

1. 采出水处理指标要求

SAGD 采出水根据回用方向的差别，有不同的指标要求。

1）锅炉回用指标

当稠油采出水用于直流注汽锅炉回用时，其水质指标要求主要执行 SY/T 0027—2014《稠油注汽系统设计规范》。在 2014 年以前，热采锅炉用水的水质指标一直按 SY/T 0027—1994《稠油集输及注蒸汽系统设计规范》规定的指标执行，由于热采锅炉用水水质指标对处理成本影响很大，为简化工艺降低成本，辽河油田在大量实验的基础上，对原标准的二氧化硅指标进行了有条件的放宽，并形成了新的标准 SY/T 0027—2014《稠油注汽系统设计规范》。新疆油田在实践的基础上形成了过热燃气锅炉和循环流化床燃煤锅炉的用水水质指标，见表 4-2-5。

表 4-2-5　新疆油田注汽锅炉给水指标表

序号	项目	单位	湿蒸汽锅炉（燃气）	过热锅炉（燃气）	流化床锅炉（燃煤）
1	溶解氧	mg/L	≤0.05	≤0.05	≤0.05
2	总硬度	mg/L	≤0.1	≤0.1	≤0.1
3	总铁	mg/L	≤0.05	≤0.05	≤0.05
4	二氧化硅	mg/L	≤150	≤100	≤100
5	悬浮物	mg/L	≤2	≤2	≤2
6	总碱度	mg/L	≤2000	≤2000	≤2000
7	油和脂	mg/L	≤2	≤2	≤2
8	可溶性固体	mg/L	≤7000	≤2500	≤2000
9	pH 值		7～11	7～11	7～11

注：当碱度大于 3 倍二氧化硅含量时，在不存在结垢离子的情况下，湿蒸汽锅炉给水二氧化硅含量≤150mg/L。

2）回注指标要求

当稠油采出水用于回注时，其水质指标要求主要执行 SY/T 5329—2012《碎屑岩油藏注水水质指标及分析方法》，回注时主要控制含油量、悬浮物含量和悬浮物粒径中值等指标，并根据不同的渗透率确定了不同的数值要求。针对油田采出水回注的关键控制指标摘抄见表 4-2-6。

表 4-2-6　油田采出水回注的关键控制指标表

注入层平均空气渗透率，D		≤0.01	0.01～0.05	0.05～0.5	0.5～1.5	>1.5
控制指标	悬浮固体含量，mg/L	≤1.0	≤2.0	≤5.0	≤10.0	≤30.0
	悬浮物粒径中值，μm	≤1.0	≤1.5	≤3.0	≤4.0	≤5.0
	含油量，mg/L	≤5.0	≤6.0	≤15.0	≤30.0	≤50.0
	平均腐蚀率，mm/a	0.076				
	SRB，个 /mL	≤10.0	≤10.0	≤25.0	≤25.0	≤25.0
	IB，个 /mL	$n\times10^{2}$	$n\times10^{2}$	$n\times10^{3}$	$n\times10^{4}$	$n\times10^{4}$
	TGB，个 /mL	$n\times10^{2}$	$n\times10^{2}$	$n\times10^{3}$	$n\times10^{4}$	$n\times10^{4}$

注：（1）$1<n<10$。

（2）回灌指标要求根据地质条件参照执行。

3）排放指标要求

根据油田所在地区是否颁布地方采出水排放标准，其稠油油田采出水排放指标要求所执行的标准也不相同，新疆维吾尔自治区未颁布地方标准，故新疆油田执行国家采出水排

放标准，即 GB 8978—1996《污水综合排放标准》(1999 年局部修订)；辽宁省颁布了辽宁省采出水排放标准，故辽河油田执行地方采出水排放标准，即 DB 21/1627—2008《辽宁省污水综合排放标准》。

根据油田采出水的水质，排放时主要控制悬浮物含量、含油量、COD 和 BOD 等指标，针对油田采出水直接排放的关键控制指标摘抄见表 4–2–7。

表 4–2–7　采出水直接排放的关键控制指标表

序号	项目	单位	国家标准	辽宁省标准	备注
1	悬浮物（SS）	mg/L	≤70	≤20	
2	五日生化需氧量（BOD_5）	mg/L	≤20	≤10	
3	化学需氧量（COD_{Cr}）	mg/L	≤100	≤50	
4	石油类	mg/L	≤5	≤3	
5	氨氮	mg/L	≤15	≤8	
6	氯化物（以氯离子计）	mg/L	—	≤400	只针对淡水水域
7	pH 值		6～9	—	

2. 采出水处理工艺

SAGD 采出水中二氧化硅、矿化度较高，常规的污水处理工艺不能满足 SAGD 锅炉用水水质的要求。目前国内 SAGD 采出水处理主要采用“常规处理 + 深度处理”的工艺路线，常规处理即为“重力除油 + 混凝反应沉淀 + 压力过滤工艺”的除油、除悬浮物和除硅等；深度处理工艺主要是去除硬度和矿化度，以满足过热锅炉指标要求，包括“离子交换”“高温反渗透”和“MVC 蒸发”等技术。“离子交换”和“高温反渗透”成熟可靠，目前在国内已推广应用，而 MVC 蒸发技术在国内已经取得初步效果。

1）新疆油田

新疆油田 SAGD 开发主要集中在风城油田，其采出水与其他吞吐采出水均输入风城稠油联合处理站进行处理，属于混合采出水，目前风城作业区的采出水处理合格后主要用于回用过热锅炉、燃煤锅炉和少量湿蒸汽锅炉，多余的净化水回注和存储。新疆油田形成了以“净化水回用过热注汽锅炉”和“高含盐水蒸发除盐”为特色的水处理资源化利用的工艺技术，原理如图 4–2–20 所示。

（1）一体化除硅技术。超稠油 SAGD 采出水具有高温和高含硅特点，若不除硅直接回用过热锅炉，会因过热蒸汽无法携带盐分造成注汽管道和井筒结垢、结盐严重，生产中存在安全隐患。

国内外稠油采出水除硅通常是在混凝沉降后单独设置除硅设施。混凝沉降 + 除硅工艺技术加药种类多、成本高、除硅反应时间长，需要建造大体积的澄清池，除硅设施排出污泥轻且不易沉降，污泥脱水设备不能与混凝沉降合用，总产泥量是混凝沉降的 3 倍以上。

新疆油田针对超稠油采出水高温、高含硅特点，在“重核—催化强化絮凝净水技术”基础上优化创新，研发了“一体化除硅”工艺，将水质净化与化学除硅紧密结合，解决了传统化学除硅加药量大、成本高和污泥量大等问题，实现了净化水回用注汽锅炉，如图4-2-21所示。

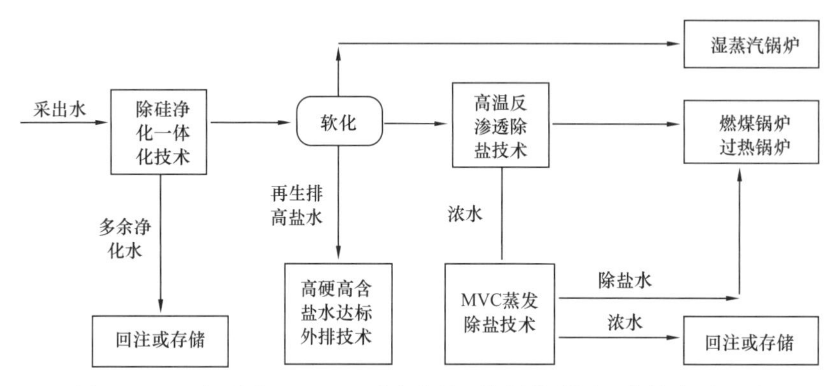

图4-2-20　新疆油田SAGD采出水处理资源化利用工艺技术原理图

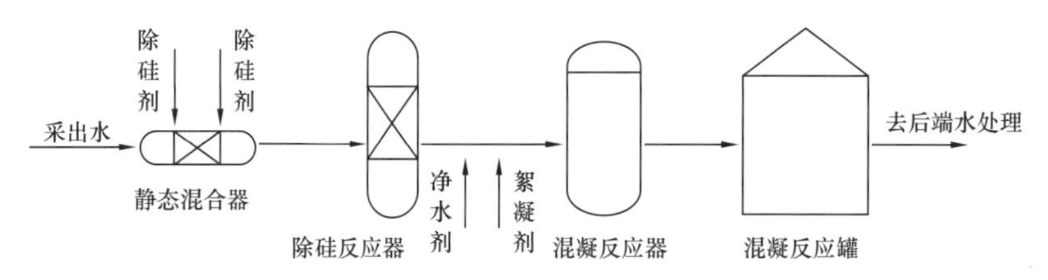

图4-2-21　新疆油田稠油采出水一体化除硅工艺流程图

一体化除硅技术是将采出水“除硅”与“净化”工艺相结合的化学混凝除硅技术。在pH值为10.5的条件下，利用除硅药剂与高分子净水药剂的协同作用，形成硅酸钙和硅酸镁等硅酸盐沉淀，硅含量可降至100mg/L。先除硅，再净化，减少了污水重复处理量，在不影响水质净化，保障系统平稳运行的前提下，提高了除硅效果。且利用高效除硅反应器，提高药剂反应效率，使污水硅含量进一步降低。目前新疆油田SAGD采出水一体化除硅工艺处理后，含油量不大于2mg/L，悬浮物含量不大于2mg/L，硅含量不大于100mg/L，具体见表4-2-8。

表4-2-8　新疆油田一体化除硅进出水指标表

项目	温度 ℃	TDS mg/L	含油 mg/L	SS mg/L	SiO_2 mg/L	总硬度 mg/L
进水水质	85	5600	500	300	350	—
出水水质	80	5600	2	2	＜100	0.1

（2）高温反渗透除盐技术。新疆油田锅炉给水采用污水和清水掺混的方式，来降低锅炉给水的含盐量。综合多种除盐技术的优缺点，结合除硅后的现场水质条件，采用高温反渗透除盐工艺，产水品质较高，可以满足燃煤锅炉和过热锅炉水质，减少清水用量，缓解

注采系统结垢的问题。

高温反渗透除盐工艺：净化水软化器出水首先进入过滤器预处理，然后经高压泵输送至高温反渗透膜除盐装置，产水进入软化水罐，装置产水率为 70%，脱盐率为 85%。产出脱盐水回用过热锅炉，产生的浓水进入 MVC 蒸发处理器进一步脱盐处理。

（3）采出水 MVC 蒸发处理技术。新疆油田自主研发了“高含盐采出水 MVC 蒸发除盐技术”，工艺流程示意图如图 4-2-22 所示，将常规水处理技术无法处理的高温、高含盐的燃煤锅炉排污、反渗透（RO）浓水进行蒸发处理，改善了锅炉给水品质，水回收率达 90%，盐和碴等以固态形式回收，具有良好的经济和环保效益。

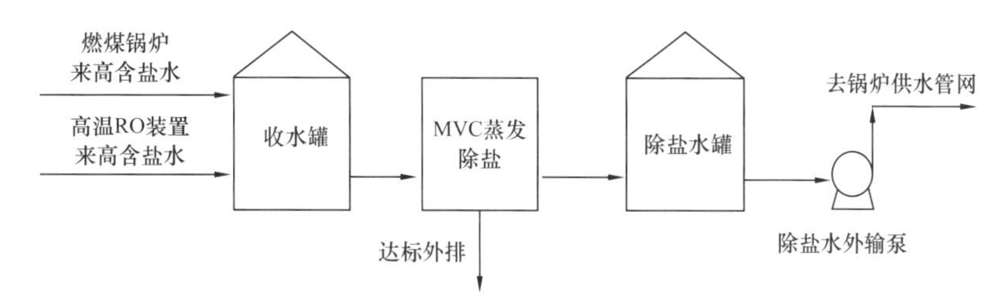

图 4-2-22　新疆油田 MVC 蒸发除盐技术工艺流程示意图

根据油田注汽锅炉排放的高含盐水的水质特点（高含盐、高含硅、高 COD，但硬度低的特点），采用了不加药蒸发工艺，并通过控制蒸发器浓缩液浓度，有效避免蒸发器结垢和蒸汽起沫等问题，保证了装置的平稳运行，同时降低了运行成本。

通过采用 MVC 处理浓盐水，产出的 90% 的清水回用锅炉，实现过热锅炉和燃煤锅炉调质，替代部分清水用量；产生 10% 的浓水采用“混凝沉降 + 臭氧催化氧化”工艺实现达标外排，燃煤锅炉排污和反渗透浓水均得到有效处置。

2）辽河油田

辽河油田 SAGD 主要集中在曙光采油厂和特种油开发公司，目前 SAGD 采出水没有进行严格区分，其采出水属于混合采出水，主要集中在“曙四联深度处理站”和“曙一区深度处理站”进行处理。目前曙光采油厂的 SAGD 采出水基本实现全部回用于注汽锅炉，多余的约 1000m^3/d，采出水输至曙一联用于回注。

（1）曙四联深度处理站。曙四联深度处理站主要接收曙四联和曙五联采出水，设计规模 22000m^3/d，现运行规模为 18000～20000m^3/d，采用“常规处理 + 离子交换深度处理”的工艺流程（图 4-2-23），处理后采出水回用于注汽锅炉。采出水深度处理站分段指标见表 4-2-9。

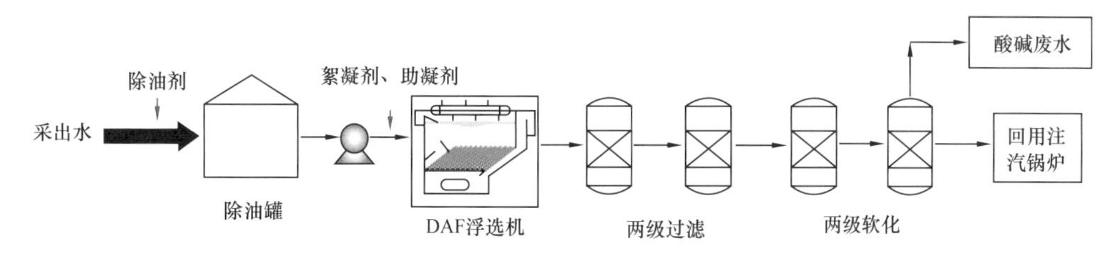

图 4-2-23　辽河油田曙四联采出水深度处理站工艺流程图

表 4-2-9　辽河油田曙四联采出水深度处理站分段指标表

序号	名称	水温 ℃	含油 mg/L	悬浮物 mg/L	硬度 mg/L
1	原水	85	1000	4000	80
2	除油缓冲水罐出水	82	200	500	—
3	DAF 浮选机出水	80	20	50	—
4	过滤器出水	79	5	20	—
5	弱酸软化器出水	78	2	5	—
6	外输水	76	2	5	—

（2）曙一区采出水深度处理站。曙一区采出水深度处理站主要接收特一联采出水，属于混合采出水，设计规模 20000m^3/d，目前满负荷运行，采用“常规处理＋离子交换深度处理”的工艺流程，如图 4-2-24 所示，处理后采出水回用于注汽锅炉。采出水深度处理站分段指标见表 4-2-10。

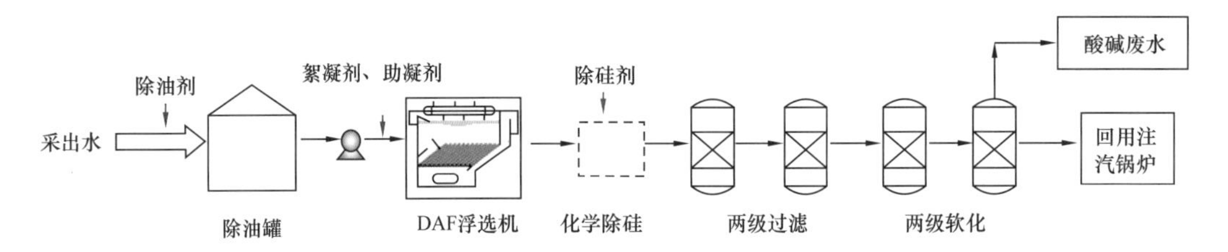

图 4-2-24　辽河油田曙一区采出水深度处理站工艺流程图

表 4-2-10　辽河油田曙一区采出水深度处理站分段指标表

序号	名称	水温 ℃	含油 mg/L	悬浮物 mg/L	总铁 mg/L	硬度 mg/L	SiO_2 mg/L
1	原水	80	411	1286	0.1	80	260
2	除油缓冲水罐出水	78	119	46	0.05	—	—
3	混凝气浮池出水	78	57	35	0.05	—	—
4	DAF 浮选机出水	77	3.8	8.7	0.05	64	172
5	除硅池出水	77	2.7	7.1	0.05	60	—
6	过滤器出水	78	1.5	3.6	0.05	—	—
7	弱酸软化器出水	77	1.5	3.4	0.05	0	—
8	外输水	78	1.8	3.2	0.05	0	170

五、超稠油长距离输送技术

超稠油掺稀油输送具有降黏效果好、适用范围广的优点。在长距离输送过程中，为保证稠油品质不变，新疆油田采用焦化柴油（由风城油田超稠油中提炼出的）作为稀释剂的稀释降黏工艺：把克拉玛依石化公司（简称克石化）柴油输送至风城油田外输首站与稠油混掺后回输至克石化，再将混油分离出的柴油回输风城油田，柴油循环使用。最佳掺柴比20%，混输起点温度95℃。新疆油田超稠油长输管道如图4-2-25所示。

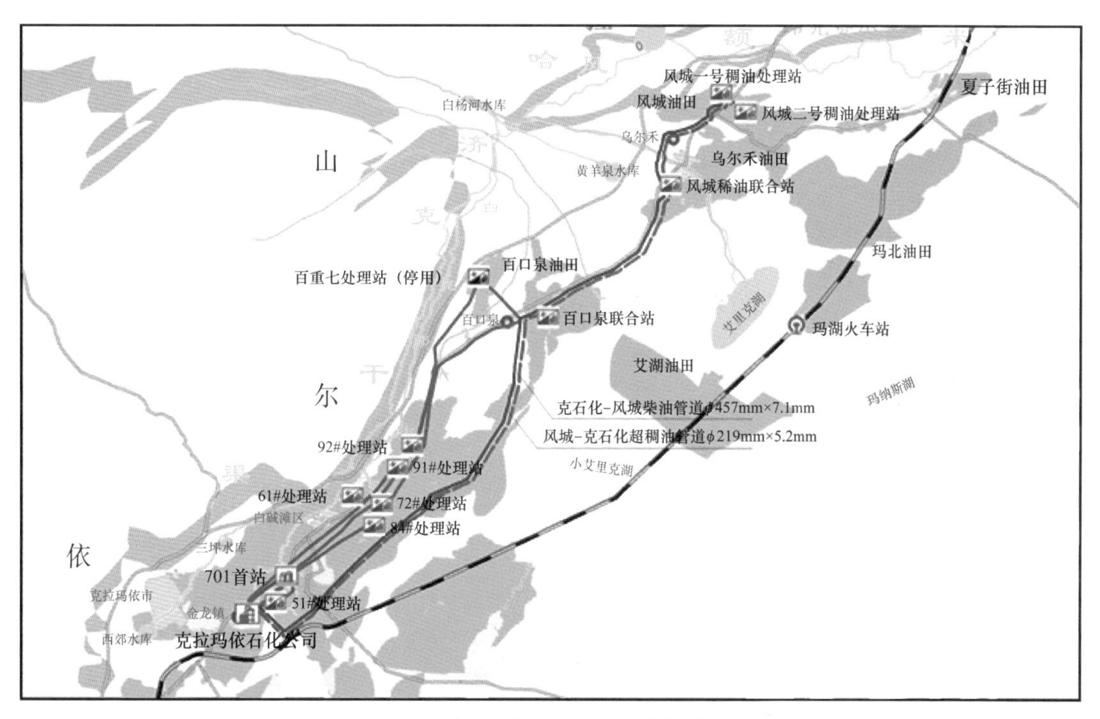

图4-2-25　新疆油田超稠油长输管道示意图

风城油田超稠油外输管道采用的掺柴热输工艺在国内为首次采用，实现长度102.2km、最大外输压力8MPa条件下一泵到底、稀释剂（柴油）循环使用工艺，是国内首条长距离、单泵站的超稠油外输管道，解决了风城超稠油长距离经济输送难题，同时保证上游风城油田平稳上产和下游克石化特色产品加工原料供应需求。

六、热能综合利用技术

SAGD开发与吞吐和汽驱等常规开发方式相比存在着较大的差异，其生产阶段包括循环预热和正常生产两个阶段，其生产过程对蒸汽注入量和干度要求高，其采出液具有“高温、高携汽、高乳化”的固有特征。

以正常生产阶段为例，始态工质：井口采出液170～180℃、终态工质（净化油、采出水）90～100℃、20000m^3/d（100×10^4t年产量）的产液量进行分析，每天产生的余热（包括显热和潜热）为116×10^8kJ，相当于$32.2\times10^4m^3$/d天然气产生的燃烧热。对SAGD采出液热能综合利用是实现 SAGD 高效开发和节能降耗的关键。

新疆油田主要的余热利用手段为：

（1）给锅炉用软化水升温（72℃→ 110℃）；

（2）处理站站区导热油换热；

（3）作为大罐热化学沉降的掺热热源。

目前，新疆风城油田注汽锅炉给水的 $4.0\times10^4m^3/d$ 净化水（85℃升温到 110℃）和 $1.0\times10^4m^3/d$ 清水（17℃升温到 110℃）全部参与了 SAGD 余热升温，年节约燃料气 $7200\times10^4m^3$；通过替代处理站导热油和大罐热化学沉降的掺热热源，节省 1 台 22.5t/h 的过热锅炉蒸汽，年节约高品质蒸汽 18×10^4t。

同时，新疆油田结合风城“过热蒸汽吞吐”和“SAGD”开发特点，完成了热能变化规律研究，制订了以“锅炉给水提温、净化污水回注、多效蒸发除盐、有机郎肯循环”4 项技术为核心的热能梯级利用方案。确定了油、汽、水等物料换热器的定型，通过油、汽、水分离和高效换热，锅炉给水温度由 72℃升高至 110℃，燃气单耗由 $81m^3/t$ 降低至 $74.5m^3/t$，降低 8%，实现了部分热能的综合利用，缓解了 SAGD 开发地面热平衡问题。

辽河油田 SAGD 采出液与吞吐采出液换热，利用汽水分离器分离的高温盐水，给锅炉用水、燃料油和站内采暖等系统换热，提高了系统热能利用效率。该技术目前已投产成功并平稳运行，节省燃料气成本 3100 万元 /a，为注汽锅炉用采出水替代清水奠定了基础，如图 4-2-26 所示。

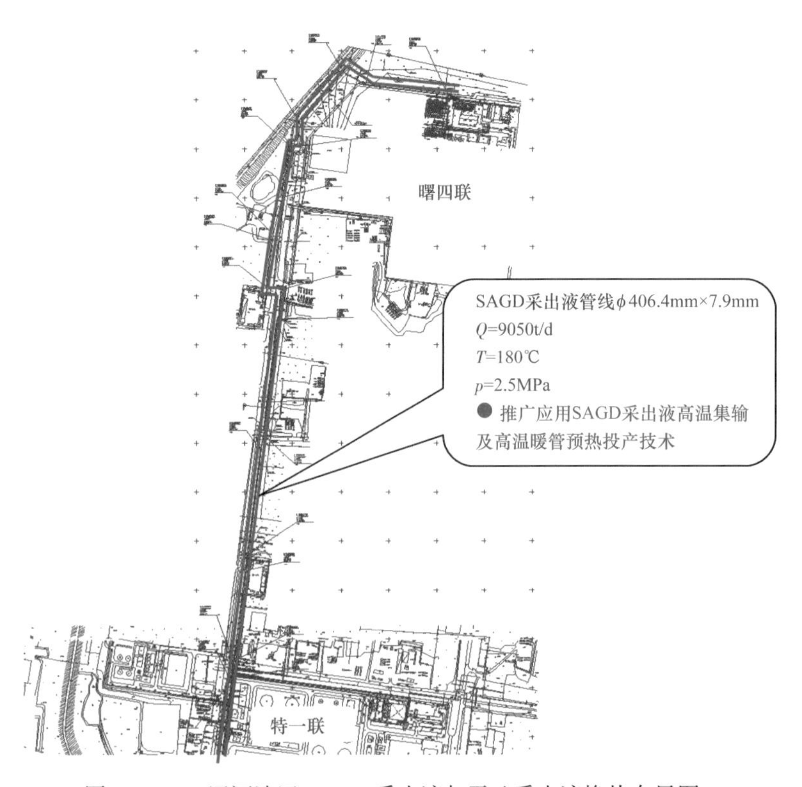

图 4-2-26　辽河油田 SAGD 采出液与吞吐采出液换热布局图

七、技术路线

1. 注蒸汽技术

1）过热蒸汽发生

新疆油田和辽河油田过热蒸汽发生技术略有不同，但目前大量采用的主体工艺均为“湿蒸汽锅炉 + 汽水分离器 + 过热器蒸汽发生”技术，该技术成熟可靠，推荐采用。

2）蒸汽计量、调控和输送

推荐采用等干度分配、计量和调节技术，以及高干度蒸汽高温高压输送技术。

2. 采出液集输与处理技术

采出液集输与处理采用高温密闭集输与处理技术，布局采用“井→管汇站→高温密闭脱水站”二级布站方式，距离较远的采用增加接转站的三级布站方式，井口来液高温密闭、气液混输，采出液处理主要采用热化学沉降脱水。

3. 伴生气处理技术

SAGD 伴生气气量少、甲烷含量较低，含有一定量的 H_2S，因此推荐采用干法脱硫工艺，脱出 H_2S 后经放散立管排放至大气。伴生气处理流程为分离出的伴生气经空冷器冷却后进入两相分离器，分出的气进入过滤分离器，再进入脱硫塔，脱除 H_2S 至不大于 $10mg/m^3$ 以后经放散立管排放至大气。

4. 采出水处理技术

SAGD 采出水处理工艺包括常规处理和深度处理工艺。常规处理工艺主要去除油、悬浮物和除硬等。深度处理工艺主要是对回用锅炉的水进行除硅和除盐，包括“一体化除硅”“高温反渗透”和“MVC 蒸发”等技术。SAGD 采出水深度处理工艺目前已在国内推广应用，其中“一体化除硅”技术和“MVC 蒸发技术”已经在风城油田规模化应用。

八、发展方向

1. SAGD 和常规开发采出液掺混密闭处理技术研究

目前形成的 SAGD 高温密闭输送和脱水技术对 50℃时黏度小于 $10 \times 10^4 mPa \cdot s$ 的油品有较好的适应性，对超过以上黏度的原油处理尚无验证。风城油田的未来开发区原油黏度将普遍超过 $10 \times 10^4 mPa \cdot s$，对该部分区块的原油输送和脱水工艺进行研究具有重要意义。

同时，目前蒸汽吞吐开发液采用“热化学重力沉降”的开式脱水工艺，不能满足挥发性有机物（VOC_S）的有组织排放标准，将该部分采出液（80～95℃）与 SAGD 采出液（160～180℃）进行掺混后升温（130～140℃）密闭脱水，在解决常规稠油（蒸汽吞吐开发液）的密闭脱水的同时，也会缓解 SAGD 的热平衡问题。

研究内容：

（1）通过对大于 10×10^4mPa·s 的原油流变性研究，建立不同含水下的超稠油高温携汽管道输送模型，指导地面工艺方案设计；

（2）研究不同掺混比（蒸汽吞吐开发液和 SAGD 采出液）下的压力脱水规律和药剂配伍性，确定最佳脱水参数（掺混比、温度、压力等）；

（3）通过常规的热化学脱水场（温度场、重力场）与电场、磁场、超声波场相结合，研究超稠油压力脱水的新工艺。

通过以上研究，形成稠油常规开发和 SAGD 开发的结合，实现不同开发方式在地面工程上的融合，提高热能利用率，减少地面配套工艺设施。

2. SAGD 开发热能综合利用技术研究

风城油田携带 SAGD 余热的热源介质主要为：第一，采出液油汽分离后的蒸汽，温度为 140～165℃；第二，油汽分离后的采出液，温度为 140～165℃；第三，采出液经脱水装置产生的采出水，温度为 130～140℃。现阶段风城油田采出液处理工艺系统中的冷源为软化水，由于软化水温度的提升受到后端注汽锅炉的柱塞泵耐温限值的要求，只能提升到 95～110℃。并且软化水中温度较高的净化软化水的比例逐渐增高，冷源单一，冷源所平衡的热量逐渐减少，需要空冷器冷却的负荷逐渐增加；目前 SAGD 的 50%～70% 余热依靠空冷冷却。

风城油田开发中后期以 SAGD 开发方式为主，仅靠锅炉用水换热的方式不能满足热能平衡需要，需要跳出本行业、结合生产现状，寻找 SAGD 余热利用新工艺。

研究内容：

（1）通过对 SAGD 开发的集输全过程进行热能节点测量和分析，建立余热热能模型，对余热进行预测和热能品质及利用潜力分析；

（2）通过对目前余热利用工艺（掺热、采暖、软化水换热、乙二醇空冷）的跟踪研究，对其进行适用性分析，提出工艺优化完善的措施和方案，提高内部利用率；

（3）通过对国内余热利用新工艺的调查研究和适用性选择，选择蒸汽余热和水处理蒸发工艺结合、采出水余热和热泵工艺结合，进行低压蒸汽余热直接掺入高压生产蒸汽的工艺技术研究，努力取得突破。

通过以上研究，形成 SAGD 地面生产系统余热利用技术系列和应用指南，提高油田 SAGD 开发整体热能利用率，实现稠油开发提质增效。

第三节　新设备和新材料

一、大型燃煤过热注汽锅炉

新疆油田稠油注汽以天然气为燃料，随着天然气价格上涨，风城油田稠油开发面临很大的经济压力；新疆维吾尔自治区的煤炭资源极其丰富，质优价廉，以煤代气是降低稠油

开发成本的有效途径。但是由于注汽锅炉蒸汽参数和汽水循环方式的特殊性，使得现有燃煤锅炉系列产品不适用于油田注汽。

2011 年新疆油田立项研发可回用油田采出水的大型燃煤过热注汽锅炉，提出注汽锅炉应以稠油采出水为主，其比例不小于 60%。通过联合科研攻关，成功研发了 130t/h 燃煤过热注汽锅炉，风城油田 130t/h 循环流化床锅炉汽包运用分段蒸发汽水循环技术，沿横向被分为三段（中间为净段，两端为盐段），与三个独立的汽水循环系统（水冷壁循环系统、水冷屏循环系统和蒸发管束循环系统）相连接，过热器位于蒸发管束下方，实现了稠油采出水回用。燃煤锅炉安装示意如图 4–3–1 所示，具有以下特点：

（1）根据新疆的煤质热值高、挥发分高、含硫低的特点，选定了锅炉采用循环流化床燃烧技术，降低锅炉的污染物排放量。

（2）基于稠油回用软化水的给水品质要求、蒸汽干度要求、锅炉岛整体投资、运行成本以及运行的安全性、灵活性和操作性等方面的考虑，通过对直流锅炉和自然循环汽包锅炉的对比分析，推荐采用自然循环汽包锅炉。

（3）对锅炉汽水循环方式及防腐技术进行了研究，锅炉采用分段蒸发技术，解决了稠油采出水回用汽包注汽锅炉的问题。锅炉给水矿化度 2000mg/L，远超电站锅炉给水标准的 0.18 mg/L，锅炉出口蒸汽过热 10～20℃。

（4）锅炉采用了低床压降技术，比传统锅炉节电 40%。为了降低能耗，提高了旋风分离器的效率，降低了床料层厚度，降低了锅炉一次和二次风机的压头，风机电耗下降，减少了循环流床锅炉的磨损，同时提高了锅炉燃烧效率。

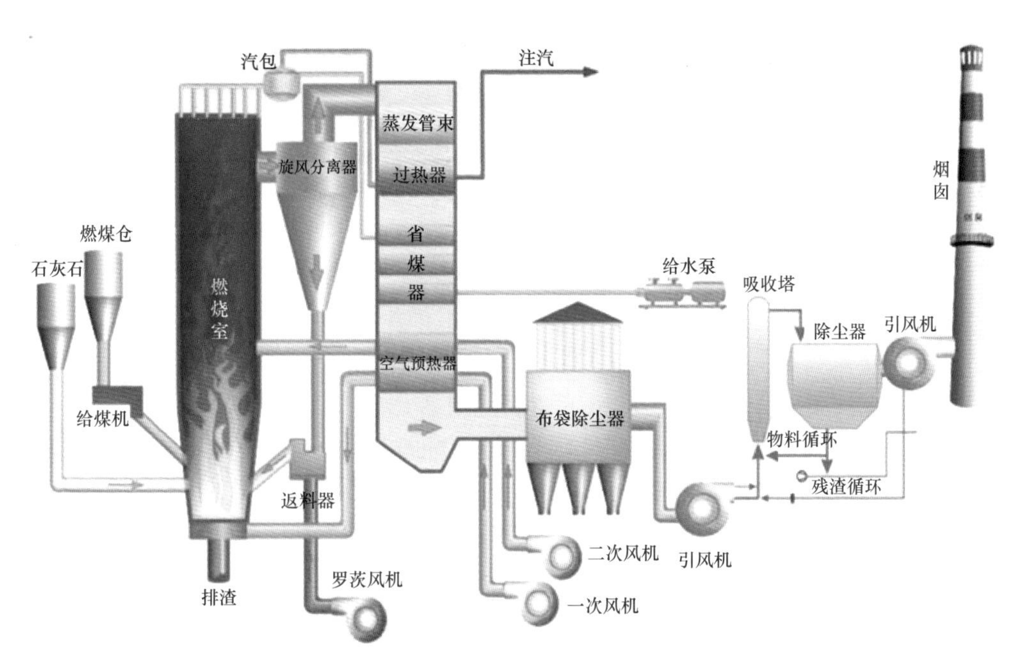

图 4–3–1　新疆油田 130t/h 大型燃煤过热注汽锅炉安装示意图

二、SAGD 井场注采一体化装置

新疆油田双水平井 SAGD 开发包括循环预热阶段和正常生产阶段。

循环预热阶段：该阶段生产水平井和注汽水平井同时进行连续主管注汽和副管采液，单井日注汽量为 50～60t，井组日注汽量为 100～120t；井组日产液量为 100 ～120t。

正常生产阶段：该阶段注汽水平井主管连续注汽，副管辅助注汽；生产水平井的主管连续采液，副管辅助采液；注汽井日注汽量为 100～140t，生产井日产液量为 60～120t。

地面工艺为满足不同阶段的生产井和注汽井的主管与副管的注、采生产需求，采用地面平铺管汇建设模式，包含蒸汽分配及计量管汇、集油管汇、井口油嘴调节管汇和井场集输仪控箱、井下温压检测仪控箱。由于管路连接复杂和具有较长的盲肠段，冬季易发生冻堵，井场建设周期长、维护工作量大。

2014 年，新疆油田研发了 SAGD 井场注采一体化装置，该装置较好地优化了井场的管路系统，集成了控制系统，净化了 SAGD 井场空间；实现 SAGD 井场一体化装置与采油树（生产井和注汽井）的主管、副管联通即完成井场安装的建设模式。三维模型如图 4–3–2 所示。

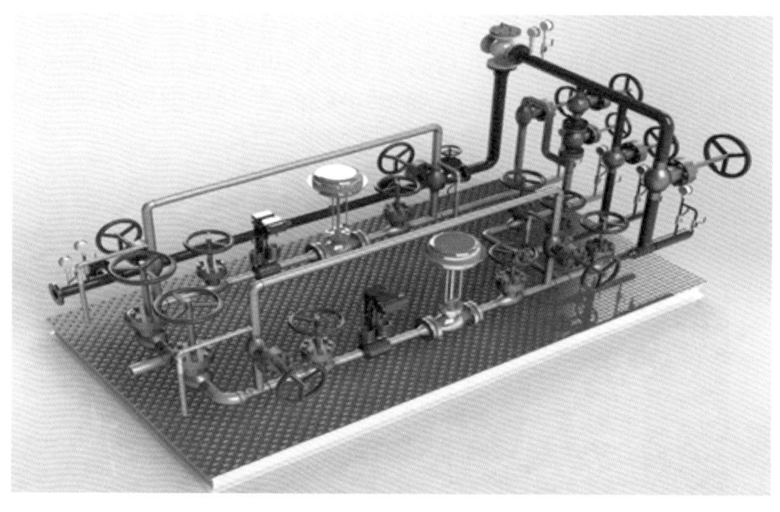

图 4–3–2　新疆油田 SAGD 井场注采一体化装置三维模型图

SAGD 井场注采一体化装置具有以下功能：

（1）集成了蒸汽分配与计量功能、集油功能和油嘴调节功能以及井场注汽、集输和采油自动化控制功能。

（2）提供 2 条管路的蒸汽分配与计量，设计压力 10MPa、设计温度 350℃、蒸汽计量调节 0～200t/d。

（3）提供 4 条管路的原油集输，满足原油集输 0～200t/d，允许采出液蒸汽携带量 0～100t/d。

（4）提供 4 条管路的油嘴调节，采用可调式回压控制阀，满足日常油嘴调节需求。

三、SAGD 管式分离多相流计量装置

SAGD 采出液具有高温、携汽（气）性质，其“油、汽、水、固”多相态共存的特性给采出液的计量带来了困难，稠油开发常用的称重式计量装置难以消除高温闪蒸、原油起泡等因素带来的影响，在该工况条件下计量误差较大。

2014 年研发了专门针对 SAGD 高温携汽采出液管式分离计量橇，汽（气）、液计量精度可控制在 5%～8%，满足 SAGD 工业化开发产液计量的需要。新疆油田 SAGD 管式分离多相计量装置三维模型如图 4-3-3 所示。

图 4-3-3　新疆油田 SAGD 管式分离多相流计量装置三维模型图

SAGD 管式分离多相流计量装置具有以下功能：

（1）多相计量的本质为分离。该装置采用管道式汽液旋流分离器，可尽量削减稠油采出液在分离装置内的停留时间，降低高温蒸汽伴随采出液形成饱和水程度，油井产出液经过高效旋流子进行汽液分离，汽液分别从对应的管道直接排出，没有停留的时间，保障了油井的原始初态和后续计量仪表计量的真实性。

（2）多相计量的保障为汽（气）液界面控制。该装置采用巧妙的气液界面稳定器（外置），通过自力式液位跟踪调节阀和浮球结构调节汽（气）液流通量，维护汽液界面的连续稳定，实现汽液分离后的单相精确计量。

（3）采用标准设计模块化，系统集成智能化，安全防备精细化，维护操作人性化的集成原则，具有安装运行维护的便利性。

（4）装置结构简单、体积小，含水率测量精度为 ±1.5%，液量计量精度为 ±3%，汽量计量精度为 ±5%，适用于稠油热采井区单井产液量大、高温、携汽、多相流态的采出液计量。

四、SAGD 采出液称重计量设备

在 SAGD 先导试验阶段的集输工艺下，产出液的计量普遍在换热器出口处采用吞吐采油常用的称重式油井计量器进行计量，在长期的吞吐采油计量中，称重式油井计量器工作稳定，误差小于2%。经过换热器后产出液温度大约为95℃，压力为0.2MPa左右，而吞吐称重式计量器设计耐温150℃、耐压0.8 MPa，因此可以满足SAGD先导试验井正常计量。但SAGD工业化应用后取消了井口换热，采用产出液在线高温计量工艺，即产出液经过高温取样器后，直接进入高温计量器计量，计量后直接外输的集输工艺，此时产出液温度为180℃左右，压力为1MPa左右，因此必须针对这种特殊工况研制SAGD工业化应用后的在线高温称重式油井计量器，如图4-3-4所示。

图4-3-4　SAGD工业化应用后的在线高温称重式油井计量器（500t/d）

SAGD先导试验阶段的称重式计量器由罐体、分离器、翻斗、称重传感器、液位计和加热盘管等主要部分组成，其中称重传感器是该装置的核心部件。工作原理：油井产出液经进液口进入计量器，在流经上部分离器时油气分离，液相被下部收集伞集中并流入翻斗。翻斗装置是由对称的两个独立料斗组成，在其中一侧料斗中流体质量达到一定数值时，装置发生翻转，由另一侧料斗继续进料，两个料斗循环工作。倒出的油在分离器上部气体的压力下流入输油管线。如产出液中有气体，该气体将与产出液一起流入输油管线。在此过程中称重传感器检测得到了一条质量随时间变化的曲线，利用积分计算即可得到累计流量，进而可以换算成当前产量。

辽河油田借鉴SAGD先导试验阶段的翻斗计量器的成功经验，考虑到高温集输后的特殊使用工况，重要部件的材料选择以及核心电子部件的设计上经过结构和参数优化使其符合高温计量的特殊要求：

（1）计量器壁厚增加一个等级，使其耐温达到200℃，耐压达到1.6MPa；

（2）翻斗选用特殊耐高温材料，耐温可达200℃；

（3）核心的测量部件——称重传感器选择耐温达到250℃的传感器。

高温称重计量器设计耐温可达200℃，耐压可达1.6MPa，可以满足SAGD工业化应用后的在线高温计量。由于设计高温计量器并没有改变原有吞吐采油称重式计量器的主要结构和影响计量的重要因素，因此经过优化设计后的高温计量器在结构上和测量精度上可以满足高温计量要求。

五、高温高效仰角式预脱水装置

稠油能否进行密闭脱水的关键制约因素是脱水时间。为了缩短流体在设备中的停留时间，通过“多维多腔结构设计 + 模拟流态计算 + 现场试验优化”的设备研发和定型过程，先后研发了高效蒸汽处理器、仰角高效预脱水分离器和多腔高效热化学脱水分离器，其设备效率和同类设备尺寸均达到了国内领先水平；也引领了国内对仰角分离器的研发热潮。

图 4-3-5　高温高效仰角式预脱水装置现场安装图

新疆油田自主攻关了 SAGD 采出液高温密闭处理工艺技术，创新性提出“破胶失稳 + 破乳脱水”的两段处理工艺，使用了新研发高温高效仰角式预脱水装置，如图 4-3-5 所示。该装置结合了立式分离器和卧式分离器的优点，采用 12° 仰角设计，具有动液面高、油滴浮升面积大和便于沉砂收集等特点。在预处理剂作用下，30min 内可将采出液含水从 85% 降至 20%，脱出采出水含油小于 300mg/L，实现油水高效分离。

高温高效仰角式预脱水装置技术先进性在于：

（1）结构上采用卧式仰角结构，充分利用液体的自身重量，通过内部高效聚结原件的设置，实现油气分离、油水分离和液固分离，整个分离器内部无死液区，容器空间得到了有效的利用，分离效果好、分离精度高，能有效实现设备的在线清排砂处理。

（2）安全可靠。设计上采用了全套应力分析计算，在支架的设计和容器结构的设计方面进行了优化处理，整个结构设计安全可靠。分离器控制采用成熟、可靠的油气砂分离技术，所用的电动阀、液位计、流量计、离心泵和远程终端控制设备（RTU）等设备均为油田常用安全可靠产品，且所有现场仪表均为可靠防爆仪表，因而具有较高的安全性和可靠性。

（3）使用与维护方便，生产运行成本低，管理水平高。数据存储于 RTU 中，同时也可无线远传至中心控制室计算机系统。既可站上监控操作，也可远程无线监控操作，可实现现场无人值守，达到生产全线管控一体化。

六、注汽管线高效保温材料

我国国家标准规定，在 350℃时导热系数不大于 0.12W/（m·℃）的材料称为保温材料，而把导热系数在 0.05 W/（m·℃）以下的材料称为高效保温材料。新疆油田注汽管道传统保温材料主要采用复合硅酸盐瓦和毡，材料由天然矿物质硅酸盐组成，添加化学添加剂和高温粘接剂，经过制浆、入模、定型、烘干、成品和包装等工艺制造而成，其 350℃时的导热系数为 0.065W/（m·℃），使用温度范围为 –40～700℃。常用的结构为单层或双层硅酸盐瓦外包镀锌铁皮防护。在使用过程中，存在着硅酸盐瓦易破损、堆积、下沉和滑移，保温结构防水、抗震、抗挤压能力弱、寿命短的问题，漏热损失大，现场维护工作量大，同时导致长距离输送蒸汽品质下降，井口注入蒸汽的干度得不到保证，大大降低了注蒸汽开发的效果，造成蒸汽使用量大，油汽比较低。图 4–3–6 为硅酸盐瓦结构和红外热像图。

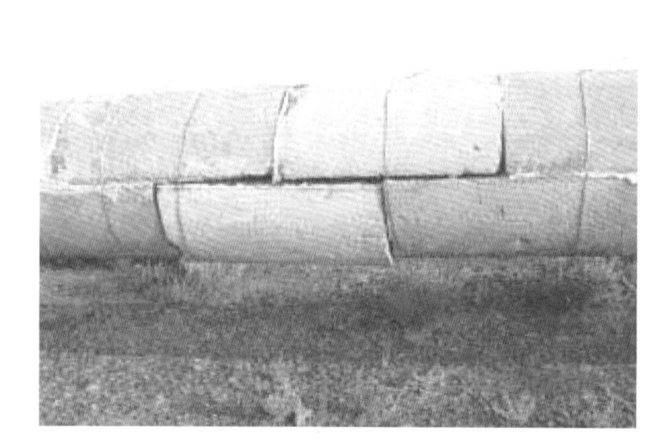
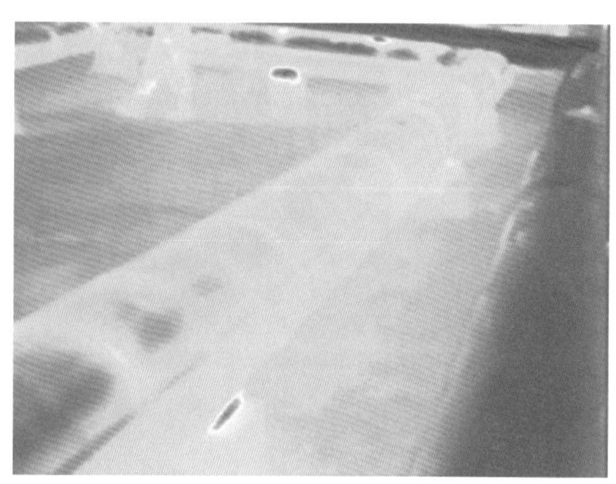

图 4–3–6　硅酸盐瓦结构和红外热像图

近年来，随着保温技术的发展，新疆油田注汽管线保温材料选用高效保温材料——纳米气凝胶或浆料。纳米气凝胶由 SiO_2，Al_2O_3 和 TiO_2 等气凝胶为主材，350℃导热系数不高于 0.021W/（m·℃），有一定的柔性，可弯曲且不损伤其保温绝热性能。从微观上看，其结构特征是拥有多孔、无序、具有纳米量级连续网络结构，孔径一般为 20～50nm，拥有极高的孔隙率、极低的密度和高比表面积，密度范围为 3～500kg/m^3（空气密度为 1.29kg/m^3），但较脆、易碎。其原理是：发生热传递时，空气分子做激烈热运动，分子平均自由程为 70nm，其相互作用引起热量从高温向低温迁移。由于气凝胶孔隙直径小于空气分子平均自由程，故空气分子无法自由活动和传导热量，以达到绝热目的。纳米气凝胶内部结构和成品图如图 4–3–7 所示。

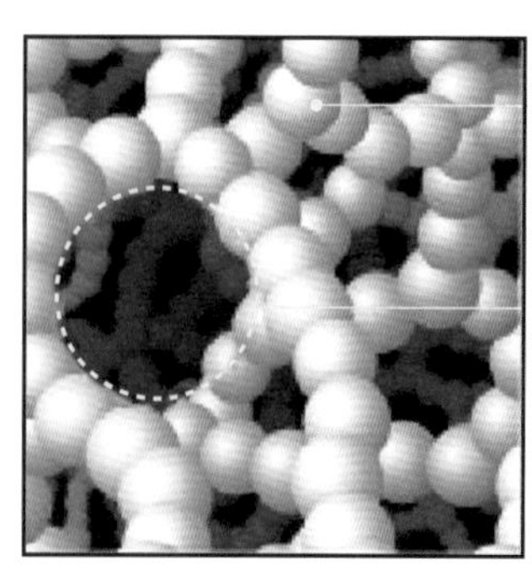

图 4–3–7　纳米气凝胶内部结构和成品图

纳米气凝胶复合绝热制品基材一般选取无碱玻璃纤维针刺毡，此针刺毡由每股 2～3in 的短纤维经梳棉分解、膨化成极微细的毛毡状，再送入轧针机利用数千支轧针上下连续缝刺而成，内部为三维网络结构。由于纤维之间是物理针刺连接，非粘合连接，与传统玻璃纤维毡相比，理论上不含有机物。针刺毡密度为 100～180kg/m^3，常温下导热系数为 0.034 W/（m·K），此外较低的碱金属氧化物含量（≤0.8%）决定了它耐温性强、化学稳定性好、强度高。

综合考虑价格、节能效果和运行成本，优化保温结构，采用“纳米气凝胶 + 复合硅酸盐管壳”组合保温方式，其使用年限达 8 年以上，隔热效果好，常用的 ϕ114mm 注汽线每米散热损失低于 120W/m。对比双层复合硅酸盐瓦保温，每千米注汽管线年节约天然气消耗费用 8.37 万元。“气凝胶 + 管壳”复合结构和红外热像图如图 4-3-8 所示。

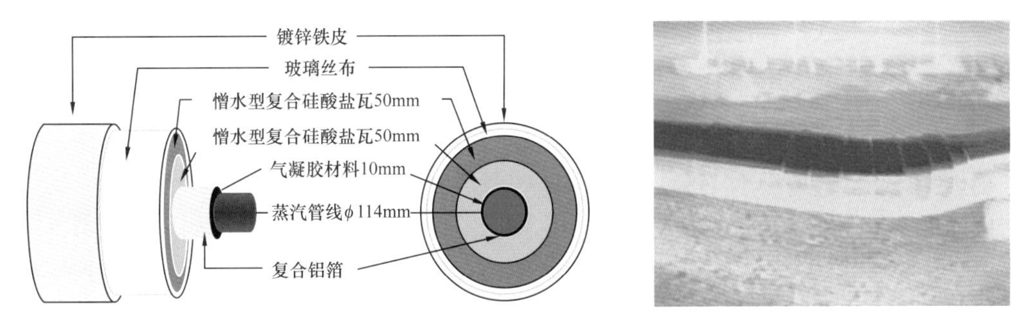

图 4-3-8 “气凝胶 + 管壳”复合结构和红外热像图

参考文献

[1] 汤林，等. 油气田地面工程关键技术［M］. 北京：石油工业出版社，2014.

[2] 何江川，王元基，廖广志，等. 油田开发战略性接替技术［M］. 北京：石油工业出版社，2013.

[3] 廖广志，马德盛，王正茂，等. 油田开发重大试验实践与认识［M］. 北京：石油工业出版社，2018.

[4] 马德盛，王强，王正波，等. 提高采收率［M］. 北京：石油工业出版社，2019.

[5] 汤林. 油气田地面工程技术进展及发展方向［J］. 天然气与石油，2018，36（1）：1-12.

[6] 郭金鹏. SAGD 高干度集中注汽地面配套工艺技术［J］. 油气田地面工程，2015，34（9）：44-47.

[7] 赵蕾，张侃毅，张瑛. 重 45 井区超稠油 SAGD 试验区高温采出液集输工艺研究［J］. 新疆石油科技，2015，25（4）：54-59.

[8] 黄强，蒋旭，刘国良. 风城油田稠油开发地面集输与处理工艺技术.［J］. 石油规划设计，2013，24（1）：24-27，47.

[9] 汤林，张维智，王忠祥，等. 油田采出水处理及地面注水技术［M］. 北京：石油工业出版社，2017.

第五章　火驱地面工程

火驱开发根据采油调控要求和地面采出物的特点，地面工程探索形成了空气注入与调配、火驱采出液集输和复杂伴生气处理等关键技术，有力地支撑了火驱工业化试验的开展，为火驱的工业化推广奠定了基础。

第一节　概　　述

一、驱油机理

火驱技术是向油层内连续注入空气，同时采用点火工艺将地层点燃，利用原油中10%～15%的重质组分作为燃料就地燃烧，原油裂解、降黏，燃烧产生热量、烟道气和水蒸气等，形成多种驱替作用，把原油驱向生产井。火驱过程伴随着复杂的传热、传质过程和物理化学变化，具有蒸汽驱、热水驱和烟道气驱等多种开采机理，有望成为注蒸汽开发后期稠油油藏最具潜力的接替开发方式[1，2]。

火驱技术包括常规直井火驱技术、脚尖—脚跟火烧技术（Toe-to-Heel Air Injection，THAI）、分采水平井超覆燃烧技术（Combustion Override Split-production Horizontal-well，COSH）及火烧吞吐技术，本书中火驱技术指的是直井火驱技术[3]，原理示意图如图5-1-1所示。

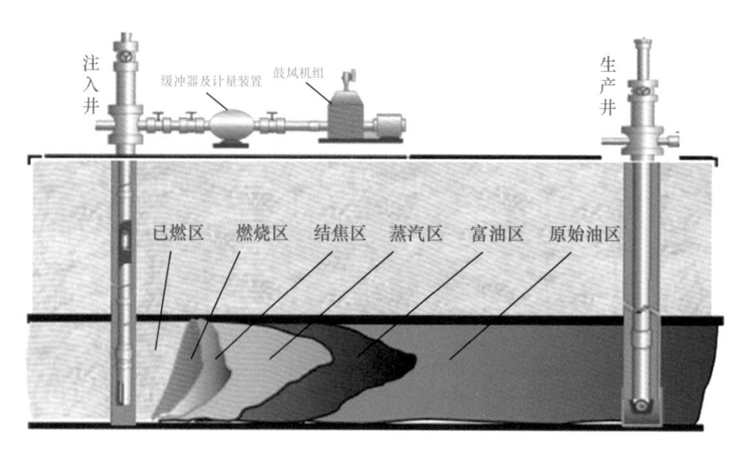

图5-1-1　直井火驱原理示意图

二、发展历程及驱油效果

火驱采油技术自1947年美国开展现场试验开始，随着注空气工艺技术的发展，20世

纪80年代达到全盛，统计有300多个区块实施火驱采油。经过多年研究和发展，已成为行之有效的强化采油方法[4]，现场也形成一定规模，实现了工业化应用。国内火驱开采自1958年起，目前仍处于起步阶段，克拉玛依油田在红浅1井区八道湾组油藏开展火驱先导试验，胜利油田在郑408块开展火驱先导性试验，辽河油田在杜66块、高3–6–18块和高3块相继开展火驱先导性试验。

火驱采油采收率可高达70%。中国石油目前主要的火驱区块有新疆油田红山嘴油田红浅1井区、辽河油田曙光油田杜66区块和高升区块。

1. 新疆油田

截至2018年底，新疆油田先后开展了2处火驱试验，分别为红浅1井区火驱先导试验、红浅1井区火驱工业化开发试验。

1）红浅1井区火驱先导试验

红浅1井区火驱先导试验目的层是侏罗系八道湾组油藏，试验区面积0.28km^2，油层埋深550m，区内无断层，油层厚度为3.0～35m，岩性以砂砾岩为主，试验区孔隙度变化在21.2%～31.0%，渗透率为103～1980mD，储层非均质性较强，20℃原油黏度为7474～26620mPa·s，平均16608mPa·s，由西南向东北原油黏度升高。火驱试验前，1991—1999年该区块进行了注蒸汽吞吐及蒸汽驱开发，累计产油9.17×10^{4}t，采出程度28.9%，1999—2009年油藏处于停产状态；2009年12月至2013年经过3期点火，形成了13注38采线性井网。截至2018年12月，先导试验经过近10年高效生产，累计产油14.7×10^{4}t，阶段采出程度34.5%，取得较好的开发效果。

2）红浅1井区火驱工业化开发试验

火驱工业化开发选择在红一1—红一3开发区八道湾组$J_1b_4^2$和齐古组$J_3q_3^2$油层厚度大于6m范围内部署，优先生产八道湾组，待6年以后，即八道湾组第一排生产井过火后，过火井上返至齐古组生产，形成八道湾组与齐古组同时生产的格局。八道湾组油藏拟运用面积6.8km^2，注蒸汽开发阶段累计产油282.8×10^{4}t；齐古组油藏火驱面积4.7km^2，注蒸汽开发阶段累计产油107.9×10^{4}t；八道湾组加齐古组油藏火驱面积11.5km^2，注蒸汽开发阶段累计产油390.7×10^{4}t。开发目标区地面脱气原油密度分布在0.92～0.97g/cm^3，50℃下脱气原油黏度变化在100～1200mPa·s，平均600mPa·s，根据黏温关系曲线折算到油藏温度下原油黏度变化在1200～30000mPa·s，平均7000mPa·s。

2017年在红浅1井区进行了工业化开发试验，2018年7月开始点火投产。

2. 辽河油田

截至2018年底，辽河油田先后开展了3处火驱试验，分别为杜66区块、高3–6–18块和高3块。

1）杜66区块

辽河曙光油田杜66断块区油藏类型为层状边水油藏。20℃时原油密度为0.9001～0.9504g/cm^3，50℃时地面脱气原油黏度为325～2846mPa·s，为普通稠油。油藏埋深 800～1320m，油层地温梯度 3.7℃ /100m，目前区域平均温度为 85℃。

杜 66 断块区于 1986 年采用正方形井网、200m 井距投入开发，经过二次加密调整目前井距为 100m，主要开发方式为蒸汽吞吐。1986 年至 2005 年，经历了三个阶段。

第一阶段，1986—1989 年，上产阶段。年产油上升到 45×10^4t，采油速度上升到 1.0% 以上，阶段采出程度 4.4%。

第二阶段，1989—1999 年，稳产阶段。年产油大于 45×10^4t，采油速度大于 1.0%，阶段采出程度 13.1%。为了实现稳产加密 2 次。

第三阶段，1999—2005 年，产量下降阶段。年产油迅速下降，从 45×10^4t 下降至 16×10^4t，采油速度下降到 0.5% 以下。

2005 年，杜 66 区块在中国石油天然气股份有限公司政策支持下开展火驱先导试验。

2005 年 6 月开始，在杜 66 块先后开展了 2 井组、7 井组单层火驱采油现场试验；2008 年 9 月，在 7 井组单层注气基础上调整为上层系多层火驱采油现场试验；2012 年 6 月，再外扩 10 井组，进行 27 井组多层火驱采油现场试验；2014 年 10 月，扩大实施火驱，进行 141 井组火驱生产。

2014 年，杜 66 区块完成上层系全面转驱工作，预计上层系火驱开发 18 年，阶段累计产油 524.3×10^4t，考虑纵向动用程度，火驱阶段采出程度为 31.0%，油藏最终采收率可达 55.2%，累计注气 56.9×10^8m³，空气油比为 1101m³/t。截至 2018 年底，杜 66 火驱年产油 25.3×10^4t，阶段增油 $135.2.3\times10^4$t，增油效果显著。

2）高 3–6–18 块

高 3–6–18 块油藏 20 ℃时原油密度为 0.955g/cm³，50 ℃脱气原油黏度为 3500～4100mPa·s，为块状普通稠油油藏。油藏埋深 1540～1890m，主要含油岩性为含砾不等粒砂岩和砂砾岩，分选差，为中—高孔隙度、高渗透储层，油层平均有效厚度 103.8m，纵向集中发育。1700m 油层温度为 57℃，温度梯度为 3.2℃ /100m。

主力油层 L5 砂岩组开发方式采用高部位直井井网线性火驱、底部位直平组合侧向火驱开发 20 年，阶段采油 117.14×10^4t，阶段注气 18.65×10^8m³，阶段空气油比为 1690m³/t，火驱阶段采出程度 20.65%，最终采收率 41.2%。

3）高 3 块

高 3 块油藏 20 ℃时原油密度为 0.955g/cm³，50 ℃地面脱气原油黏度为 2800～3500mPa·s，为普通稠油油藏。油层埋深 1510～1690m，油层平均有效厚度 68.6m，纵向集中发育。

高 3 块 L_6^{1+2} 预计开发 24 年，阶段产油 94.41×10^4t，阶段注气 17.9×10^8m³，阶段空气油比为 2484m³/t，阶段采出程度 20.94%，最终采收率 49.74%，与吞吐开发方式对比，提高采收率 19.7%。

三、地面工程建设情况

1. 总体工艺

火驱地面工艺主要包括高压空气分配与注入工艺、原油集输与处理、伴生气处理和采

出水处理，工艺流程示意图如图 5-1-2 所示。

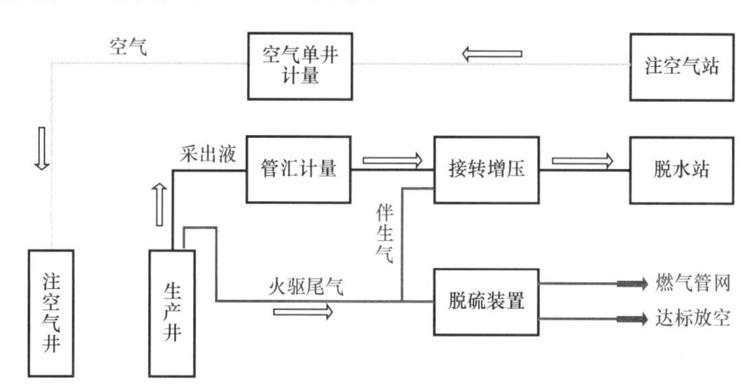

图 5-1-2　火驱油田地面工艺系统工艺流程示意图

2. 油田建设现状

1）新疆油田

新疆油田红浅 1 井区火驱先导试验区共建设 55 口井，其中 13 口注气井、39 口生产井、3 口观察井，配套建设火驱先导试验注气站 1 座、规模 $18\times10^4m^3/d$，计量站 1 座、管汇站 4 座、空气计量调节分配橇 3 座，建成注气管线 3.5km。

红浅 1 井区火驱工业化开发区共建设 75 口注气井、508 口生产井，配套建设火驱工业化注空气站 1 座、规模 $150\times10^4m^3/d$，110kV 变电站 1 座、管汇站 43 座，转油站扩建 3 座，建成注气管线 21km。地面工程总体布局如图 5-1-3 所示。

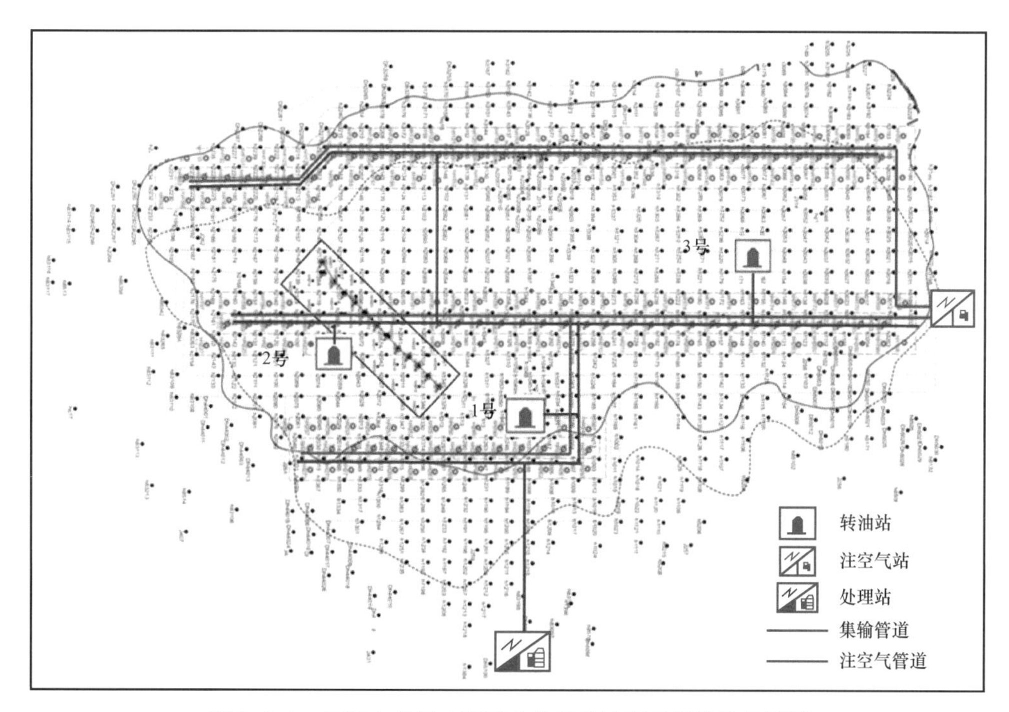

图 5-1-3　红浅 1 井区火驱工业化开发地面工程总体布局图

2）辽河油田

（1）杜 66 区块。杜 66 断块区位于辽宁省盘锦市西约 20km，区块含油面积 9.41km^2。截至 2018 年底，杜 66 火驱共部署井组 114 个，其中注空气井 114 口、生产井 531 口，配套建设注空气站 1 座，注空气规模 100×10^4m³/d，脱硫点 12 座，伴生气处理规模 90×10^4m³/d。建成注气管线 75.1km，集输管线 126.85km，伴生气管线 106.4km。地面工程总体布局如图 5–1–4 所示。

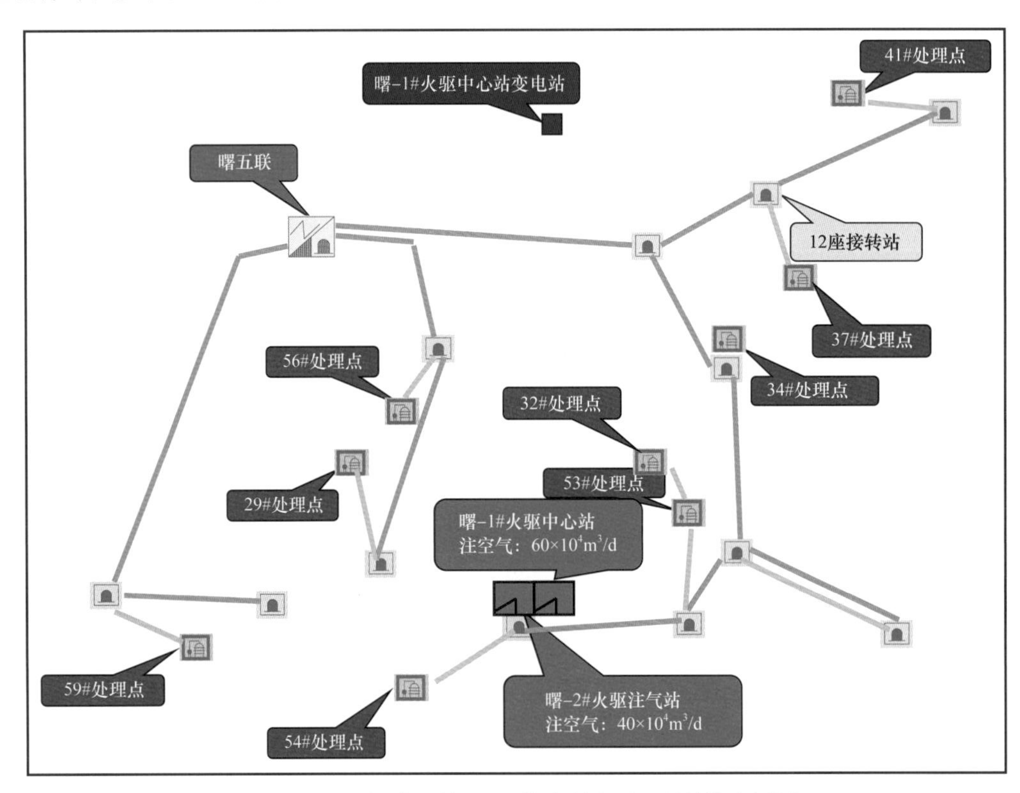

图 5–1–4 辽河油田杜 66 区块火驱地面工程总体布局图

（2）高 3–6–18 块和高 3 块。截至 2018 年底，辽河油田高升区块的高 3–6–18 块共部署井组 18 个，其中注空气井 18 口、生产井 376 口；高 3 块共部署井组 9 个，其中注空气井 9 口、生产井 118 口。

高 3–6–18 块和高 3 块共同配套建设注空气站 1 座，注空气规模 60×10^4m³/d。建成注气管线 27.4km。地面工程总体布局如图 5–1–5 所示。

四、地面工程难点

火驱开发具有井口温度较低、气油比较高、原油改性黏度降低、伴生气量波动大、热值低、组成复杂、注空气系统可靠性要求高等特点。

1. 采出物物性特点

采出液：黏度变低，更有利于集输和脱水。

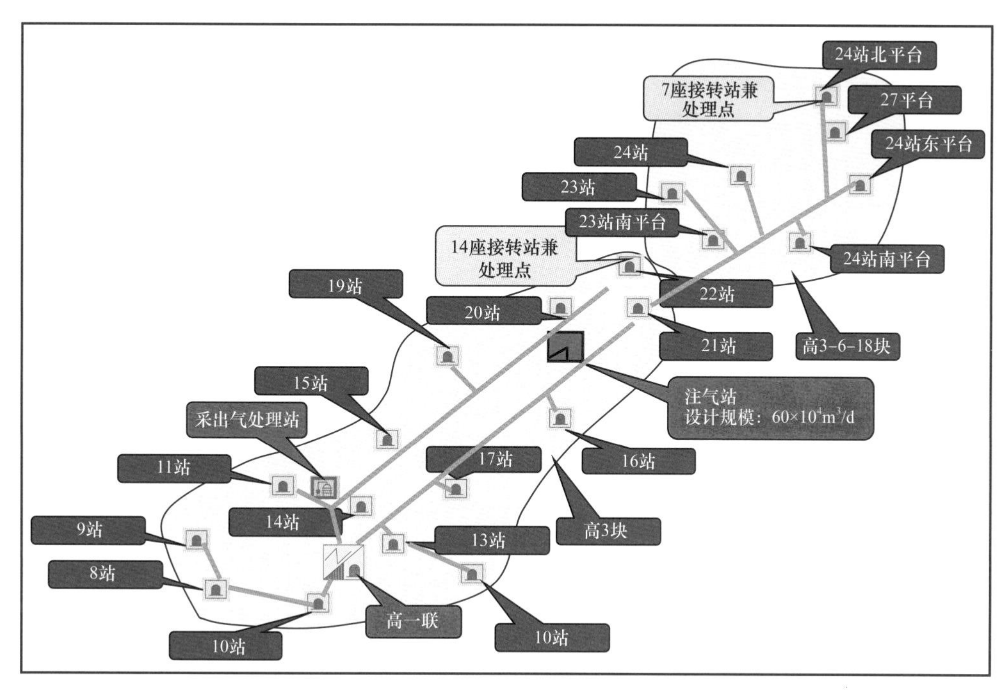

图 5-1-5　辽河油田高升区块火驱地面工程总体布局图

伴生气：气量较大，CH_4 含量较低、N_2 和 CO_2 含量高、热值较低，部分含有 H_2S，直接利用难度较大，直接排放对大气会有一定影响。同时，伴生气组分不稳定，变化范围大，导致处理技术选用困难；伴生气压力比较低，含有饱和水，而现场套管集气压力较低，一般低于 0.5MPa，导致集输难度较大、成本较高。

1）新疆油田红浅 1 井区

（1）采出液物性特点。新疆油田红浅 1 井区火驱生产井原油物性随火驱生产周期不同表现出不同的变化规律，火驱混合原油的黏度、酸值一直呈现下降趋势。与火驱前相比，原油轻质组分含量上升、黏度明显下降。饱和烃含量由 62.6% 上升到 69.5%，芳香烃含量由 19.9% 下降到 15.5%，胶质含量由 15.0% 下降到 11.5%，沥青质含量由 2.4% 下降到 2.2%；20℃时原油黏度由 16500 mPa · s 下降到 3381 mPa · s，降黏率 79.5%，详见表 5-1-1。

表 5-1-1　红浅 1 井区火驱先导试验区火驱前后原油物性

化验项目	试验前	试验后
酸值，mg（KOH）/g	6.23	1.57
凝固点，℃	−22～8	−14
含蜡量，%	0.91	0.66
饱和烃，%	62.6	69.5
芳香烃，%	19.9	15.5
胶质，%	15	11.5

续表

化验项目	试验前	试验后
沥青质，%	2.4	2.2
初馏点，℃	260	160
20℃脱气原油黏度，mPa·s	16500	3381

红浅1井区火驱采出液与常规蒸汽吞吐采出液按1∶1比例混合后，现场使用的破乳剂能够满足混合原油脱水的需要，在脱水温度70℃，破乳剂加入量200mg/L、沉降3h的室内实验条件下，原油脱水率、污水含油量与常规蒸汽吞吐采出液单独脱水时的数据差别不大。采出水水型属于重碳酸钠型，火驱开发前后，生产井采出水中离子含量及组成比较稳定。

（2）伴生气物性特点。常规蒸汽吞吐阶段伴生气主要以烃类为主，含有少量N_2和CO_2。火驱伴生气以N_2和CO_2为主、烃类含量低，并含有少量O_2，H_2S和H_2等组分。新疆油田红浅火驱伴生气组成见表5–1–2。

表5–1–2　红浅1井区火驱先导试验区伴生气组分表

组分	含量，%（体积分数）（mg/L）				
	2010年	2011年	2012年	2013年	2014年以后
甲烷	4.49	3.08	1.511	1.45	0.97
乙烷	0.29	0.22	—	0.063	0.095
丙烷	0.13	0.11	—	0.037	0.04
丁烷及以上	0.16	0.074	—	0.048	0.034
氮气	77.76	80.4	83.122	84.02	81.89
二氧化碳	13.93	15.2	14.968	13.43	16.98
氧气	3.27	0.25	0.202	0.90	0
氢气	—	0.53	0.196	0.10	—
硫化氢	0.062	0.088	0.124	0.025	0.032
一氧化碳	（1000）	（1800）	（2030）	（1480）	（980）

通过对伴生气中的H_2S含量进行跟踪检测（图5-1-6），红浅火驱先导试验区伴生气中H_2S含量呈现降低的趋势，2013年以前H_2S含量在600～1600mg/L之间波动，2013年以后H_2S含量保持在500mg/L以下，波动相对较小。

图 5-1-6　红浅 1 井区火驱先导试验区伴生气 H_2S 含量随时间波动趋势图

通过对伴生气中的非甲烷总烃含量进行跟踪检测（图 5-1-7），红浅火驱先导试验区伴生气中非甲烷总烃含量呈现降低的趋势，2014 年以前非甲烷总烃含量在 4000～8000mg/L 之间波动，2014 年以后非甲烷总烃含量在 1000～2000mg/L 之间波动。

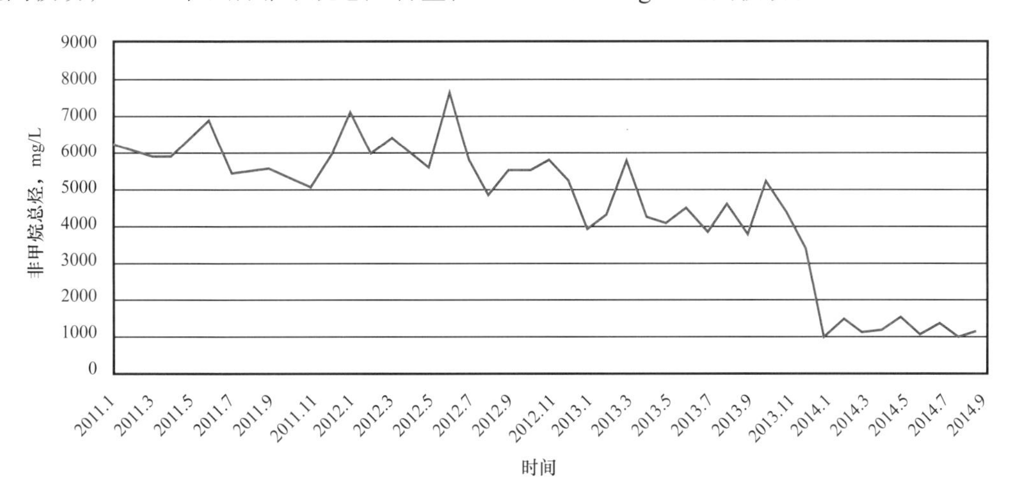

图 5-1-7　红浅 1 井区火驱先导试验区伴生气非甲烷总烃含量随时间波动趋势图

（3）采出水物性特点。红浅 1 井区先导试验区火驱前后采出水物性分析见表 5-1-3。

表 5-1-3　红浅 1 井区火驱先导试验区采出水物性分析

取样阶段	井号	离子含量，mg/L					矿化度 mg/L	水型
		Ca^{2+}	Mg^{2+}	Cl^-	CO_3^{2-}	HCO_3^-		
火驱前	J596	59.3	17.4	2887.6	0	1359.7	7294.8	重碳酸钠型
	h2011	14.8	6.6	1930.9	0	1310.3	6542.6	重碳酸钠型

续表

取样阶段	井号	离子含量，mg/L					矿化度 mg/L	水型
		Ca^{2+}	Mg^{2+}	Cl^-	CO_3^{2-}	HCO_3^-		
火驱前	h2096	59.3	17.4	2887.6	0	1359.7	7294.8	重碳酸钠型
	h2072	59.3	17.4	2887.6	0	1359.7	7294.8	重碳酸钠型
	hH005	81.5	27.7	3444.3	0	1384.4	8182.2	重碳酸钠型
	hH007	42.2	12.7	2852.8	0	1013.6	10166.8	重碳酸钠型
火驱后	J596	81.8	28.7	3127.4	0	1999.7	7585	重碳酸钠型
	h2011	11.8	10.5	2109.1	0	1368.2	4625	重碳酸钠型
	h2096	102.8	1.24	3712.3	0	1714	7565	重碳酸钠型
	h2072	26.7	33.7	5605.6	0	1579	10905	重碳酸钠型
	hH005	108.91	41.58	5308.07	0	1559.98	10902.1	重碳酸钠型
	hH007	47.3	23.7	2265	0	1720	5885	重碳酸钠型

由表 5-1-3 可知，火驱开发前后 HCO_3^- 含量明显升高，其他离子含量没有明显变化规律，水型均为中高矿化度重碳酸钠型，火驱开发对采出水水质影响较小。

2）辽河油田

（1）杜 66 区块。

杜 66 区块火驱采出液温度 15～40℃，与蒸汽吞吐采出液温度变化不大，采出液黏度 2000～2500mPa·s，含水率 80%～90%。采出液黏度随含水率的增加呈现先上升后下降的趋势，转相点为含水率 60%，转相点后表观黏度迅速下降，含水率在 75%～95% 之间表观黏度降幅减缓。火驱采出液中固体颗粒较蒸汽吞吐明显增多，微观粒径较蒸汽吞吐更为分散，界面剪切黏度增加，火驱采出液乳化程度增强，脱水难度加大。杜 66 区块火驱油品物性表见表 5-1-4。

杜 66 区块火驱前伴生气成分以烷烃为主，甲烷含量大于 90%，H_2S 含量较低；火驱后烷烃成分明显减少，转火驱后伴生气气体成分 CH_4 含量小于 10%、N_2 含量为 50%～80%、CO_2 含量为 20%～30%、O_2 含量为 1%～2%，H_2S 含量为 100～500mg/m³。

（2）高升区块（高 3-6-18 块和高 3 块）。

高升区块火驱采出液温度为 10℃左右，与蒸汽吞吐采出液温度变化不大，采出液 50℃时黏度为 300～500mPa·s，20℃时黏度为 2000～2500mPa·s，含水率为 50%～80%。采出液黏度随含水率的增加呈现先上升后下降的趋势。高升区块火驱油品物性见表 5-1-5。

高升区块火驱伴生气相比吞吐开发，气量呈 1.2～1.6 倍数增加，H_2S 含量为 100～1900mg/m³，可燃气体组分含量低，CH_4 含量小于 10%、N_2 含量为 65%～80%、CO_2 含量为 10%～20%、O_2 含量为 1%～3%。

表 5-1-4 杜 66 区块火驱油品物性表

序号	分析项目		56 号站汇管	33 号站	34 号站	32 号站	35 号站
1	密度，g/cm^3		0.9477	0.9508	0.9452	0.9480	0.9406
2	凝固点，℃		15	17	19	14	12
3	闭口闪点，℃		93	73	83	85	98
4	蜡含量，%		3.79	2.88	4.9	4.31	4.48
5	胶质 + 沥青质含量，%		41.7	48.5	45.08	41.31	38.7
6	动力黏度 mPa·s	20℃	118700	112200	63900	98400	18426
		30℃	44240	46870	19150	47340	9242
		40℃	9301	13900	5369	8942	3516
		50℃	3150	5290	1966	2918	1121
		60℃	1334	2502	921.2	1322	728.4
		70℃	730.2	1217	465.0	670.1	326.1
		80℃	424.7	899.6	285.3	389.8	223.6
		90℃	259.1	465.5	166.6	238.9	128.5

表 5-1-5 高升区块火驱油品物性表

序号	分析项目	高 3-6-18 块	高 3 块
1	20℃原油密度，g/cm^3	0.955	0.93～0.957
2	凝固点，℃	15	15
3	蜡含量，%	5.1	0.4～5.5
4	硫含量，%	0.49	0.53
5	胶质 + 沥青质含量，%	45	46.6
6	50℃脱气黏度，mPa·s	3100～4100	2800～3500

2. 给地面工程带来的难点和问题

与常规注蒸汽开发相比，火驱开发在地面工程设计建设过程中具有以下难点：

1）注空气系统

火驱开发需要连续注入高压空气；点火阶段注气压力高、注气量小，正常生产阶段注气量大，注气压力降低，且每口井的注入压力差异较大。注空气系统核心设备是空气压缩机，不断变化的注气量和注气压力，对空压机的选型提出新的要求。在满足正常注气生产的前提下，为保证工程的经济合理性，必须合理确定压缩机组组合方式。

2）空气干燥净化

空气增压后随着输送过程温度的降低，有冷凝水析出，易造成管线腐蚀，冬季冻堵；出站空气含有润滑油，易造成管线积碳，遇高温或静电火花易发生爆炸。因此，需要研究空气干燥净化技术，保证生产安全进行。

3）空气计量分配

火驱地面注空气井较分散，为确保火驱生产效果，需要对每一口井的注气量实现精确计量控制，因此需通过注空气井网布局的优化，利于对各单井注空气量的调整，满足火驱生产需要，同时降低工程投资。

4）集输系统负荷

火驱地面生产井较多，多为单井加热，直接进站计量，造成单井能耗高，管线数量大，路由错综复杂，且大部分生产时间较长，常有腐蚀泄漏发生。需要对已建集输系统优化，提高系统负荷率，降低生产能耗。

5）原油脱水

随着开发方式的转换，火驱开发带来油品物性变化，油品乳化现象较吞吐开发时严重，采出液黏度随含水率的增加呈现先上升后下降的趋势，采出液含气也对脱水造成影响，致使原油脱水困难。因此，需要研究原油脱水新工艺和新技术，以确保原油含水率达标，合格输送。

6）伴生气处理

火驱开发伴生气中含有 H_2S，H_2S 为剧毒物质，需合理设计伴生气处理流程进行处理，达标排放。目前干法脱硫工艺存在废脱硫剂处理难题，需要逐步研究推广湿法脱硫技术。同时，伴生气中含非甲烷总烃，直接排放会对大气环境造成污染，需要研究相对应处理技术。此外，火驱见效后伴生气中的 CH_4 含量为 1%～10%，处于可燃气体爆炸极限范围内，一旦伴生气中的氧气含量达到临界含氧量，将有发生火灾爆炸的危险，因此必须研究提出火驱伴生气含氧量监测及控制技术手段。

第二节　关键技术

火驱开发地面工程关键技术主要有注空气技术、采出液集输与处理技术、伴生气处理技术和采出水处理技术等，包括 3 大系列，7 项特色技术，如图 5-2-1 所示。

一、注空气技术

1. 新疆油田红浅区块火驱

1）注空气站

（1）压缩机组。

新疆油田红浅火驱开发区建设有红浅 1 井区先导试验注空气站和工业化开发注空气站。由于单一的螺杆式空气压缩机排气压力达不到要求，单一的往复式压缩机体积过大，因此采用组合式空气压缩机组以适应注气需要[5]。红浅 1 井区先导试验注空气站设有 7

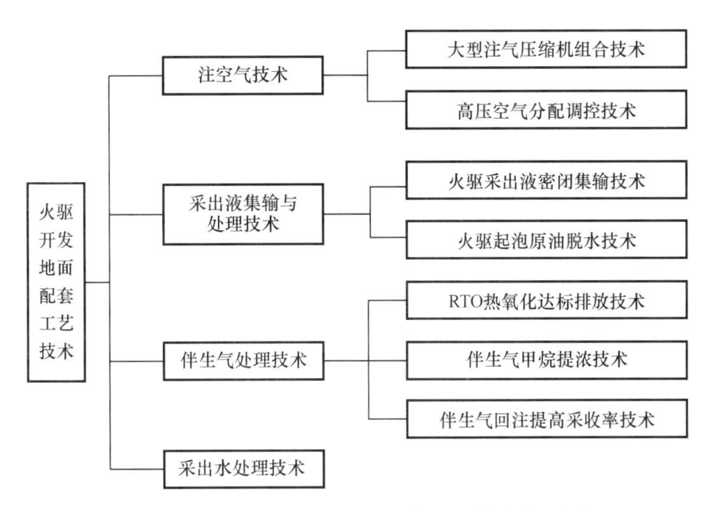

图 5-2-1　火驱开发地面配套工艺技术序列图

套 25m³/min 压缩机组，5 用 2 备，压缩机组采用螺杆式压缩机 + 往复式压缩机的二级压缩，利用 25m³/min 螺杆式压缩机可靠性高、零部件少、没有易损件、运转可靠、寿命长、大修间隔时间长的特点，将空气进行一级压缩至 0.8～1.0MPa，再采用往复式压缩机压至 15.0MPa 的工作状态。经过 10 年的生产运行，空气压缩机组较好地满足了供气需要。

红浅 1 井区火驱工业化开发借鉴先导试验的经验，采用离心压缩机 + 往复压缩机二级压缩，注空气站内设有 4 套 350m³/min 压缩机组，3 用 1 备，每套压缩机组包括 1 台 350m³/min 离心压缩机和 1 台 350m³/min 往复压缩机组成，利用 350m³/min 离心压缩机将空气进行一级压缩至 0.8MPa，再采用往复压缩机压至 4.0～6.0MPa。

（2）注气参数。

红浅 1 井区先导试验注气速度：注气井在达到稳定注气量之前采用分阶段逐级提速方式进行注气，点火初期注气速度为 $6.0\times10^3m^3/d$，半年内注气量提至最大值 $2.0\times10^4m^3/d$。注气压力：点火初期井口注空气压力为 6～8MPa，生产稳定后注气压力为 3～5MPa。

红浅 1 井区火驱工业化注气速度：注气井在达到稳定注气量之前采用分阶段逐级提速方式进行注气，点火初期注气速度为 $6.0\times10^3m^3/d$，半年内注气量提至最大值 $2.0\times10^3m^3/d$。注气压力：点火初期井口注空气压力为 5～7MPa，生产稳定后注气压力为 3～5MPa。

（3）工艺流程。

红浅 1 井区火驱先导试验注空气工艺采用集中供气方式，空气压缩机组集中布置，压缩机采用二级空气压缩工艺。一级空气压缩选用螺杆空气压缩机，增压至 0.8MPa，二级空气压缩选用往复压缩机，增压至 15MPa，如图 5-2-2 所示。

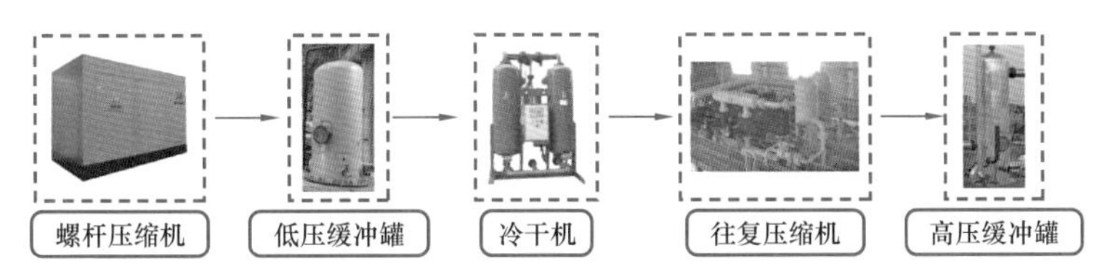

图 5-2-2　红浅 1 井区先导试验注空气工艺流程图

红浅1井区火驱工业化开发注空气工艺采用集中供气方式，空气压缩机组集中布置，压缩机采用二级空气压缩工艺，如图5-2-3所示。室外空气通过自洁式过滤器进入360m³/min离心式空气压缩机，增压至0.8MPa，120℃后进入压缩热再生干燥器进行干燥，干燥后空气［0.75MPa（表），45℃］进入中间缓冲罐缓冲，后进入350m³/min活塞式空气压缩机增压至4～6MPa，与其他压缩机组来气汇合后进入出站缓冲罐缓冲，出站缓冲罐出气出站去油区供气。

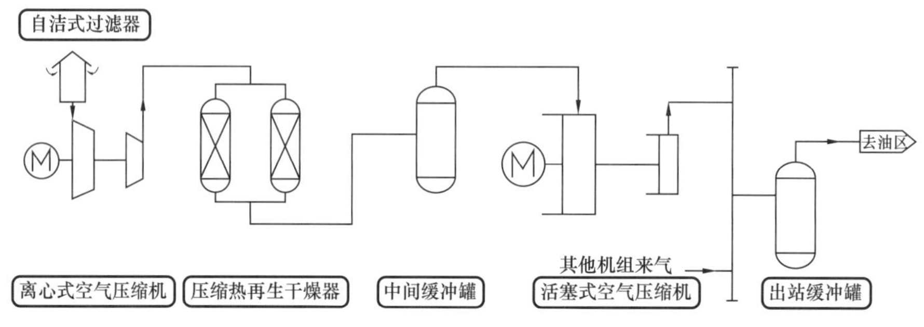

图5-2-3　红浅1井区工业化开发注空气工艺流程图

2）高压空气分配注入调控技术

（1）高压空气配注。火驱采油的注气阶段各井需求气量波动、逐级提速，且井间干扰难以控制。新疆油田红浅火驱单井气量分配调节共分为三个阶段，如图5-2-4所示。

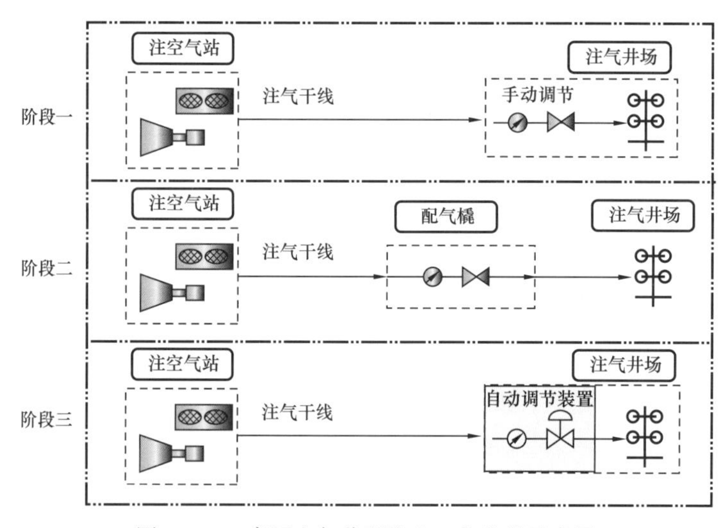

图5-2-4　高压空气分配注入工艺流程示意图

阶段一（火驱先导试验区一期）：3口注气井分别在井口采用手动调节阀调节气量。为降低井间干扰影响，需要3个人对3口井同步调节，气量调节工作量大且受气象条件影响较大。

阶段二（火驱先导试验区二期、三期）：将单井注气调节由井口调节改为配气橇内调节，集中设置3座配气橇，负责油区内所有注气井的配气调节，降低了配气调节的难度。

阶段三（火驱工业化开发区）：红浅火驱工业化开发一期注气井为 75 口，为了保证各井注气量的稳定调节，采用在井场设置自动调节计量一体化装置自动调节注气量，平衡注气压力。

（2）注气井场。红浅 1 井区井口设电动调节阀、流量计、旁通阀及放空阀各 1 套。点火阶段注气井口油套均需注气，由点火计量调节橇调节气量后分别注入井口油管和套管，油管由调节阀旁通输气。点火结束后，注气井口仅需油管注气，电动调节阀和流量计连锁控制，自动调节单井注气量。

（3）注空气管道。红浅 1 井区工业化开发区注空气管道主要包括生产供气干线、点火供气干线及各单井注气管道。一期点火供气干线负责输送点火用高压空气，生产供气干线负责输送正常生产用气，二期点火供气干线和生产供气干线共同为所有生产井供气。

火驱注气管道设计参数：

① 生产供气干线设计压力为 6.6MPa；

② 生产供气干线设计温度为 60℃；

③ 生产供气干线材质为 20 号无缝钢管；

④ 点火供气干线设计压力为 8.4MPa；

⑤ 点火供气干线设计温度为 60℃；

⑥ 点火供气干线材质为 20 号无缝钢管。

2. 辽河杜 66 区块火驱

1）注空气站

杜 66 区块注空气系统采用注气站集中供气、井口分散配气工艺。站内增压采用螺杆压缩机 + 往复压缩机的组合方式。高压空气出站后经由枝状配气管网分配至各注气井，井口调节与计量后注入地下。各井注气压力和注入量通过无线网络上传至火驱 1 号注气站，集中监视、调配各单井注入量，实现单井注气可调控。

杜 66 区块目前已建 2 座注空气站，即曙 -1# 火驱注气站（$40\times10^4m^3/d$）和曙 -2# 火驱注气站（$60\times10^4m^3/d$），共计日注气规模 $100\times10^4m^3/d$。

（1）曙 -1# 火驱注气站。曙 -1# 火驱注气站日设计供气能力为 $40\times10^4m^3/d$，是辽河油田首座自主设计、自主建设、自主运营的注空气站，主要担负杜 66 区块和杜 48 区块火驱井组注空气任务。注气站占地 $11000m^2$，站内有往复式空气压缩机组 4 套、螺杆式空气压缩机组 10 套、空冷式热交换器 4 套、储气罐 4 台。

曙 -1# 火驱注气站设计参数：

① 空气出站压力为 6.3MPa；

② 空气出站温度为 45℃；

③ 注空气管线设计压力（往复机入口前）为 1.6MPa；

④ 注空气管线设计压力（往复机出口）为 7.0MPa；

⑤ 注空气管线设计温度为 50℃；

⑥ 空气出站水露点不高于 −10℃（6MPa）。

曙 −1# 火驱注气站内采用螺杆式空气压缩机 + 往复式空气压缩机组合方式为空气增压。低压端采用螺杆压缩机，排气压力 0.95MPa，高压端采用往复式空气压缩机，三级压缩，排气压力 10MPa。总体流程为：来气→螺杆式压缩机→立式储气罐→往复式压缩机→计量→注气管线→注气井，如图 5−2−5 所示。

目前站内有螺杆式空气压缩机 10 台（套），单套公称容积流量为 41m^3/min，额定排气压力 1.0MPa。往复式空气压缩机 4 台（套），其中 2 台（套）注气规模为 $20 \times 10^4 m^3/d$，另 2 台（套）注气规模为 $10 \times 10^4 m^3/d$，最高排气压力均为 10MPa。注空气量约 $40 \times 10^4 m^3/d$。

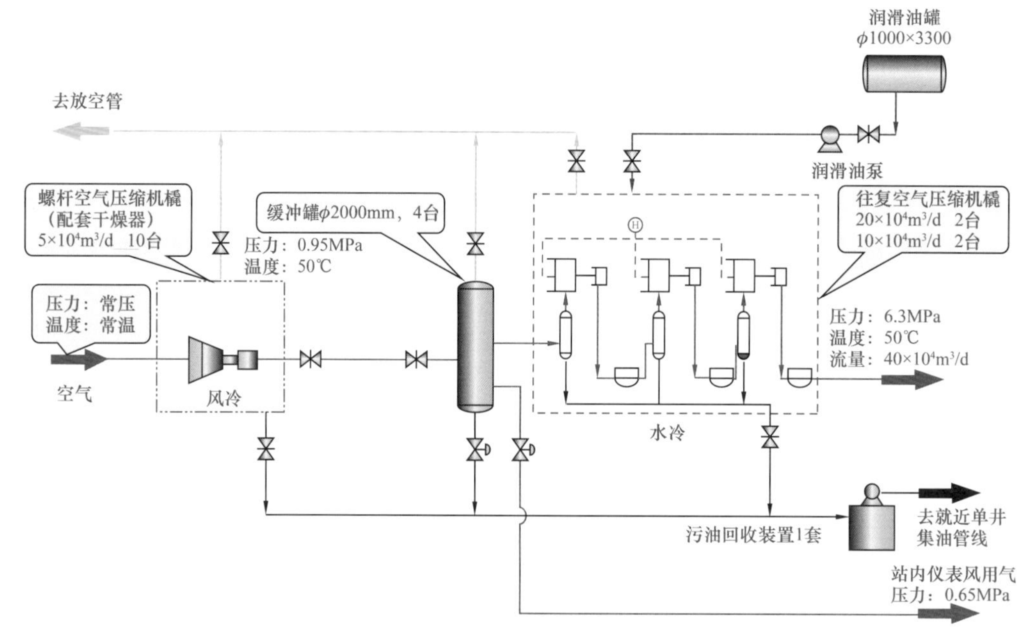

图 5−2−5 曙 −1# 火驱注气站工艺流程图

（2）曙 −2# 火驱注气站。曙 −2# 火驱注气站设计供气能力为 $60 \times 10^4 m^3/d$，站内注空气压缩机选用螺杆式压缩机 + 往复式空气压缩机的组合方式。其中，螺杆式空气压缩机 8 台（套），单套公称容积流量为 $10 \times 10^4 m^3/d$，额定排气压力 0.85MPa。往复式空气压缩机 4 台（套），单套规模为 $20 \times 10^4 m^3/d$。注空气量约 $60 \times 10^4 m^3/d$。站内工艺流程如图 5−2−6 所示。

2）高压空气分配注入系统

曙光油田杜 66 区块火驱注气工艺采用注气站集中供气、枝状管网配气技术，高压空气在井口调节与计量后注入地下，以满足不同单井注气压力和注气量要求，如图 5−2−7 所示。

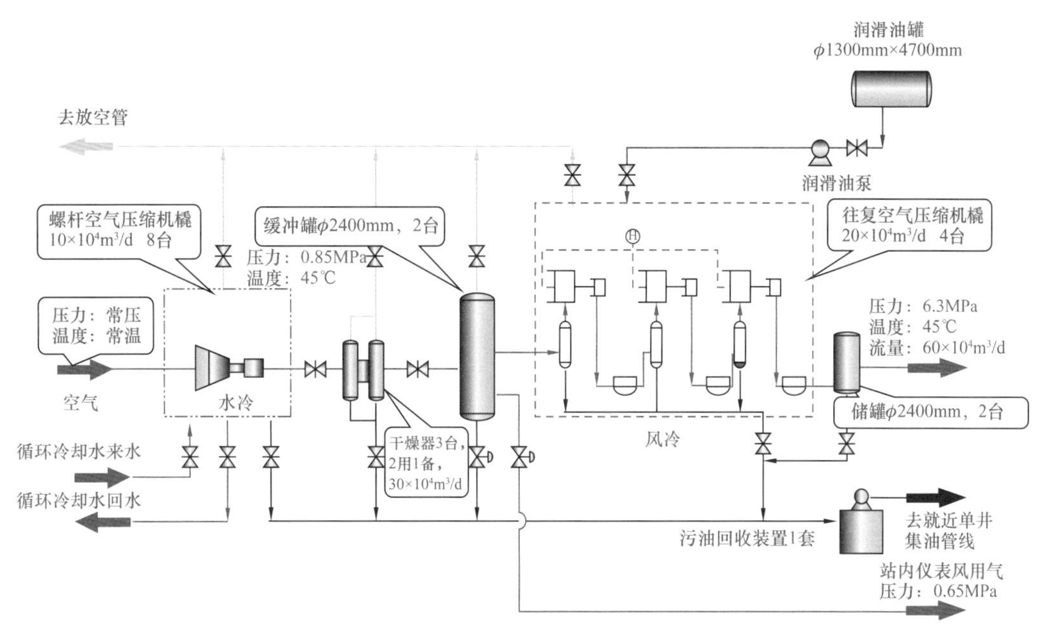

图 5-2-6 曙 -2# 火驱注气站工艺流程图

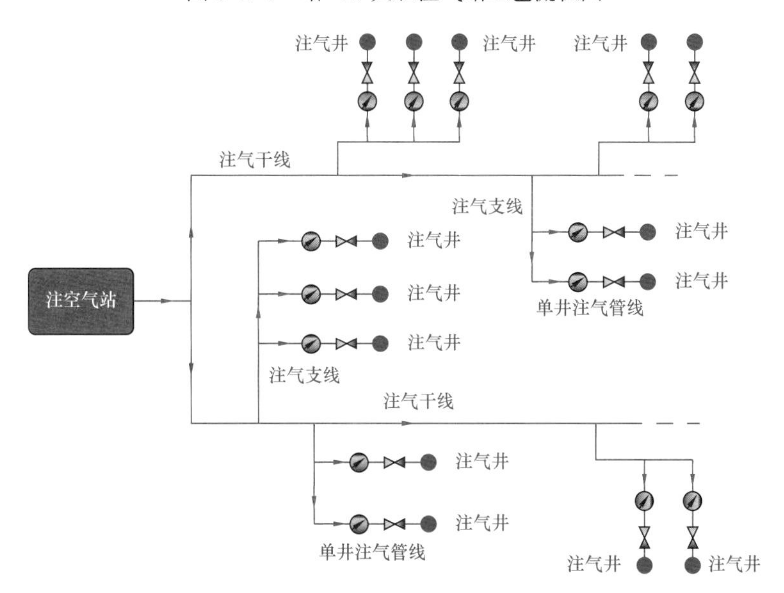

图 5-2-7 井口配气工艺原理流程图

3）注气井场

曙光油田杜 66 区块火驱注气井一般供一个井组采油使用，依托火驱注空气站实施供气。注气井口主要设计参数及流程如下：

（1）调节阀前压力为 6.0～6.2MPa；

（2）调节阀前温度为 0～10℃；

（3）调节阀后压力为 3～6MPa；

（4）调节阀后温度为 -8.5～10℃；

（5）注空气管线设计压力为 7.0MPa；

（6）注空气管线设计温度为 50℃。

二、采出液集输与处理技术

1. 新疆油田红浅区块

新疆油田红浅火驱井口采出液温度为 0～30℃。开发初期采用油套混输工艺，在套管和油管间安装定压放气阀，将套管气放至油管线内一起输送。在实际生产过程中，由于伴生气量大，套管气来不及排出，套管有间歇出液情况，导致套管压力升高，泵效下降，影响单井产量。此外油管采出液携气量大，部分井口间歇出液严重。

2011 年 5—10 月，将所有生产井全部改为油套分输工艺，三级布站方式。改造完成后套管压力明显降低，原来间歇出液严重的单井井口都见到连续的产液情况，套管总产出气量占总气量的 60%～90%，远大于油管出气量。由于采出液温度较低，为了保证冬季产出液的输送及蒸汽吞吐引效，在井口增加了掺蒸汽装置。产出液进原处理系统处理，不新建处理系统。火驱采出液均有不同程度的乳化，根据室内掺混试验结论，红浅 1 井区先导火驱采出液与常规蒸汽吞吐采出液混合后，对原油处理系统没有影响。红浅 1 井区先导火驱采出液均是通过 3 号转油站泵输至红浅稠油处理站处理，火驱采出液量约占红浅稠油处理站总液量的 2%。与常规蒸汽吞吐采出液掺混后，脱水难度降低，采用两段热化学沉降工艺可满足原油脱水的需要。目前已运行 10 年，红浅稠油处理站运行平稳，各项指标正常。红浅 1 井区火驱工业化开发区集输流程如图 5-2-8 所示。

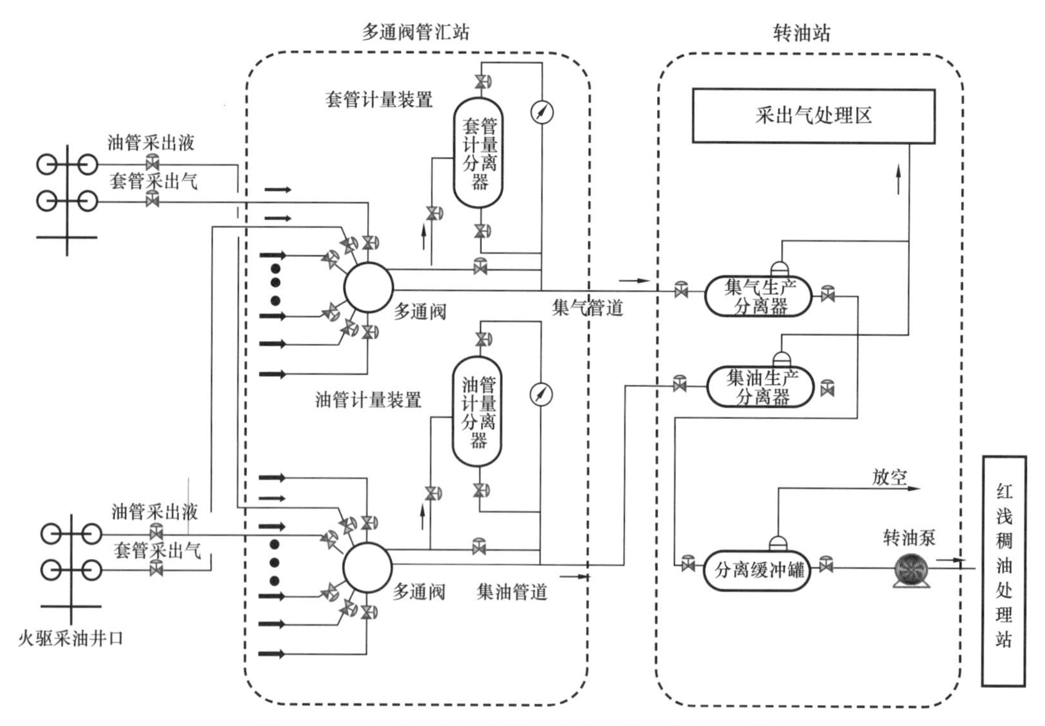

图 5-2-8　红浅 1 井区火驱工业化开发区集输流程图

火驱产液具有产气量和产液量变化较大，原油均有不同程度乳化，间隔出油等特点，称重式计量装置计量误差较大，不能完全满足火驱计量需求，试验期间进行了多种计量方式的现场试验，认为容积式计量相对适用。

2. 辽河油田杜 66 区块

杜 66 区块油气集输系统采用油套分输、双管掺水集输工艺，大二级布站，建设 17 座计量接转站。辽河油田采出液温度范围为 30～50℃，原有地面集输系统未做调整，采用“井场计量、枝状串接、大井场、小站场”的稠油标准化串接集油流程，如图 5-2-9 所示。由于油品黏度较大，用双管掺稀油和掺水方式举升采出液至地面[6]。

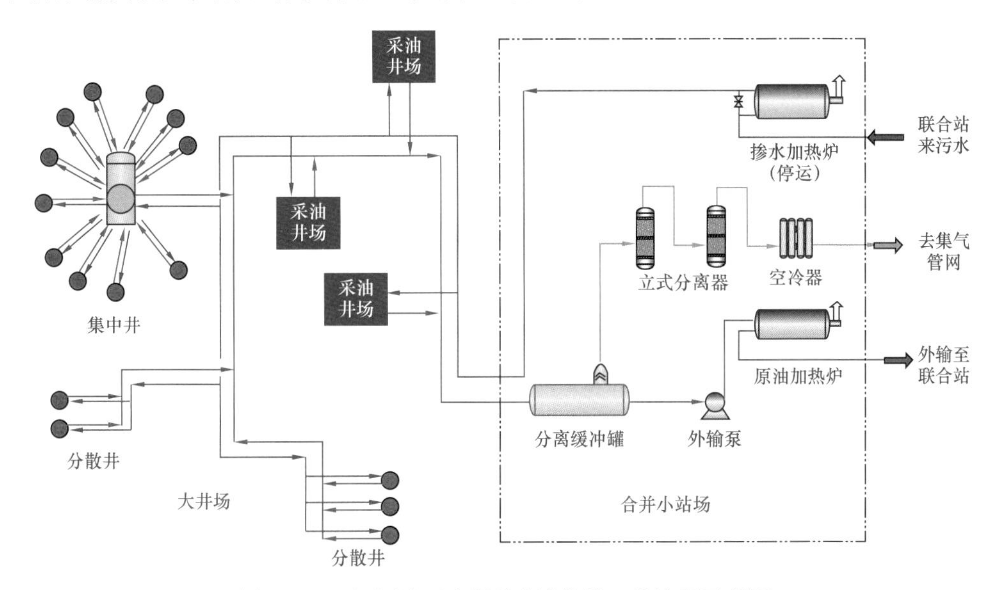

图 5-2-9　辽河油田火驱采出液集输工艺流程示意图

火驱采出乳状液油水界面膜机械强度较大，乳状液较为稳定，辽河油田采用两段热化学沉降脱水技术，来实现原油的处理，如图 5-2-10 所示。

三、伴生气处理技术

火驱伴生气具有压力低、甲烷含量低、H_2S 和 CO_2 等有害组分含量较高以及产气量波动较大等特点，给地面集输处理带来挑战。

1. 排放指标要求

我国的气体排放相关环保要求如下：

（1）非甲烷总烃和 SO_2——GB 16297—1996《大气污染物综合排放标准》

（2）H_2S——GB 14554—1993《恶臭污染物排放标准》

（3）目前我国尚无关于 CO，CH_4 和 CO_2 的排放标准，其中 CH_4 和 CO_2 温室气体排放标准将由中华人民共和国发展和改革委员会以及工业和信息化部制定。

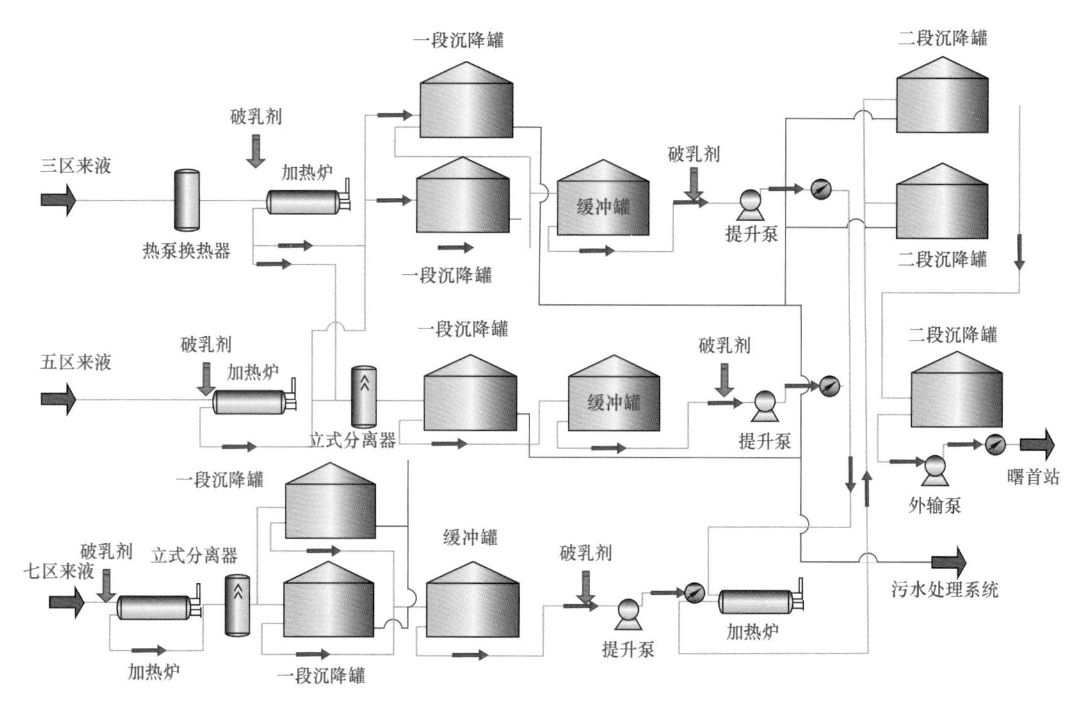

图 5-2-10　辽河油田火驱采出液处理工艺流程示意图

（4）N_2，H_2 和 O_2 的排放不受控制。

GB 16297—1996《大气污染物综合排放标准》与 GB 14554—1993《恶臭污染物排放标准》中二类地区的排放指标见表 5-2-1。

表 5-2-1　排放指标表

排放物	不同排气筒高度下最高允许排放速率，kg/h						最高允许排放浓度 mg/m³	周界无组织排放允许浓度 mg/m³
	20m	30m	40m	60m	80m	100m		
H_2S	0.58	1.3	2.3	5.2	9.3	14	—	0.06
非甲烷总烃	17	53	100	225	400	625	120	4.0

2. 伴生气处理现状

1）新疆油田红浅 1 井区

红浅 1 井区火驱先导试验集气系统采用二级布站方式。伴生气产量波动较大，如试验区日产气量 40～235m³，波动没有明显规律。60% 以上尾气通过套管排出，套管有间歇出液情况，套管总液量约占总采出液量的 10%。油套混输时压力较高，最高可达 3.0MPa，目前采用油套分输，压力为 0.3MPa 左右，略低于油管压力。井口温度正常为 5～50℃，个别井井口掺蒸汽伴热温度较高，最高可达 140℃，工业化生产不考虑蒸汽伴热。

伴生气具有压力低、甲烷含量低、有 H_2S 和 CO_2 等有害气体组分及产气量波动较大

等特点。伴生气 N_2 和 CO_2 含量较高，达到 95% 以上，气体热值较低，烃类和 H_2S 初期含量较高，有明显下降趋势，烃类含量由投产初期的 4%～10% 下降到正常生产阶段 1% 左右，H_2S 含量由投产初期的 1000mg/L 以上下降到正常生产阶段的 350mg/L 以下。O_2 含量较低，含量范围为 0～3.27%，波动较大。

伴生气处理采用井口简易湿法脱硫放空和集中干法脱硫放空两种方式，未考虑非甲烷总烃处理。红浅 1 井区火驱工业化开发伴生气处理采用“集中干法脱硫 + 高空放散”的方式，如图 5-2-11 所示。集油系统来伴生气先进入空冷器进行冷却，将伴生气温度降至 40℃以下，后进入气液分离器脱除大部分水分，分离后气相再经过聚结器进一步脱除微小液滴及杂质，聚结器出口伴生气进入脱硫塔脱硫，脱硫后净化气通过 80m 放散管高空排放。考虑到常规氧化铁脱硫剂硫容低和遇水失效等问题，红浅火驱脱硫剂采用无定型羟基氧化铁脱硫剂。

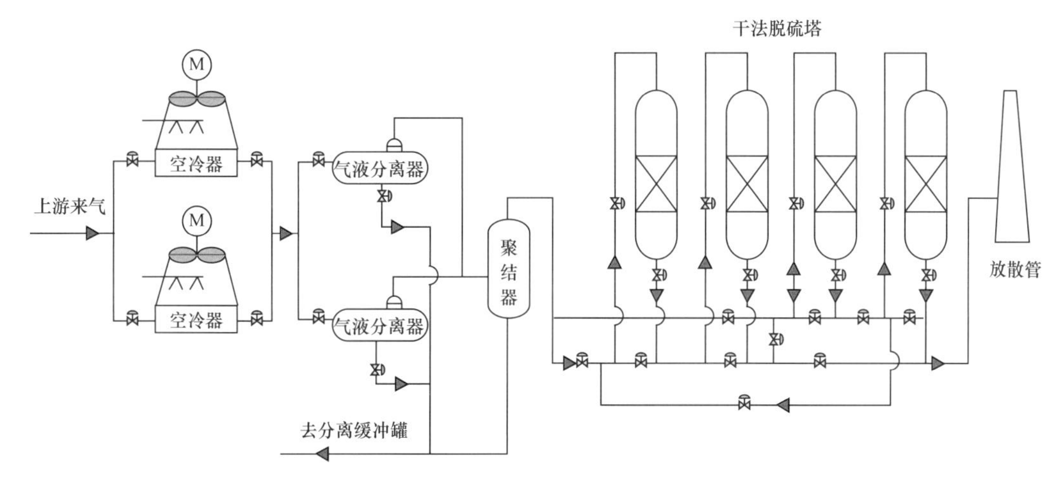

图 5-2-11 新疆油田红浅 1 井区火驱伴生气处理工艺示意图

为了完全满足环保要求，红浅 1 井区先导试验还进行了 RTO 热氧化试验及红 48 井区烟道气提高采收率试验。

2）辽河油田杜 66 区块

杜 66 区块生产井套管气压力不大于 0.15MPa，套管气温度为 20～40℃，套管气量为 1078～2776m^3/d。井口采用油套分输工艺，套管气在井口计量后串接进集气支干线，集输至脱硫点，如图 5-2-12 所示。

火驱伴生气组成变化大，8 个脱硫点平均值（摩尔分数）：N_2 占 68.9%，CH_4 占 13.0%，CO_2 占 15.3%，O_2 占 1.6%，其他占 0.9%；H_2S 含量 349mg/m^3。其中 CH_4 含量范围为 3.88%～20.77%、H_2S 含量为 151.7～606.8mg/m^3。火驱伴生气中 H_2S 含量、烃类含量呈递减趋势。

伴生气集气与处理流程为井口油套分输，井口计量、串接输送，脱硫点脱硫后放空。脱硫装置出现过脱水效果差导致脱硫剂失效、冻堵的问题，增设分离器以后解决了问题，如图 5-2-13 所示。实时监测伴生气 O_2 含量，当 O_2 含量超过 5% 时关井，防止发生爆炸。

脱硫剂选用无定型羟基氧化铁，价格为 1.85 万元 /t，脱除 H_2S 到 10mg/L，脱硫成本为 0.03～0.04 元 /m^3。

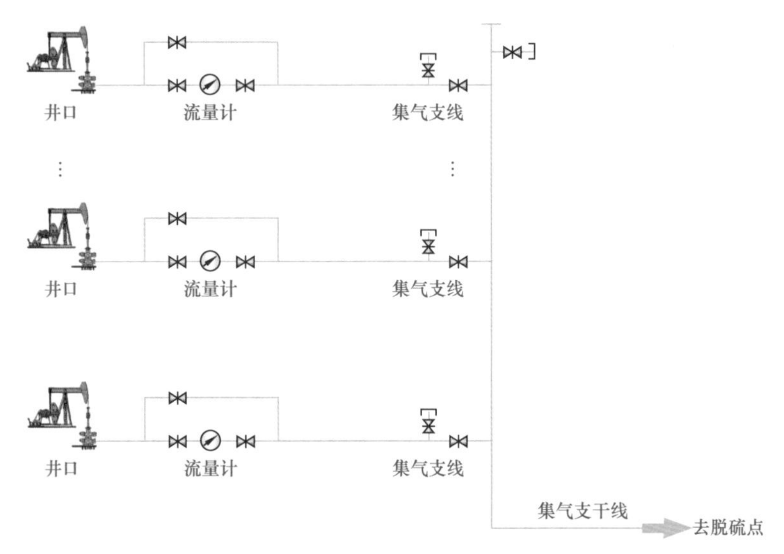

图 5-2-12　杜 66 区块伴生气集气工艺流程示意图

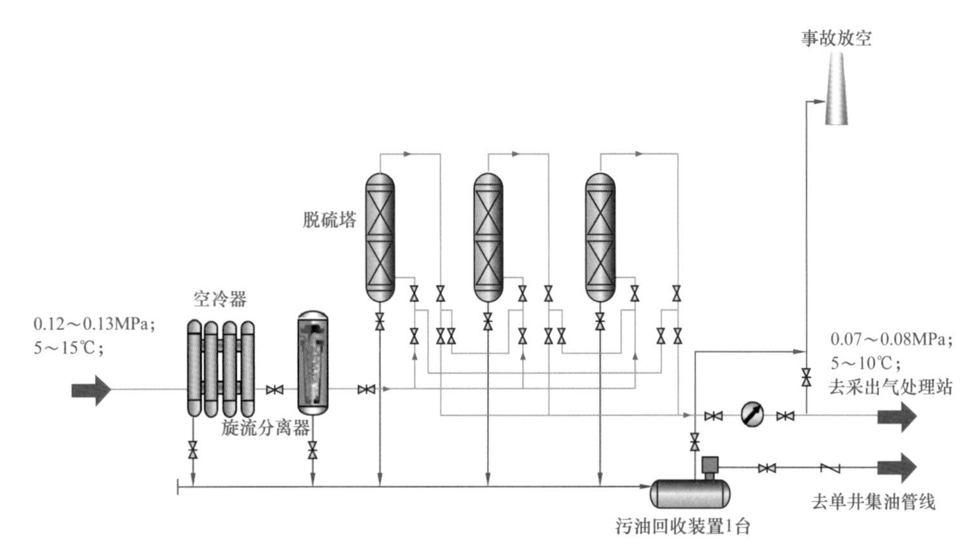

图 5-2-13　辽河油田杜 66 区块工业化生产橇装式干法脱硫流程图

3）辽河油田高升区块

实施火驱后产气量明显增加，套管压力升高，产出气组分发生明显变化，CH_4 含量大幅度下降，由 70% 左右下降到 13% 左右，部分井低至 5%，N_2 和 CO_2 含量大幅度上升。CH_4 含量低于 30%，导致站内加热炉无法正常燃烧，目前建设了变压吸附甲烷提浓装置，将可燃气组分由 10% 提升至 25% 左右，再与常规燃料气掺混后满足加热炉燃烧要求。

此外，套管压力升高导致所掺稀油被套管气携带，掺稀效果变差。因此实施了套管气多点脱硫独立放空，降低套管气背压；废弃集油管道改为套管气集输管道，降低套管气背

压；双管柱掺油，掺油与套管气分开；伴生气和燃料气掺烧，掺混到甲烷含量35%左右。

（1）H_2S组分排放情况分析。

以40m高排气筒为例，伴生气中H_2S含量为3000mg/m^{3}时，伴生气排放量不应超过1.8×10^4m^3/d。伴生气中H_2S含量为20mg/m^{3}时，伴生气排放量不应超过300×10^4m^3/d。目前新疆油田和辽河油田均脱除到10ppm（15mg/m^3），采用分散排放方式，每个排放点排放量很小，满足要求。

（2）非甲烷总烃（NMHC）排放情况分析。

非甲烷总烃（NMHC）：指除甲烷以外的所有碳氢化合物，主要包括烷烃、烯烃和芳香烃等组分，C_2—C_{12}的烃类混合物。新疆油田红浅1井区火驱工业化开发严格落实各项废弃物污染防治措施，在3座转油站分别增设1套干法脱硫装置，油气集输采用全密闭流程，减少非甲烷总烃的无组织排放，非甲烷总烃排放符合GB 16297—1996《大气污染物综合排放标准》中无组织排放监控浓度限值要求。

3. 伴生气处理技术

常用的伴生气处理技术有：

（1）脱硫放空——脱除H_2S等有害气体后放空。

推荐采用无定型羟基氧化铁作为脱硫剂，脱硫塔前设空冷器和分离器，脱硫塔脱除H_2S后经放空立管排放至大气。该工艺技术投资低、流程简单、操作简单，能够满足排放标准的要求。主要缺点是脱硫剂更换费用高，废弃脱硫剂量较大，需要回收处理。

新疆和辽河在先导试验阶段采用单井分散脱硫的方式，存在脱硫罐通用性差、除湿工艺不完善、监管难度大、脱硫效果差、存在安全风险、投资和运行成本较高等问题，不推荐采用。

（2）伴生气焚烧——高架火炬、地面火炬、焚烧炉催化燃烧。

优点：油田所在地政府有要求时，能全面满足非甲烷总烃排放指标，流程简单、操作简单；可以回收蒸汽。

缺点：一是投资偏高；二是甲烷含量适应范围较窄，太低时需要掺入天然气，太高时需要补充空气。

新疆油田2015年在先导试验区采用蓄热式热氧化装置（Regenerative Thermal Oxidizer，RTO）进行伴生气处理，如图5-2-14所示。建成投产一套14×10^4m^3/d RTO热氧化试验装置，可以将伴生气中的非甲烷总烃浓度控制在不大于40mg/m^3，同时可以生产10.5MPa的高压蒸汽。

（3）甲烷提浓——采用膜法或者变压吸附法对伴生气进行净化和分离，分出的甲烷作为燃料气，脱出的二氧化碳可作为CO_2混相驱气源。

优点：资源充分利用，回收了甲烷，副产品可放空或用于驱油。

缺点：投资很高，装置适应性较差，吸附剂使用寿命短。

辽河油田采用变压吸附技术，建成了2.5×10^4m^3/d变压吸附伴生气甲烷提浓试验装置，总投资800万元，含工艺装置、土建部分和吸附剂，如图5-2-15所示。CH_4浓度从11.8%提高到53%，收率80%，单方操作成本为0.5～0.6元/m^3，折合纯甲烷成本为3元/m^3。甲烷提浓后进自产气管网，满足加热炉燃烧要求，氮气和二氧化碳外排。

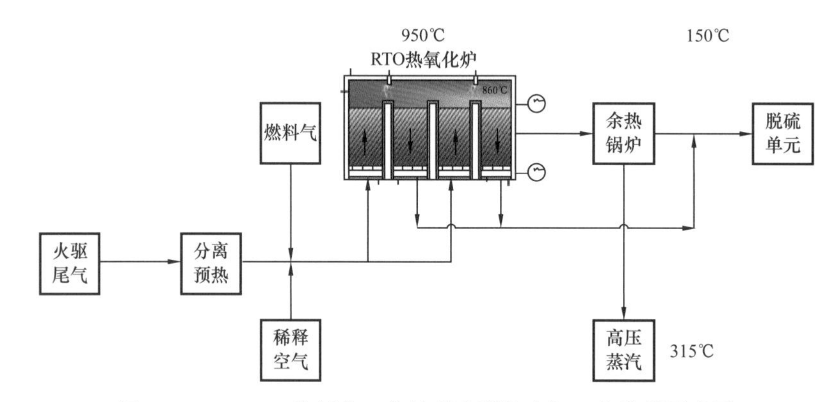

图5-2-14　RTO热氧化工艺处理火驱伴生气工艺流程示意图

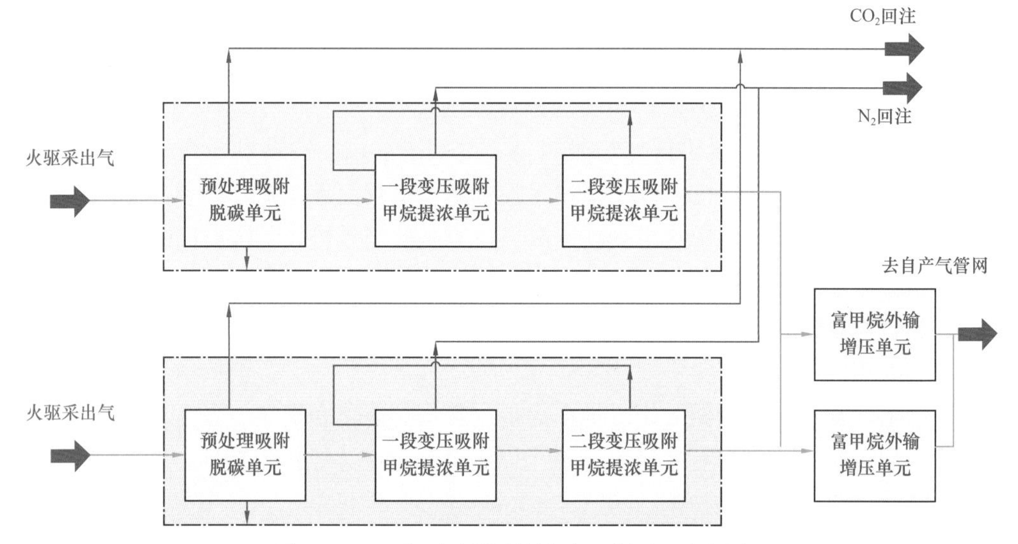

图5-2-15　变压吸附甲烷提浓工艺原理示意图

（4）回注地层——适合有驱油效果的油藏工况或者酸气含量较高的伴生气。

当有合适的回注地层时，可以考虑采用伴生气回注工艺，以达到埋存废气、提高原油采收率的目的。具体的工艺流程和设计参数需要根据具体工程情况来定。

根据国外酸气回注项目的经验，是否需要分子筛脱水根据工程具体情况确定。当注入压力更高时，可以考虑采用增压泵。图5-2-16为伴生气增压回注工艺原理示意图。

新疆油田开展了烟道气驱油与埋存先导试验，方案设计13注27采连续气驱生产20年。总体工艺为：先导试验站设置增压站，在回注油藏区域内设置注入站；油区内管道有注气管道、集油管道，注气系统管道按放射状管网布置。增压站采用螺杆式压缩机和往复式压缩机组合增压方式，注入站选用往复式压缩机注入。

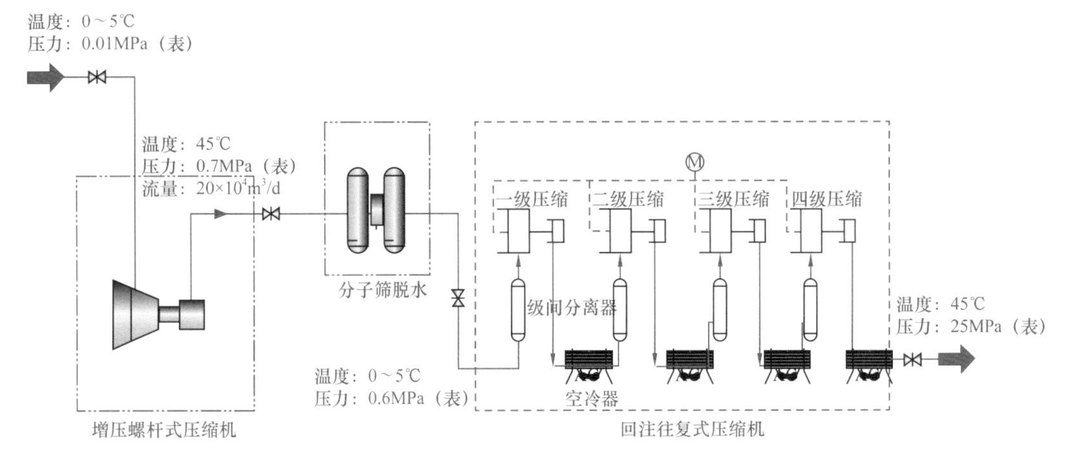

图 5-2-16　伴生气增压回注工艺原理示意图

工艺流程：火驱先导试验站来气（$10\times10^4m^3/d$，p=0.1～0.25MPa，T=30～60℃）经输气管道输送至增压站，进入增压站螺杆式压缩机入口分离橇经过计量后再进行气液分离，液相进入污油池，气相经螺杆式压缩机橇增压至1.2～1.3MPa，气液分离后液相进入污油池，气相进入分子筛脱水橇进行脱水，脱水后（$10\times10^4m^3/d$，p=1.0～1.1MPa，T=–5～5℃，水露点 –10℃，水合物生成温度 –26℃）经输气管道输送至注入站往复式压缩机入口分离橇进行气液分离，液相进入污油池，气相经注入站往复式压缩机橇增压至20MPa，气相进入配气橇进行分配，分配后气体经注气管道输送至井口回注地层。

烟道气驱先导试验区于2018年11月正式投注，已累计注气$189.9\times10^4m^3$，截至2018年底处于试验阶段，注气整体未见明显效果。

四、采出水处理技术

火驱采出水与蒸汽吞吐开发采出水水质特点类似，处理依托已建地面采出水处理设施。新疆油田火驱采出水与常规开发采出水均经红浅稠油处理站污水处理系统净化处理与软化后，作为注汽站注汽锅炉的水源。

红浅稠油处理站采出水处理采用“重力除油＋混凝沉降＋过滤”工艺，软化采用“两级钠离子交换”工艺，工艺流程描述如下：

红浅稠油处理站来的含油污水（$p\leqslant$0.2MPa，$T\leqslant$70℃，含油量≤500mg/L、悬浮物含量≤300mg/L）进1座6000m³除油罐及2座3000m³调储罐进行均质均量处理，使水中含油量＜100mg/L，悬浮物含量＜150mg/L，再进入6座反应器和2座2000m³沉降罐反应沉淀，对大部分浮油及悬浮物进行处理，使水中含油量＜10mg/L，悬浮物含量＜7mg/L，污水进入2座1000m³过滤缓冲罐后，再经过两级过滤，使水中含油量＜2mg/L，悬浮物含量＜2mg/L，出水输送至软化站经软化处理后送至注汽站回用注汽锅炉。

五、技术路线

1. 注空气技术

1）注气压缩机组配置

空气压缩机是实现火驱工业化开发的重要设备，火驱开发技术要求空气压缩机排气压力高、工作可靠稳定，空气压缩机合理的组合方式、选型和配置有助于火驱工业化开发的经济有效。

注空气工艺推荐采用集中供气方式，即空气压缩机组集中布置，压缩机推荐采用两段空气压缩工艺，其中一段采用螺杆式压缩机或离心式压缩机，二段采用往复式压缩机。

2）高压空气分配注入技术

火驱采油的注气阶段各井需求气量波动、逐级提速，且井间干扰难以控制。为保证各井注气量的稳定调节，推荐单井气量调节采用自动调节方式，通过自动调节阀实时调节各井注气量，满足井底平稳燃烧的需求。

2. 采出液集输与处理技术

目前火驱采出液地面集输及处理工艺能满足油田生产要求，布局采用“井→管汇站→转油站→脱水站”三级布站方式；火驱采出液含气量较大，集输系统采用油套分输流程，油管集油，套管集气；单井计量采用带分气功能的容积式计量器，脱水系统采用热化学沉降技术[7]。

3. 伴生气处理技术

根据火驱伴生气特点，可以采用不同的处理工艺，结合技术经济合理性，初步确定不同伴生气处理工艺的适用界限如下：

（1）伴生气 CH_4 含量大于 12% 时。

① 作为加热炉燃料气：CH_4 含量大于 40% 时，直接用；CH_4 含量 30%～40% 时，部分加热炉可用；伴生气 CH_4 含量 20%～30% 时，研发低热值火嘴；掺入天然气。

② 若能实现 CH_4，N_2 和 CO_2 等多组分综合利用，可建设甲烷提浓装置。提浓后 CH_4 作为燃料，其他气体可以注入油藏驱油。

（2）伴生气 CH_4 含量小于 12% 时，不回收 CH_4，可采取以下措施：

① 脱除 H_2S 后放空；

② 注入油藏驱油。

（3）非甲烷总烃（C_{2+}）含量不能满足当地环保要求时，焚烧后排放。

采用的处理技术路线示意图如图 5-2-17 所示。

4. 采出水处理技术

火驱采出水与常规蒸汽吞吐开发采出水一起处理，采出水处理采用“重力除油＋混凝沉降＋过滤”工艺，软化采用“两级钠离子交换”工艺。

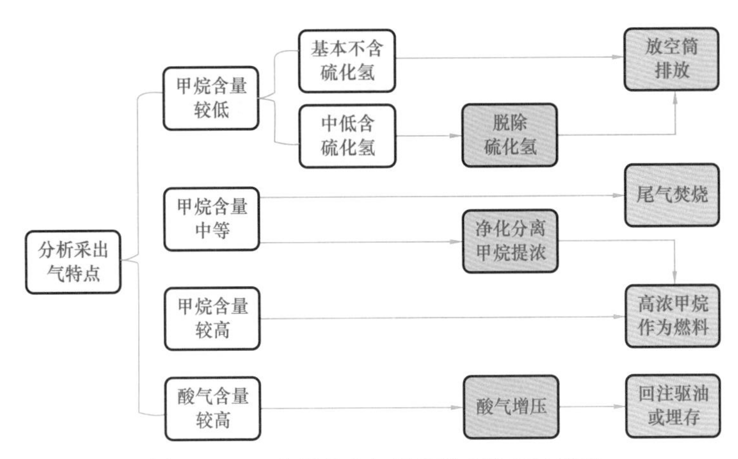

图 5-2-17　火驱伴生气处理技术路线示意图

六、发展方向

1. 火驱开发地面成套技术

1）移动式橇装化压缩机组

常规火驱开发地面配套的注空气系统主要包括 5 个独立的系统，布局在注气站压缩机房室内，即：（1）螺杆式机组；（2）过滤脱水装置；（3）中间缓冲罐；（4）往复式增压机组；（5）冷却水闭式循环系统。偏远人烟稀少地区，根据具体项目可考虑移动式橇装化压缩机，将 5 个独立系统整合成橇，就近设置在注气井周边，实现高度自动化、无人值守模式。

2）压缩机余热综合利用技术研究。

压缩机运行时会产生大量的压缩热，压缩热消耗的能量约占机组运行功率的 60%，通常这部分能量通过机组的风冷系统或水冷系统交换到大气当中。可考虑增设热能利用装置，将这部分热能提取并利用。

2. 火驱伴生气处理达标排放技术

1）脱硫技术

火驱生产井伴生气硫化氢采用干法脱硫工艺。伴生气地面集输至脱硫塔进行集中脱除，脱硫药剂更换操作人工强度较大，且存在安全隐患。

针对上述矛盾，需开发一种环保、高效、低成本的脱硫工艺，达到自动化密闭换药、同时保证药剂及产物符合环保等要求。

2）深度处理

针对非甲烷总烃处理达标外排要求，研究热氧化技术。利用陶瓷蓄热体回热技术，将火驱伴生气加热到 760℃以上，非甲烷总烃与氧气发生反应，生成二氧化碳 + 水，脱除 99% 以上的非甲烷总烃，达标后外排。

3. 水平井火驱集输及处理工艺技术研究

目前直井火驱已形成了成熟的地面工艺技术，但针对黏度更高的特超稠油火驱开发技术——水平井火驱开发，目前国内外均处于先导试验阶段，现有工艺针对水平井火驱采出液集输和处理的适应性有待进一步验证。

第三节　新设备和新材料

一、蓄热式热氧化装置

蓄热式热氧化装置（Regenerative Thermal Oxidizer，RTO）热氧化炉原理图如图 5-3-1 所示。RTO 是在热氧化装置中加入蓄热式交换器，蓄热材料一般选用陶瓷填料，气体先与放热区陶瓷填料换热升温，进入燃烧区后借助氧化放热或外部燃料的能量达到设定的温度（800～1000℃），气体在高温下发生氧化反应，将硫化氢和烃类氧化生成 SO_2，CO_2 和 H_2O，从而实现气体净化。气体从燃烧区出来，所带的热量释放出来并储存于吸热区陶瓷填料内；系统连续运转、自动切换吸热区和放热区。当气体中烃类含量较高时，可以利用高温氧化产生的热量生产高压蒸汽用于油田日常生产。RTO 的热回收率可以达到 95% 以上，当气体中烃类含量达到 0.64% 以上时，RTO 不需要补充辅助燃料。伴生气经 RTO 处理后完全满足环保排放标准，同时不会因为高温而产生大量的 NO_x，并且将硫化物转化为二氧化硫，为实现一次脱硫提供了可能。

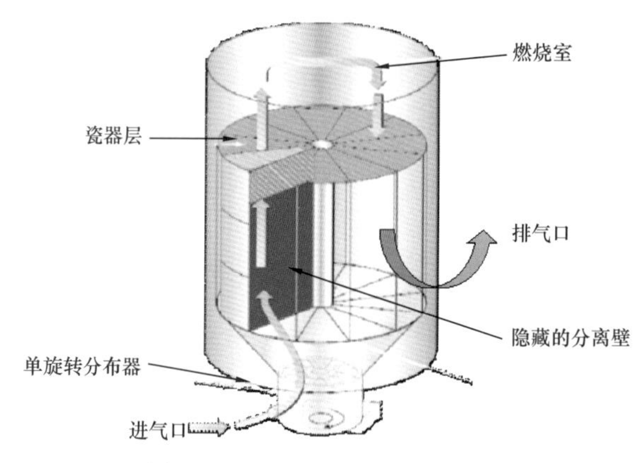

图 5-3-1　RTO 热氧化炉原理图

RTO 蓄热式热氧化技术用以处理伴生气中的非甲烷总烃，在喷漆、涂装、化工和石化等行业广泛应用，设备成熟可靠，故障率低，运行稳定。通过 RTO 热氧化炉中试试验，取得结论如下：

（1）对于进气硫化氢含量较低的气体，出口净化气可直接排放，对于硫化氢含量高的气体需要配套二氧化硫脱除工艺。

（2）当进气烃类含量高于 0.64% 时，RTO 热氧化炉可以实现自动氧化，不需要补充

燃料气；烃类含量较高时，产生的大量热量可以通过余热回收用于油田日常生产。

（3）RTO 热氧化炉进气不能有液体及油滴，在进行火驱伴生气处理时，需在热氧化炉进气口增加聚结除油器，保证进气质量。

RTO 蓄热式热氧化技术工艺流程图如图 5–3–2 所示。新疆红浅火驱 RTO 处理前后伴生气组分对比见表 5–3–1。

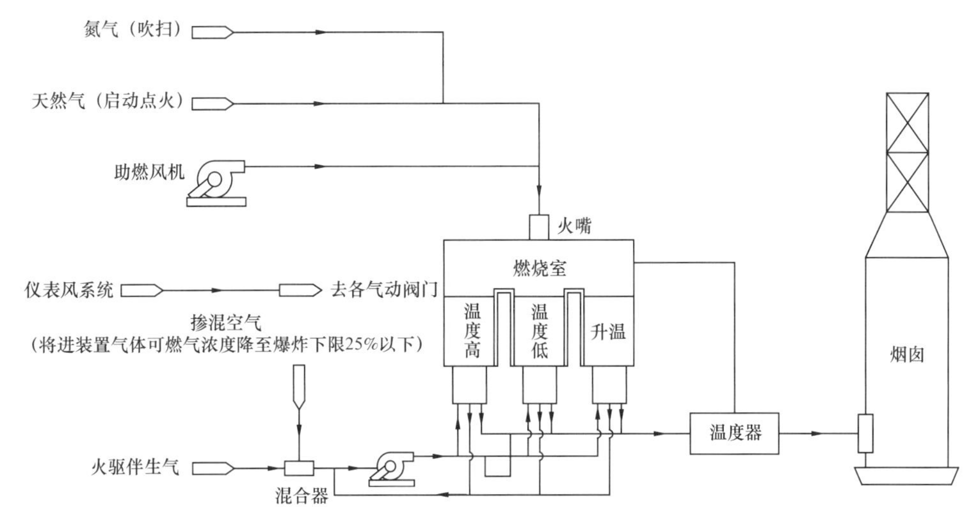

图 5–3–2　RTO 蓄热式热氧化技术工艺流程图

表 5–3–1　新疆红浅火驱 RTO 处理前后伴生气组分对比表

组分	含量，mg/m^3			摧毁率 / 转化率 %
	处理前	处理后	排放标准	
甲烷	3116	32.2	—	98.9
非甲烷总烃	2517	26	＜120	98.9
NO_x	11.5	1.9	＜100	—
H_2S	170.4	0	＜15	100
SO_2	0	325.4	＜550	—
CO	645	14.9	＜100	98.5

辽河油田曙光采油厂 34 号站已建设置 1 座 RTO 蓄热式热氧化技术的试验装置，伴生气处理规模为 $7\times10^4m^3/d$，实际运行 $5.5\times10^4m^3/d$。RTO 蓄热式热氧化炉设备如图 5–3–3 所示。处理后伴生气组分分析见表 5–3–2。可以看出装置进口非甲烷总烃浓度为 $3250mg/m^3$，装置出口平均浓度为 $60.9mg/m^3$，低于最高允许排放值 $120mg/m^3$。由于该装置前端设置了脱硫装置，处理后二氧化硫和硫化氢浓度非常低。后期试验可将未脱硫的伴生气直接接入 RTO 装置内检测效果。

图 5-3-3　RTO 蓄热式热氧化炉设备图

表 5-3-2　RTO 处理后伴生气组分分析表

<table>
<tr><td rowspan="4">序号</td><td>采样日期</td><td colspan="3">2020.01.11</td></tr>
<tr><td>采样点位</td><td colspan="3">热氧化炉伴生气检测口</td></tr>
<tr><td>采样频次</td><td>第一次</td><td>第二次</td><td>第三次</td></tr>
<tr><td>稀释后伴生气流量，m^3/h</td><td>12229</td><td>10836</td><td>12949</td></tr>
<tr><td rowspan="2">1</td><td>二氧化硫实测浓度，mg/m^3</td><td>8</td><td>8</td><td>9</td></tr>
<tr><td>二氧化硫排放量，kg/h</td><td>0.10</td><td>0.09</td><td>0.12</td></tr>
<tr><td rowspan="2">2</td><td>硫化氢实测浓度，mg/m^3</td><td>0.021</td><td>0.019</td><td>0.020</td></tr>
<tr><td>硫化氢排放量，kg/h</td><td><0.01</td><td><0.01</td><td><0.01</td></tr>
<tr><td rowspan="2">3</td><td>非甲烷总烃实测浓度，mg/m^3</td><td>62.5</td><td>57.4</td><td>62.8</td></tr>
<tr><td>非甲烷总烃排放量，kg/h</td><td>0.76</td><td>0.62</td><td>0.81</td></tr>
</table>

二、CO 催化氧化装置

伴生气通过换热器和高温烟气发生热交换，热量回收利用，再通过加热装置加热，温度达到催化剂入口要求温度，在催化剂作用下挥发性有机物（VOCs）和 O_2 反应生成 CO_2+H_2O，同时放出反应热反应温度为 450～600℃。

（1）催化氧化反应过程使用贵金属催化剂，能够降低非甲烷总烃的活化能，改变化学反应速度，降低反应温度。火驱伴生气组分复杂，包括未检测组分，单一催化剂不能对所有组分反映过程起到作用，降低了非甲烷总烃的脱除效率，需根据火驱伴生气组分研制特殊配比催化剂。

（2）火驱伴生气干法脱硫产物 Fe_2S_3 分解产生单质硫，易使催化剂硫中毒失效。

（3）贵金属催化剂价格昂贵，使用寿命为 8500～10000h。

2017 年 6 月在杜 66 火驱 54 号脱硫点开展现场试验。

运行参数：

（1）伴生气处理量为 10～200m^3/h；

（2）伴生气 CH_4 含量为 1%～20%；

（3）伴生气进气 CH_4 含量小于 1.0%；

（4）催化剂形式为贵金属整体式；

（5）催化剂装填量为 40L；

（6）空速为 10000～40000h^{-1}；

（7）催化床入口温度为 350～550℃；

（8）冷却水流量为 200L/h；

（9）出水温度为 70～90℃；

（10）催化剂使用寿命为 8500～10000h；

（11）催化剂价格为 40 万元 /m^3。

经连续对装置净化后的伴生气进行采样检测，检测结果表明，装置出气口的伴生气中，非甲烷总烃的平均排放浓度为 57.1mg/m^3，低于最高允许排放值 120mg/m^3，达到大气污染特排放标准的要求。图 5-3-4 为杜 66 火驱 54 号脱硫装置试验原理图及现场照片。

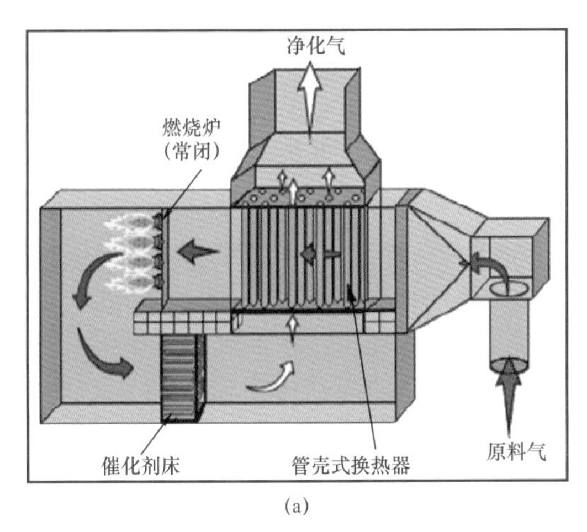

(a)

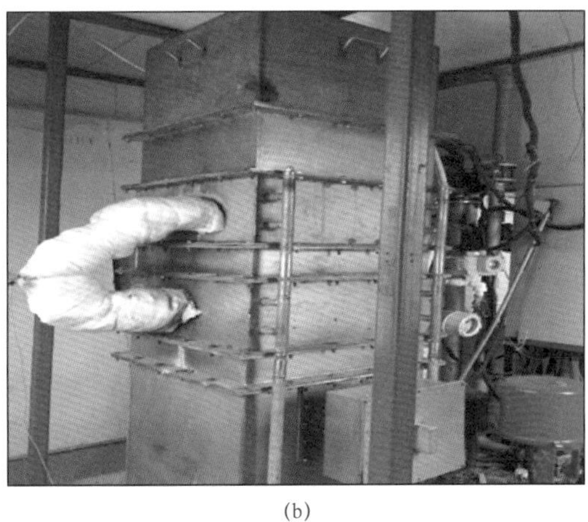
(b)

图 5-3-4　杜 66 火驱 54 号脱硫装置试验原理图（a）及现场照片图（b）

参考文献

［1］汤林，等．油气田地面工程关键技术［M］．北京：石油工业出版社，2014.

［2］何江川，王元基，廖广志，等．油田开发战略性接替技术［M］．北京：石油工业出版社，2013.

［3］廖广志，马德盛，王正茂，等．油田开发重大试验实践与认识［M］．北京：石油工业出版社，2018.

［4］马德盛，王强，王正波，等．提高采收率［M］．北京：石油工业出版社，2019.

［5］孙国成，缪兴冲．组合式空气压缩机组在新疆油田火驱采油工程中的应用［J］．新疆石油天然气，2012，8（3）：78–81.

［6］卢洪源．辽河油田火驱开发地面工艺关键技术［J］．油气储运与处理，2019，37（4）：27–31.

［7］田文龙．空气驱地面工艺技术优化研究与现场应用［J］．石油工程建设，2017，43（3）：10–14.

第六章　减氧空气 / 泡沫驱地面工程

减氧空气 / 泡沫驱是一项富有创造性的提高采收率新技术，它既可用于二次采油，也可用于三次采油[1]。通过调整注入方式和空气泡沫注入比可以适用于低渗透、超低渗透和中高渗透以及稀油和稠油等多种类型油藏。空气资源丰富易得，具有广阔的应用前景。但氧气存在给生产带来的爆炸和腐蚀风险，以及减氧制气成本给该技术推广带来了难度。通过近年来的持续研究，减氧空气 / 泡沫驱逐步形成了空气减氧、高压注入、采出物集输与处理等关键技术，有力助推该技术的工业化应用。

第一节　概　　述

一、驱油机理

减氧空气 / 泡沫驱具有空气驱和普通泡沫驱的双重机理，如图 6–1–1 所示。

注空气驱油技术由来已久，且被证明是适用于低渗透油藏开发的有效技术手段。注空气驱油综合了许多驱油机理，具有空气来源广、成本低以及空气与原油低温氧化反应可明显提高采收率等优势。对不同油藏开发来说，注空气驱油机理也有所不同。归纳起来主要有以下几方面：（1）烟道气驱，烟道气与原油混相及近混相驱；（2）油藏增压作用，通过注入气体恢复地层压力；（3）CO_2 与 N_2 等气体溶于原油，使原油体积膨胀；（4）CO_2 溶于原油，降低原油黏度；（5）生成的烟道气抽提原油中的轻组分；（6）就地生成的二氧化碳驱；（7）氧化及燃烧反应生成大量的热量，升高油藏温度，降低原油黏度[2]。

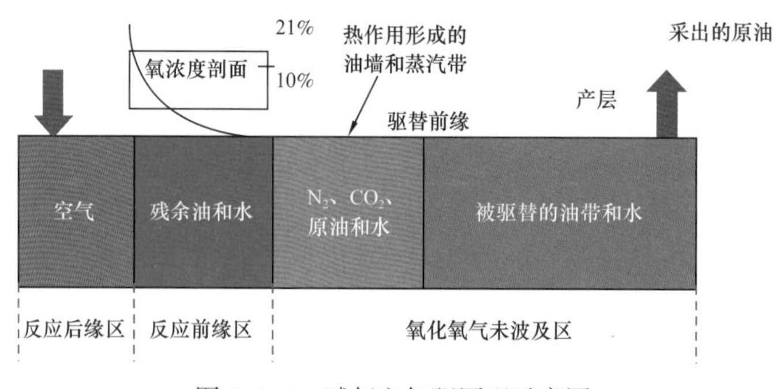

图 6–1–1　减氧空气驱原理示意图

然而氧气的存在使得空气驱生产过程中无法避免形成的油气—空气混合物在特定条件下具有一定的爆炸风险，且在有水环境下具有强腐蚀风险，故创新发展出减氧空气驱，即对空气进行不同程度的减氧处理（氧气含量为 2%～10%），使其在保留空气驱油机理的基

础上适当降低爆炸和腐蚀风险。

减氧空气 / 泡沫驱技术是近年来备受三次采油领域的重视，其在注气过程中加入起泡剂，集中了空气驱和普通泡沫驱的双重特性，实现提高波及系数和驱油效率的协同作用，进而大幅提高采收率[3]。此外还具有以下几种机理：

一是扩大波及体积。泡沫在高渗透层、水窜孔道形成了有效的封堵作用，改变了平面上注水的流向，增加薄差层的吸水量，调整吸水剖面[4]。

二是提高驱油效率作用。发泡剂能大幅度降低油水界面张力，有利于提高驱油效率。

三是延时作用。泡沫的贾敏效应对空气具有较强的封窜作用，增加空气在地层的贮留时间，延迟空气突破时间，确保空气与原油有足够时间实现低温氧化[5-8]。

中国石油在重大开发试验的实践基础上，创造性提出减氧空气 / 泡沫驱，把空气中的氧含量降至安全氧含量以下，剩余氧气进入油藏继续和原油发生低温氧化作用，基本上消耗掉注入气中大部分氧气，在保证生产安全的前提下提高了驱油效果。

二、发展历程及驱油效果

减氧空气 / 泡沫驱的发展历程大致可分为三个阶段：

（1）第一阶段，20 世纪 60 年代开始注空气用来维持地层压力，主要用于低渗透油藏，并逐渐把注空气技术推广到轻质油田开发领域。

（2）第二阶段，注空气用于火驱技术开采稠油，主要利用空气中的氧气。

（3）第三阶段，减氧空气 / 泡沫驱技术，将空气驱用于低渗透和中高渗透层油藏，采用空气泡沫阻止气窜，形成空气泡沫驱提高采收率技术。中国石油在减氧空气 / 泡沫驱驱油机理方面进行了详细的室内研究，并先后在大港油田和长庆油田等开展了矿场试验，取得了良好的试验效果。

1. 华北油田

华北雁翎油田于 1994 年 10 月 6 日正式开始注氮气，截至 1995 年 12 月 22 日，注气量总计达 $2122.29\times10^4m^3$，在构造顶部建立了平均厚度为 38.3m 的人工气顶，油水界面下降明显，从 2912m 降至 2931.4m，油层厚度得到了增加。1996 年 3—6 月对受注气影响明显的 3 口井进行了试生产，增油效果明显，平均日产油量由注气前的 5.2t 增加到 30.5t，含水率由注气前的 97% 下降到 54%。

1994 年 10 月 6 日，华北雁翎油田北山头区块正式开始注氮气井组试验，并于 1996 年 3 月 29 日开始生产，本次试验形成了次生的原油聚集带，但由于注氮气设备问题和受当时注气后开井生产技术限制，导致注气生产不能正常进行，试验于 1999 年 10 月终止。雁翎油田注气试验结果表明，注气是碳酸盐岩潜山油藏提高采收率的一条有效途径，对今后裂缝性潜山油藏提高采收率试验提供了可供借鉴的重要依据。

2. 大港油田

大港油田先后开展了港东二区和官 15-2 两个区块的减氧空气 / 泡沫驱提高采收率重

大开发试验。

港东二区五断块主要含油层系为新近系NmⅢ油组、NmⅣ油组和NgⅠ油组，油藏埋深1650m，地层温度65.7℃，地层水矿化度3558mg/L，平均空气渗透率1016mD，属高孔隙度和高渗透率的砂岩储层。先导试验区采出程度37.6%，综合含水97%，可采储量采出程度89.56%，已整体进入“双高”（高采出程度、高含水）开采阶段。该区块于2013年2月24日正式开展减氧空气驱，2015年由于注气设备故障及维保、注入井筒腐蚀等引起注气时率较低而终止试验。整个试验过程中，注入空气中氧气含量为8%～9%，共注入空气约$966\times10^4m^3$，平均注入压力17.5MPa，平均注入压力较注泡沫前上升约9MPa，采出程度由40%提高到43.6%，最终提高采收率10.85%。

官15-2断块油藏埋深2140～2240m，地层温度89℃，地层水矿化度21452mg/L，平均空气渗透率106.2mD，是高温高盐油藏的典型区块。开展试验前综合含水86%，采出程度约14.49%。2014年2月完成方案准备，并启动井网调整与地面工程建设，2016年12月至2017年3月开展空白水驱，2017年3月正式启动空气泡沫注入，注入空气中氧气含量为4%～6%。截至2018年底，共注入空气约$204\times10^4m^3$，平均注入压力11.9MPa，采出程度由12.8%提高到13.5%，日增油9.8t，含水由92.2%降至86.3%，累计增油3400t，平均提高采收率11%。

3. 长庆油田

经过10年的研究与发展，截至2018年底，长庆油田先后在靖安油田五里湾区块、安塞油田王窑区块、姬塬油田耿271区块和吴起油田新193区块等开展减氧空气/泡沫驱现场试验，总体达到48注209采现场试验规模。

1）靖安油田五里湾区块

2009年底，长庆油田首次在靖安五里湾一区ZJ53井区开展减氧空气/泡沫驱先导试验。2012年试验先后历经了单井试注和4个井组先导试验，2013年进入扩大试验阶段，试验现场实现了15个井组整体注入，2018年实现加密区7注34采的规模，试验区总体形成了减氧空气/泡沫驱工艺技术体系。

长庆靖安油田五里湾试验区油藏埋深1850m，地层温度55.7℃，地层水矿化度30.62g/L，平均空气渗透率1.81D。油藏具有良好的注入性，注入空气泡沫后压力保持水平由107.7%上升到120.7%，泡沫液注入压力升高2.0MPa，说明减氧空气/泡沫驱具有较好的封堵作用[9]。试验区整体水驱动用程度由试验前的60.0%上升到2018年底的65.7%，空气泡沫驱后水驱优势通道得到有效封堵，弱势方向油井逐步见效。整体注入后试验区综合含水由整体注入之前的62.3%下降至2014年底的54.7%。试验区见效油井60口，见效率95.2%，平均单井增油峰值0.35t，按试验前试验区递减测算，试验后阶段累计增油5.35×10^4t，平均提高采收率5%以上。

2）安塞油田王窑区块

2017年底，安塞油田王窑中西部开展减氧空气/泡沫驱先导试验，试验区动用面积$3.0km^2$，初期开展3个井组先导试验，2018年底在先导试验基础上进入扩大试验，目前增

加到 11 个井组整体注入，实现 11 注 44 采的规模，至此基本形成了减氧空气 / 泡沫驱工艺技术体系。

长庆安塞油田王窑中西部试验区油藏埋深 1100m，地层温度 45.0℃，地层水矿化度 65.8g/L，平均空气渗透率 2.29D。油藏具有良好的注入性，注入空气泡沫后压力保持水平由 132.3% 上升到 149.8%，泡沫液注入压力升高 4.0MPa，说明减氧空气 / 泡沫驱具有较好的封堵作用；试验区吸水得到明显改善，剖面更加均匀，表明泡沫驱后水驱优势通道得到有效封堵，弱势方向油井逐步见效。试验区整体注入后综合含水由注入前的 79.7% 降至目前的 76.3%，递减由 17.6% 降至目前的 –2.2%（2018 年 3.1%、2019 年 8.4%）。对应 48 口采油井，见效油井 24 口，见效率 50%，见效井平均单井日增油 0.10t，单井增油峰值 0.35t，累计增油 2892t。预计试验后阶段累计增油 5.35×10^4t，动态采收率提高 5% 以上。

3）吴起油田新 193 区块

2017 年 6 月，吴起油田新 193 区块开始减氧空气 / 泡沫驱试验，通过持续优化现场注入参数，目前已初步形成页岩油空气泡沫驱合理技术政策，截至 2018 年底，形成了 4 注 25 采建设规模，其中采油井 25 口，产油水平 31t/d，注入井 4 口，总配注量 110m^3/d。

吴起油田新 193 试验区油藏埋深 2077.5m，地层水矿化度 33.99g/L，平均空气渗透率 0.11D。油藏具有良好的注入性，注气比泡沫注入压力平均提高 9.2MPa，比注水提高 15.5MPa，压力提升明显，说明空气泡沫具有较好的封堵作用。空气泡沫注入井较注水井均匀吸水比例提升 35%、水驱动用程度提升 7.3%；注水井尖峰吸水、上段不吸水等问题初步缓解。依靠空气泡沫的封堵作用，平面驱替相对均匀，示踪剂显示空气泡沫驱呈多方向性驱替，油井见效 15 口，见效比例 60%，按试验前试验区递减测算，试验后阶段累计增油 1200t。不同开发方式对比，空气泡沫驱井组能量保持水平 68.1%、压力下降速度 1.1MPa/a，优于自然能量井组的 51.9% 和 2.1MPa/a，初步达到了能量补充的目的。结合理论计算与矿场统计，预计减氧空气 / 泡沫驱采收率可提高 10% 以上。

4）姬塬油田耿 271 区块

2016 年 5 月，姬塬油田耿 271 区块开始减氧空气 / 泡沫驱试验，试验区面积 2.0km^2，通过加密调整、转注等措施，逐步形成目前的小井距注水井网，试验区已建有：油水井 42 口，采油井 36 口，开井 32 口，综合含水率 42.4%；注水井 6 口，开井 6 口。通过地质优选试验井，最终试验区规模确定为 5 注 26 采，至此基本形成了减氧空气 / 泡沫驱工艺技术体系。

姬塬油田耿 271 油藏中部试验区油藏埋深 2650m，地层温度 82.3℃，地层水矿化度 132.9g/L，平均空气渗透率 0.38D。油藏具有良好的注入性，注入空气泡沫后压力保持水平由 85.6% 上升到 105.3%，泡沫液注入压力升高 2.0MPa，说明减氧空气 / 泡沫驱具有较好的封堵作用。试验区整体水驱动用程度由试验前的 75.6% 上升到目前的 76.7%，空气泡沫驱后水驱优势通道得到有效封堵，弱势方向油井逐步见效[10]。整体注入后试验区综合含水由整体注入之前的 42.8% 上升至 2018 年底的 46.4%。试验区见效油井 12 口，见效率 46.2%，平均单井增油峰值 0.34t，采出程度由 4.22% 上升到 14.8%，按试验前试验区递减测算，预计可提高采收率7%以上。

4. 大庆油田

截至2018年底，大庆油田开展了一项注空气先导性试验，即贝中油田希11–72井区南二段。贝中油田位于内蒙古自治区呼伦贝尔市新巴尔虎右旗境内，试验区油藏油层深度2500m，地层温度82℃，地层水平均矿化度5976.84g/L，平均空气渗透率2.64mD，属特低渗透油藏，含油面积$0.89km^2$。试验区块原采用水驱开发，原油采收率为8.22%，预测空气驱最终采收率为25.35%。

截至2018年底，试验区建成规模为20口井，其中4口注空气井、16口采油井。2011年为1注6采，2012年底之后为4注16采。试验区建成产能$2.16 \times 10^4 t/a$，截至2018年底，试验区开发7年累计注入空气$800 \times 10^4 m^3$（方案设计$10362 \times 10^4 m^3$），试验区累计产油$1.40 \times 10^4 t$，采油速度0.22%。阶段采出程度4.07%（方案设计为12.0%），未达到方案设计要求。未完成方案设计要求的主要问题是注气井套损、注气井井筒腐蚀及管柱气密性差，严重影响了试验进程。

5. 吐哈油田

2015年，吐哈玉东油田203区块开始减氧空气/泡沫驱试验。该区块油藏埋深1800～3700m，地层温度80℃，地层水矿化度16336～198732mg/L，平均空气渗透率100mD，属于中孔隙度、中高渗透油藏。2015年4月，该区块正式开始注气。截至2018年底，该区块平均注入压力40MPa，注入气中氧气含量为5%，累计注入空气$5644 \times 10^4 m^3$，日增油58t，采收率由36.28%提高到49.95%。

2015年4月开始，鲁克沁油田选择玉东203井区进行减氧空气/泡沫驱先导试验，试验区有4口交替注入井。在中区3号阀组南侧新建注泡沫减氧空气站1座。建设螺杆式空气压缩机2台、往复式增压机1台、减氧装置1套、橇装增压泵2台及配套设施，泡沫驱站减氧空气注入规模$2000m^3/h$，泡沫液注入规模$150m^3/h$。

2016年，进行减氧空气/泡沫驱扩大试验，试验9井组，使减氧空气/泡沫驱规模扩大至13井组。扩大试验采用设备租赁方式，不建设泡沫驱站，只进行了供水、供电和管线等配套建设。

2017年，鲁克沁油田选择玉东204块及鲁2块进行减氧空气/泡沫驱试验。玉东204块试验29井组，鲁2块试验4井组。

三、地面工程建设情况

1. 总体工艺

目前，中国石油开展减氧空气/泡沫驱重大开发试验区块的总体工艺为：空压机出来的低压空气经膜法或变压吸附法减氧处理后，产出气经二级往复式压缩机增压进入气液混合器，在此处与采用清水/地层水和发泡剂、稳泡剂等混合搅拌形成的泵入泡沫充分混

合，再按一定量经注入管网分配至注入井注入地下。生产井井口设在线氧含量监测仪，采出液进入已建地面集输和处理系统。减氧空气 / 泡沫驱总体工艺流程示意图如图 6-1-2 所示。

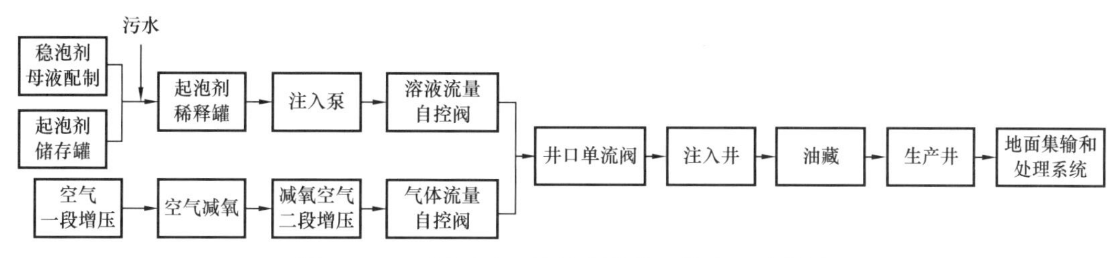

图 6-1-2　减氧空气 / 泡沫驱总体工艺流程示意图

2. 油田建设现状

1）华北油田

（1）雁翎油田。

截至 1999 年 10 月氮气驱试验终止，雁翎油田地面工程建成有规模为 $10\times10^4m^3/d$ 的注氮站 1 座，采用低温空分工艺，注气压力 30MPa，注气井 1 口（雁 33 井）、生产井 9 口，建成 *DN*85mm、长度 2.6km 的注气管线 1 条。

试验区块集油系统设计压力 2.5MPa，采出液（含伴生气）充分利用已建地面设施，即进入雁一联三相分离器处理。投产后站内产出气中氮气含量小于 30%，日产气量 0～10000m^3，直接送至加热炉作燃料气。地面注入工艺流程如图 6-1-3 所示。

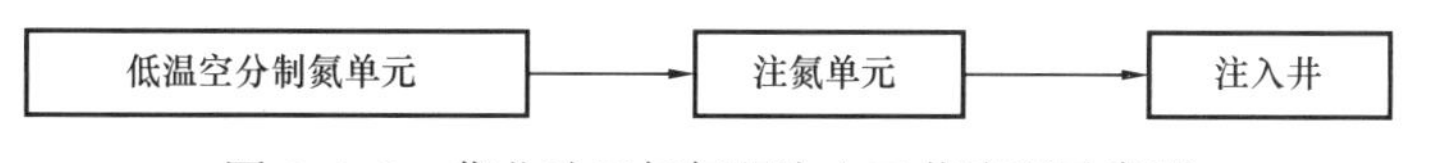

图 6-1-3　华北油田氮气驱注入工艺流程示意图

（2）任 9 油田。

任 9 油田目前正在开展减氧空气驱前期工作。方案是利用任一联合站作为采油集输系统的依托站场，在任一联合站已有场地设置一座注减氧空气站，形成一套顶部注气重力驱开发地面工艺系统。根据地质参数，一期总注气量为 $30\times10^4m^3/d$，二期总注气量达到 $45\times10^4m^3/d$。

根据先导试验方案，一期：任 437 井和任检 18 井，2 口井作为注气井，2 口采油井进行开采，建设 2 座注气井场和 2 座采油井场，在任一联油水处理站建设 $210m^3/min$ 减氧装置一套（注入减氧空气要求为氧含量 1%～8%，设计点 8%），$30\times10^4m^3/d$ 高压注减氧空气系统一套，仪表风储罐以及配套系统。二期：新增任 436 井作为注气井，新增 24 口采油井进行开采，新建 1 座注气井场、14 座采油井场，扩建 1 座一期井场，新增 $105m^3/min$ 制减氧装置一套；新增 $15\times10^4m^3/d$ 高压注减氧空气系统一套；新增 $3.5\times10^4m^3/d$ 伴生气处理系统。注气工艺方案和采出处理工艺方案分别如图 6-1-4 和图 6-1-5 所示。任 9 油田井场总体布局如图 6-1-6 所示。

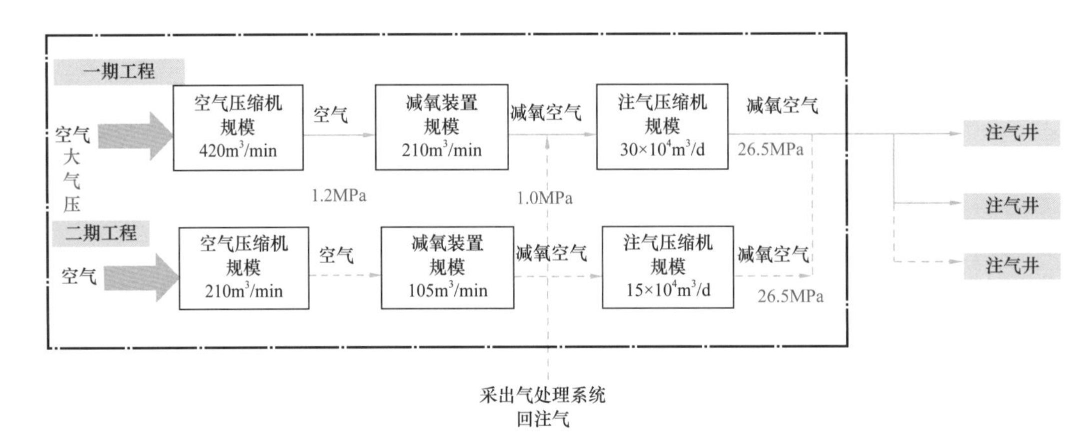

图 6-1-4　任 9 油田注气工艺方案示意图

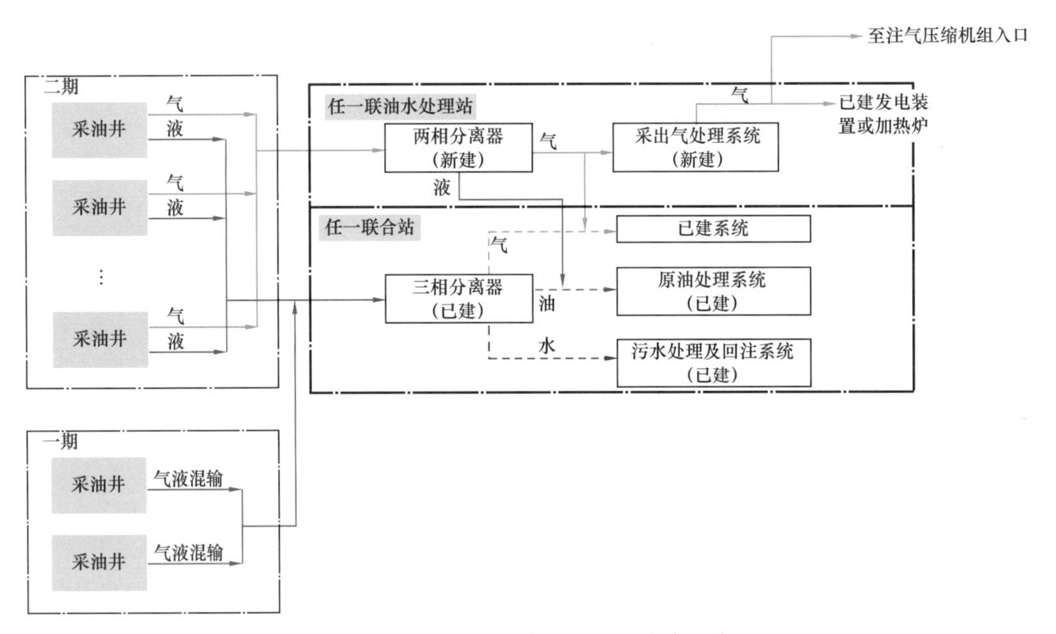

图 6-1-5　任 9 油田采气处理工艺方案示意图

2）大港油田

截至 2018 年底，大港油田官 15–2 减氧空气 / 泡沫驱试验区地面工程形成 5 注 8 采的格局，建成注入站 1 座，注气规模 $4.32\times10^4m^3/d$，注泡沫规模 $360m^3/d$，站址位于官 9–8–1 井场东侧 30m 处。建成注、采管线分别 4.65km，以及站外配套系统。官 15–2 减氧空气 / 泡沫驱试验总体布局如图 6–1–7 所示。

官 15–2 断块试验区块地面配注系统主要包括起泡剂与稳定剂储存、溶液配制系统和空气减氧及增压系统，地面工艺流程框图如图 6–1–8 所示。油井集输管线 T 接到现有集输管网，产出物经官西二站中转到官西一站，经过气液分离，分离出的水加热回掺。

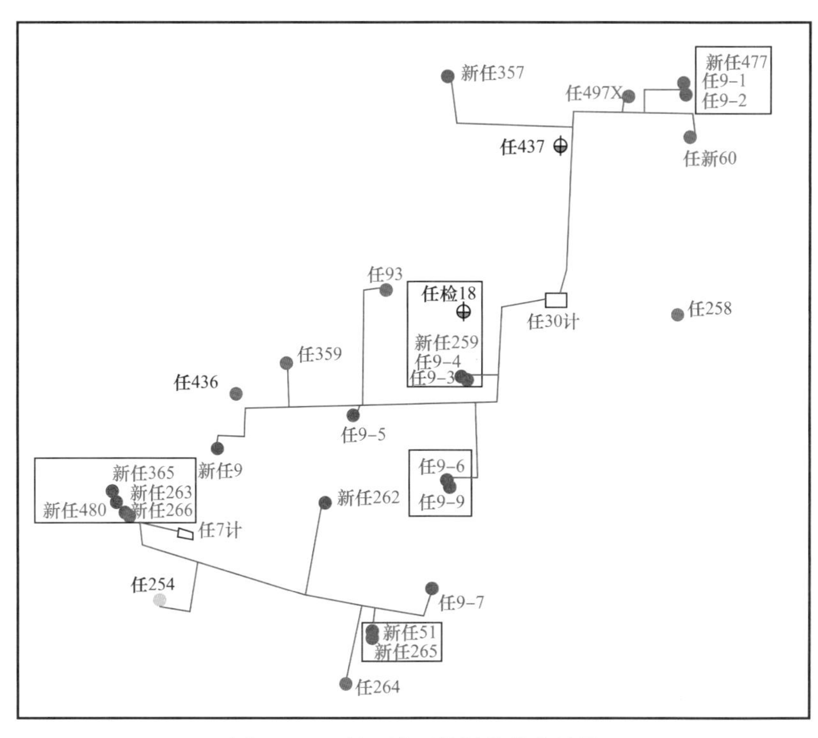

图 6-1-6　任 9 油田井场总体布局图

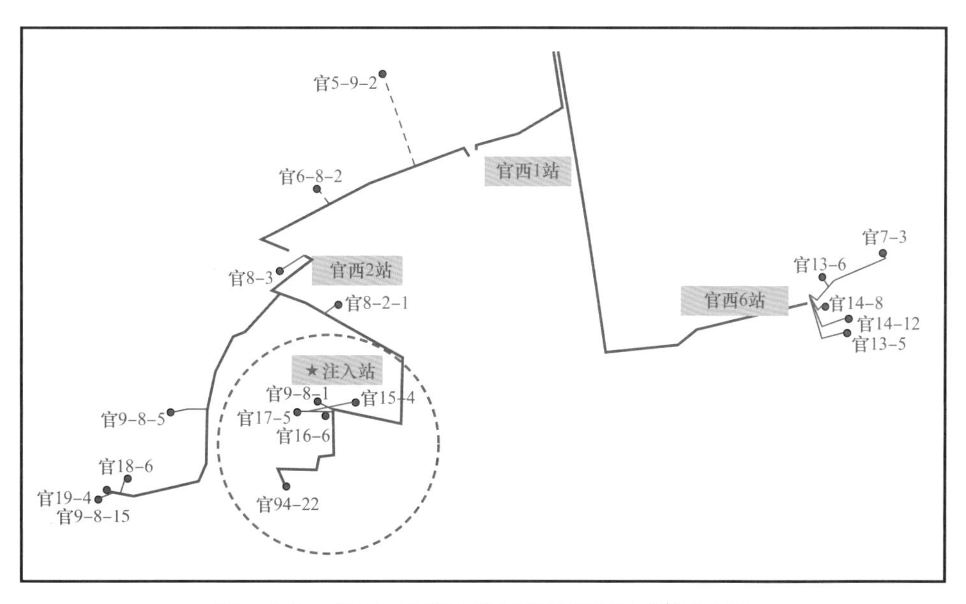

图 6-1-7　官 15-2 减氧空气 / 泡沫驱试验总体布局图

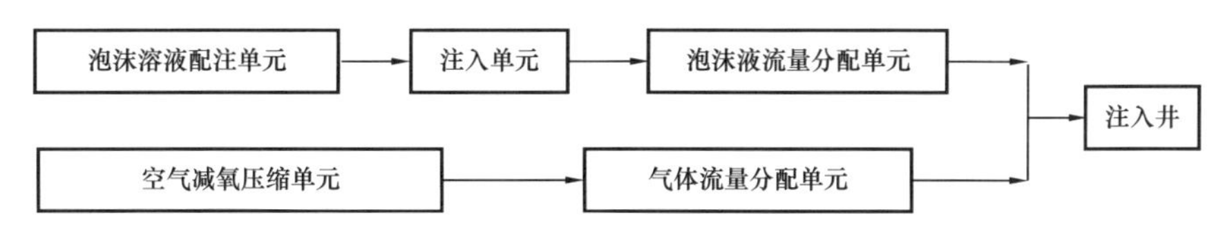

图 6-1-8　大港油田减氧空气 / 泡沫驱配注工艺流程示意图

3）长庆油田

长庆靖安油田五里湾区块自 2009 年开展先导试验以来，经过科研攻关，形成了一套适合三叠系特低渗透油藏提高采收率的配套地面工程技术。地面依托已建井场新建注入系统，包括气相注入系统和液相注入系统，采用单泵单井注入工艺，地面系统总体布局如图 6–1–9 所示。

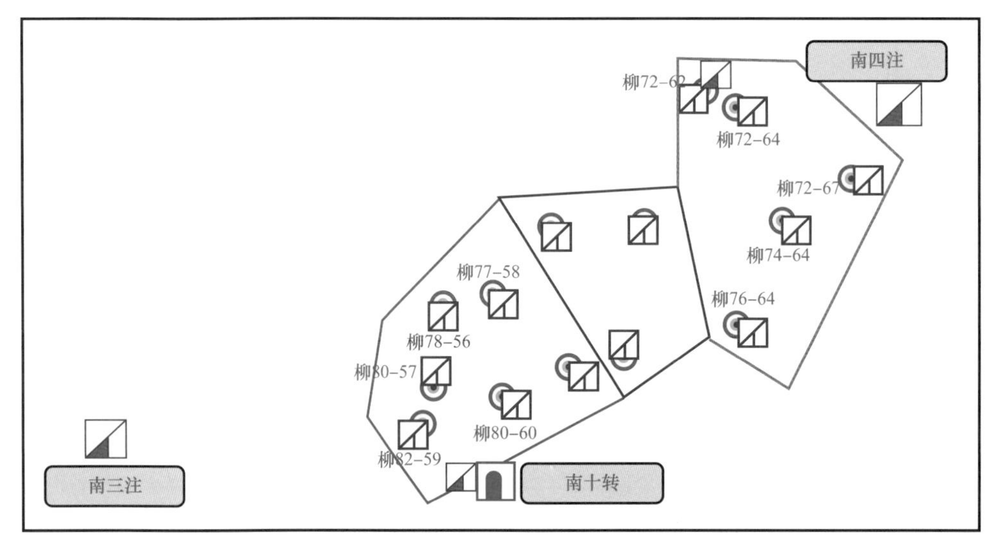

图 6–1–9　长庆靖安油田五里湾区块地面系统总体布局图

2012 年试验区扩大至 15 个井组，形成 15 注 63 采的注采格局，初步建成了 5×10^4t/a 规模的减氧空气 / 泡沫驱地面系统，配套建设 13 座橇装注入站，满足了试验区 15 口注入井需求，形成了“低压去氧、自动配液、单机单井、在线监测”地面工艺技术。其中气相注入系统规模为 7200～14400m^3/d，液相注入系统规模为 30～60m^3/d，注入系统压力均按 25MPa 设计。集输系统依托已建工程，配套对见效采油井场改造，增加了氧含量在线监测系统对采出端进行监测。当监测管路氧含量≥3.0% 时紧急报警，立即对注入井和采出井进行检查，查找原因，加大氧含量监测频次；当监测管路氧含量≥5.0% 时，联锁关断采油树油管电动球阀，人工关断采油树套管球阀，同时联锁抽油机停井，实现了试验区生产数据集中监控、采油厂中心站统一管理运行的模式。

长庆油田减氧空气 / 泡沫驱地面系统工艺流程示意图如图 6–1–10 所示。目前，长庆安塞油田王窑区块、吴起油田新 193 区块、姬塬油田耿 271 区块与靖安油田五里湾区块建设模式一致，采用单机单井注入方式。

4）大庆油田

截至 2018 年底，大庆贝中油田希 11–72 井区南二段油层注空气先导性试验区块建成 4 座井组，形成 4 注 16 采的格局，建成注气站 1 座，注气规模 20000×10^4m^3/d，站址位于试验区中心位置。建成集油管道 0.5km，空气注入管道 1.5km，清水管道 1.05km。

大庆油田减氧空气 / 泡沫驱地面总体布局图和工艺流程示意图分别如图 6–1–11 和图 6–1–12 所示。

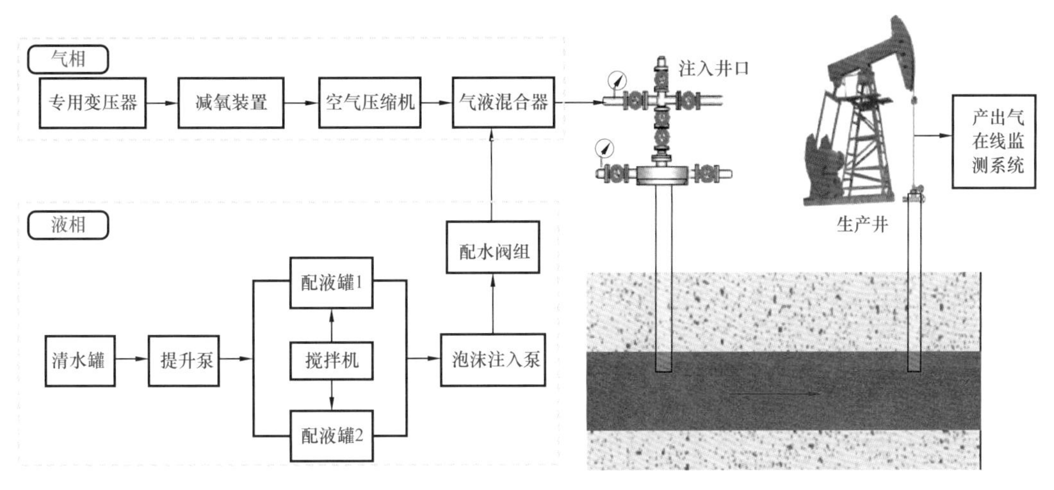

图 6-1-10　长庆油田减氧空气 / 泡沫驱地面系统工艺流程示意图

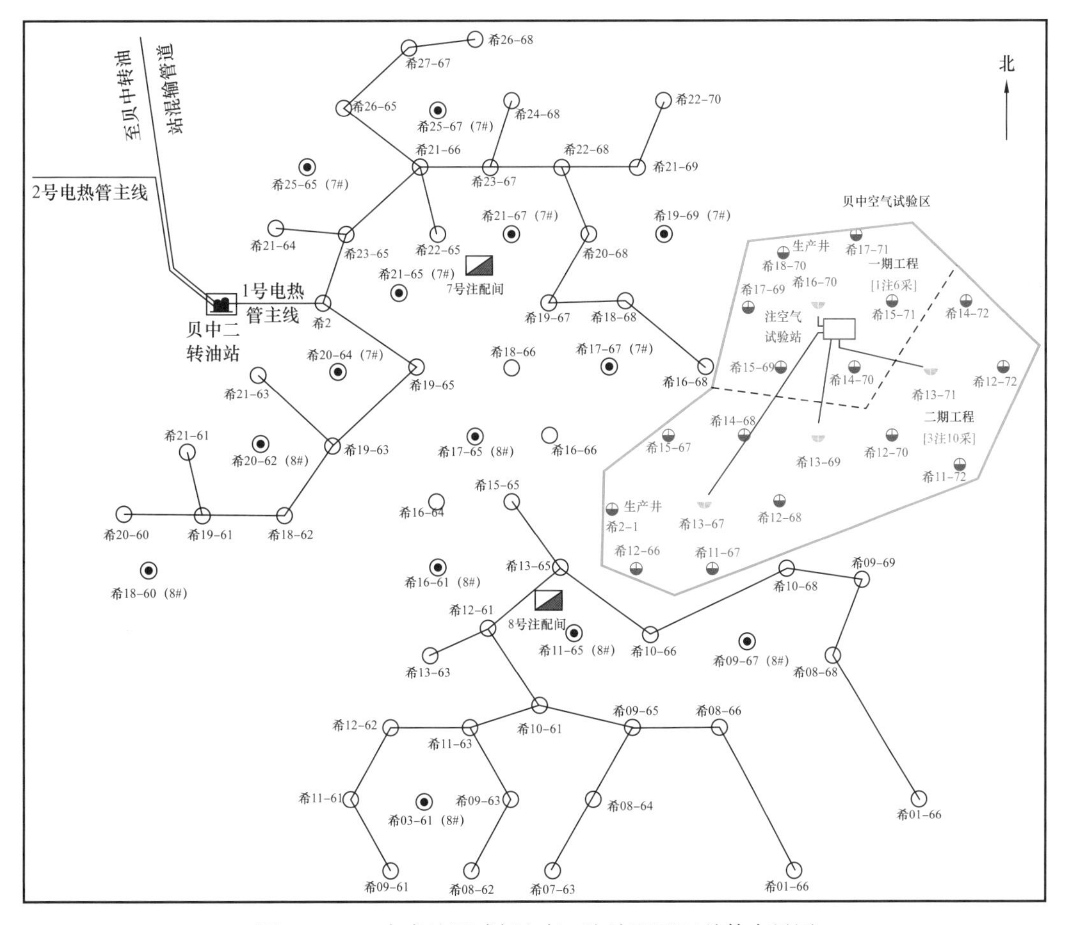

图 6-1-11　大庆油田减氧空气 / 泡沫驱地面总体布局图

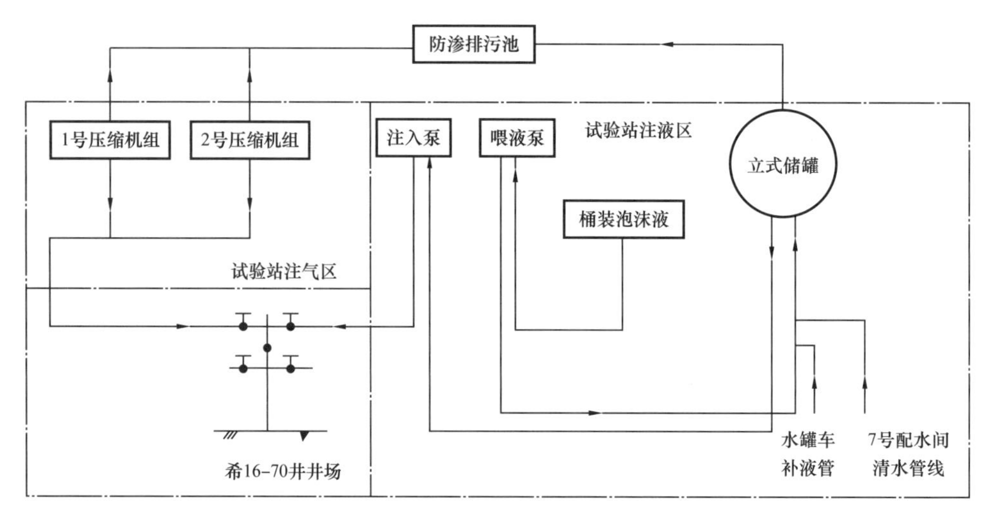

图 6-1-12　大庆油田减氧空气 / 泡沫驱地面系统工艺流程示意图

5）吐哈油田

截至 2010 年底，吐哈鲁克沁油田建成玉东 203、玉东 204 和鲁 2 共计 3 座减氧空气 / 泡沫驱注入站，注气规模分别为 $2000\times10^4m^3/d$，$4000\times10^4m^3/d$ 和 $1000\times10^4m^3/d$，泡沫液注入规模分别为 $150m^3/d$，$200m^3/d$ 和 $100m^3/d$，共建成井组 46 组，注气管道 24km。

吐哈油田减氧空气 / 泡沫驱地面总体布局图和工艺流程示意图分别如图 6-1-13 和图 6-1-14 所示。

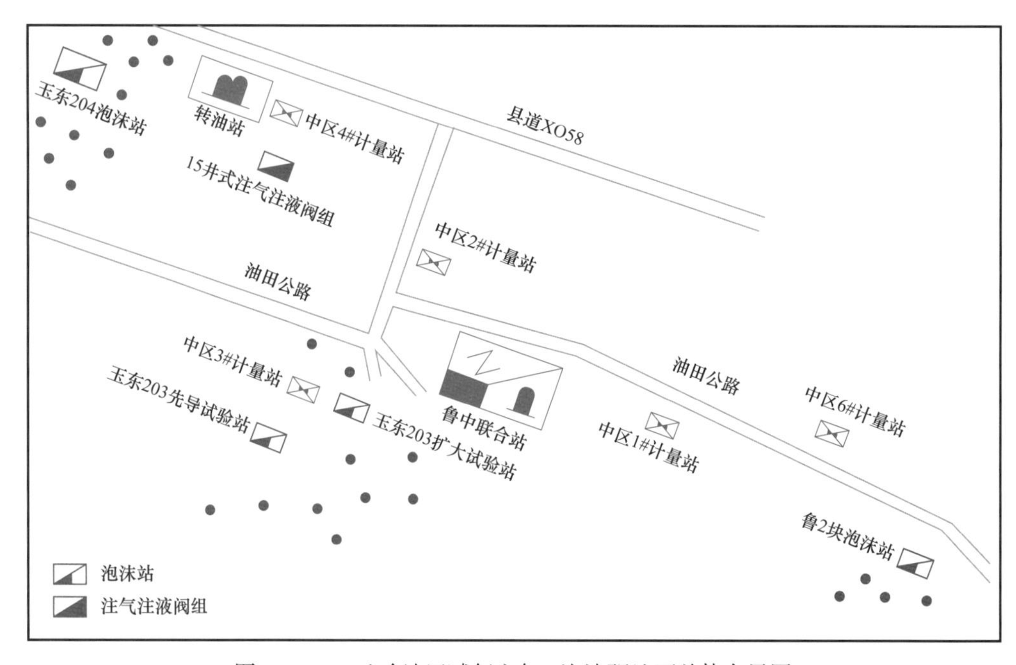

图 6-1-13　吐哈油田减氧空气 / 泡沫驱地面总体布局图

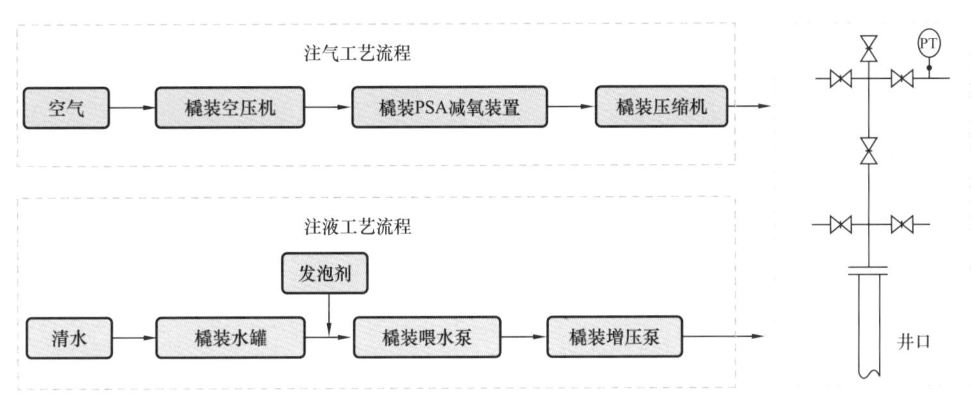

图 6-1-14　吐哈油田减氧空气 / 泡沫驱地面系统工艺流程示意图

四、地面工程难点

1. 采出物物性特点

1）大港油田

港东二区五断块实施减氧空气 / 泡沫驱后，断块自下而上表现出三增高（相对密度、黏度、胶质 + 沥青质含量）和三降低（凝固点、含蜡、轻馏分）的明显变化规律，原油物性参数见表 6-1-1。其主要原因是原油在自下而上的垂向运移过程中，随着温度和压力的降低，轻质成分不断挥发，析蜡作用不断加强，导致原油中的含蜡量逐渐减少，凝固点逐渐降低，沥青质和胶质成分逐渐增多，原油性质逐渐变差。

表 6-1-1　港东二区五断块一览表

油组	密度（D_{20}） g/cm^3	黏度（D_{50}） mPa·s	凝固点 ℃	含蜡 %	沥青质 + 胶质 %	含硫 %
Nm 平均	0.9342	109.37	−13.92	6.33	20.17	0.21
Ng 平均	0.9119	46.33	9.23	8.01	12.28	0.14

港东二区五断块产出气为常规伴生气，平均甲烷含量 92.07%，乙烷含量 5.06%，伴生气组成见表 6-1-2。

表 6-1-2　港东二区五断块伴生气组成表

组成	摩尔分数，%		
	港 2-57-3 井	港 2-54-1 井	港 2-55-2 井
CO_2	0.014	0.000	0.000
C_1	89.541	95.220	93.792
C_2	8.053	3.812	4.464

续表

组成	摩尔分数，%		
	港 2–57–3 井	港 2–54–1 井	港 2–55–2 井
C_3	1.624	0.451	0.850
iC_4	0.399	0.121	0.219
nC_4	0.237	0.054	0.122
iC_5	0.110	0.032	0.067

2）长庆油田

长庆油田减氧空气 / 泡沫驱实施后，原油胶质和沥青质含量（胶质为 4.11%，沥青质为 0.81%）较少，液态烃类以中短碳链长度（分布集中在 C_{13}—C_{16}）为主，高温下原油流动性较佳；但含蜡量较高（17.51%），使得原油析蜡温度较高、低温下原油胶凝结构强度较强。气相色谱分析得到原油伴生气组分见表 6–1–3。

表 6–1–3　伴生气组分

组成	伴生气质量分数 %	0.6MPa 溶解气质量分数 %	0.4MPa 溶解气质量分数 %	相对分子质量 M_i
甲烷	25.588	12.7023	11.5703	16.04
乙烷	16.7694	14.2297	14.7751	30.07
丙烷	36.4127	43.7678	45.4535	44.10
异丁烷	5.7029	6.8324	6.8484	58.12
正丁烷	11.3896	16.4597	16.0031	58.12
异戊烷	2.1073	3.109	2.8158	72.15
正戊烷	1.5279	2.8733	2.509	72.15
新戊烷	0.1475	—	—	72.15
反 -2- 丁烯	0.1207	0.002	0.0019	56.11
1- 丁烯	0.0407	—	—	56.11
异丁烯	0.1132	—	—	56.11
顺 -2- 丁烯	0.0801	0.0238	0.0229	56.11
总计		100.00	100.00	

3）大庆油田

大庆贝中油田希 11–72 井区南二段油层注空气先导性试验实施后，原油、伴生气和采出水物性和成分组成均没有明显变化。见表 6–1–4 至表 6–1–6。

表 6-1-4　贝中油田希 11-72 井区原油物性参数

目的层	密度 kg/cm^3	黏度 mPa·s	凝固点 ℃	含蜡 %	胶质 %	气油比 m^3/t
南二段	0.8575	9.51	27.55	18.28	18.33	31.64

表 6-1-5　贝中油田希 11-72 井区伴生气组成表

组分含量，%										H_2S 含量 mg/m^3
C_1	C_2	C_3	iC_4	nC_4	iC_5	nC_5	C_6	CO_2	N_2	
75.5	6.28	7.23	1.83	3.43	0.77	0.61	1.03	0	3.37	33.35

表 6-1-6　贝中油田希 11-72 井区采出水指标表

目的层	总矿化度，mg/L	pH 值	氯离子含量，mg/L	水型
南二段	5976.84	8.2	413.11	$NaHCO_3$

4）吐哈油田

鲁克沁深层稠油有效开采方式，以泵上掺稀油开采方式为主。采用减氧空气 / 泡沫驱后，因泡沫剂的投加，导致原油脱水困难。掺稀后原油数据见表 6-1-7。

表 6-1-7　鲁克沁油田掺稀后原油数据

密度，g/cm^3		50℃黏度 mPa·s	凝点 ℃	胶质 + 沥青质 %	含蜡 %
20℃	50℃				
0.8971	0.8786	42.8	-12	21.93	3.87

鲁克沁油田采出水含油高、悬浮物含量高、矿化度高、含铁高，乳化较严重，腐蚀性较强，处理难度大。详细水质参数见表 6-1-8。

表 6-1-8　鲁克沁油田采出水水质数据

序号	项目	单位	指标
1	含油量	mg/L	329～2452
2	悬浮固体含量	mg/L	292～461
3	总铁含量	mg/L	6.14～11.5
4	腐生菌 TGB	个 /mL	10
5	铁细菌	个 /mL	10
6	硫酸盐还原菌 SRB	个 /mL	10
7	矿化度	mg/L	82849
8	pH 值		6.2～6.8

2. 给地面工程带来的难点和问题

目前国内减氧空气/泡沫驱开发仍处于摸索阶段，因采出物物性变化和特点给地面工程带来以下主要难点：

（1）注入气安全氧含量的确定。注入减氧空气中氧气的存在导致生产过程中形成油气—空气混合物，给地面系统带来一定程度的爆炸风险。从爆炸发生的三要素分析，减氧空气/泡沫驱在生产过程中，可燃物爆炸范围和引爆源是客观存在的，仅注入氧气含量是可控因素，因而合理确定、监测和控制氧气含量是地面工程安全防爆控制的一个关键，也是此种驱油方式的工业化推广的核心难点。

（2）氧气存在带来的地面系统强腐蚀现象。减氧空气/泡沫驱注气过程中，因氧气和游离水的存在，给注入井筒和地面设施均带来强烈的氧腐蚀。注入气进入油藏后，其中的氧气和原油发生低温氧化反应而被基本消耗完毕，生成大量的二氧化碳。二氧化碳在水中有很高的溶解度，与水作用后生成碳酸，碳酸电离出的氢离子有很强的去极化作用。另外，若空气较早突破，生产井含有较高浓度的二氧化碳和少量未参与氧化的氧气，可能出现二氧化碳与氧气共存环境中的腐蚀问题，进而引起采出系统的二氧化碳腐蚀或者二氧化碳和氧气共存时的强腐蚀。此外，地层水中的矿化度和氯离子浓度较高时，还易形成多机理强腐蚀现象，均给地面工程安全防护带来挑战。

（3）采出液集输和处理难度大。生产实践表明，部分区块在实施减氧空气/泡沫驱之前，产出液不含气，单井计量及区块计量均直接采用质量流量计进行计量。而实施减氧空气/泡沫驱之后，产出液含气，需要解决单井计量和区块计量的问题，才能满足生产要求。

此外，减氧空气/泡沫驱之后，产出液中含有起泡剂，给已建脱水系统带来较大程度的不适应，导致其脱水速度慢，处理合格率低。产出液含气和产气量变化大、氮气含量相对较高，且仍有逐年上升的趋势，也给地面处理和达标排放带来较多难题。

（4）常规采出水处理工艺存在一定程度的不适应。减氧空气/泡沫驱采出水中，离子浓度变化较大，尤其是 Cl^- 浓度增加，且含有残余起泡剂和稳泡剂等化学药剂，上述特性均增加了采出水处理难度，需要在验证现有工艺技术适应性的基础上，研究更加适用于减氧空气/泡沫驱采出水的高效水处理工艺。

第二节 关键技术

减氧空气/泡沫驱地面工程关键技术主要有减氧技术、高压注入技术、采出液集输与处理技术和伴生气处理技术等。

一、减氧技术

1. 安全氧含量的确定

减氧空气/泡沫驱中，由于氧的存在使得试验的多个环节均存在着爆炸的风险。油气

爆炸极限和引爆源是客观存在的，而注入的氧气是可控因素，因而减氧空气 / 泡沫驱安全防爆控制的关键是监测和控制氧气含量。室内研究和现场试验结果均表明，正常注入工况下，当空气注入油层后，其中的氧与原油在油藏中发生氧化反应[11]，消耗大部分氧气，采出端氧含量小于 2%，基本不存在爆炸风险。

然而在氧化反应不完全的情况下，如气窜或事故停注时，地层中的轻烃组分就会回流至注入井筒中，与（减氧）空气中的氧气形成混合性爆炸气体[12]。当可燃物浓度达到爆炸范围、氧含量大于临界值以及足够点火能量三个条件同时满足时，就会引发爆炸事故。在爆炸三要素中，仅有临界氧含量是可控因素，且注入气中氧含量越低，爆炸风险越小，但氧含量过低，又会导致减氧成本太高，还会影响驱油效果。因此，减氧空气驱首先应确定安全经济合理的临界氧含量，实际注入气氧含量不应超过临界氧含量[13, 14]。

国内外研究表明，应用爆炸理论可以计算出理论临界氧含量值，同时大量实验证明实际临界氧含量值大于理论临界氧含量，两者之比称为爆炸系数，通常为 1.1～1.3。因此，采用理论临界氧含量作为注入气安全氧含量是安全合理的。

减氧空气驱的注气压力一般为 10～50MPa，属高温高压条件，该条件下安全临界氧含量的一般计算思路为：

1）计算常温常压条件下可燃气体的爆炸极限

常温常压下（0.1MPa，25℃）可燃气体的爆炸极限通过以下公式计算获取：

（1）单组分可燃气体与空气混合物。

爆炸下限计算公式为：

$$LFL=0.55X_0 \tag{6-2-1}$$

其中

$$X_0=\frac{100}{1+\dfrac{n_0}{0.209}}=\frac{20.9}{0.209+n_0} \tag{6-2-2}$$

式中 LFL——爆炸下限，%（体积分数）；

X_0——可燃气体的化学计量浓度，%（体积分数）；

n_0——1mol 可燃气体完全燃烧所需的氧分子物质的量，mol。

爆炸上限计算公式为：

$$UFL=\frac{100}{1+\dfrac{n}{0.209}}=\frac{20.9}{0.209+n} \tag{6-2-3}$$

其中

$$2n=0.5\alpha+2.0 \qquad (\alpha=1，2) \tag{6-2-4}$$

$$2n=0.5\alpha+2.5 \qquad (\alpha\geqslant 3) \tag{6-2-5}$$

式中 UFL——爆炸上限，%（体积分数）；

$2n$——烷烃气体爆炸上限（UFL）对应的氧原子数，与其所含碳原子数呈线性关系；

α——烷烃气体分子的碳原子数。

（2）多组分可燃气体与空气混合物。

多组分可燃气体（如天然气），其爆炸极限受各个单组分气体爆炸极限的影响，可根据 Le Chatelier 公式估算。

爆炸下限计算公式为：

$$LFL = \frac{100}{\sum_{i=1}^{N} \frac{y_i}{LFL_i}} \tag{6-2-6}$$

爆炸上限计算公式为：

$$UFL = \frac{100}{\sum_{i=1}^{N} \frac{y_i}{UFL_i}} \tag{6-2-7}$$

式中 i——单一组分可燃气体的编号，i=1～N；

y_i——单组分 i 在可燃气混合物中的浓度组分含量，%（体积分数）；

LFL_i——单组分 i 的爆炸下限，%（体积分数）；

UFL_i——单组分 i 的爆炸上限，%（体积分数）。

注：式（6–2–6）和式（6–2–7）适用于各单组分间不发生反应，且燃烧时无催化作用的可燃气体混合物。对于混合物中含硫化氢、一氧化碳、氢气时也可用式（6–2–6）和式（6–2–7）计算。

当可燃气体混合物中含有惰性气体时，计算爆炸极限先将一种可燃单组分气体与一种惰性气体分组，求出混合气体中不同惰性气体与可燃单组分气体比值，再从图 6–2–1 或图 6–2–2 中查出其爆炸极限，然后代入式（6–2–6）或式（6–2–7）求得混合气体的爆炸极限。

2）计算高温高压条件下可燃气体爆炸极限

基于常温常压条件下可燃气体爆炸极限的计算结果，根据式（6–2–8）和式（6–2–9）计算高温高压条件下的爆炸极限。

爆炸下限：

$$LFL_T^p = \left[LFL_0 - 0.3361(\ln p + 2.281)\right]\left[1 - 0.001178(T - 25)\right] \tag{6-2-8}$$

爆炸上限：

$$UFL_T^p = \left[UFL_0 + 7.554(\ln p + 2.135)\right]\left[1 + 0.002597(T - 25)\right] \tag{6-2-9}$$

式中 LFL_T^p——温度为 T（℃）、压力为 p（MPa）时可燃气体爆炸下限，%（体积分数）；

UFL_T^p——温度为 T（℃）、压力为 p（MPa）时可燃气体爆炸上限，%（体积分数）；

LFL_0——常温常压时可燃气体爆炸下限，%（体积分数）；

UFL_0——常温常压时可燃气体爆炸上限，%（体积分数）；
p——注入井井底压力，MPa；
T——注入井井底温度，℃。

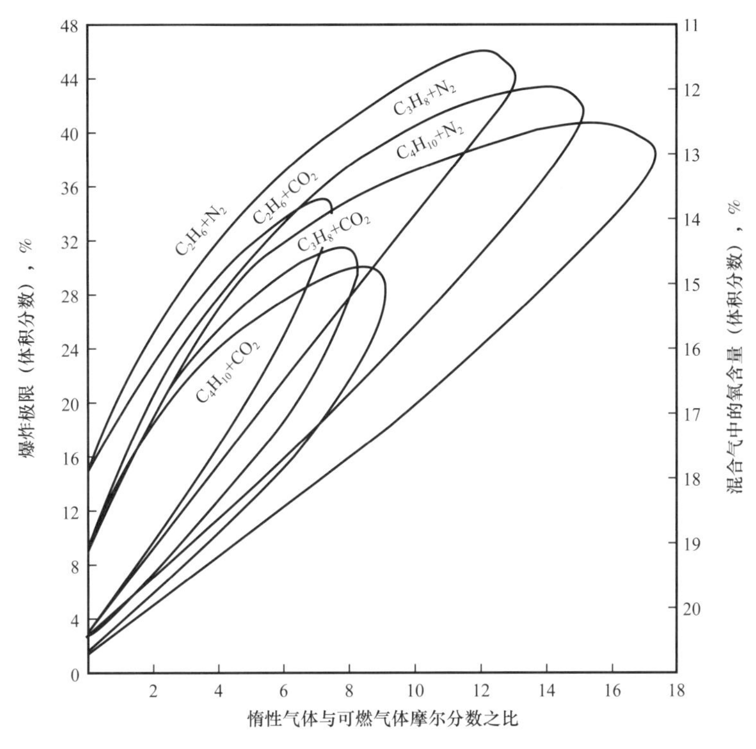

图 6-2-1　乙烷、丙烷、丁烷和氮气、二氧化碳混合气爆炸极限

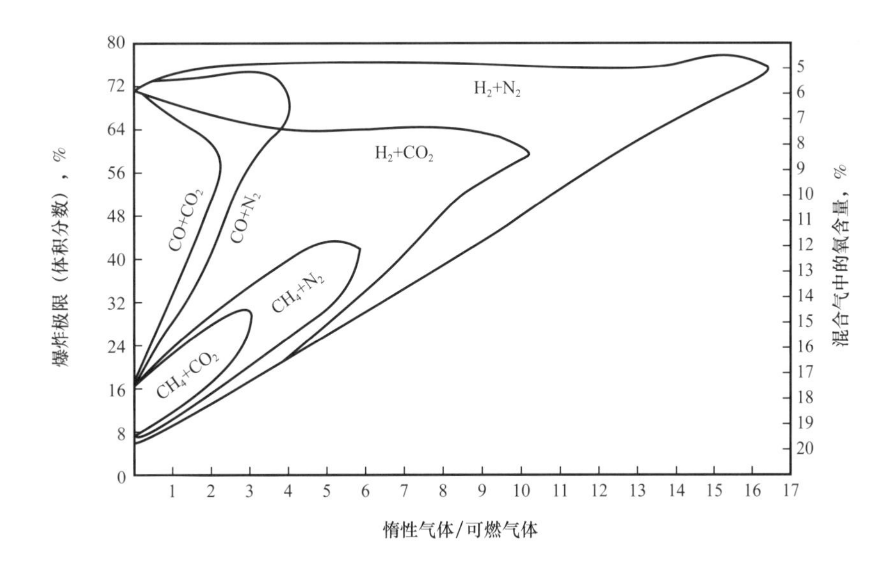

图 6-2-2　氢气、一氧化碳、甲烷和氮气、二氧化碳混合气爆炸极限

3）计算临界氧含量

基于单组分气体（或混合物当量分子）完全燃烧化学反应式：

$$C_nH_m+\left(n+\frac{m}{4}\right)O_2=nCO_2+\frac{m}{2}H_2O \tag{6-2-10}$$

得出 n 和 m，代入可燃气体爆炸所需临界氧含量计算公式［式（6-2-11）］：

$$C_{O_2}=\lambda\cdot LFL\cdot\left(n+\frac{m}{4}\right) \tag{6-2-11}$$

式中 C_{O_2}——临界氧含量，%（体积分数）；

n——碳原子数，个；

m——氢原子数，个；

LFL——基于式（6-2-8）计算出的井底温度和压力条件下可燃气体的爆炸下限，%（体积分数）；

λ——爆炸安全系数（或点火系数），取 1.2。

注：对于天然气等可燃气体混合物，n 和 m 分别为可燃混合物碳原子数和氢原子数的加权平均值。

减氧空气驱注入工况下形成的油气—空气混合物，其临界氧含量值与注入压力、温度、可燃物组分和各组分含量等息息相关，不同的注入工况会有不同的临界氧含量值。针对各试验区块的开发条件，可以通过爆炸理论公式计算得出临界氧含量值。还可咨询相关科技机构或高校以实验方式确定安全氧含量。实际生产中，还应辅助以严格的操作规程和安全保障措施以确保现场试验的安全顺利进行。

2. 低成本、高效的减氧技术

氮气/减氧空气一般通过空分技术制取。早期空气分离多采用深冷法，即利用空气中氮气和氧气沸点的不同，将空气液化，然后通过连续多次的蒸发冷凝，将空气中各组分分离。深冷法空分技术具有流程复杂、占地大、投资高等缺点，适用于大规模、多种气体产品同时制取的化工行业，不宜用于驱油用减氧空气的制取。

近年来，随着数字化技术水平的提高以及材料科学的发展，常温空气分离技术得到应用与发展，主要有集成膜分离法（MEM）和变压吸附法（PSA）。

1）集成膜分离法

气体分离膜技术是一项新技术，该技术利用不同的高分子膜对不同种类的气体分子的透过率和选择性不同，从气体混合物中选择分离气体。

（1）原理。膜分离的核心是利用了空气中不同组分在高分子材料上的扩散系数大小不同而达到气体分离的物理过程。高分子材料被制成如头发粗细的中孔纤维膜，气体在孔内部通过，末端得到减氧空气（氧含量小于 10%），侧面为排放的富氧气体。图 6-2-3 所示为显微镜下的集成膜。

（2）工艺流程。膜减氧分离技术是目前较先进的常温空气分离技术。膜分离原理是利用空气中的不同分子在透过高分子材料时的渗透速率差异而实现氮、氧分离的，如图 6-2-4 所示。膜减氧工艺流程图如图 6-2-5 所示。

图 6-2-3 显微镜下的集成膜

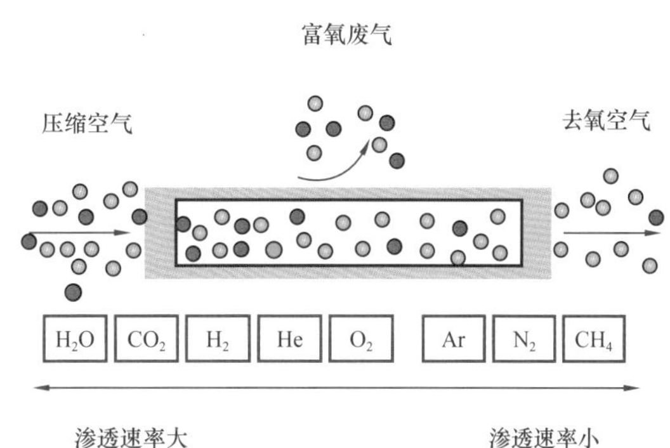

图 6-2-4 膜分离原理图

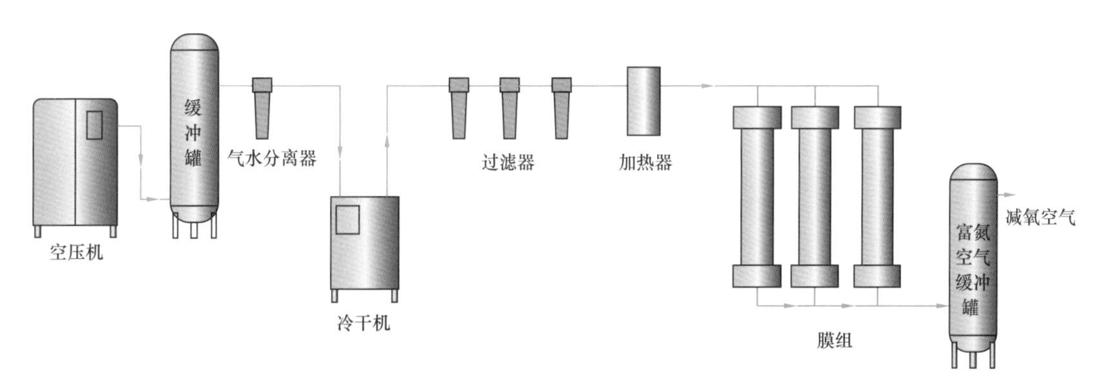

图 6-2-5 膜减氧工艺流程图

（3）膜减氧装置对空气质量的要求。要求空气中的颗粒直径小于 0.01μm，含油量小于 0.003mg/L。空气中含有大量的尘埃、水和其他污染物，膜分离实际生产过程中，空气压缩机生产的压缩空气，在排气温度和压力下为油 / 水的饱和气体，在后面的工艺过程中，温度降低，会析出液态的油和水，该液态的油和水会对膜性能造成伤害。因此在选择好膜的前提下，还应该提供一个完整的解决方案——膜系统的空气净化处理和控制系统。

（4）膜的选型。膜可采用低压膜和中压膜，低压工况下膜的通过率低，生产等量的减氧空气需要设置更多数量的膜；中压膜的通过率高，生产等量的减氧空气可设置更少数量的膜。减氧空气含氧 5% 时，集成膜的空氮比约为 2.1∶1，即 2.1m^3 的压缩空气制取 1m^3 的减氧空气，其余气体作为废气排放。所以空压机的排气压力越高，压缩、减氧、增压系统的整体能耗越高，因此一般推荐采用低压膜处理工艺。

（5）应用。大港官 15–2 断块减氧空气 / 泡沫驱试验站采用膜分离减氧增压一体机设计，采用“橇装式”模块化，配套性能可靠的自动化控制系统，如图 6–2–6 所示。

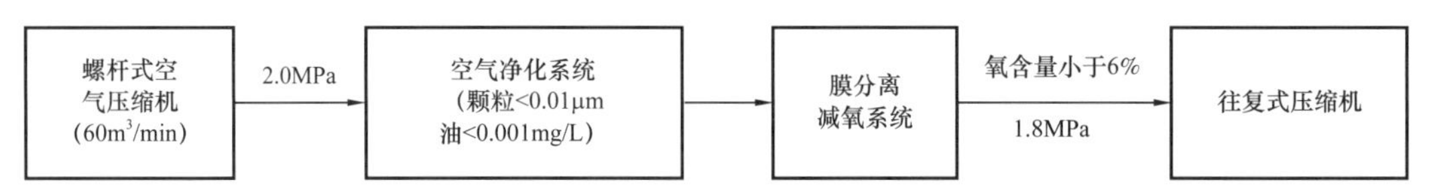

图 6–2–6　官 15–2 断块集成膜减氧工艺示意图

螺杆空压机将空气压缩至 2.0MPa 左右，进入空气缓冲罐，后经气水分离器去掉大部分液态水，经 AO 粗过滤器进一步去掉液态水、油、尘，使油含量不大于 0.6mg/m^3，粉尘颗粒粒径不大于 1μm。经 AA 精细过滤器使油含量不大于 0.01mg/m^3，粉尘颗粒粒径不大于 0.01μm。后经除油过滤器使得含油量达到 0.001mg/m^3 以下，再经 AAR 粉尘过滤器将颗粒粒径控制在 0.01μm 以下，空气进入膜分离减氧系统，除氧后压力为 1.8MPa 的气体进入缓冲罐后至增压压缩机入口。

同规格减氧装置数量为 2 台（一用一备），单台低含氧空气处理装置主要配置如下：供气系统 1 套、空气净化处理系统 1 套、减氧系统 1 套、控制系统 1 套；单台装置配电功率为 560kW，两台合计为 1120kW，如图 6–2–7 所示。

图 6–2–7　集成膜减氧空气处理装置系统配置示意图

2）变压吸附法

变压吸附原理示意图如图 6–2–8 所示。利用活性碳分子筛对空气中氧分子和氮分子的吸附差异进行筛选。活性碳吸附分子的能力与压力成正比，根据压力差循环往复获取需要的气体。变压吸附基本原理是利用吸附剂对吸附物质在不同压力下有不同的吸附容量，并且在一定压力下对被分离的气体混合物有选择吸附的特点。在吸附剂选择吸附的条件下，加压吸附除去原料中的杂质组分，减压脱出这些杂质而使吸附剂获得再生。一般采用两个吸附塔，循环交替变换各吸附塔压力，可以达到连续分离气体混合物的目的。

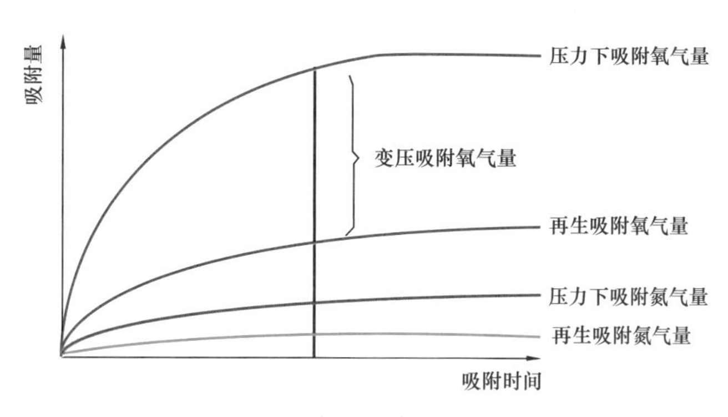

图 6-2-8 变压吸附原理示意图

（1）原理。变压吸附减氧的核心是碳分子筛。碳分子筛是多孔颗粒状的碳基材料，其微孔面积远大于颗粒表面面积。颗粒内部的微孔能优先吸附氧分子，少量吸附氮分子。利用碳分子筛吸附氧、氮差异的特性，在特定条件下达到氧和氮分离的目的。在吸附平衡情况下，吸附剂吸附分子的能力随压力增大而增加，所以通过压差变化就能使氧和氮在经过碳分子筛时分离出来。

（2）工艺流程。变压吸附工艺流程图如图 6-2-9 所示。变压吸附减氧系统通过 A 和 B 两个吸附塔进行交替吸附和再生，再经过纯化系统可得到不同浓度的减氧空气。一般采用两个吸附塔，循环交替变换各吸附塔压力，就可以达到连续分离气体混合物的目的。

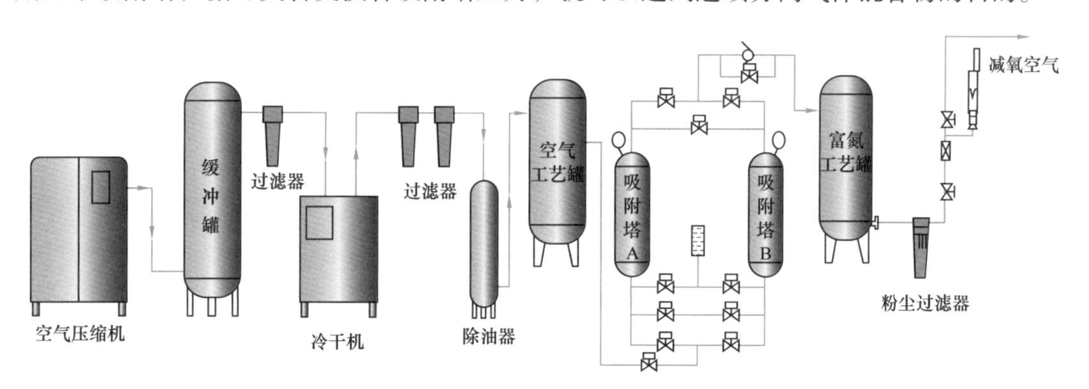

图 6-2-9 变压吸附工艺流程图

（3）变压吸附减氧特点。变压吸附减氧技术是利用吸附剂（碳分子筛）在不同压力下对氧和氮的吸附能力大小的不同而达到空气分离的一种常温气体分离技术。和传统深冷空分相比，具有工艺简单、设备制造容易、适应性强、自动化程度高、运行成本低、设备投资少的特点。

变压吸附减氧一般要经过以下 4 个步骤：吸附过程→均压过程→解吸过程→吹扫过程。

（4）应用。大港油田港东二区五断块减氧空气 / 泡沫驱试验站采用变压吸附法进行空气减氧处理；空气减氧装置为“橇装式”，结构紧凑，便于搬迁，可重复使用，同时配套性能可靠的自动化控制系统，以方便现场安全生产及管理。图 6-2-10 为变压吸附除氧工艺示意图。

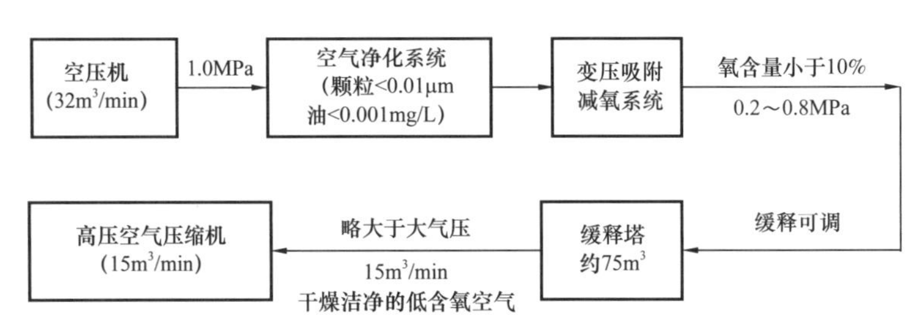

图 6-2-10　变压吸附除氧工艺示意图

空气经螺杆或空气压缩机压缩后，由管路输送到空气净化系统处理，再经管路输送到变压吸附系统进行除氧处理，富氧气体由消声器出口排出到大气中，处理后的富氮气体经管路进入富氮气体罐中，经减压缓释到气压略大于标准气压后，进入两具缓冲储气罐中，缓冲储气罐内接近常压的气体经汇管进入每台高压压缩机空气进口端。

3）膜分离法和变压吸附法对比

膜分离法和变压吸附法两种减氧工艺的优缺点对比见表 6-2-1。从两种工艺的优缺点对比中可以看出，膜分离具有一定的优势，特别是适用于减氧程度相对较低的工况条件。当前，中国石油试验区减氧后压缩空气的含氧量基本在 5% 以上，因此大多数采用膜分离工艺，工艺流程基本相同。

表 6-2-1　不同减氧工艺技术对比表

项目	变压吸附法（PSA）	膜分离法（MEM）
工作原理	利用分子筛对空气在不同压力下不同的吸附容量，且在一定压力下对被分离的气体混合物有选择吸附的特点，实现氧气的分离	利用空气中的不同分子在透过高分子材料（中空膜）时的渗透速率（快慢）差异而实现氮、氧分离
适用压力 MPa	0.6～0.8	2.4
优点	（1）技术成熟； （2）一次性投资较低	（1）技术先进；相对节能。 （2）出气均匀，稳定性较好，不需要大容量缓冲罐； （3）设备外形尺寸较小，运输较方便； （4）操作简单。 （5）可靠性较高； （6）移动、异地使用容易。 （7）简易平整即可
缺点	（1）系统稳定性有波动； （2）设备维护量高； （3）占地面积大，需配置大容量的缓冲罐，运输困难； （4）操作复杂； （5）可靠性较低； （6）移动和异地使用难度大； （7）安装需要基础	一次性投资较大

二、注入技术

目前，中国石油开展减氧空气 / 泡沫驱重大开发试验的不同区块在注入流程方面基本相同，即包括气相和液相两套工艺系统，气相流程为：空气经一级压缩机增压后进入采用膜法或变压吸附法的减氧装置，出来的减氧空气经二级压缩机增压进入气液混合器；液相流程为：清水 / 地层水用泵提升后进入泡沫配液罐，与发泡剂和稳泡剂等混合搅拌后，再经泡沫注入泵提压后进入气液混合器；高压减氧空气和高压泡沫混合后按照一定的比例经注入管道输送至注入井注入地下。

1. 气相注入技术

根据目前各试验区的技术现状及注气要求，气相注入工艺基本相同，都采用“两段增压、低压去氧、高压注入”工艺技术。

1）各试验区工艺技术现状

（1）大港油田官 15-2 试验区。注空气系统的工艺流程：两台螺杆式空气压缩机同时运行，将空气增压至 1.8～2.4MPa 后进入空气减氧装置，减氧装置出口的压缩空气含氧量小于 6%，压力为 1.2～1.8MPa，然后进入增压机，增压至 35MPa，进入配气阀组。官 15-2 试验区注气流程示意图如图 6-2-11 所示。

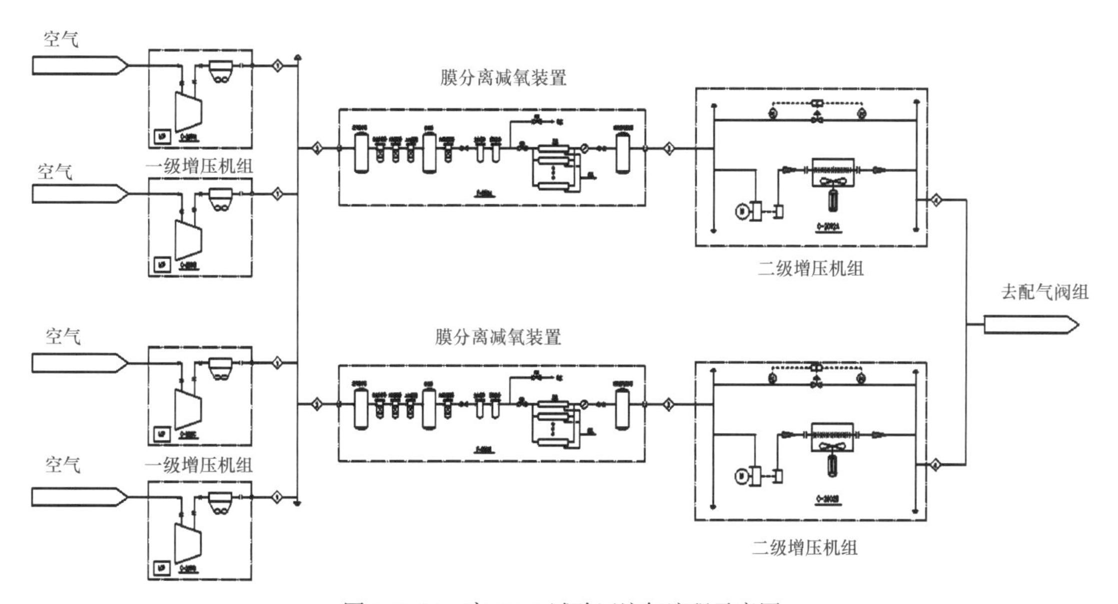

图 6-2-11 官 15-2 试验区注气流程示意图

（2）长庆油田五里湾试验区。长庆油田五里湾减氧空气 / 泡沫驱试验区块的注气工艺与大港油田官 15-2 试验区的流程相同。空气首先通过螺杆式空气压缩机进行一段增压，增压后进入减氧装置，减氧后压缩空气含氧量小于 8%，而后进入增压机进行二段增压，最后进入输气管道，流程如图 6-2-12 所示。

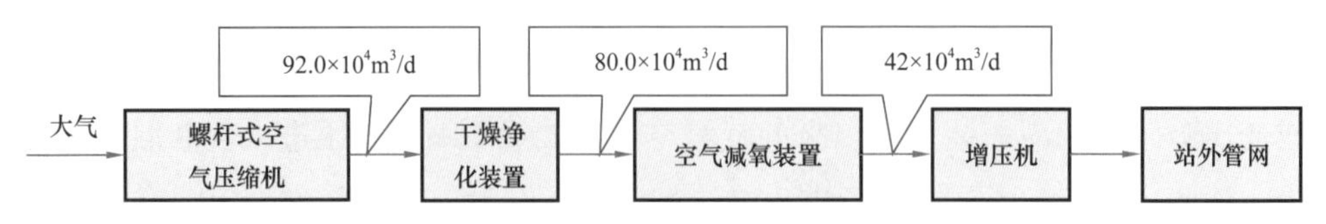

图 6-2-12　五里湾试验区注气流程示意图

2）增压工艺及压缩机选型

（1）增压工艺。目前，中国石油减氧空气 / 泡沫驱在空气增压方面采用的工艺都相同，由于注入压力高，一般在 15MPa 以上，而且国内还没有功率非常大的压缩机，因此都采用两段进行增压。一段增压至 0.8～1.2MPa，减氧后进入二段增压，二段增压至注入压力。采用两段增压工艺，在一段增压后减氧，可减少二段增压的能耗。

（2）压缩机选型。一段增压所采用的压缩机一般可选往复式、离心式和螺杆式等类型压缩机。在当前先导试验阶段，从可靠性、能耗、维护等方面考虑，一段压缩大多采用螺杆式压缩机，各类型压缩机对比见表 6-2-2。特别是，螺杆式空气压缩机的适应能力较强，当下游注气量发生变化时，螺杆式空气压缩机可通过机组出口的压力设定值控制机组的回流量，从而达到机组减载适应流程工况变化的目的。

表 6-2-2　各类压缩机对比表

对比项目	往复式压缩机	螺杆式压缩机	离心式压缩机
运行稳定性	连续运行可靠性差	可靠性较好	可靠性较好
效率	易磨损泄漏、长期运行效率低	不易磨损，效率较高	效率低
平衡性	振动大，噪声高	振动小，噪声低	振动小，无气流脉动，噪声低
供气性能	往复间断性供气	输气平稳	输气平稳
适用范围	小流量、大压比，工况变化较大，单机功率较小	适用于中、低压力范围，排气压力一般不超过 4.5MPa	大流量、小压比、工况变化较小，单机功率较大

相对于一段增压，二段增压的压力要求较高（一般都超过 15MPa），压比较大，因此基本都采用往复式空气压缩机作为二段增压的压缩机。

2. 液相注入

对于减氧空气 / 泡沫驱驱，液相主要是水和稳定剂、起泡剂等化学药剂，其中化学药剂相对密度较小。在液相注入方面，各试验区块工艺流程也基本相同，而且液相注入技术简单、成熟，具体流程如图 6-2-13 所示。

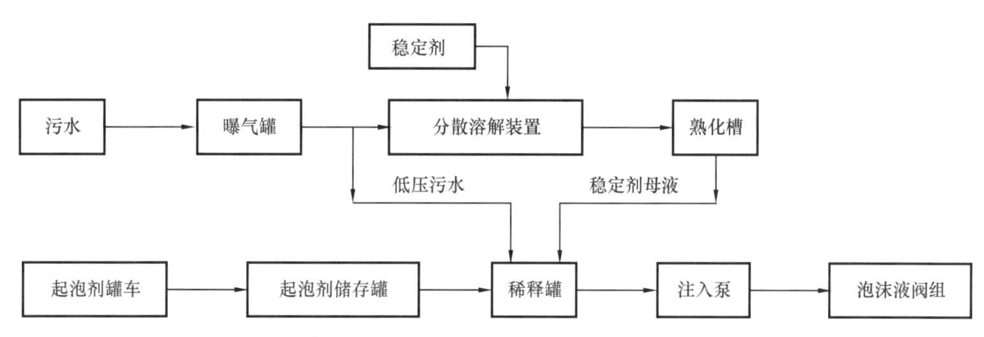

图 6-2-13　长庆油田五里湾减氧空气 / 泡沫驱液相注入流程示意图

三、采出液集输与处理技术

目前，中国石油减氧空气 / 泡沫驱开发试验处在前期摸索阶段，开发规模和采出液量相对较小。因此，各区块均没有针对试验而单独建设集输和处理系统，试验区采出液集输及处理基本依托原系统，即单井计量采用功图计量、采出液集输采用油气分输，到联合站内与其他采油井来液混合进原处理系统，脱水采用三相分离等。整体来看，原集输处理工艺技术能够满足试验区产液处理需求。

大港官 15-2 减氧空气 / 泡沫驱试验区采出液通过官 80 接转站，混输到官二七联合站进行油处理，如图 6-2-14 所示。集输系统采用井场（功图计量）→接转站→联合站的二级布站模式。转油站设分离缓冲罐实现气液分离，气供加热炉燃烧，液进入沉降罐实现简单的油水分离，水加热后供掺水流程使用，油进入联合站进一步脱水；联合站采用三相分离器 + 大罐沉降的方法实现油、气、水的分离：站外来液→三相分离器→沉降罐→输油泵→计量→外输。

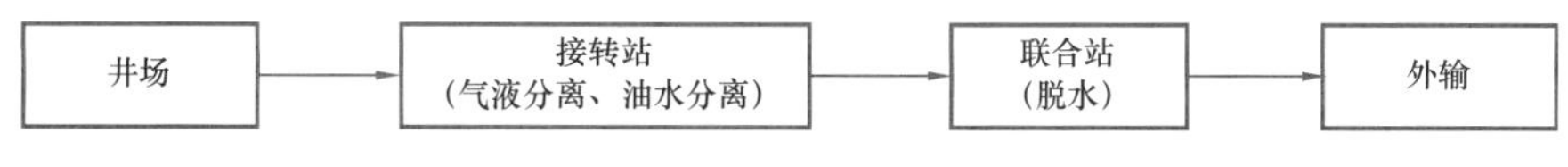

图 6-2-14　大港油田减氧空气 / 泡沫驱采出液集输示意图

油井产出气组分实现在线监测，实现各生产井产出气组分中的可燃气体与氧气含量的在线监测、实时显示。重点监测油井产出气中 N_2，O_2，CO_2 和 CH_4 等组分含量，建立了三种监测手段：

（1）便携式监测，每天监测 O_2，CH_4，H_2S 和 CO；

（2）色谱分析，每周监测 O_2，CH_4，CO_2，CO 和 N_2；

（3）在线监测，实时监测 O_2 和可燃气体。

若产出氧含量超过 3%，应及时执行应急措施。具体应对措施见表 6-2-3。

长庆油田五里湾油田减氧空气 / 泡沫驱试验区采出液与其他水驱采出液统一集输到南十二接转站进行处理。井组出油系统为密闭流程，伴生气被井组加热利用后，多余气体进入集气管网或燃烧放空，液相按原生产方式采用井场（功图计量）→增压点→接转站→联合站的三级布站方式。为避免因采出流体中氧含量达到爆炸极限而引发安全生产事故，对气相管路加装压力监控和 O_2 浓度在线监测装置，如监测气相氧含量≥3%，联锁电控阀紧急切断，井场停止采油，以确保生产安全。待检测氧含量达到安全阈值，重新进行采油作业和生产。

表 6-2-3　大港油田减氧空气 / 泡沫驱伴生气含氧量对应的措施

产出气中氧气含量 %	注入井措施	生产井措施
>3	启动预警，不间断监测	
3～5	分析注采工况，找出氧含量升高的原因	
5～8	注入停止	不间断监测，间断生产
>8	注入停止	油井关井，间断取样和放空
<3	恢复注入	恢复生产

联合站采用三相分离器实现油、气、水的分离：站外来液→加热炉→三相分离器→储油罐→输油泵→计量→外输。为避免试验区下游站场伴生气氧含量达到爆炸极限而引发安全生产事故，在站场分离缓冲罐进口和气相出口安装 O_2 浓度在线监测装置，如监测氧含量>2.5% 报警，人员须紧急切断加热炉供气，伴生气不点燃直接放空；如氧含量≥3%，上游相关试验井场全部联锁停井，及时排查超标井场。

五里湾试验区井场工艺流程示意图如图 6-2-15 所示。

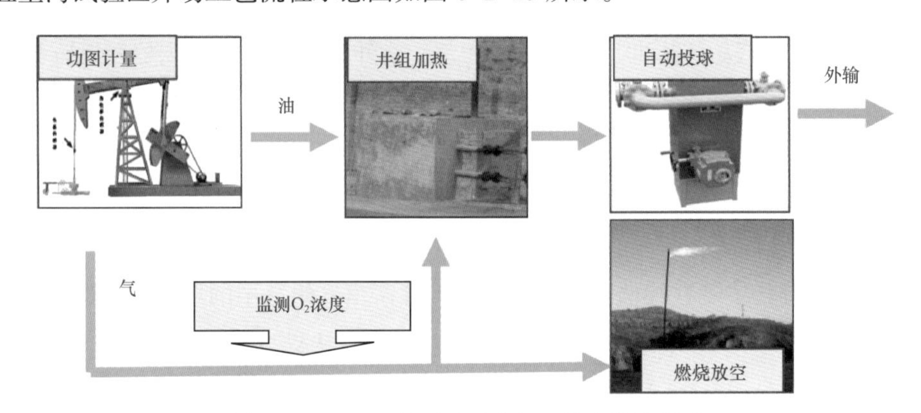

图 6-2-15　五里湾试验区井场工艺流程示意图

四、伴生气集输与处理技术

减氧空气 / 泡沫驱注入气中的氮气不与油藏中其他物质发生反应，且油藏虽消耗掉大部分氧气，但仍有少量随产液进入地面系统。因此，与常规伴生气相比，减氧空气 / 泡沫驱的伴生气中含有氮气和氧气等组分，尤其是氮气含量较高且有逐步升高的趋势。

由大港油田港东二区五断块减氧空气 / 泡沫驱先导试验部分采出井伴生气的气质变化情况（表 6-2-4）可以看出，伴生气中氧气含量很低，远低于工况条件下可燃性气体含氧

量安全限值；伴生气中氮气含量较高，呈逐步上升的趋势，将来在大规模工业化推广时，原地面处理系统将无法满足要求。

表 6-2-4 港东二区五断块部分油井伴生气气质情况 单位：%（摩尔分数）

时间	港 3-54-1				港 2-57-3				港 1-55k			
	CH_4	N_2	O_2	CO_2	CH_4	N_2	O_2	CO_2	CH_4	N_2	O_2	CO_2
2013.11.4	44.085	52.311	0	0.21	93.712	0.421	0.066	0.706	93.036	1.806	0.303	0.413
2013.11.27	56.336	38.767	0.185	0.353	93.163	0.625	0.065	0.807	90.501	4.858	0.281	0.311
2014.1.15	63.643	31.696	0.105	0.299	92.671	1.076	0.114	0.783	87.21	6.706	0.652	0.434
2014.3.6	42.742	53.451	0.09	0.259	91.156	3.496	0.13	0.45	85.204	9.428	0.294	0.37
2014.4.16	29.149	67.719	0.098	0.427	83.446	11.179	0.216	0.481	85.364	8.839	0.182	0.42
2014.5.15	29.827	67.033	0.068	0.731	80.255	14.49	0.194	0.443	88.469	4.082	0.189	0.498
2014.6.5	35.964	60.249	0.061	1.14	78.295	16.482	0.225	0.603	89.668	2.291	0.178	0.537
2014.7.9	34.059	61.851	0.06	1.379	80.37	17.719	0.206	0.95	90.334	1.411	0.331	0.59
2014.8.12	35.504	49.196	0.168	0.396	78.835	15.316	0.234	0.653	89.241	2.849	0.365	0.564
2014.9.16	48.624	47.6	0.168	0.86	80.071	13.644	0.296	0.662	87.631	5.319	0.059	0.523
2014.10.28	54.946	41.217	0.506	0.57	81.254	12.44	0.202	0.997	87.112	6.101	0.224	0.506
2014.11.26	52.943	43.246	0.177	0.644	78.429	14.659	1.276	0.732	89.14	4.142	0.141	0.478
2014.12.30	51.619	45.041	0.144	0.487	79.813	14.431	0.168	0.661	87.568	5.872	0.288	0.498
2015.1.28	33.698	62.891	0.18	0.533	80.991	13.011	0.142	0.735	87.323	6.74	0.066	0.442
2015.3.18	25.016	71.528	0.271	1.099	79.359	14.097	0.646	0.805	85.375	9.116	0.282	0.415

当前，中国石油减氧空气 / 泡沫驱开发试验规模较小，伴生气气量少，其集输和处理依托原流程，主要工艺是气液分离后的伴生气用作燃料。如大港官 15-2 区块伴生气在官西一转油站分离出来后，主要用作加热炉燃料和发电；长庆油田五里湾区块伴生气在井口进行分离后主要作为加热炉燃料，多余的气去放空或进入集气管网。

由于减氧空气 / 泡沫驱仍处于试验阶段，各试验区块对伴生气的气量和气质组分变化的跟踪和分析程度不够，伴生气集输和处理工艺也尚待进一步深入研究。

五、采出水处理技术

减氧空气 / 泡沫驱属于油田开发后期，二次采油和三次采油增产措施，这一时期的地面集输系统，尤其是采出水处理系统，均已形成完整体系。因其采出水水质并无明显变化，在已建采出水处理系统有能力可接收此部分水量的前提下，依托已建处理系统是最佳选择。但应该结合现场应用验证已建采出水处理工艺对减氧空气 / 泡沫驱采出水的适应性。

1. 采出水处理现状

大港油田和长庆油田减氧空气 / 泡沫驱区块的采出水处理均依托已建采出水处理系统。

大港油田减氧空气 / 泡沫驱试验在官 15–2 区块开展，官二七联合站脱出的采出水进入已建的官七采出水处理站进行处理。官七采出水处理站采用常规的除油、除悬浮物处理流程，即除油罐 + 一体化多功能处理器，处理后的采出水用于油田注水，工艺流程图如图 6–2–16 所示。

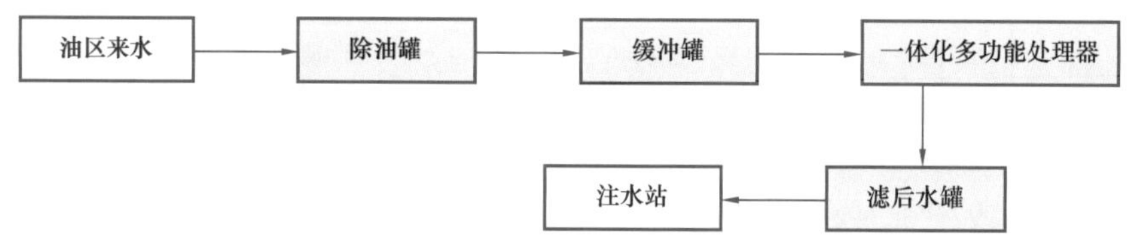

图 6–2–16　官七采出水处理站工艺流程

目前大港油田官七区块总采出水量为 4565m^3/d，未对其中的减氧空气 / 泡沫驱试验区采出水量进行单独计量。由于减氧空气 / 泡沫驱采出液进入联合站后，即与其他常规注水采出液混合，故没有单独测定其采出水水质指标。试验区采出水经官七采出水处理站处理后，其出水水质指标能够满足该区块的注水水质指标要求。

长庆油田五里湾试验区南十二接转站脱出的采出水进入该站已建的水处理站进行处理，工艺流程如图 6–2–17 所示。目前，仅采用简单的除油和除悬浮物处理流程，即采用除油罐简单去除污油和悬浮物，处理后的采出水用于油田注水。进站总采出水量为 1390m^3/d，未对其减氧空气 / 泡沫驱试验区采出水量进行单独计量。

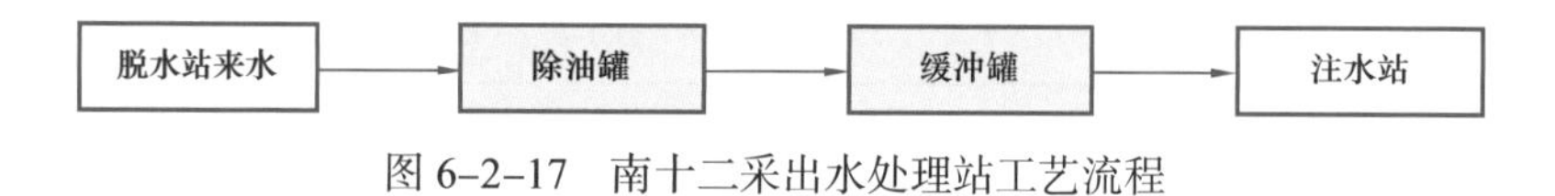

图 6–2–17　南十二采出水处理站工艺流程

2. 采出水处理工艺适应性分析

1）水质变化分析

胜利油田勘察设计研究院早在 2011 年即对减氧空气 / 泡沫驱采出水的性质进行了研究。实验结果表明，引入泡沫剂后，改变了采出液的界面张力和界面剪切黏度，从而使采出水乳状程度更加稳定，泡沫剂的质量浓度越高，乳化稳定性越强，这增加了采出水的处理难度，但完全在可控范围内，可以采用有针对性的破乳剂，降低其乳化程度。

大港油田和长庆油田在减氧空气 / 泡沫驱开发实验过程中，未对其采出水水质进行检

测，也未对其采出水性质变化进行研究，因此泡沫剂的存在对采出水处理的影响程度还缺乏理论支撑，只能通过实际应用来验证所依托工艺设施的适应性。

2）实际运行效果分析

在减氧空气 / 泡沫驱采出水处理的实际运行中，大港油田和长庆油田试验区采出水均与其他常规水驱采出水进行了混合，尽管没有混合比例的数据支撑，但均在一定程度上进行了稀释，降低了泡沫剂的影响程度。从实际处理效果看，少量减氧空气 / 泡沫驱采出水混入常规水驱采出水，依托已建常规水驱采出水处理系统，其处理后控制指标均能满足注水水质指标要求。

3）推荐工艺流程

通过针对大港油田和长庆油田减氧空气 / 泡沫驱采出水处理现状及已建采出水处理工艺的适应性分析，可以看出在少量泡沫驱采出水混入常规水驱采出水的情况下，目前常规采出水处理工艺是可以适应的。因此减氧空气 / 泡沫驱采出水在掺入常规水驱采出水的情况下，与常规水驱采出水处理主体工艺流程是相同的，如图 6-2-18 所示。

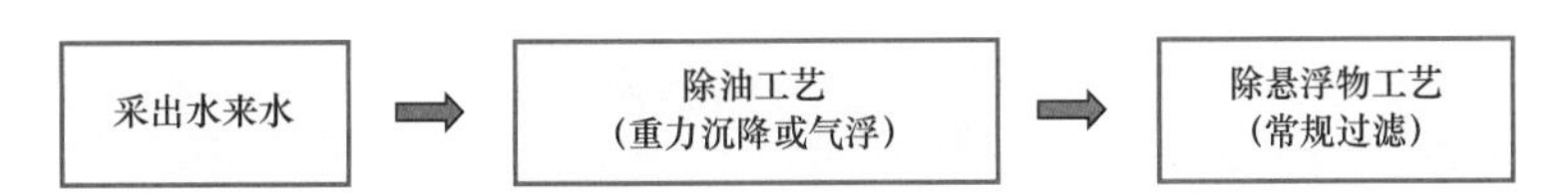

图 6-2-18　推荐的减氧空气 / 泡沫驱采出水处理工艺

泡沫剂改变了采出液的界面张力和界面剪切黏度，增加了采出水乳状程度和处理难度。已建常规水驱采出水处理工艺针对单独的减氧空气 / 泡沫驱采出水，是否完全适应，目前还缺乏理论和实际的数据支持，建议继续跟踪研究。

六、技术路线

1. 地面工艺技术路线

现阶段，由于中国石油减氧空气 / 泡沫驱重大现场试验仅处于先导试验阶段，规模小，采出液、伴生气、采出水的特性和变化趋势有待进一步明确，因此其地面工艺技术路线本书不进行推荐。

针对当前所处试验阶段，推荐以下工艺技术路线：

（1）空气注入系统——空气采用两段增压，膜分离减氧工艺。

（2）采出液处理工艺——延用水驱采出液的集输处理工艺，对部分关键参数进行适当调整。

（3）伴生气处理工艺——伴生气仅进行气液分离，作为燃料气。

工业化推广阶段的工艺技术路线有待取得进一步的试验结果和生产数据长周期跟踪和分析后进行深入的分析和研究。

2. 注入系统管材选择

由于当前阶段，采出物的集输和处理系统都依托原水驱系统，而且采出物没有更为复杂的腐蚀性组分出现，因此原采出物地面系统的管道材质可不变。

针对注入系统，由于注入含氧空气会产生一定的腐蚀，因此注入系统的管材选择建议如下：

（1）减氧空气管道，采用碳钢材质，低压部分采用20号无缝钢管，高压部分20G无缝钢管；

（2）高压注泡沫管道，采用内涂层防腐碳钢管，如环氧树脂内衬复合管等；

（3）高压注水管道，采用20G无缝管道；

（4）其余低压钢质管道，采用20号无缝钢管。

七、发展方向

（1）地面系统仍需进一步优化完善，以匹配工业化试验生产需求。长庆油田先后在靖安油田五里湾区和安塞油田王窑中西部开展了泡沫辅助减氧空气驱先导试验，并取得较好效果。目前先导试验形成的“低压去氧、自动配液、单机单井、在线监测”地面工艺技术无法满足工业化试验生产需求，地面注入系统和集输系统等方面仍需进一步优化完善，主要有以下几个方面：

① 先导试验注入设施均依托井场建设，单机单井的注入工艺无法满足规模化试验的要求；目前工业化试验采用“气液分注、井口混合”地面注入工艺，站外注入系统采用气、液双干管注入工艺，地面工程投资高，亟需开展气液两相混合输送注入工艺技术，确定气液两相混合点，采用集中建站模式，优化站外管网为单管，降低地面工程投资。

② 泡沫辅助减氧空气驱注入泡沫体系中的发泡剂（表面活性剂）随原油的开采进入采出液，从而对采出含水原油的流变特性、集输流动特性产生影响，采出液的稳定性、破乳问题以及分离规律也变得更加复杂。针对注入系统表面活性剂对已建集输系统的影响，亟需开展泡沫辅助减氧空气驱采出液的物性、流变特性进行详细的分析测试，制订泡沫辅助减氧空气采出液的相应破乳及分离技术，进一步优化完善地面集输工艺流程。

（2）减氧一体化装置的大型化研发和系列化研制。目前减氧空气/泡沫驱试验区块注入系统多为单井注入，不适宜工业化试验或大规模推广。故应开展减氧一体化装置的大型化研发和系列化研制，将空气压缩机、减氧装置和增压单元成套，增强装置机动性和组合性。

（3）提高注入气安全氧含量的配套技术。爆炸三要素中，可燃物爆炸极限是混合物本身性质，无法改变；点火源是生产过程中客观存在且难以确定来源和量化的；目前仅能采用控制注入气氧含量在爆炸临界氧含量以下来实现本质安全，这无疑在一定程度上增加了减氧成本，降低了低温氧化反应的驱油效果。而国外注空气驱大多数为纯空气注入，较少对空气进行减氧处理。

因此，为了进一步降低空气驱注气成本，助推其工业化试验和推广，应深入开展在保证生产安全的前提下，提高注入气安全氧含量的配套技术。

第三节　新设备和新材料

一、新设备

1. 气体膜分离技术

气体膜分离就是在压力驱动下，把要分离的气体通过膜的选择渗透作用使其分离的过程。目前，已大规模用于工业实践的气体分离膜装置主要采用高分子有机膜。膜分离的核心是利用了空气中不同组分在高分子材料上的扩散系数大小不同而达到气体分离的物理过程。不同的高分子膜对不同种类的气体分子的透过率和选择性不同，因而可以从气体混合物中选择分离某种气体。高分子材料被制成中孔纤维膜，气体在孔内部通过，末端得到所需要的减氧空气，侧面为排放的富氧气体。

减氧空气驱试验区块选用集成膜减氧分离技术，利用空气中的不同分子在透过高分子材料时的渗透速率差异而实现氮、氧分离。集成膜分离工艺原理流程如图 6–3–1 所示。

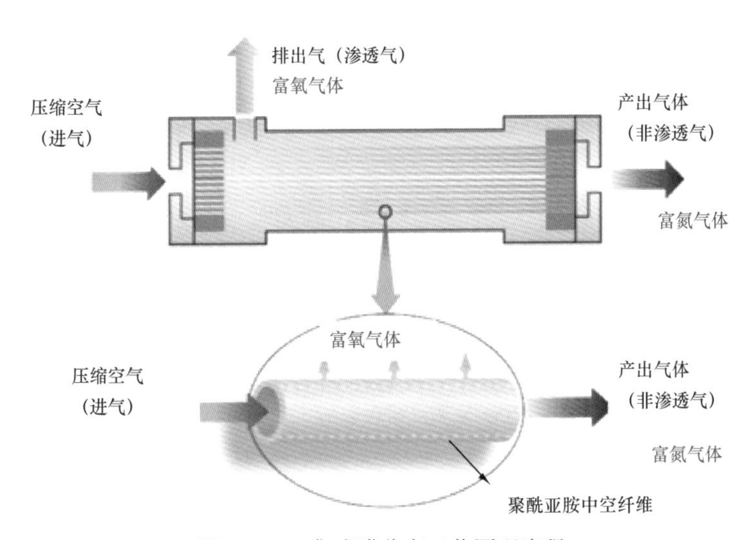

图 6–3–1　集成膜分离工艺原理流程

2. 膜减氧空气一体化集成装置

减氧空气成套装置结构形式为橇装，螺杆式压缩机、减氧机和增压机可以集成在同一橇装箱内；也可以螺杆式压缩机和减氧机集成一个橇，增压机为一个橇，橇箱之间采用快插接头进行连接，主要设备参数为产量≤420m^3/h，氧含量≤8%，排压≤25MPa。一体化装置整体安装到汽车上。目前，该装置设计单位已为青海油田制造了一套规模为 5×10^4m^3/d 高压空分膜减氧一体化成套装置，如图 6–3–2 至图 6–3–4 所示。

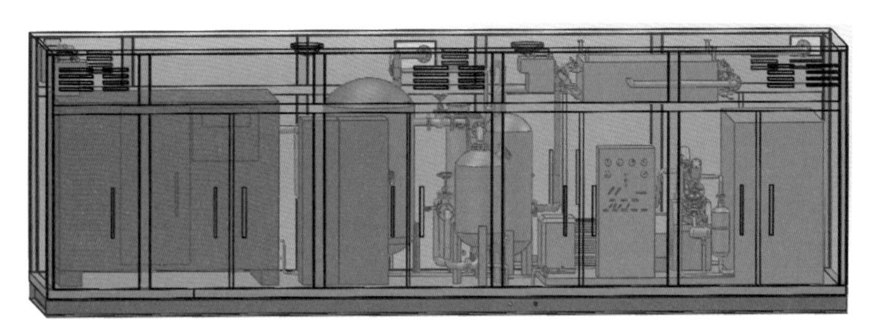

图 6-3-2 减氧空气成套装置结构形式示意图（一）

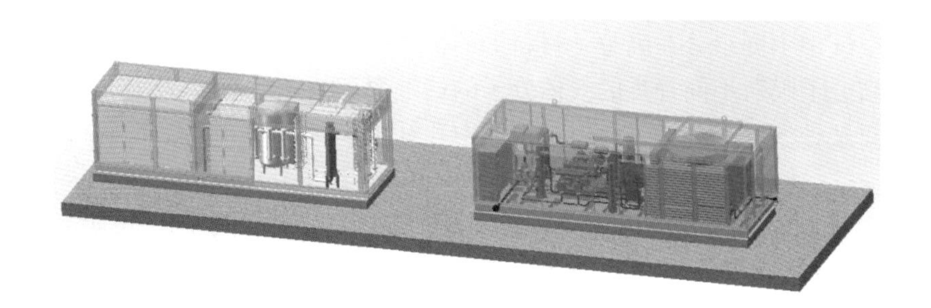

图 6-3-3 减氧空气成套装置结构形式示意图（二）

图 6-3-4 减氧空气成套装置实景图

3. 减氧空气 / 泡沫驱一体化注入设备

长庆油田根据目前试验区地面注入工艺要求，注入系统主要工艺设备均采用橇装设施，单井在井场配套柱塞泵、配液罐、空气压缩机和减氧机等设备，满足现场注入需求。图 6-3-5 为长庆油田减氧空气 / 泡沫驱地面注入系统主要设备。

4. 橇装除砂装置

针对采出液含砂情况，采用橇装除砂装置，除砂率大于 80%，已在吐哈油田使用。

图 6-3-5　长庆油田减氧空气 / 泡沫驱地面注入系统主要设备

二、新材料

1. 双金属复合管

减氧空气 / 泡沫驱注入端气液两相混合后对地面设备及管线的腐蚀较严重且影响因素较多，为降低地面注入系统腐蚀影响，同时减少运行成本，可以开展双金属复合管的试验应用研究。

双金属复合管由两种不同材质的材料内外复合而成，利用外基管承担管道系统的工作压力，利用内衬管承担管道输送流体的耐腐蚀要求。目前机械式双金属复合管行业工艺方法主要有爆炸复合法、拉拔复合法、液压复合法和机械旋压法。

常用基管材质：X42–X80，20#，20G，J55N，80P，110S，16Mn，Q235；

常用衬管材质：304，316L 和 904L 等奥氏体不锈钢，2205 等双相不锈钢，825 等镍基合金、铜及铜合金、钛及钛合金等。

2. 玻璃钢材质

玻璃钢材质应用于污水罐、单井集输干线和污水管线，施工周期短、耐腐蚀性好，使用寿命长。

3. 柔性高压复合管

柔性高压复合管材质应用在单井集输管线和稀油管线，施工周期短，耐腐蚀性好。

参考文献

[1]汤林，等. 油气田地面工程关键技术［M］. 北京：石油工业出版社，2014.

[2]何江川，王元基，廖广志. 油田开发战略性接替技术［M］. 2版. 北京：石油工业出版社，2018：200-300.

[3]廖广志，马德盛，王正茂，等. 油田开发重大试验实践与认识［M］. 北京：石油工业出版社，2018.

[4]马德盛，王强，王正波，等. 提高采收率［M］. 北京：石油工业出版社，2019.

[5]汪成，王少华，孙永涛，等. 一种耐高温泡沫体系的驱油效率影响因素分析［J］. 当代化工，2015，11：2602-2604.

[6]Dong Xiaohu，Liu Huiqing，Pang Zhanxi，et al.Experinments on Air Foam Flooding in Light-oil Reservoirs at Different Water Cut Stage［J］. Journal of China University of Petroleum：Edition of Narutal Science，2013，37（4）：124-128.

[7]吴永彬，李晓玲，赵欣，等. 泡沫油稳定性主控因素实验研究［J］. 现代地质，2012，26（1）：184-190.

[8]陈振亚，于洪敏，张帆，等. 明15块空气泡沫驱低温氧化反应动力学模型及影响因素分析［J］. 科学技术与工程，2012，20（18）：4363-4368.

[9]沈焕文，赵辉，刘媛社，等. 五里湾长6油藏复合空气泡沫驱试验效果评价［J］. 低渗透油气田，2011，30（1）：137-140.

[10]于洪敏，任韶然，左景栾. 空气泡沫驱数学模型与数值模拟方法［J］. 石油学报，2012，33（4）：653-657.

[11]王正茂，廖广志，蒲万芬，等. 注空气开发中地层原油氧化反应特征［J］. 石油学报，2018，39（3）：314-319.

[12]Niu B L，Ren S R，Liu YH，et al. Low Temperature Oxidation of Oil Components in an Injection Process for Improved Oil Recovery［J］.Energy & Fuels，2011，25（10）：4299-4304.

[13]任韶然，黄丽娟，张亮等. 高压高温甲烷—空气混合物爆炸极限试验［J］. 中国石油大学学报（自然科学版），2019，43（6）：98-103.

[14]廖广志，杨怀军，蒋有伟，等. 减氧空气驱适用范围及氧含量界限［J］. 石油勘探与开发，2018，45（1）：105-110.

第七章　二氧化碳驱地面工程

二氧化碳（CO_2）驱油提高采收率是一项具有战略意义和重大发展前景的技术，在提高原油采收率的同时还可实现 CO_2 封存，有利于推动国家和企业的 CO_2 减排工作。目前，我国在 CO_2 驱地面工程方面，已探索形成了 CO_2 捕集与输送、CO_2 注入及采出物处理等关键技术体系，已实现工业化推广应用。

第一节　概　　述

CO_2 注入油藏后，可有效降低原油黏度、改善原油与水的流速比、使原油体积膨胀、萃取和气化原油中的轻质组分，实现混相驱，整体驱油效果十分突出。

一、驱油机理

二氧化碳（CO_2）在油和水中溶解度都很高，原油中溶有注入的 CO_2 时，性质会发生变化，甚至油藏物性也会得到改善。CO_2 作为驱油介质，与水和其他气体介质相比有显著不同。与水相比，地层吸收 CO_2 能力更强，注 CO_2 能够有效补充地层能量；与其他气体驱油介质相比，CO_2 在油藏条件下更易达到超临界状态。注 CO_2 驱油提高采收率的机理很多，主要有降低原油黏度、改善原油与水的流速比、使原油体积膨胀、萃取和气化原油中的轻质组分实现混相驱、分子扩散作用、降低界面张力、溶解气驱和改善储层渗透率等[1, 2]。CO_2 驱原理示意图如图 7-1-1 所示。

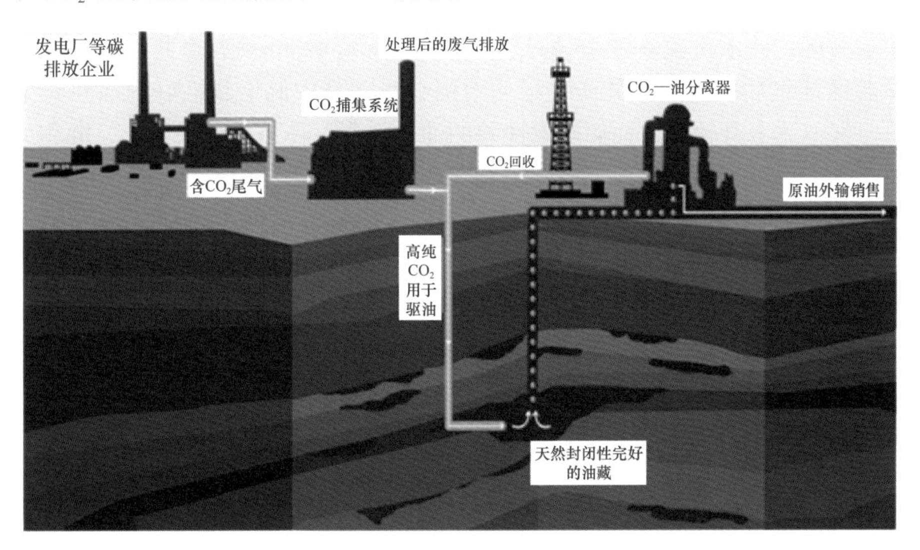

图 7-1-1　CO_2 驱原理示意图

CO_2驱又分为混相驱和非混相驱。CO_2混相驱是注入的CO_2与原油多次接触，在多次接触过程中，CO_2将原油中的轻质组分抽提到注入的CO_2相中，与此同时，CO_2也会凝析于原油中，两种流体通过多次接触逐步形成混相，与CO_2达到混相的原油将具有比之前更低的黏度、更高的流度和更低的界面张力，有利于被采出[3]。当油藏压力不够或油藏原油组分不利于混相时，注入的CO_2将无法与油藏原油形成混相，此时驱油机理主要是使原油体积膨胀、降低原油黏度、提抽轻质组分和溶解气驱作用。总的来说，在开采油藏残余油时，CO_2混相驱效果更突出[4]。

二、发展历程及驱油效果

国内自20世纪60年代开始关注CO_2驱油理论和技术，90年代国内多个油田相继开展CO_2驱油矿场试验，但由于油藏类型与国外不同，国外成熟的技术和做法无法照搬使用，且受到气源的限制，国内CO_2驱油发展缓慢。随着吉林长岭含CO_2气藏的发现与开发，中国石油在吉林油田率先推动了CO_2驱工业化技术研究和实践，随后又分别在大庆油田和长庆油田开展了CO_2驱工业化试验和先导试验并取得了成功。

1. 吉林油田

2005年，吉林油田发现可规模开发的长岭含CO_2火山岩气藏，CO_2含量23%，火山岩气藏与大情字井油田上下叠置，且油田具备混相驱条件，实施CO_2驱油与埋存优势明显。中国石油高度关注含CO_2天然气清洁开发和CO_2资源化利用问题，提出CO_2捕集、CO_2驱油与埋存一体化（CCS-EOR）概念。整理2002年以来CO_2驱先导试验成果，2007年开始成规模开展CO_2驱替试验，在大情字井油田相继建成黑59、黑79南扩大、黑79北小井距、黑46工业化应用4类CO_2驱试验区。

1）原始油藏CO_2驱开发试验

2008年，在中国石油天然气股份有限公司的部署和支持下，吉林油田建成了黑59 CO_2先导试验区，注采规模4注25采，井网为160m×440m反九点井网，注入层段为青一段，试验区注气后，初期油井产量平均增幅56%，其中储层物性好的油井先见到混相增油效果，气油比上升较快，而储层物性差的油井，受气体波及效果影响，混相见效时间较晚，通过局部区域增加注入量，油井仍能实现混相见效，但混相增油效果相对较差。到2014年，受液相注入成本影响，停止注气，试验阶段累计注气27.3×10^4t，累计产出CO_2 1.1×10^4t，累计产油13.8×10^4t，阶段累计增油3.9×10^4t，较水驱提高采收率10.4个百分点。

2）低含水水驱油藏转CO_2驱开发试验

2010年建成了黑79南扩大CO_2驱试验区，注采规模18注62采，井网为160m×440m反九点井网，注入层段为青一段，试验区注气后，气油比快速上升到200m^3/m^{3}以上，见效较早的油井初期表现为能量补充见效特征，产液量上升明显，后期含水下降，产量上升，2014年受气源影响，停止注气，阶段累计注气41.2×10^4t，累计产出CO_2 2.1×10^4t，埋存率为94.9%，累计产油29.8×10^4t，阶段采出程度12.4%，累计增油3.8×10^4t，阶段

采出程度较水驱提高 1.6%，预测较水驱提高采收率 14.5%。

3）高含水水驱油藏转 CO_2 驱开发试验

2012 年，为进一步加快工业化应用步伐，快速形成 CO_2 驱工业化应用配套技术，建成了黑 79 北小井距 CO_2 驱试验区，注采规模 10 注 27 采，井网为 240m × 80m 反七点井网，注入层段为青一段，采用超临界方式注入。经过 6 年多的攻关和实践，试验区实现了全面混相见效，油井降水增油效果明显，部分单井含水下降 40% 以上，大部分油井 CO_2 含量超过 90%。从 2012 年 7 月开始试注，10 月实施稳定注气，共经历了能量补充、促进 CO_2 波及体积扩大、控气提效三个试验阶段，到 2018 年 6 月，累计注气 19.5×10^4t，折合烃类孔隙体积 0.60HCPV（含烃孔隙体积），试验区日产油量持续保持在 35t 以上，峰值日产油达到 41t，产量较水驱递减提高 4 倍以上，累计增油 3.3×10^4t，含水下降 12%。经过初步评价，小井距试验区阶段提高采出程度 15.6%，较水驱递减提高采收率 25% 以上。

4）工业化应用 CO_2 驱开发试验

2014 年，在黑 46 区块建立了工业化应用试验区，注采规模 27 注 132 采，井网方式为 300m × 300m 正方形反九点法、106m × 212m 正方形五点法和 150m × 600m 菱形反九点法等三种井网，注入层段为青一段，受气源影响，试验区注气不连续，为快速实现区块混相见效，2017 年，将黑 46—I 区调整为集中注气区，方案调整后，集中注气区地层压力逐渐升高，有 19 口油井见到降水增油效果，气油比和 CO_2 含量逐渐上升，混相特征明显，日产油较水驱递减提高 79%。试验区目前累计注气 40.4×10^4t，阶段累计产油 11.1×10^4t，累计增油 1.86×10^4t，预测较水驱提高采收率 11.5%。

2. 大庆油田

大庆油田早在 1991 年开始进行 CO_2 驱试验，由于存在腐蚀严重、驱油效果不明显等问题，1996—2001 年没有再进行相关试验。随着油田开发的不断深入，外围油田投入开发的储量品位逐渐变差，开发难度越来越大，主要体现在：特低渗透地质储量 10.16×10^8t，其中长垣外围为 8.22×10^8t（主要集中在扶杨油层）、海拉尔为 1.94×10^8t；长垣外围渗透率低于 2mD 的储层水驱难以有效动用。与长庆油田低渗透油藏对比，大庆油田孔喉半径小、分布范围窄、水驱启动压力梯度高，更难于开发。通过调研，CO_2 驱具有膨胀、降黏、萃取、降低界面张力等机理；国外混相驱可提高采收率 7.5%～15.6%；非混相驱项目较少，可提高采收率 5.0%～9.9%。因此，大庆油田为了满足开发需要，从 2002 年开始利用自身 CO_2 气源井、伴生气脱碳回收 CO_2 以及外购 CO_2 等渠道恢复试验，规模逐年扩大。迄今，历经 20 世纪 90 年代早期试验、先导试验、扩大实验、水敏油藏先导试验和工业化试验 5 个阶段。

1）早期试验

试验区位于萨南东部过渡带南 3-3- 丙 45 井区，主要目的层位为葡 Ⅰ2 油层和萨 Ⅱ10-14 油层。开发层系组合为葡 Ⅰ2 油层试验结束后，上返至萨 Ⅱ10-14 油层，采用五点面积井网，4 注 9 采。1991 年 7 月至 1993 年 3 月开展葡 Ⅰ2 油层水气交替试验，投产前含水 98.6%，累计注水 1.17PV，累计注入 3.34×10^4t CO_2（约为 0.215PV），累计产油

量 1.42×10^4t，阶段采出程度 4.67%，阶段换油率 0.43t/t，CO_2 埋存率 71.5%。为了进一步评价萨尔图油层效果，1994 年 5 月至 1995 年 7 月开展了萨Ⅱ10–14 油层水气交替注入试验，投产前含水 98.1%，累计注气 2.52×10^4t（0.193PV），累计水气比为 2∶1，累计产油 1.01×10^4t，阶段采出程度 5.7%，阶段换油率 0.40t/t，CO_2 埋存率 68.7%。

试验结论：萨南东部过渡带中高渗透油藏特高含水期 CO_2 非混相驱矿场试验采收率提高 4～5 个百分点，换油率 0.42t/t；萨南东部过渡带中高渗透油藏特高含水期 CO_2 非混相驱含水下降幅度低，最大降幅 3.5 个百分点；萨南东部过渡带中高渗透油藏 CO_2 非混相驱气体黏度低，非均质性严重，易出现黏性指进及窜流，通过水气交替可以缓解；萨南东部过渡带项目整体经济效益不明显。

2）先导试验

2003 年，在宋芳屯油田南部芳 48 区块开展了 CO_2 驱油先导现场试验，见到较为明显的注气驱油效果。目的层位 FⅠ7，空气渗透率 1.26mD，射开有效厚度 7.2m。原始地层压力 20.4MPa，最小混相压力 41.3MPa，为 CO_2 非混相驱。单独开采 FⅠ7 层，采用拟五点法井网，井距 80～300m，注气井 1 口，采油井 5 口，单井日注气 15t。2003 年投入 CO_2 驱开发，5 口油井中 4 口压裂，初期单井日注气 5t，单井日产油 3.3t。累计注入液态 CO_2 3.0×10^4t，累计产油 1.46×10^4t，阶段采出程度 14.7%，阶段换油率 0.47t/t，CO_2 埋存率 83.7%。

3）扩大试验

2007 年开展了芳 48 区块和树 101 区块注 CO_2 驱油扩大现场试验，进一步探索适合大庆油田外围低—特低渗透复杂断块油层科学有效开发的新技术。

芳 48 区块注 CO_2 驱油扩大现场试验，主要目的层位为 FⅠ3 和 FⅠ7，空气渗透率 1.26mD，射开有效厚度 7.3m。开发层系为 FⅠ—FⅢ 组油层，采用五点法井网，400m×250m，300m×150m 和 300m×100m 三种井距，注气井 14 口，采油井 26 口，初期单井日注气 17t。2007 年 11 月注气，2009 年 4 月油井投产，初期单井日注气 22t，单井日产油 0.2t，受效后单井日产油 0.6t，2014 年实施水气交替，累计注气量 25.4×10^4t，累计产油 1.25×10^4t，阶段采出程度 1.86%，阶段换油率 0.05t/t，CO_2 埋存率 97.6%。

树 101 区块注 CO_2 驱油扩大现场试验，主要目的层位为 YⅠ6，YⅡ4^1 和 YⅡ4^2，空气渗透率 0.96mD，射开有效厚度 9.6m。原始地层压力 20.05MPa，最小混相压力 32.2MPa，开发层系为 YⅠ6，YⅡ4^1 和 YⅡ4^2，采用矩形五点井网，井距 300m 和 250m、排距 250m，注气井 7 口，采油井 17 口，初期单井日注气 15t。注气井 2007 年 12 月投注 2 口，2008 年 7 月投注 5 口，2008 年 11 月注气站投入运行，注气半年后油井投产。初期单井日注气 25t，受效后单井日产油 2.7t，累计注气量 19.90×10^4t，累计产油 8.00×10^4t，阶段采出程度 6.77%，阶段换油率 0.40t/t，CO_2 埋存率 92.4%。

4）水敏油藏先导试验

2011 年开展了海拉尔贝 14 区块注 CO_2 驱油先导性现场试验，探索水敏性油藏科学有效开发的新技术。目的层为兴安岭 1～14 号层，空气渗透率 1.12mD，射开有效厚度 26.4m。原始地层压力 17.6MPa，最小混相压力 16.59MPa，为 CO_2 混相驱。采用一套层系

开发，反九点法面积井网、200m×200m 井距，其中注气井 9 口，采出井 31 口，单井日注气 30t。注气分两期实施，2011 年 10 月一期投产 4 注 15 采，2015 年 2 月二期投产 5 注 16 采。累计注气量 18.60×10^4t，阶段累计产油 6.50×10^4t，阶段采出程度 1.96%，累计换油率 0.35t/t，CO_2 埋存率 86.7%，预测最终采收率 35.6%。

5）工业化试验

2014 年开展了"榆树林油田难采储量 CO_2 非混相驱工业化试验"和"海拉尔苏德尔特油田 CO_2 混相驱 10×10^4t 工业化试验"，截至 2019 年底，试验阶段累计注气量 161.6×10^4t，累计产油 53.7×10^4t。

榆树林油田难采储量 CO_2 非混相驱工业化试验分为树 101 工业化试验区和树 16 工业性试验区。其中，树 101 工业化试验区为新区块直接注气，开发层系为 $F31^3$，$F21^2$，Y16，$Y24^1$ 和 $Y24^2$，采用五点法井网，300m×250m 和 350m×200m 两种井距，37 注 85 采，初期单井日注气 10t；树 16 工业性试验区为水驱转气驱，开发层系为 Y15，Y22 和 Y25，采用线性注气井网，300m×300m 井距，33 注 55 采，初期单井日注气 10t。截至 2019 年底，累计注气 76.8×10^4t、累计产油 25.55×10^4t。树 101 试验区预计采收率为 21%，比同类区块驱提高 9%；树 16 区块水驱采收率预计为 12%，根据目前开发预测气驱采油率为 19%，比水驱提高 7%。

海拉尔苏德尔特油田 CO_2 混相驱 10×10^4t 工业化试验区，开发层系为兴安岭 1～26 号层，采用反九点井网，200m×200m 和 141m×141m 两种井距，29 注 101 采。截至 2019 年底累计注气 84.8×10^4t、累计产油 28.15×10^4t。预计采收率为 20%，比同类区块水驱提高 9%。

3. 长庆油田

为了确保长庆油田长期稳产和进一步提高采收率，2014 年中国石油决定在长庆油田黄 3 区开展 CO_2 驱先导试验。2014 年 11 月"长庆油田 CO_2 驱先导试验方案"审查通过并批复，试验区部署 9 注 38 采（中心井 4 口）。2017 年 7 月 1 日，长庆油田黄 3 区 CO_2 试注站顺利投运，站点设计压力 25MPa，注入能力 160t/d，CO_2 存储能力 200t，可满足试验区先导试验 9 口井注入部署的注入要求。截至 2018 年底，试验区累计注入液态 CO_2 约 27700t，注入压力 17.0～19.0MPa。

黄 3 区 CO_2 注入后地层压力保持水平由 71.4% 上升到 96.3%。试验井组 26 口油井初步见效，见效比例 59.1%，平均单井日产油由 0.93t 增加到 1.55t，累计增油 3666t，平均见效周期 63 天。从试验动态来看，如果试验区未发生明显见气，并且地层压力高于最小混相压力，则可以实现 CO_2 与原油在地下混相。

三、地面工程建设情况

1. 总体工艺

通过近 30 年来的技术攻关，我国在 CO_2 驱地面工程技术方面取得了重大进展，已形

成了 CO_2 捕集、CO_2 长距离超临界管道输送（100km 以下）、CO_2 超临界注入技术、采出流体集输处理技术、CO_2 循环注入技术以及低成本 CO_2 腐蚀与防护技术等成熟可靠的配套地面工艺技术。

1）CO_2 捕集和输送

（1）CO_2 捕集。国内 CO_2 驱所用的 CO_2 主要来自于高含 CO_2 气藏或外购液态 CO_2 产品。目前规模较大区块主要依托高含 CO_2 天然气井，通过对天然气进行净化，脱除其中的 CO_2，而后将脱除出的 CO_2 酸气进行净化。

在脱 CO_2 工艺方面，基本都采用醇胺法处理含 CO_2 天然气，国内基本采用活化 MDEA 脱 CO_2 工艺。

（2）CO_2 输送。目前，国内各试验区由于受到 CO_2 气源制约，大部分区块都采用汽车拉运方式，吉林油田已开展过 CO_2 气相和液相及超临界输送攻关，目前已实现短距离的超临界输送。但从今后大规模工业化推广和提升经济效益的角度出发，推荐管道输送，特别是超临界输送。

2）CO_2 注入技术

国内各试验区多采用液相注入，采用单泵对多井高压液态注入工艺居多。目前吉林油田已实现了超临界注入工艺技术。从对气源气质要求和操作运行成本角度出发，推荐采用超临界注入工艺。

3）采出物集输技术

国内各试验区块井口采出物集输都依托已建集输处理流程，多数采用三级布站方式，集油工艺技术多以小环状掺输 / 羊角式环状掺水、油气混输为主。

4）采出物处理技术

在采出液方面：由于 CO_2 驱采出液处理难度大于常规水驱采出液，通常在采用“一段自然沉降 + 多段热化学沉降”的脱水工艺的基础上，需增加沉降罐的容量，确保采出液在罐内的停留时间增加 1 倍，同时还可升高脱水炉温度及增加破乳剂用量的方法来处理；针对更难处理的采出液，采取“化学沉降 + 电脱水破乳”的方式。

在采出气方面：采出气中 CO_2 浓度均随注入时间而变化，且气中含有液烃，在初期各试验区块采出气主要经气液分离和干燥后用于燃料气，后期已逐步发展成采出气超临界循环注入，采出气经气液分离、过滤、增压、脱水后再增压注入。

2. 油田建设现状

目前，国内开展过 CO_2 驱试验的主要油田包括有中国石油大庆油田的萨南油田、海拉尔油田和榆树林油田，吉林油田的大情字井油田，长庆油田的姬塬油田，以及中国石化苏北草舍油田、胜利油田纯梁采油厂和腰英台油田等，其中中国石油的相关 CO_2 驱试验区正在进行工业化推广。

1）吉林油田

吉林油田 CO_2 驱经历了前期试验、黑 59 先导试验、黑 79 扩大试验和黑 46 推广试验 4 个阶段。前期试验阶段在吉林油田多个区块进行，采用小站注入工艺。先导试验阶段是

2008 年 10 月建成投运的黑 59 CO_2 驱先导试验站，扩大试验阶段是 2010 年 4 月投产试注的黑 79 CO_2 驱扩大试验站，工业化推广阶段是 2014 年 9 月投注的黑 46 超临界注入站。截至 2018 年底，吉林油田共建成 CO_2 驱产能 36×10^4t/a，井组 35 座、集输站场 5 座、改造联合站 1 座、集输管道 386.14km。

（1）黑 59 CO_2 驱先导试验工程。

黑 59 CO_2 驱先导试验站采用固定建站，地面工程建成 CO_2 捕集、输送、注入、采出流体集输分离四大系统，形成了完整的密闭循环系统。设计有 6 注 25 采，2008 年 11 月投入试验，是国内首例从气源集气、CO_2 气输送、CO_2 液化注入及采出物气液分离，产出气循环注入地面工程各工艺环节较完整的试验工程。黑 59CO_2 驱先导试验工程共建有长深 2 CO_2 集气站 1 座，长深 4 CO_2 脱水站（15×10^4m^3/d）1 座，CO_2 液化储存等设施，停产前年注气量 5.11×10^4t，年产油量 2.47×10^4t。

① 液化系统：CO_2 气液化采用氨冷工艺，设计生产能力 300t/d。

② 注入系统：先期采用液相 CO_2 注入，规模 240t/d；后期采用超临界循环注入，试验装置规模 5×10^4m^3/d。

③ 采出液系统：采出液的收集采用单井—计量间—转油站集油方式，计量间集中油水计量，转油站经计量间至单井供掺水保温。站外集输油管道采用芳胺类固化的玻璃钢管材，掺水管道采用碳钢管材，井场及站内管道、阀门选用不锈钢材质。

（2）黑 79 南区块扩大试验。

黑 79 南 CO_2 驱扩大试验站采用水气交替的注入方式，18 注 60 采。平均单井日注 30t 液态 CO_2，井口最大压力不超过 23MPa。试验工程建有黑 79 南注入站 1 座；站外计量及油气分离操作间 5 座，其中 4 座与 CO_2 配注间合建，年注气量 9.6×10^4t，年产油量 5.99×10^4t。

① 注入系统：采用单泵对多井高压液相 CO_2 注入工艺，注入规模 720t/d。

② 采出液系统：试验区内油井采出液采用小环掺水、串井连接流程进黑 79 试验站，再输至大情字井联合站处理。

（3）黑 46 CO_2 驱工业化应用试验。

黑 46 CO_2 驱工业化应用试验区块包括黑 79 北、黑 75、黑 46、黑 46 北和黑 71 共 5 个区块，共建设注入井 26 口，改造油井 299 口，区域内有已建油井计量站 20 座、接转站 2 座，新建有黑 46 CO_2 超临界循环注入站 1 座（为国内首座超临界循环注入站场，并建有 20×10^4m^3/d 产出气处理装置），CO_2 输气干线 26km（从净化厂补充 50×10^4m^3/d CO_2），是国内首个较大规模 CO_2 驱油工业化推广工程，最终建成产能 50×10^4t/a，目前年注气量 20.8×10^4t，年产油量 4.68×10^4t。

黑 46CO_2 驱工业化推广地面工程系统建设包括气源处理系统、CO_2 气输送系统、CO_2 注入系统、CO_2 驱采出物集输处理及伴生气循环利用系统。CO_2 驱油地面工程系统示意流程如图 7–1–2 所示，CO_2 原料气采用压缩机超临界注入工艺。

① 注入系统：采用超临界循环注入工艺，设计规模 60×10^4m^3/d，注入气为产出气和净化厂 CO_2 气的混合气。

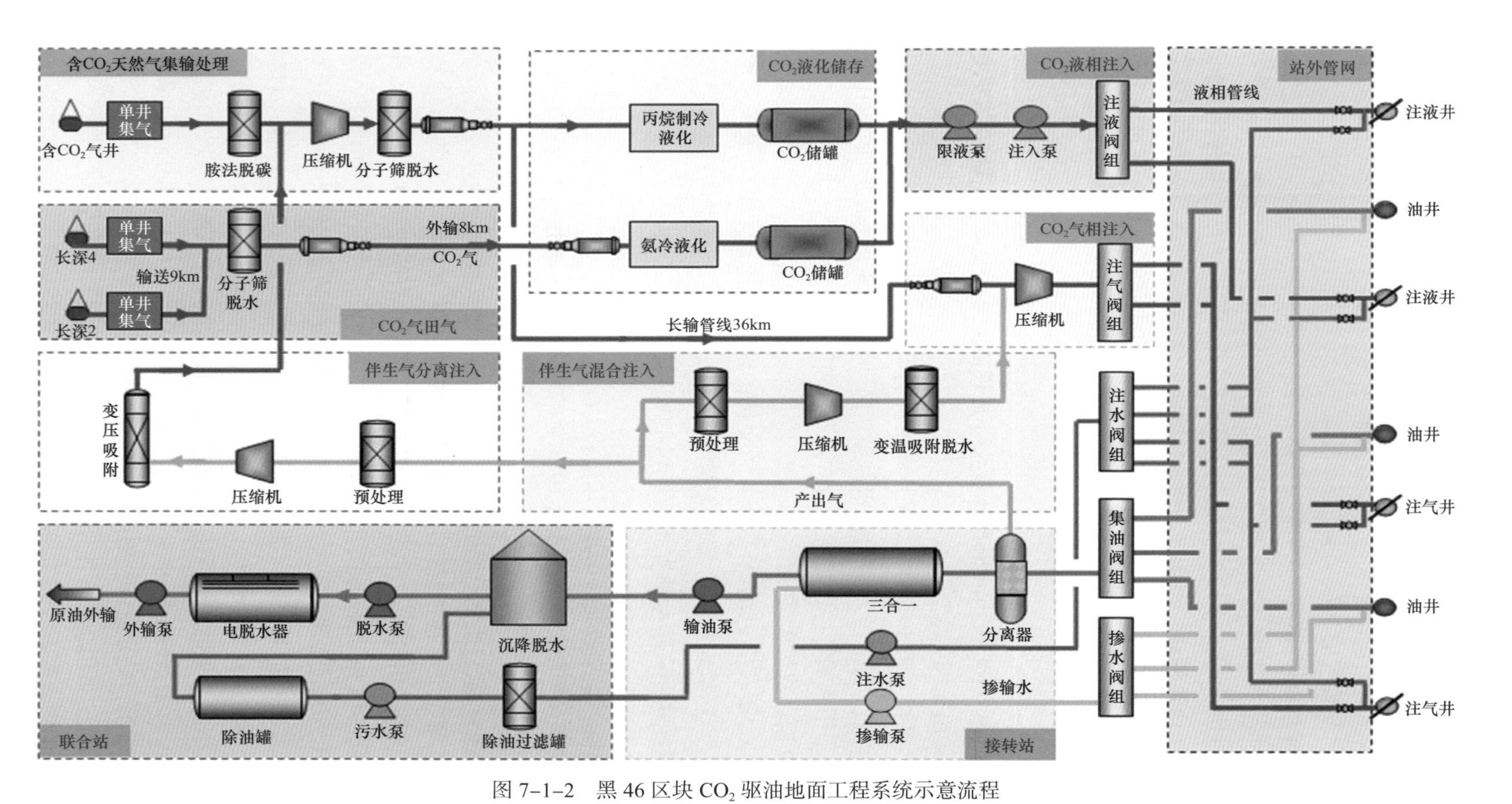

图 7-1-2 黑 46 区块 CO_2 驱油地面工程系统示意流程

② 采出液系统：利用已建小环掺水流程进入计量间，单井环产液量经卧式翻斗计量，减差经水表计量的掺水量后，实现单环液计量；初期采用油气混输工艺，中后期产气量大幅增加后采用气液分输工艺，油气进黑 79 试验站，再输至大情字井联合站处理。

③ 采出气系统：采用变温吸附脱水工艺，规模 $20\times10^4m^3/d$。

2）大庆油田

大庆油田从 1991 年开始进行 CO_2 驱试验，至今历经 20 世纪 90 年代早期试验、先导试验、扩大实验、水敏油藏先导试验和工业化试验 5 个阶段。当前，大庆油田 CO_2 驱试验区建设主要有榆树林油田 CO_2 驱试验区和海拉尔油田 CO_2 驱试验区。

（1）榆树林 CO_2 驱。榆树林油田 CO_2 驱注入是采取水气交替注入方式，即注气与注水采取一管双注，试验区块共建设注入井 77 口、采油井 157 口、油井计量间 3 座、接转站 1 座、CO_2 液化站 1 座、注入站 1 座、注气间 5 座、气态 CO_2 输气管道 13.8km、液态 CO_2 供气管道 10.7km、集输管道 46.7km、CO_2 注入管道 49.4km，建成产能 $6.3\times10^4t/a$。榆树林工业化试验区分布图和地面系统流程图分别如图 7-1-3 和图 7-1-4 所示。

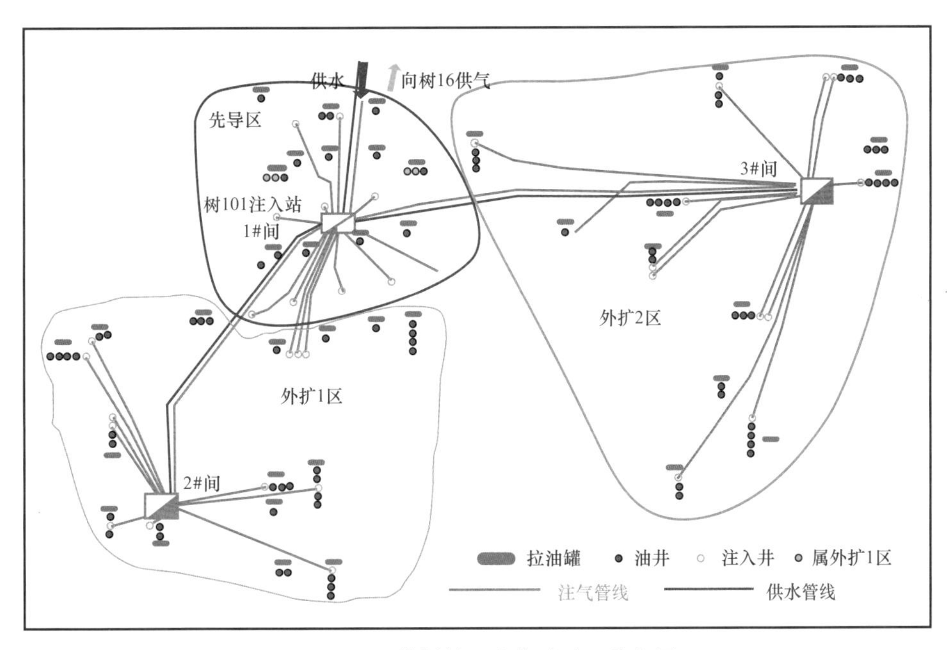

图 7-1-3　榆树林工业化试验区分布图

① 液化系统：采用氨冷工艺制冷液化，处理能力 $20\times10^4t/a$，液态 CO_2 供气管道 10.7km。

② 注入系统：采用 CO_2 液相注入工艺，树 101 及树 16 站试验区集中注入，注入能力 889t/d。

③ 采出系统：采用“羊角式环状掺水、油气混输集油工艺”，接转站内采用“双气—双液分离接转工艺”。

（2）海拉尔油田 CO_2 驱。海拉尔油田 CO_2 驱试验区共建设注入井 38 口、采油井 130 口、集油间 5 座、接转注入站 1 座、CO_2 液化站 1 座、注气间 3 座、集输管道 81.3km、CO_2 注入管道 17.9km，并建成贝 14 区 $9\times10^4t/a$ 超临界回收循环注入系统，建成产能

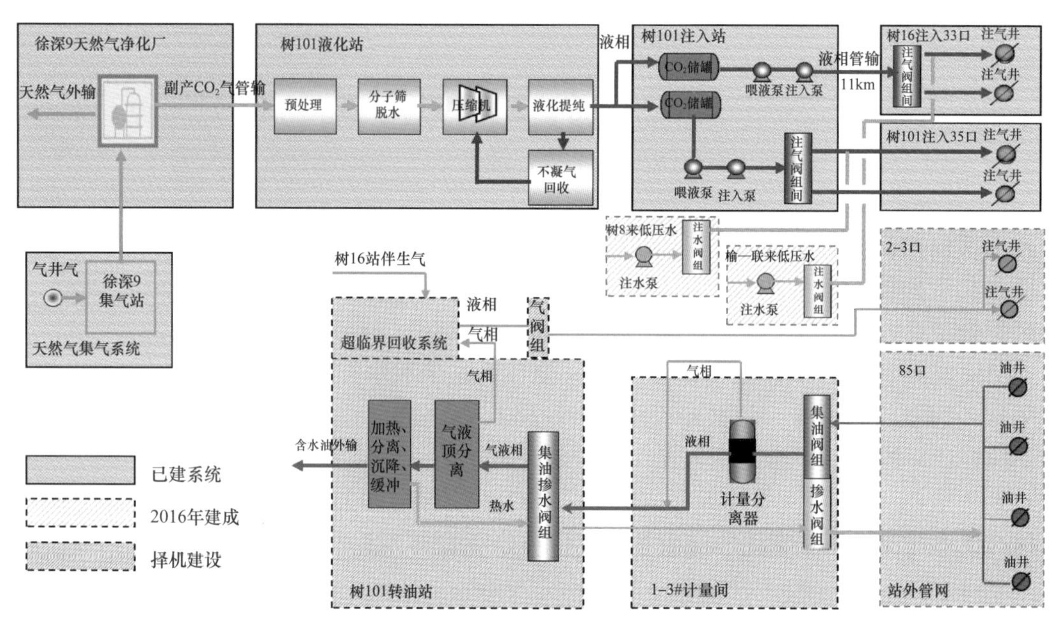

图 7-1-4　榆树林工业化试验区地面系统流程示意图

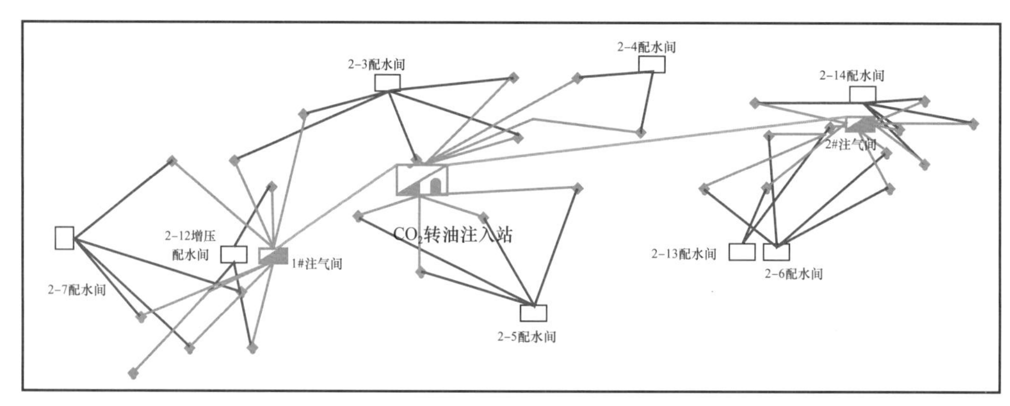

(a) 贝14试验区注入系统平面布局

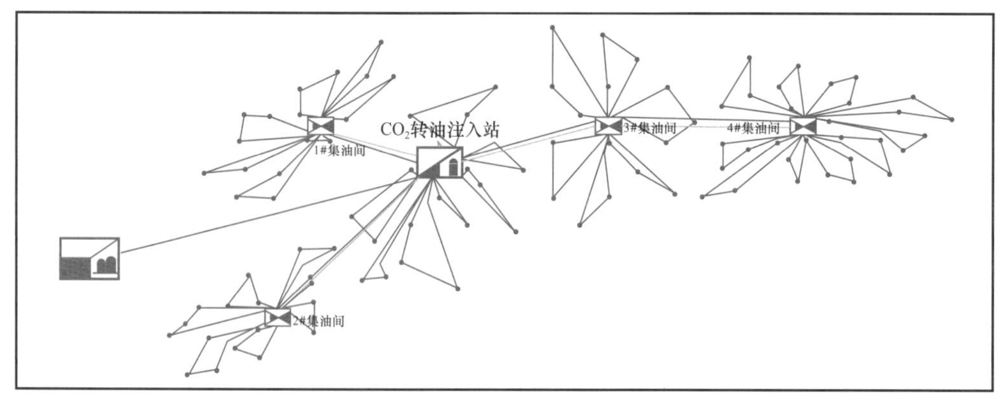

(b) 贝14试验区站外集油管网图

图 7-1-5　海拉尔工业化试验区分布图

12.8×10^4t/a。海拉尔工业化试验区分布如图 7–1–5 所示，贝 14 工业化试验系统流程示意图如图 7–1–6 所示，图中拟建系统计划于 2019 年建成投产。

① 液化系统：采用氨冷制冷液化工艺，液化能力 22×10^4t/a。

② 注入系统：前期采用 CO_2 液相注入工艺，注入能力 1200t/d ；后期采用超临界注入工艺，注入能力 9×10^4t/a。

③ 采出液系统：采用小环掺水集油工艺，接转站内采用“双气—双液分离接转工艺”。

④ 采出气系统：采用气液分离后，增压至超临界注入，回收规模 9×10^4t/a。

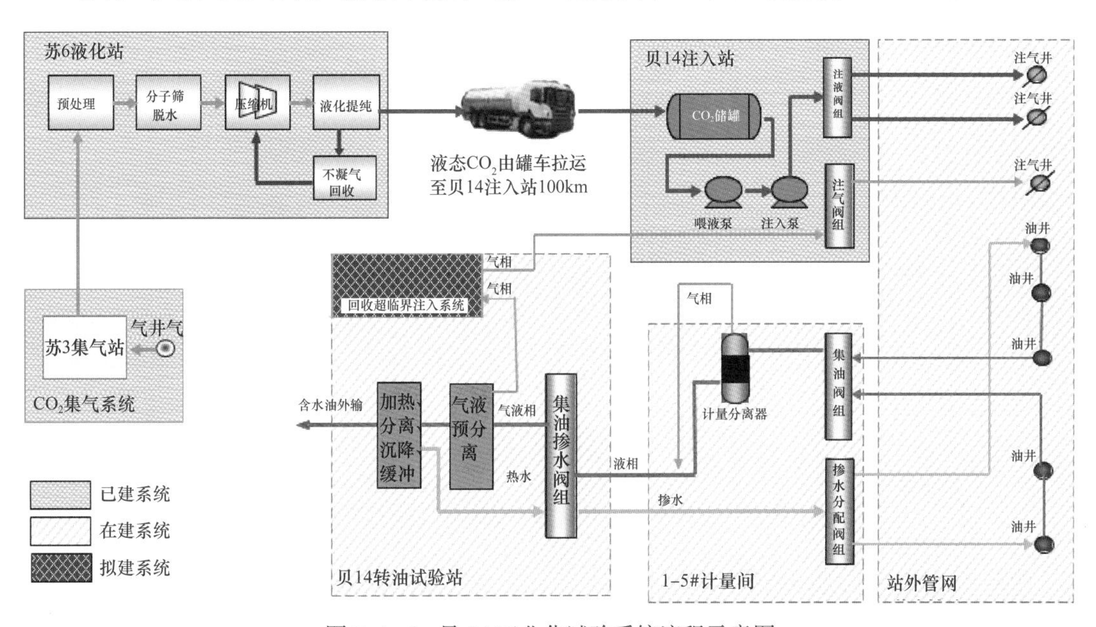

图 7–1–6　贝 14 工业化试验系统流程示意图

3）长庆油田

长庆油田黄 3 区 CO_2 驱先导试验区整体规模为 9 注 38 采，为了确保先导试验的顺利开展，先期开展 3 注 19 采的试注试验。2017 年 7 月 1 日，黄 3 区 CO_2 开始注入，建设试注站 1 座，改造已建增压点 3 座和井场 15 座。按照项目整体计划，长庆油田 CO_2 驱先导试验将最终建成产能 5×10^4t/a，井组 9 座、集输站场 1 座、集输管道 17.61km。

黄 3 区 CO_2 驱先导试验地面工程总体布局图如图 7–1–7 所示。黄 3 区 CO_2 驱仅处于先导试验阶段，地面工艺流程相对较为简单：

（1）注入系统，采用液相注入工艺，先期建设 100t/d 液态 CO_2 注入橇。

（2）采出液系统，通过对试验井采出液“集中”和“分散”收集处理方案的比选，优选确定采用一线井与二线井分开收集，集中处理一线井采出液的方案。

一线井采用井口翻斗计量、单管深埋、不加热集油直接进综合试验站，二线井仍按原生产方式进已建生产系统；直接进综合试验站的一线井，其中集油半径大于 2.5km 或高差大于100m的，集中设置井场增压橇，输至综合试验站；综合试验站由多个橇装装置组成，具有对含CO_2采出液气液分离、原油脱水、外输、采出水处理回注及伴生气分离、CO_2气捕集、提纯、液化等功能；一线井新建出油管道，小口径管选用芳胺玻璃钢管道，ϕ89mm以上管道选用非金属内衬管道。

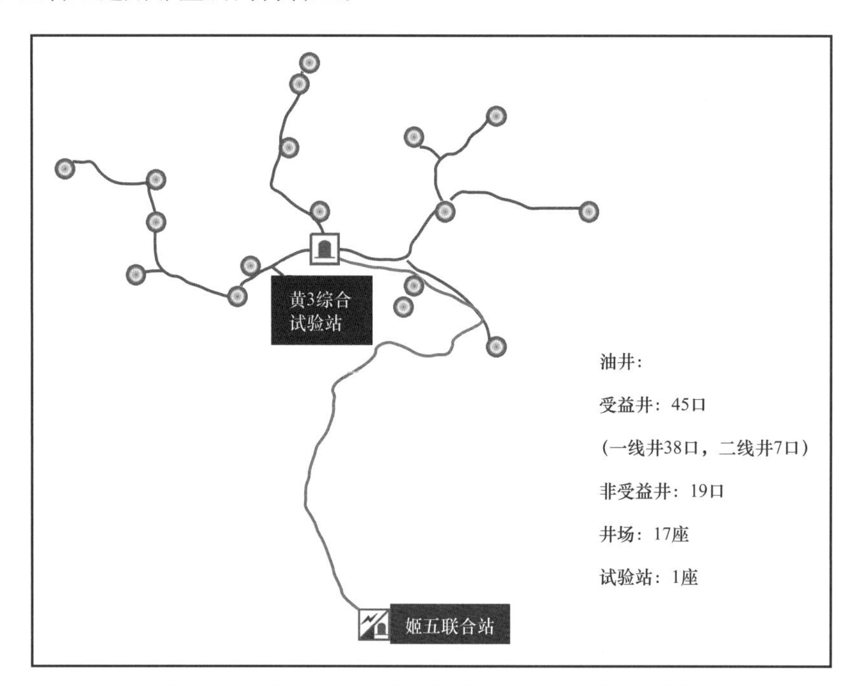

图7-1-7　黄3区CO_2驱先导试验地面工程总体布局图

四、地面工程难点

1. CO_2物性

CO_2驱作为一种气驱方式，不仅具备常规的气驱能力和特征，而且还具备了一些特殊的驱替功能，这是因为CO_2特有的物理化学性质所致。如CO_2处于超临界状态时，其密度近于液体，而黏度仍近于气体；CO_2能萃取原油中的轻质组分，与原油进行不同程度的组分传质。通过向油层注入CO_2改善油藏流体性质、降低界面张力、调节油水流度比及扩大波及体积等方式，达到大幅度提高油藏原油采收率的目的。受CO_2物性影响，油田CO_2驱从注入、计量、采出、集输、处理到防腐都与常规水驱不同。

1）常规物理性质

常温常压下，CO_2为无色无味气体，相对密度约为空气的1.53倍。当压力为0.1MPa、温度为0℃时，CO_2密度为1.98kg/m^3，导热系数为0.01745cal/（m·℃），动力黏度为0.0138mPa·s。CO_2化学性质不活泼，通常条件下既不可燃，也不助燃；无毒，但具有腐蚀性。CO_2与强碱强烈作用，生成碳酸盐。在一定条件及催化剂作用下，CO_2具有一定的化学活性。

CO_2 在复杂的压力和温度条件下具有不同的物理特性。在超临界条件下，CO_2 的相态特性、密度、黏度以及溶解特性等都会对其接触的原油性质产生一定的影响。

2）相态

CO_2 的临界温度为 31.1℃，对应的临界压力为 7.38MPa。低于临界温度和临界压力时，CO_2 有 3 种存在状态，即气态、液态和固态。温度足够低，CO_2 会以固态形式（干冰）存在。超过临界温度和临界压力时，CO_2 进入超临界态，变成类似于液体的黏稠状流体。CO_2 输送及驱油过程大多是在超临界条件下进行的。

3）密度

与氮气和烃类气体相比，CO_2 的临界压力明显偏低。油藏条件下，CO_2 多处于超临界态，此时 CO_2 为高密度气（流）体，其密度与温度和压力呈非线性关系，如图 7-1-8 所示。总体上，密度随着压力的升高而增大，随着温度的升高而减小。当 CO_2 处于临界点附近时，密度对压力和温度变化十分敏感，微小的压力或温度变化导致密度的急剧变化。由临界温度（31℃）以上的曲线可知，综合控制流体压力和温度，可以在较大范围内调整 CO_2 的密度。

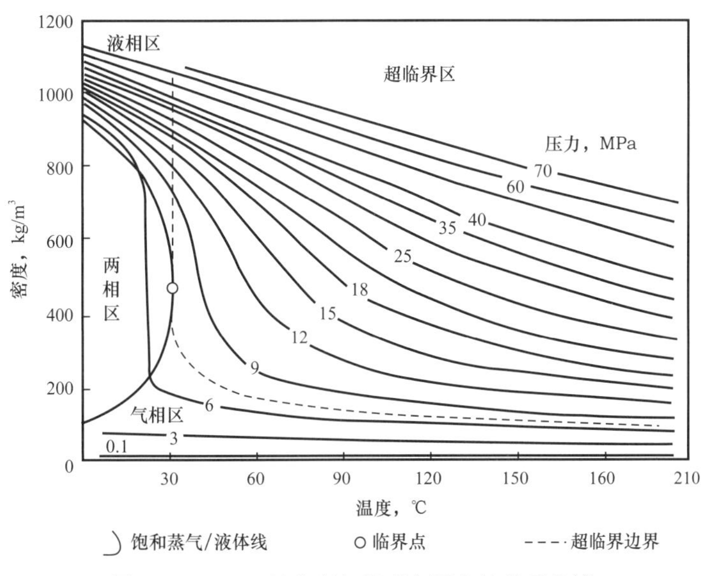

图 7-1-8　CO_2 的密度与温度和压力的关系曲线

4）黏度

黏度是影响 CO_2 驱油效果的关键参数之一，主要受温度和压力影响。以临界压力为界，CO_2 黏度随温度的变化规律存在明显差异。如图 7-1-9 所示，临界压力以下，CO_2 黏度随着温度的增加而增大，但增加幅度很小；而临界压力以上，CO_2 的黏度随着温度升高而大幅度减小。

5）溶解特性

CO_2 驱油过程中，CO_2 与原油和水之间具有复杂的相互作用，其中溶解作用是基本特征之一。CO_2在水中的溶解作用较为简单，如图7-1-10所示。CO_2可以较大幅度地在水中溶解，溶解度随着压力增加而增加；随着温度的增加而减小。油藏的地层水中常常富含大量的矿物质，对CO_2的溶解产生影响。如图7-1-11所示，在一定温度下，CO_2的溶解度会随着水矿化度的增加而减小。

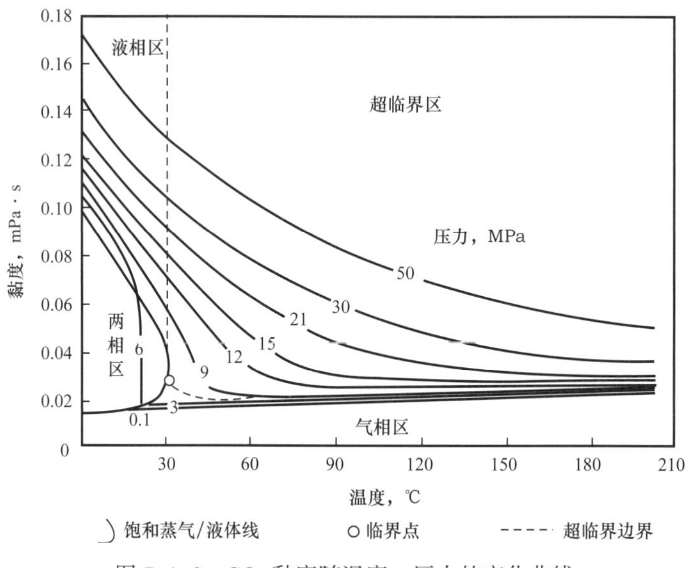

图7-1-9　CO_2黏度随温度、压力的变化曲线

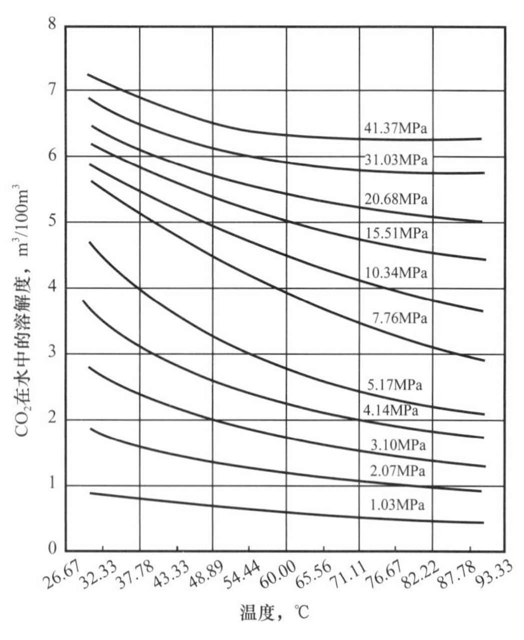

图7-1-10　CO_2在水中的溶解度随温度和压力的变化曲线

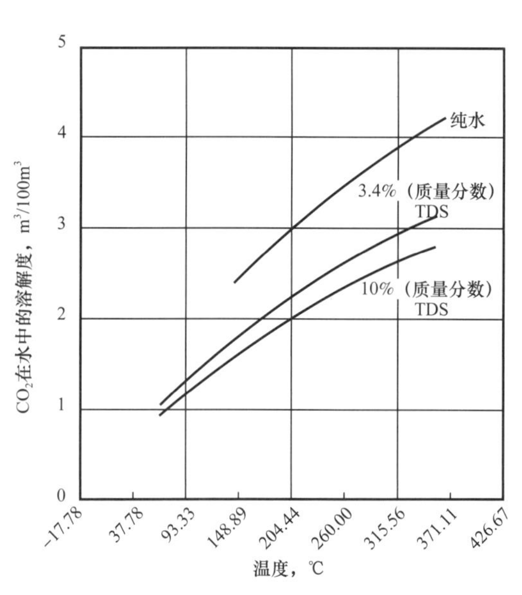

图7-1-11　CO_2在不同矿化度的水中的溶解度随压力的变化曲线

TDS—（含矿物质的水的）总溶解固体量

2. 采出物物性特点

1）采出液

在 CO_2 与原油混相过程中，界面张力逐渐降低并接近零，形成的油气混合流体向前移动，使其驱油能力增强。在推进过程中，不断有新的原油轻质组分溶解到 CO_2—原油混相液中，通常为 C_2—C_6 组分，甚至可以包括到 C_{10}，这就极大地丰富了 CO_2—原油混相液中的轻质组分，使 CO_2—原油混相液组分不断向原油组分逼近，而 CO_2 分子又不断地进入原油中，使得原油组分接近 CO_2—原油混相液组分。

由于 CO_2 的萃取作用，使 CO_2 驱油井采出原油的组分随着开发进程发生变化。轻质组分随开发先增加、后减少；重质组分随开发先减少、后增加。此外，受混相程度差异影响，井流物组分变化较大，在注入初期试验区混相效果差，井流物 C_2—C_7 初期含量较高，试验区混相后，相间传质作用剧烈，井流物重质组分含量逐渐上升。大庆油田榆树林油田非混相驱状况下原油正构烷烃随开发进程变化、混相驱状况下原油正构烷烃随开发进程变化以及原油密度随开发进程变化曲线情况如图 7-1-12 至图 7-1-14 所示。

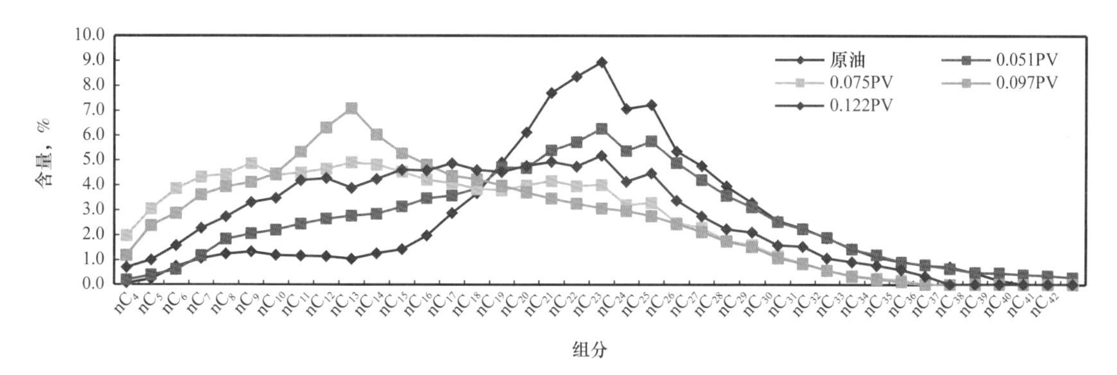

图 7-1-12　树 95- 碳 13 非混相驱状况下原油正构烷烃变化曲线

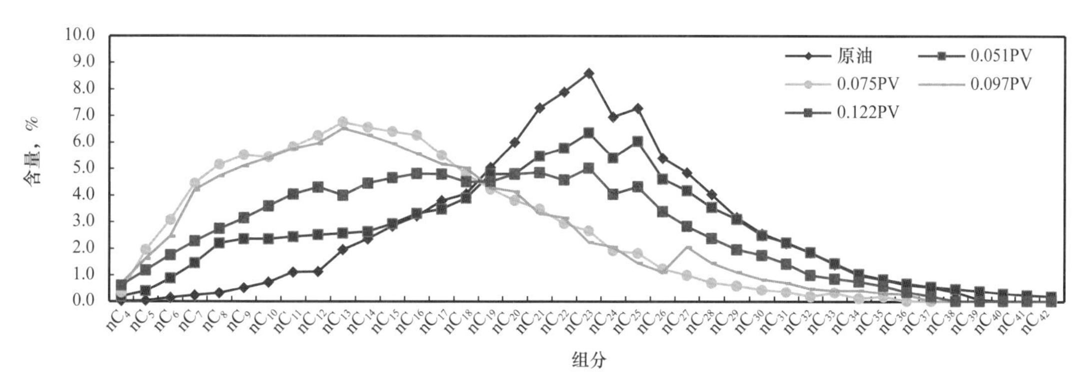

图 7-1-13　树 91- 碳斜 18 混相驱状况下原油正构烷烃变化曲线

大庆油田 CO_2 驱主要试验区原油基本物性见表 7-1-1。

长庆油田黄 3 区试注前脱气原油各组分含量的整体变化趋势为在 C_8 之前随碳原子数的增加而增大，在 C_8 之后随碳原子数的增加而减小，其中在 C_7—C_{10} 分布最为集中。C_8 的质量分数最高，为 12.654%。碳原子数为 25 以上的组分含量较少，均小于 1%。

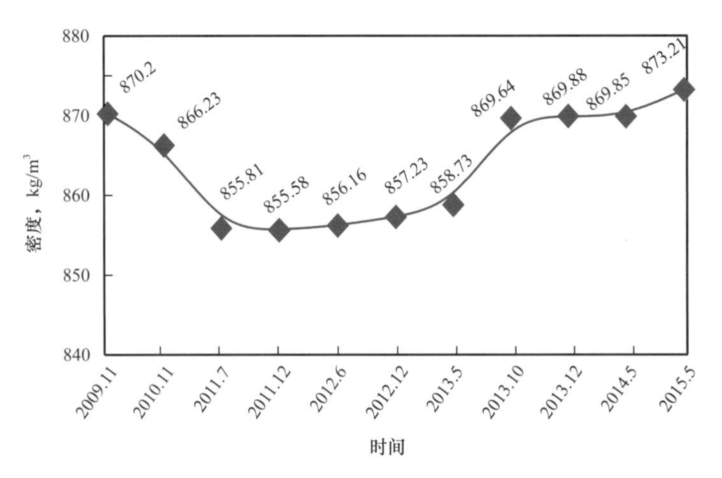

图 7-1-14 大庆榆树林 CO_2 驱原油密度随开发进程变化曲线

表 7-1-1 大庆油田 CO_2 驱试验区原油基本物性表

区块	密度 kg/cm³	黏度 mPa·s	凝固点，℃	含硫，%	含蜡，%	胶质，%	酸值 mg（KOH）/g
树 101	0.855	18.5	34		26	12.3	0.6
树 16	0.857	19.1	33	0.192	24	12	0.3
贝 14	0.837	9.4	26		14.9	14.3	0.1

2）采出气

由于 CO_2 在油藏和采油井筒温度压力时为气态，油井采出流体气液比高于水驱、化学驱等开发方式，且采出气中高含 CO_2，通常体积含量在 80% 以上、最高可达 98% 以上。

吉林油田黑 79 北小井距 CO_2 驱试验区原始气油比为 38m³/m³，气驱初期 CO_2 萃取原油中的轻质组分，产出气主要成分为 CH_4，当 CO_2 注入量达到 0.1HCPV（含烃孔隙体积）时，试验区气油比达到 200m³/m³ 以上，部分油井单方向见气严重，CO_2 注入量达到 0.3HCPV 时，试验区气油比达到 500m³/m³ 以上，CO_2 含量超过 60%，CO_2 注入量达到 0.48HCPV 时，试验区气油比达到 1000m³/m³ 以上，部分油井日产气达到 3000m³ 以上，CO_2 含量超过 90%，大量的 CO_2 气体产出后受温度压力变化影响，发生剧烈的相态变化，井口附近产出流体温度下降明显。

大庆油田 CO_2 驱主要试验区采出气一般性质和组分见表 7-1-2 和表 7-1-3。

表 7-1-2 采出气一般性质（0.191HCPV）

序号	检测项目	树 101	树 16	贝 14
1	高位热值，MJ/m³	5.58	16.54	13.14
2	低位热值，MJ/m³	5.09	15.04	12.04

续表

序号	检测项目	树 101	树 16	贝 14
3	密度，kg/m^3	1.7618	1.5169	1.7524
4	相对密度	1.4628	1.2594	1.455
5	总硫（以硫计），mg/m^3	67	1	1
6	硫化氢，mg/m^3	36	0.1	0.1

表 7-1-3　大庆油田 CO_2 驱采出气组分（0.191HCPV）　　单位：%（摩尔分数）

序号	检测项目	树 101	树 16	贝 14
1	甲烷	6.92	26.14	10.36
2	乙烷	0.68	2.75	1.18
3	丙烷	1.03	2.29	2.27
4	异丁烷	0.19	0.26	0.61
5	正丁烷	0.48	1.06	1.69
6	异戊烷	0.13	0.17	0.61
7	正戊烷	0.19	0.46	1.03
8	己烷和更重组分	0.17	0.21	0.69
9	二氧化碳	89.68	63.81	80.76
10	氧气	0.01	0.38	0.01
11	氮气	0.50	2.42	0.77
12	氦气	0.01	0.01	0.01
13	氢气	0.01	0.04	0.01
累计		100.00	100.00	100.00

3）采出水

根据中国石油大学（北京）和吉林油田勘察设计研究院通过模拟实验，对 CO_2 驱采出水的性质进行了研究。结果表明，采出水中通入 CO_2 后，其 pH 值会相应降低。众所周知，水中存在着 CO_2，HCO_3^- 和 CO_3^{2-} 的相对平衡，pH 值与水中 CO_2，HCO_3^- 和 CO_3^{2-} 的平衡关系如图 7-1-15 所示。

从图 7-1-15 中可以看出，当水中引入 CO_2 后，会破坏水中 CO_2，HCO_3^- 和 CO_3^{2-} 的平衡关系，使 pH 值降低，HCO_3^- 增加，并建立一个新的平衡，此时水的酸性会略有增强，腐蚀性略有增大，但并不会增加采出水的处理难度。

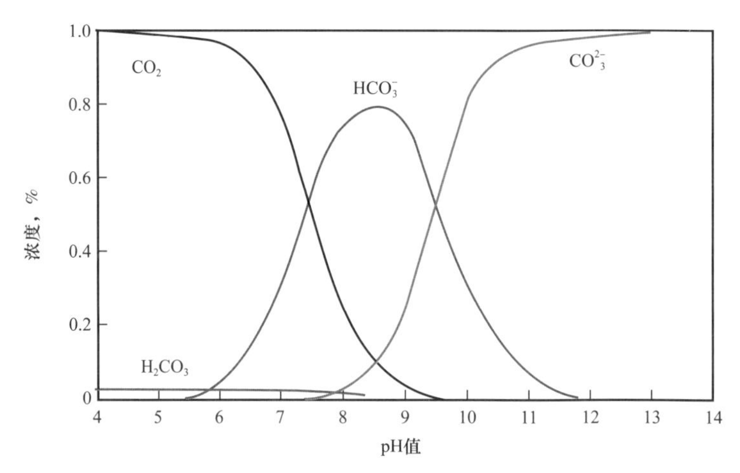

图 7-1-15　pH 值与水中 CO_2，HCO_3^- 和 CO_3^{2-} 的平衡关系图

根据大庆油田对 CO_2 驱采出水的检测，采出水的性质见表 7-1-4，从表中可以看出，CO_2 驱油井采出水中含有大量的溶解性 CO_2 等气体，使得水质 pH 值降低：一方面可能造成油田设备腐蚀、管线穿孔等问题，增加设备管线维护频率和成本；另一方面，腐蚀产物也可能使得来水中悬浮固体含量上升，降低水质达标率。

表 7-1-4　大庆油田 CO_2 驱试验区采出水性质表

序号	含油量 mg/L	悬浮固体含量 mg/L	腐生菌 个 /mL	铁细菌 个 /mL	粒径 μm	硫化物含量 mg/L	总矿化度 mg/L	pH 值	腐蚀速率 mm/a
1	36.7	27.1	0	0	1.129	1.78	2988	8.0	0.11
2	37.6	28.2	0	0	1.231	2.04	3179	7.9	0.125
3	34.4	27.4	0	0	0.606	2.18	3065	7.95	0.120
4	31.2	25.6	0	0	0.678	3.31	2443	7.17	0.128
5	39.8	25.6	0	0	0.613	3.14	2684	7.45	0.122
6	36.5	26.4	0	0	0.625	3.56	2765	7.66	0.126

为了更好地开展研究工作，大庆油田开始了室内模拟实验，采用“静置浮升法”，利用 ϕ80mm、高 1000mm 底部设置取样口的圆柱形玻璃沉降柱（5L）进行温度为 40℃，沉降时间分别为 0h，1h，2h，4h，6h，8h，12h 和 24h 的沉降试验，分别检测沉降后采出水含油量、矿化度、粒径中值、细菌含量和硫化物含量等水质物化参数。此外，为防止水中 CO_2 溢出，在 40℃常压密闭条件下，向采出水中不断通入 CO_2 气体直至水中 CO_2 含量满足试验研究要求。图 7-1-16 和图 7-1-17 分别给出了 CO_2 驱采出水水质特性和油水分离特性变化曲线。

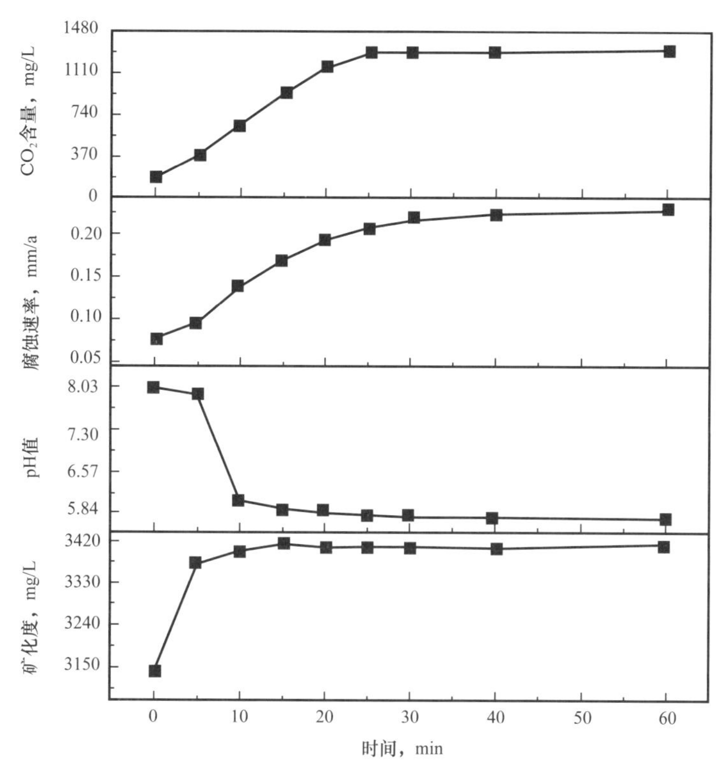

图 7-1-16　水质基本特性模拟变化曲线

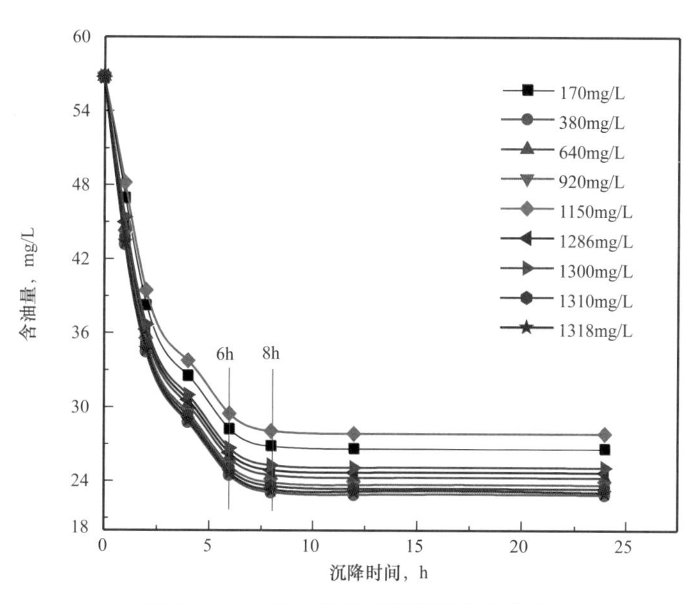

图 7-1-17　油水分离特性模拟变化曲线

从图 7-1-16 和图 7-1-17 中可以看出，典型 CO_2 驱采出水中 CO_2 含量逐渐上升达到饱和后保持稳定，pH 值逐渐降低（最低可达 5.82），矿化度在 3000～4000mg/L 范围，不同 CO_2 含量下采出水油水分离沉降时间在 6～8h 范围，但 CO_2 对水质腐蚀性影响较强，腐蚀速率最高可达 0.224mm/a，远高于大庆油田特低渗透注水水质指标 0.076mm/a。原因在于 CO_2 对水质腐蚀速率影响机理主要是氢去极化过程，当温度低于 60℃时，采出水中通入 CO_2 后，电离平衡使得 HCO_3^- 含量逐渐升高且 pH 值下降，溶液中的氢离子的去极化作用夺取了 Fe 的电子，使其溶解形成 Fe^{2+}，从而导致了碳钢的设备或管线腐蚀现象加重。

综上所述，典型 CO_2 驱采出水由于存在氢离子去极化过程酸腐性较强，在地面工程实际生产中可能加速管线或设备局部腐蚀穿孔；除 CO_2 外并未引入其他物质，因而水质指标中含油、悬浮物和粒径中值等控制指标并未发生变化。

3. 给地面工程带来的难点和问题

1）CO_2 采出液集输分离

CO_2 驱采出流体物性参数变化，与水驱对比，含水量、气油比、井口出油温度、采出流体的反常点、析蜡点、黏度和胶质含量均发生改变，油水乳化更加严重，油水界面更加稳定。气油比增加，井口采出液受 CO_2 泄压影响，井口出液温度低，易产生冻堵，分离计量更加困难，采用翻斗计量时易造成冲斗。采出液黏度增加，分离时易产生泡状物，气中带油，影响分离效果。

2）CO_2 相态控制

目前 CO_2 注入气源以液体和气态为主，由 CO_2 物性可知，在液相注入中，CO_2 气源温度为 −20℃，压力为 2.0MPa，处于饱和态，即压力或温度变化都会造成气液两相发生转移。在实际注入过程中环境温度一般都高于 −20℃，CO_2 泵入口处压力都低于来液管线内压力，这就造成饱和态液相部分气化，造成机泵气蚀，无法正常生产。因此，设计时要利用有效气蚀余量与必须气蚀余量差值去抵消由于温升造成的饱和蒸气压变化，同时还要考虑其他外界干扰，以减少 CO_2 气化造成的设备气蚀和 CO_2 损失。此外，还需利用或加热气化部分 CO_2 用于补充储罐液体出流后造成的压降。

3）CO_2 计量

控制相态是提高计量准确度的手段之一。流量计量设备一般都要求计量匀质介质，而计量 CO_2 过程中主要计量位置如购买 CO_2 时买卖方交接位置和单井注入计量等，CO_2 相态普遍存在液态、气态和超临界态以及两相流，同时温度和压力的变化也造成 CO_2 密度变化，使计量偏差较大。

4）腐蚀和结垢防治

吉林油田 CO_2 驱是在已建水驱地面设施基础上建设的，从集输、脱水到采出水处理、注水系统均为已建，CO_2 驱采出流体均进入已建系统，已建系统设备管道基本采用碳钢材质，集输处理温度也在 40～50℃，正处于 CO_2 腐蚀速率较高区域，如果整个系统重新建设，需要较大的工程投资，如何防止或减缓 CO_2 对已建设施的腐蚀，是亟待解决的一个重要问题。

此外，由于采出水矿化度高、Ca^{2+} 含量高，易结垢。如长庆油田因采出水矿化度高，水型为 $CaCl_2$，注 CO_2 后易于形成 $CaCO_3$ 垢，也需开展地面系统结垢防护技术研究。

5）CO_2 回收利用

由于伴生气高含 CO_2，采取常规伴生气处理工艺，造成大量 CO_2 浪费，还不利于减排，需对伴生气中 CO_2 进行回收循环回注。

6）采出水处理

根据吉林油田统计，注 CO_2 后随 CO_2 分压增加腐蚀速率加剧，最高可达 0.4mm/a。若想处理后达到回注要求的“平均腐蚀率≤0.076mm/a”的指标，必须优化调整工艺流程，先脱除 CO_2 再对采出水进行处理。

第二节 关键技术

CO_2 驱地面工程工艺技术形成了关键技术序列，主要分为 CO_2 捕集与输送、CO_2 注入、采出液集输与处理和 CO_2 防腐 4 个方面[5]，如图 7-2-1 所示。

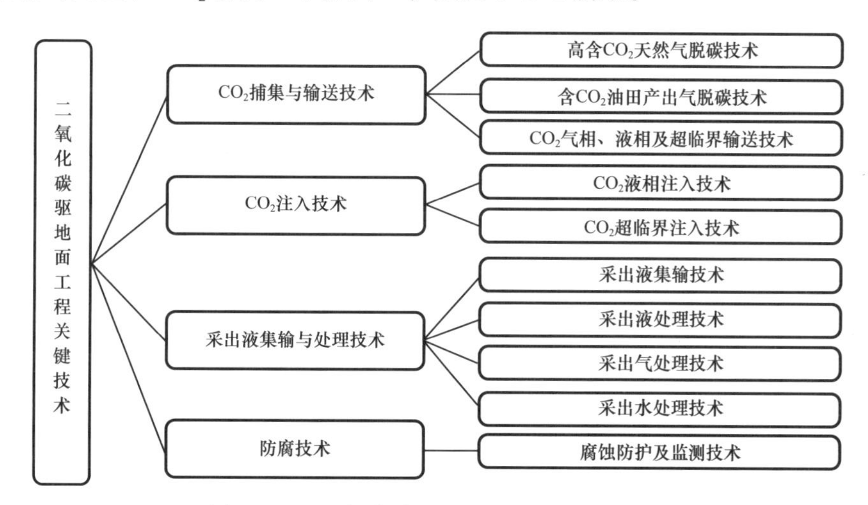

图 7-2-1　二氧化碳驱地面工程关键技术序列

一、CO_2 捕集与输送技术

1.CO_2 捕集

中国石油 CO_2 驱所用的 CO_2 主要来自高含 CO_2 气井或外购。其中吉林油田和大庆油田 CO_2 驱试验区块的气源主要依托高含 CO_2 天然气井，通过对天然气进行净化，脱除其中的 CO_2，而后将脱除出的 CO_2 酸气进行净化。

1）脱 CO_2 工艺

目前脱碳工艺技术主要分为化学溶剂吸收法（包括热钾碱法、醇胺法、物理溶剂法）、膜分离法、变压吸附法及低温分馏法等几大类[6]。从这些工艺发展和工业应用的经验可知，目前适用于油气田的脱碳工艺技术主要有以下几类：化学溶剂吸收法中的醇胺法和物理溶剂法工艺、膜分离法、变压吸附法和低温分馏法。

（1）化学溶剂吸收法。化学溶剂吸收法是天然气脱碳工艺中应用最广泛的方法，并且在合成氨和制氢等石油化工工业中也普遍应用。目前工业上经常使用的化学溶剂吸收法主要有两大类：热钾碱法；以甲基二乙醇胺（MDEA）溶剂为基本组成的活化甲基二乙醇胺法、混合胺法为代表的醇胺法。

① 热钾碱法。热钾碱法是一系列加有不同活化剂的碱液脱碳法工艺的总称，较著名的有 Benfield 法和 Catacarb 法等，此类方法因其吸收塔在较高的温度下操作，故具有节能优势，但设备腐蚀严重，必须使用特殊的缓蚀剂。同时，因其操作条件比较适于合成氨等工业中的脱碳，故在天然气脱碳中极少应用（除 20 世纪 60 年代的个别情况外，近几十年未见采用此法建工业化天然气处理装置的实例报道）。近年来，国外根据活化 MDEA 工艺的开发经验，正在对热钾碱法的活化剂做重大改进，并准备将此新工艺应用于电站排放尾气的脱碳。

② 醇胺法。目前应用最多的天然气脱碳工艺是醇胺法。

一乙醇胺（MEA）是最早使用的醇胺溶剂，早在 20 世纪 50 年代就广泛应用于天然气脱碳。由于 MEA 的碱性强，与 CO_2 的反应速率也很高，故此法能够达到的净化度在醇胺法中是最高的；但因其相当高的能耗（可达 5.3～6.4 MJ/m^3 CO_2）和严重的设备腐蚀问题，制约了该工艺的推广应用。

20 世纪 80 年代以来，MDEA 溶剂因其性质稳定、能选择性地脱除 H_2S 和具备节能优势而在天然气净化装置上迅速推广。但是，常规的 MDEA 水溶液在用于需要大量脱除 CO_2 的情况下，不仅因其与 CO_2 的反应速率较低而受到极大限制，且此类方法的能耗仍达到接近 5 MJ/m^3 的水平。

为了加速 MDEA 溶剂吸收 CO_2 的速率，1990 年后美国的研究机构大力开发了以 MDEA/DEA 为代表的混合胺工艺，其实质是以 DEA 为活化剂加快 MEDA 吸收 CO_2 的速率。早期，MEA 也曾用作活化剂，组成 MDEA/MEA 混合胺溶剂。

活化 MDEA 法是近年来开发的新型天然气脱碳工艺，其能耗与原料气中的 CO_2 分压直接有关，当其值超过 0.5MPa 时能耗有望降到约 2MJ/m^3 CO_2，是目前国内外处理含 CO_2 原料气比较理想的工艺。

德国 BASF 公司开发的活化 MDEA 脱碳工艺目前应用非常广泛，总共有 01～06 等 6 种牌号，01～03 牌号主要应用于合成氨工业，04～06 牌号主要应用于天然气工业，并按不同的原料气条件，安排相应的流程。

我国在 20 世纪 90 年代曾引进过 BASF 公司活化 MDEA 溶剂，应用于天然气脱碳。在消化吸收引进技术的基础上，现已自行开发了配方溶剂，并成功地应用于工业装置。

（2）物理溶剂法。物理溶剂法是利用 CO_2 在有机溶剂中的物理溶解而将其脱除的一类脱碳工艺，已工业应用的溶剂有甲醇、碳酸丙烯酯（PC）、N– 甲基吡咯烷酮（NMP）、聚乙二醇二甲醚和磷酸三正丁酯（TBP）等。

CO_2 在物理溶剂中的溶解遵循亨利定律，故在原料气中 CO_2 分压甚高的条件下采用物理溶剂吸收法是有利的；且此类方法具有工艺流程简单，降压闪蒸（或仅用少量热能）即可再生等优点，尤其适合应用于原料气中仅含微量 H_2S 或不含 H_2S 的情况。

物理溶剂法脱碳工艺于20世纪60年代就应用于工业，技术较为成熟，但应用范围远不及醇胺法工艺广泛，国外主要用于合成气及煤气的脱碳，应用于天然气脱碳的装置不多，国内则尚未在天然气工业中应用过。

物理溶剂法存在的主要缺陷是烃类的共吸收率较大，且在不使用热能进行再生的情况下净化度受限制；在国内应用时，还将受到有机溶剂价格普遍较高的限制。

（3）膜分离法。不同气体在特殊结构的膜中的溶解扩散速率相差甚大，利用此速率差异来实现混合气体的组分分离是膜分离技术的基本原理。早在1981年膜分离技术就开始应用于天然气净化（主要是脱碳和水露点控制），近年来发展迅速，尤其在海上气田对CO_2含量极高的原料气进行粗脱处理时，采用膜分离技术是较为理想的工艺。美国的UOP公司、NATCO公司和法国的Air Liquide公司都在世界各地建设了很多膜分离法天然气脱碳装置，积累了较丰富的经验。据中国科学院大连化学物理研究所网站发布的消息，该所研制的我国第一套膜分离法天然气脱碳工业试验装置（处理量为$4\times10^4 m^3/d$）也已于2006年10月在海南省顺利投产，各项指标均达到设计要求。

采用一级膜分离系统，产品气CO_2含量为15%时，烃回收率为93.4%，但渗透气CO_2的含量只有79.53%，产品气需要再处理，才能满足要求；保证产品气CO_2含量为3%时，烃回收率只有82.7%，渗透气CO_2的含量只有69.39%，渗透气只能作为燃料气用，并且渗透气的产量比较大，如果工厂无法消化如此大量的渗透气，则该部分渗透气需要处理才能利用。采用二级膜分离系统，产品气CO_2含量为15%时，烃回收率达到98%，但渗透气CO_2的含量只有92.49%，产品气需要再处理，才能满足要求；保证产品气CO_2含量为3%时，烃回收率只有94%，渗透气CO_2的含量只有86.55%，渗透气只能作为燃料气用，并且渗透气的产量比较大，如果工厂无法消化如此大量的渗透气，则该部分渗透气需要处理才能利用。单单依靠膜分离系统，不论采用一级膜还是二级膜，都无法满足产品气和渗透气的质量要求，必须与其他工艺组合，才能实现。

应该指出，该技术存在烃损失率偏高，膜材料的制备和膜分离单元制作等技术比较复杂等缺陷，特别是建设大型高压的（天然气净化）膜分离装置，我国目前尚缺乏自主开发的专有技术和工程经验。

（4）低温分离法。低温分离法是利用原料气中各组分相对挥发度的差异，在冷冻条件下将气体中各组分按工艺要求冷凝（液化），然后在一系列不同操作温度的分馏塔中将冷凝液中各类物质依照沸点的不同逐一加以分离。该方法适用于天然气中CO_2和H_2S含量较高的场合，以及在用CO_2进行三次采油时采出气中CO_2含量和流量出现较大波动的情况。相对于其他两类物理分离法，低温分离法的另一个特点是（极具商业价值的）天然气凝液（NGL）回收率颇高，故尤其适合应用于C_{5+}含量高的伴生气。

在物理分离法中，低温分离法的投资和能耗相对较高；但若原料气中不含H_2S则投资和能耗均可有较大幅度降低。此类方法在20世纪80年代就广泛应用于注CO_2进行EOR时的伴生气处理。根据不同工况条件，低温分离法有多种流程安排，还可以在冷凝液加入添加剂以改善分离效果；目前应用较多的工艺是美国Koch Process Systems公司开发的Rayn–Holmes工艺。

（5）变压吸附（PSA）法。变压吸附（PSA）法是利用吸附剂对天然气不同组分的吸附容量随压力不同而有差异的特性，在吸附剂选择吸附的条件下，加压吸附混合物中的杂质（或产品）组分，减压解吸这些杂质（或产品）组分而使吸附剂得到再生，从而达到原料气中各种组分相互分离的目的。常用吸附剂有沸石分子筛、活性炭、硅胶、活性氧化铝、分子筛等，对不同的分离对象选择不同的吸附剂是 PSA 法工艺的核心技术，后者通常皆为专利。

由于 PSA 法是一种吸附与脱附（再生）过程皆在常温下进行的工艺，具有明显的节能优势，故以此法进行气体组分分离是当前国内外都广泛应用的工艺。但此法迄今很少应用于天然气脱碳，主要原因是常用吸附剂对 CO_2/CH_4 两者的亲和力相差甚微，分离效果很差。

美国于 2001 年开发成功的分子门（Molecular Gate）法工艺采用的吸附剂是一种结构特殊的新型硅酸钛型分子筛，可根据所需孔径大小进行制备，其精度可达到 0.1Å 以内，从而可以将天然气中 N_2，CO_2 和 CH_4 这 3 种分子大小非常接近的组分成功地分离。目前该法已建有 20 多套工业装置，主要应用于天然气及煤层气的脱碳和水露点控制。

（6）CO_2 捕集方法的筛选。含 CO_2 天然气或注 CO_2 的 EOR 工程所得伴生气的处理涉及许多方面的问题，如 CO_2 回收、烃类回收或者脱除 H_2S 等，相互又有影响，因此在选择 CO_2 分离技术时应考虑多方面的因素，如原料气成分及条件（温度、压力）、回收 CO_2 的最佳工艺过程、CO_2 产品的质量要求、烃类回收要求以及露点控制、投资和运行成本以及能源供应情况等。

化学溶剂吸收法中目前应用最多的天然气脱碳工艺是醇胺法。混合胺工艺和活化 MDEA 工艺都是处理含 CO_2 原料气比较理想的工艺。

物理溶剂法脱碳工艺应用范围远不及醇胺法工艺广泛，国外主要用于合成气及煤气的脱碳，应用于天然气脱碳的装置不多，国内则尚未在天然气工业中应用过。

膜分离技术对于处理含 CO_2 天然气相对较为成熟，目前应用也最多，但烃损失率偏高，单独用膜分离法难以深度脱碳和回收得到高纯度 CO_2，通常需要与醇胺溶剂法工艺结合起来使用；膜材料的制备和膜分离单元制作等技术比较复杂，特别是建设大型高压的（天然气净化）膜分离装置，我国目前尚缺乏自主开发的专有技术和工程经验。

低温分离法适用于 CO_2 驱油条件下的伴生气处理，但很少用于处理含 CO_2 天然气。

变压吸附技术适用于气源 CO_2 组分不断变化的工况，具有工艺过程简单、能耗低、适应能力强、操作方便和自动化程度高等优点。

对醇胺法、物理溶剂法、膜分离法、低温分离法、变压吸附工艺和热钾碱法等 6 种脱碳方法所具有的优势和存在的不足之处归纳见表 7–2–1。对于含 CO_2 的天然气，比较合适的 CO_2 捕集方法是醇胺法工艺、“膜分离 + 醇胺法”组合工艺及变压吸附工艺。而对于 CO_2 驱油条件下，伴生气中 CO_2 含量不断变化，根据油藏注 CO_2 含量需求，可选择变压吸附工艺。

表 7-2-1　各种脱碳方法的优势和不足

脱碳方法	工艺方法具备的优势	工艺方法存在的不足
醇胺法	醇胺法工艺是目前油气田应用最多和最重要的脱碳工艺。MEA 和 DEA 水溶液脱除 CO_2 效果比较理想，应用广泛。MDEA 工艺具有使用溶剂浓度高、酸气负荷大、腐蚀性低、抗降解能力强、脱 H_2S 选择性高、能耗低等优点。基于 MDEA 的各种配方型溶剂，比单独 MDEA 溶液具有的 CO_2 选择性更高；采用不同的添加剂，可使溶剂适用于脱除更多的 CO_2 或者 CO_2 含量按要求进行调节以及脱除有机硫；另外，配方型溶剂工艺不但将醇胺法脱碳工艺所面临的设备腐蚀、溶液降解等诸多问题和困难降到最低水平，而且使装置的能耗大幅度下降，显著地降低装置的投资及操作费用，成为目前技术水平最为先进的脱碳工艺	流程较复杂、二次污染很难完全避免。MEA 和 DEA 存在较严重的化学降解和热降解，设备腐蚀严重，只能在低浓度下使用，从而导致溶液循环量大、能耗高。MDEA 工艺中采用的 MDEA 碱性弱，与 CO_2 反应速度较慢，在较低吸收压力或 CO_2/H_2S 比值很高的情况下净化气中 CO_2 含量很难达标
物理溶剂法	技术较为成熟，流程简单。气体组分吸收在低温、高压下进行，吸收能力大，吸收剂用量少，再生容易，在净化度要求不高时不需要加热再生，因而能耗较低，投资及操作费用也较低。溶剂再生通常采用降压闪蒸或常温气提的方法，尤其适用于原料气中仅含微量 H_2S 或不含 H_2S 的情况。特别适用于 CO_2 分压较高的气体脱碳，主要用于合成氨以及制氢装置的过程气脱碳。该工艺在一些特定的情形，如气体 CO_2 含量较高，压力也较高，而且含有机硫以及处理量不是特别大，如在海上平台，装置空间受到限制等方面还是具有较明显的优势	用于油气田的脱碳处理主要缺点是其对 C_2 以上烃类有较大的挟带量，造成烃类原料的大量损失。烃类的共吸收率较大，且在不使用热能进行再生的情况下净化度受限制。应用范围远不及醇胺法工艺广泛，应用于天然气脱碳的装置不多，国内则尚未在天然气工业中应用过。此法在国内应用时，还将受到有机溶剂价格普遍较高的制约
膜分离法	投资及操作成本低，设备简单、快捷，操作简便，适应性强，装置利用效率高，能耗较低，运行可靠，空间利用效率高，对环境友好。是边远天然气加工处理的理想选择。从膜分离出来的渗透气体可用作工厂燃料气，可满足工厂燃料气的供应需求	一方面，为了防止原料气携带的水分对膜分离装置的膜造成损害、防止原料气冷却和后序处理生产水合物、分离重烃，需要对原料气进行三甘醇脱水和丙烷制冷等预处理，工艺相当复杂。另一方面，膜分离技术对 CO_2 的脱除属于粗脱，单独用膜分离法难以获得深度脱除和回收得到高纯度 CO_2，渗透气中烃类含量较高，烃类损失高，渗透气含有 CH_4 用于液化后 CO_2 驱油时，压缩困难，能耗非常高；渗余气中 CO_2 含量大于 3%，不能满足商品气的要求，通常需要与醇胺溶剂法工艺结合起来使用。膜材料制备和膜分离单元制作等技术比较复杂，特别是建设大型高压的膜分离装置，我国目前尚缺乏自主开发的专有技术和工程经验

续表

脱碳方法	工艺方法具备的优势	工艺方法存在的不足
低温分离法	工艺灵活，没有类似于溶剂吸收工艺的发泡等问题的发生，腐蚀较低。可以得到干燥的高压 CO_2 产品，用于 EOR 回注时可降低压缩机能耗。NGL 回收率高，尤其适用于天然气中重烃含量较高的 EOR 伴生气的处理。不但可回收 CO_2 用于回注，还可回收商业价值高的 NGL 作为产品出售	工艺设备投资费用相对较大，能耗相对较高。若原料气中不含 H_2S 才有较大幅度降低其投资和能耗的可能性。国内尚无应用此工艺的先例
变压吸附工艺	PSA 装置常温操作，无腐蚀性介质，设备、管道、管件寿命均达 15 年以上，维修费用极低。PSA 装置开停车无需人为干预，全电脑控制，开停车只须几分钟时间，且准确无误。PSA 装置全电脑控制，全自动运行，还可实现自动切除故障塔，从而实现长周期安全运行。PSA 装置不用蒸汽，电耗低，维修费用低，因而运行费用低。因此工艺流程更简洁、合理和便于操作、能耗低、适应能力强、经济合理	PSA 工艺为了获得高纯度的 CO_2 及较高的烃回收率，需要很多的吸附塔，设备管埋困难
热钾碱法	工艺比较成熟，净化度较高、CO_2 回收率高，具有节能优势，是国外使用最多的 CO_2 脱除技术	设备腐蚀严重，必须使用特殊的缓蚀剂。相比之下能耗很高。主要用于合成氨等工业中的 CO_2 脱除，在天然气脱碳中极少应用

综上所述，显然采用醇胺法处理含 CO_2 天然气较为合理，同时可考虑将“膜分离法＋醇胺法”组合工艺和变压吸附工艺作为备选处理方法，建议以活化 MDEA 法作为首选工艺。

2）各主要试验区块 CO_2 捕集方式

（1）吉林油田。黑 59 CO_2 驱先导试验用气源来自长深 2 和长深 4 高含 CO_2 气井气。这两口气井气的 CO_2 含量超过 95%。长深 2 产出气经加热节流至 5.0MPa，通过 9km 内衬不锈钢金属复合管输至长深 4 集气脱水站（简称长深 4 站）。长深 4 站含 CO_2 气脱水采用变温吸附法，设计压力 4.0 MPa，水露点 −20℃。脱水后的含 CO_2 气通过 8.0km 钢质管道输送至黑 59 液化注入站，CO_2 气液化采用氨冷工艺，设计生产能力 300t/d。

黑 79 CO_2 驱扩大试验区建有黑 79 南注入站 1 座，而黑 79 南注入站与长岭气田净化厂毗邻建设。在长岭气田净化厂内，采用了胺法脱碳装置进行 CO_2 捕集，通过增压，分子筛脱水，丙烷制冷液化生产液态 CO_2，输至黑 79 南注入站，为试验区注气提供气源。长岭净化厂液化装置设计能力 720t/d。同时，试验区内产出的伴生气经 $8\times10^4m^3/d$ 变压吸附装置，高含 CO_2 的气体再回到长岭净化厂进行增压、液化，循环利用。

黑 46 CO_2 驱工业化推广气源以长岭气田净化厂伴生的 CO_2 气为主气源，以区域内 CO_2 驱油井产出伴生气循环利用为辅助气源。吉林油田净化厂伴生的高含 CO_2 气，在净化厂压缩机升压至 2.5MPa，经 36.0km 输气管道，输至黑 46 注入站。

（2）大庆油田。大庆海拉尔油田CO_2驱试验区注入气源是利用现有的苏区CO_2气藏，气源井13口，集气站1座，平均日产气$18\times10^4m^3$。CO_2液化站采用“氨冷液化、变压吸附、精馏提纯”工艺，设计规模$22\times10^4t/a$，CO_2液化装置共分6个工艺单元，主要包括预处理单元、干燥脱水单元、氨制冷单元、液化提纯单元、不凝气回收单元和储运单元。原料气干燥脱水采用分子筛脱水工艺，液化系统采用氨制冷工艺，不凝气回收采用变压吸附工艺。集气站输送来的CO_2原料气进站后，先通过预处理单元除去游离水、油滴和杂质等，再经分子筛干燥脱水，然后采用氨制冷工艺进行冷凝液化。液化后的粗CO_2液体利用提纯塔进行精馏提纯，提纯后的液态CO_2纯度达到99%以上，输送至液态CO_2储罐进行储存。液态CO_2储罐中CO_2通过槽车拉运的形式输送至注入区块进行注入。提纯塔顶不凝气采用变压吸附工艺回收未被冷凝下来的CO_2，回收的CO_2经压缩机增压后返回液化提纯单位进行液化，具体流程如图7–2–2所示。

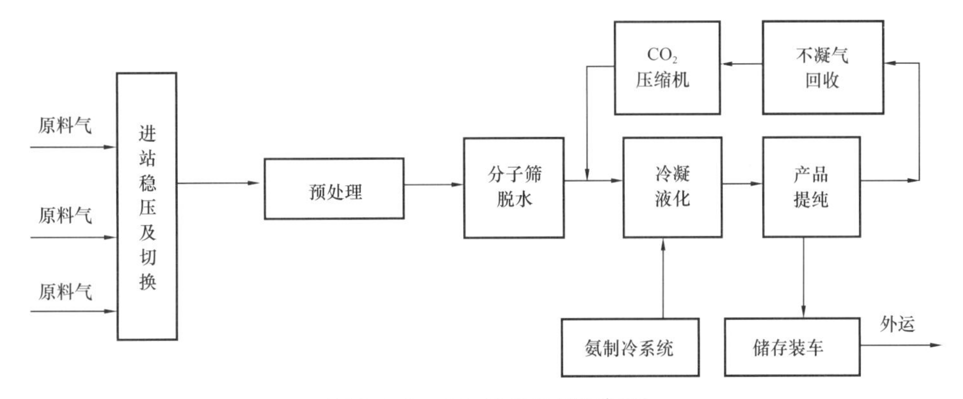

图7–2–2　CO_2液化站流程框图

榆树林油田CO_2驱试验区的CO_2气源以外购为主，自产为辅。自产部分的原料气体CO_2为徐深9天然气净化厂输送来的CO_2产品气，该产品是高含CO_2天然气通过胺法脱除而来，在树101液化站进行液化，采用“氨冷液化”工艺，设计能力20×10^4t/年，目前平均日产330t/d，工艺运行稳定，待徐深9提量运行后，有望达到400d/t以上。

树101液化站处理的是天然气净化厂生产的CO_2尾气，由于CO_2尾气已经分子筛脱水装置干燥脱水，并且CO_2纯度达到了99%以上，所以天然气净化厂生产的CO_2尾气输送至液化站后直接进行冷凝液化，主要包括氨制冷单元、液化单元和储运单元。

2. CO_2输送

1）输送技术

CO_2分4种相态，即固态、液态、气态和超临界态。针对工业化应用，CO_2在液态和气态和超临界态应用较多。液态CO_2有2种输送方式：一是采用液态低温罐车运输；二是采用管输。气态和超临界态CO_2一般采用管输。

表 7-2-2　不同 CO_2 输送方式对比表

相态	输送方式	优点	缺点
液态	车载	方便灵活，机动性强，适合小规模短途运输	运输成本高，长途运输 CO_2 损耗大
液态	管输	输量最大，是气相输送的 30~60 倍，投资少，输送成本低	不适于长输，需要维温，相态难控制，单管输送气化后 CO_2 需要放空，污染环境，双管输送投资高
气态	管输	投资低，不需相态控制，输送距离中等，输送压缩机投资低于超临界输送投资	输量小，要增加输量需要增压或增加输送管径
超临界态	管输	投资中等，输量大，接近液相输送能力，输送距离远，可长输，运行阻力小，运行成本低	压缩机投资较高，需要相态控制，长输需要中间增压

根据美国的经验做法，其 CO_2 的输送主要通过管道在常温和高压下进行。在一定温度和压力条件下，CO_2 的相态会以固态、液态和气态的形式发生转变，各相转变均有其临界点。当压力和温度达到一定值时（31.1℃、7.2MPa）CO_2 会进入一种非气非液的超临界"流体"状态（国外称之为"密相"），具体相图如图 7-2-3 所示。在 31.1℃、7.4MPa 条件下，超临界状态 CO_2 为介于液态和气态之间的非气非液的流体状态。它兼有液态高密度和气态良好流动性及低摩阻的特性，非常有利于 CO_2 的管道输送。

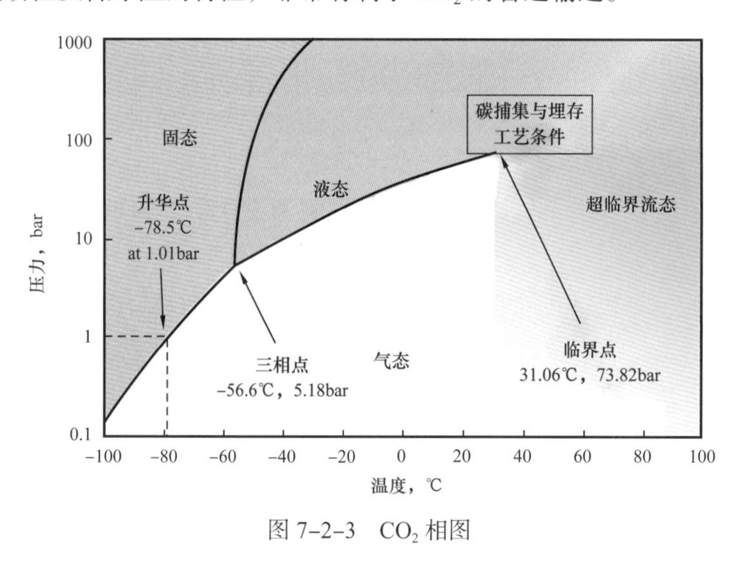

图 7-2-3　CO_2 相图

目前由于受到 CO_2 气源制约，大部分 CO_2 驱试验区块采用汽车拉运方式，但从今后大规模工业化推广的角度出发，汽车拉运成本较高，将会影响 CO_2 驱的经济效益，因此推荐管道输送，特别是超临界输送。

2）CO_2 管道设计计算

CO_2 输送管道优化设计就是针对 CO_2 气态、液态和超临界态输送三种方式，结合管道

的水力约束、热力约束、管道强度约束、能量约束、相态约束以及水合物生成条件的约束等约束条件，进行工艺计算，得到不同的技术方案，还需考虑运行维护费及燃料动力费等经济指标，应用灰色关联分析法进行评价，找出在给定任务输量和管线路由的情况下的最优输送方案，如图 7-2-4 所示。

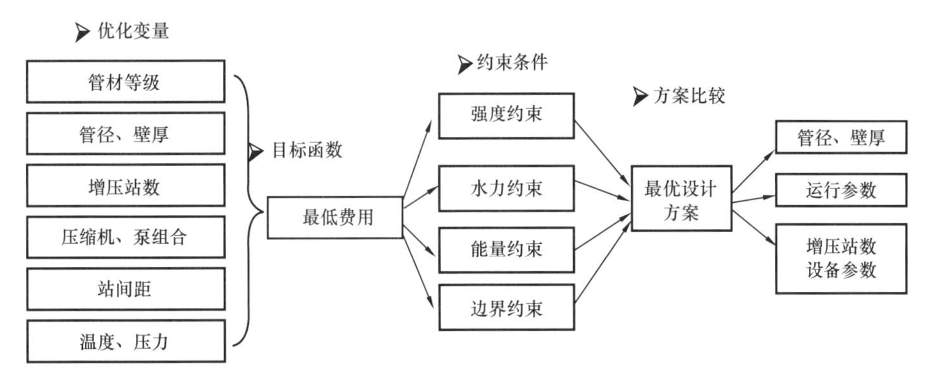

图 7-2-4　CO_2 输送管道优化设计流程

在进行 CO_2 管道设计时，尽量避开临界点附近输送。在临界点附近 CO_2 的各项物性参数对温度和压力的变化都非常敏感，例如保持 9.0MPa 压力不变，47℃时 CO_2 的密度为 37℃时的 2 倍。所以，在临界点附近，对 CO_2 的各项物性参数的值进行准确计算具有一定的难度。

（1）气相 CO_2 管道工艺计算。

① 气相管道水力计算。以气相输送 CO_2 时，管道的水力可参照天然气输送管道的计算公式。

实际管道中气体的流态大多处于阻力平方区，因此在计算水力摩阻系数时，可使用苏联天然气研究所得出的近似公式：

$$\lambda = 0.067\left(\frac{2k}{D}\right)^2 \tag{7-2-1}$$

对于新建成的管道，取管壁的当量粗糙度 k=0.03mm，代入式（7-2-11）有：

$$\lambda = \frac{0.2412}{D^2} \times 10^{-3} \tag{7-2-2}$$

式中　D——管道内径，mm；

　　λ——摩阻系数。

平坦地区与起伏地区输气管道的基本公式分别为：

$$Q = C\sqrt{\frac{\left(p_{\mathrm{Q}}^2 - p_{\mathrm{Z}}^2\right)D^5}{\lambda Z \gamma T L}} \tag{7-2-3}$$

$$Q=C\left\{\frac{\left[p_{\mathrm{Q}}^{2}-p_{\mathrm{Z}}^{2}\left(1+a\Delta S\right)\right]D^{5}}{\lambda Z\gamma TL\left[1+\frac{a}{2L}\sum_{i=1}^{n}\left(S_{i}+S_{i-1}\right)L_{i}\right]}\right\}^{0.5} \tag{7-2-4}$$

式中 Q——输气量，$\mathrm{m^3/d}$；

C——常数；

p_{Q}——输气管道计算段起点压力或上一压缩机站的出站压力，Pa；

p_{Z}——输气管道计算段终点压力或下一压缩机站的进站压力，Pa；

a——系数，$\mathrm{m^{-1}}$；

γ——气体的相对密度

T——管道的运行温度，K；

D——管道内径，m；

L——输气管道计算段的长度或压缩机站站间距，m；

S_i——管路沿线高程，m；

Z——气体压缩因子；

ΔS——管路起终点高程差，m。

将式（7-2-1）或式（7-2-2）代入式（7-2-3）和式（7-2-4）则可得到用于水力计算的公式：

$$Q=C_{5}\alpha\varphi ED^{2.6}\left[\frac{\left(p_{\mathrm{Q}}^{2}-p_{\mathrm{Z}}^{2}\right)D^{5}}{Z\gamma TL}\right]^{0.5} \tag{7-2-5}$$

$$Q=C_{5}\alpha\varphi ED^{2.6}\left\{\frac{\left[p_{\mathrm{Q}}^{2}-p_{\mathrm{Z}}^{2}\left(1+a\Delta S\right)\right]}{Z\gamma TL\left[1+\frac{a}{2L}\sum_{i=1}^{n}\left(S_{i}+S_{i-1}\right)L_{i}\right]}\right\}^{0.5} \tag{7-2-6}$$

式中 C_5——常数，由标准单位计算得 0.3930；

α——流态修正系数，流态处于阻力平方区时为 1；

φ——垫环修正系数，无垫环时取 1；

E——管道效率系数，在我国输气管道设计中 DN300mm～DN800mm 时，E=0.8～0.9，DN＞899 时，E=0.91～0.94。

管道沿线压力分布计算公式为：

$$p_{x}=\sqrt{p_{\mathrm{Q}}^{2}-\left(p_{\mathrm{Q}}^{2}-p_{\mathrm{Z}}^{2}\right)\frac{x}{L}} \tag{7-2-7}$$

式中 x——管段上任意一点至起点的距离，m；

p_x——管段上任意一点的压力，Pa。

管道平均压力计算公式为：

$$p_{cp}=\frac{2}{3}\left(p_Q+\frac{p_Z^2}{p_Q+p_Z}\right) \tag{7-2-8}$$

式中 p_{cp}——管道平均压力，Pa。

② 气相管道热力计算。对气相输送管道进行热力计算，主要是为判断在管道中是否存在相态的变化，是否需要为管道敷设保温层。考虑到气体的焦耳—汤姆逊效应，并认为压力沿管长 x 为近似线形分布，即 $\frac{\mathrm{d}p}{\mathrm{d}x}=-\left(p_Q-p_Z\right)/L$，管道的温降计算公式为：

$$T=T_0+\left(T_Q-T_0\right)e^{-ax}+D_i\frac{p_Q-p_Z}{aL}\left(1-e^{-ax}\right) \tag{7-2-9}$$

式中 p_Q——管道起点压力，Pa；

p_Z——管道终点压力，Pa；

L——管道长度，m；

D_i——焦耳—汤姆逊系数，K/Pa。

其中，a 是为简化公式而设定，其表达式为：

$$a=\frac{K\pi D}{Mc_p}=\frac{K\pi D}{Q\rho c_p} \tag{7-2-10}$$

式中 K——管道的总传热系数，W/（$m^2 \cdot K$）；

D——管道的内径，m；

M——流体的质量流量，kg/m^3；

Q——流体的体积流量，m^3/s；

ρ——流体密度，kg/m^3；

c_p——流体的比定压热容，J/（$kg \cdot K$）。

对埋地输气管道而言，传热共分三个部分，即气体至管壁的放热，管壁、绝缘层和防腐层等 n 层的传热，管道至土壤的传热。故总传热系数 K 的计算式为：

$$\frac{1}{KD}=\frac{1}{\alpha_1 D_n}+\sum_{i=1}^{N}\frac{1}{2\lambda_i}\ln\frac{D_{i+1}}{D_i}+\frac{1}{\alpha_2 D_w} \tag{7-2-11}$$

式中 α_1——气体至管内壁的放热系数，W/（$m^2 \cdot K$）；

α_2——管道外壁至周围介质的放热系数，W/（$m^2 \cdot K$）

λ_i——第 i 层（管壁、防护层、绝缘层）导热系数，W/（$m \cdot K$）；

D_n——管道内径，m；

D_w——管道最外层外径，m；

D_i——管道上第 i 层（管壁、防护层、绝缘层等）的外径，m；

D——确定总传热系数的计算管径，当 $\alpha_1>>\alpha_2$ 时 D 取外径，当 $\alpha_1\approx\alpha_2$ 时 D 取平均值，即内外径之和的一半，当 $\alpha_1<<\alpha_2$ 时 D 取内径，m。

（2）液相 CO_2 管道工艺计算。

① 液相管道水力计算。液态输送管道的水力计算与输油管道相类似，其压力能的消耗主要包括两个部分：其一是用于克服地形高差所需的位能；其二是克服 CO_2 液体沿管路流动过程中的摩擦及撞击产生的能量损失，因此管道的总压降中既包括摩阻损失，还要考虑起点至终点的高程差，其基础计算式为：

$$H=h_1+\sum_{i=1}^{n}h_{mi}+\left(Z_Z-Z_Q\right) \tag{7-2-12}$$

式中 Z_Z-Z_Q——管道终点与起点的高程差，m；

h_1——管道沿程摩阻损失，m；

$\sum_{i=1}^{n}h_{mi}$——各站的站内摩阻之和，m。

H——总压力损失。

对于 CO_2 液态输送管道，最经济的流态是在水力光滑区，因此管道沿程摩阻损失可由列宾宗公式计算：

$$h_1=\beta\frac{Q^{2-m}\cdot\nu^m}{d^{5-m}}L \tag{7-2-13}$$

式中 Q——管路中流体的体积流量，m^3/s；

ν——流体的运动黏度，m^2/s；

d——管道内径，m；

L——管线长度，m；

m，β——中间常数，见表 7-2-3。

表 7-2-3 不同流态下的 m 和 β 值

流态		m	β，s^2/m	水头损失 h，m 液柱
层流		1	4.15	$h_1=4.15\frac{Q\nu}{d^4}L$
紊流	水力光滑区	0.25	0.0246	$h_1=0.0246\frac{Q^{1.75}\nu^{0.25}}{d^{4.75}}L$
	混合摩擦区	0.123	$0.0802A$	$h_1=0.0802A\frac{Q^{1.877}\nu^{0.123}}{d^{4.877}}L$，$A=10^{0.127\lg\frac{e}{d}-0.627}$
	粗糙区	0	0.0826λ	$h_1=0.0826\lambda\frac{Q^2}{d^5}L$，$\lambda=0.11\left(\frac{e}{d}\right)^{0.25}$

在液相管道管输压力变化范围内，介质黏度的变化很小，可认为其不随压力变化而改变。且 CO_2 的黏温曲线也很平缓，可用平均温度下的黏度作为整条管线的计算黏度值。对于长输管道，通常来说，局部摩阻只占管道总摩阻损失的很小一部分，所以在设计中按照经验可以取 $h_\xi=(1\%\sim5\%)h_1$。

② 液相管道热力计算。对液态输送管道进行热力计算，同样是为判断管内是否存在相态的变化。在计算管道沿线温降时，采用式（7–2–14）：

$$T_L=(T_0+b)-\left[(T_0+b)-T_{\mathrm{R}}\right]\mathrm{e}^{-aL} \quad (7\text{–}2\text{–}14)$$

式中 T_L——距计算起点 L 处的流体温度，K；

a——参数，$a=\dfrac{K\pi D}{Mc_p}$；

b——参数，$b=\dfrac{giM}{K\pi D}$；

K——管道总传热系数，W/（$m^2\cdot K$）；

M——流体质量流量，kg/s；

c_p——平均温度下 CO_2 的比定压热容，J/（kg·K）；

D——管道外径，m；

i——流体水力坡降；

g——重力加速度，m/s^2；

T_0——周围介质温度，其中，埋地管道取管中心埋深处自然地温，K；

T_{R}——管道起点处的流体温度，K；

L——管道计算点距起点的距离，m。

式中管道总传热系数 K 的计算式与气态管道热力计算公式相同。

（3）超临界 CO_2 管道工艺计算。

① 超临界管道水力计算。超临界状态输送始终保持 CO_2 在致密的蒸汽状态，其密度接近于液体，黏度却与气体相近。管道摩阻损失的计算方法和具体公式与液态管道水力计算相同。

② 超临界管道热力计算。在设计超临界输送管道时，热力计算部分与液态管道基本相同，但是由于在临界点附近，CO_2 热物理参数随温度的变化非常剧烈，尤其是在临界点附近，如图 7–2–5 和图 7–2–6 所示。因此在管道设计时，应该尽量避免管道在临界点附近运行。

由于超临界状态的特殊性，其内壁放热系数 α_1 中的各项准数在计算中有较大变动。许多学者都对超临界 CO_2 的传热进行了研究，对水平管道内超临界二氧化碳的传热进行了实验测定，并对其换热相关的准数关联式进行了结果对比和评价，得出了当压力在 7.4～8.5MPa 时，CO_2 温度在 22～53℃，质量流速在 113.7～418.6kg/（$m^2\cdot s$），表面热通量在 0.8～9kW/m^2 时，小管径水平管中超临界 CO_2 的努谢尔特数计算式计算。

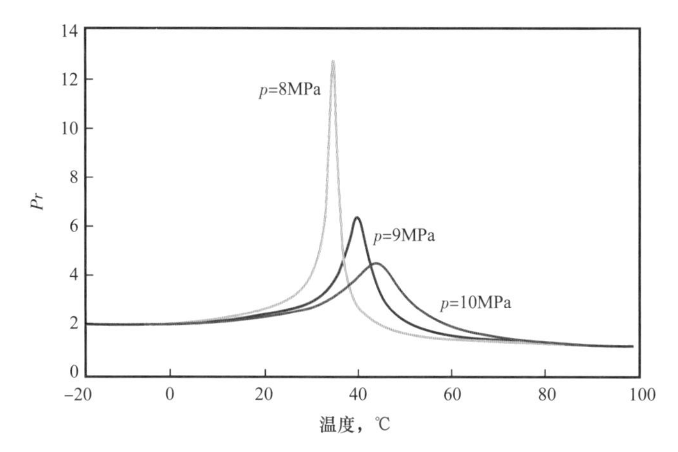

图 7-2-5　超临界压力下普朗特数（Pr）随温度的变化

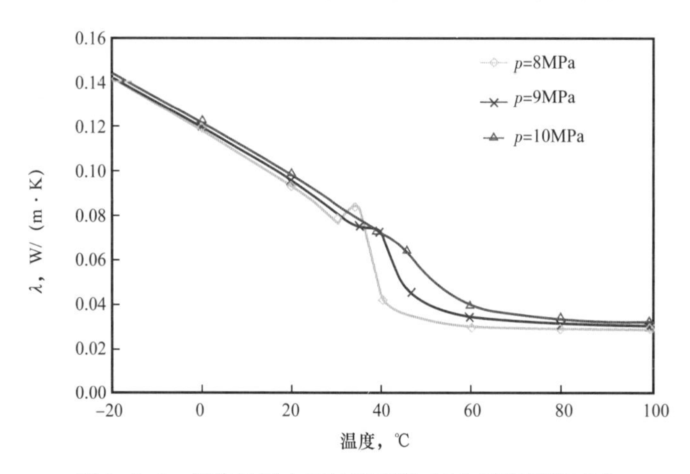

图 7-2-6　超临界压力下导热系数（λ）随温度的变化

总的来说，超临界 CO_2 的热力计算是十分复杂的，式（7-2-14）适用条件也较苛刻，若管径较大或管道需经过起伏较大的地区，计算的精度就不能保证。由于在实际计算时，紊流状态下内壁放热系数对总传热系数的影响很小，所以可以忽略。同样，钢管壁导热热阻很小，也可忽略不计。由图 7-2-5 和图 7-2-6 可知，在热力计算时，普朗特数和导热系数在准临界温度附近变化十分剧烈，而当压力在 10.0MPa 以上时，物性变化则趋于缓和。实际上，即使压力在 10.0MPa 以上，以现有公式对管外壁放热系数 α_2 进行计算仍然存在较大误差。在设计输油管道时，常采用反算法确定管道的总传热系数 K，即将已投产热油管道稳定运行工况下的参数反代入温降公式，求出 K 值。对计算出的 K 值进行分析和归纳，总结出不同环境条件下 K 的取值范围。设计新管道的时候，只需从取值范围中任取一个数，并做适当加大即可。对于超临界 CO_2 输送管道而言，可在大量的实践中总结出适用的数值。

3）各主要试验区块 CO_2 输送方式

（1）吉林油田。吉林油田根据不同建设模式，采用了 4 种输送方式：

一是车载输送方式。针对吉林油田开展的 CO_2 驱前期，采用罐车拉运液态 CO_2，橇装

注入装置回注的方式。用于验证 CO_2 驱可行性，降低后期投资风险。

二是液相双管输送方式。以黑 79 CO_2 驱试验站为代表，该站采用离心式输送泵将长岭天然气处理厂内已建 2000m³ 液态 CO_2 储罐内 CO_2 输送至黑 79 液相注入站，气化后的 CO_2 通过气相管送回天然气处理厂重新液化利用。输送距离 350m，输量 1500t/d。

三是气相管道 CO_2 输送方式。初期黑 59 超临界注入试验，建成了长深 2 井至黑 59CO_2 驱试验站的气相 CO_2 输送管道，其中长深 2 井至长深 4 井外输管线采用湿气输送方式，管线材质采用 316L 复合管（*DN*100mm，9km），深埋保温，按需注醇；输送至长深 4 井后，与长深 4 井 CO_2 气混合后集中脱水，脱水后干气再由长深 4 井输至黑 59 CO_2 驱试验站。该段外输管线材质采用 L245 钢管（*DN*150mm，8km），深埋保温。

四是超临界高压输送。即黑 46CO_2 循环注入站的高压注入管网，采用枝状管网，起于黑 46 CO_2 循环注入站，最远端至黑 79 CO_2 驱试验区，半径 8.0km。

（2）大庆油田。大庆油田根据不同试验区自身特点，采用了三种输送方式：

一是车载输送方式。海拉尔油田 CO_2 气源井与试验区距离 100km，从经济性考虑，采用罐车拉运液态 CO_2 的方式；榆树林油田为了弥补自产液态 CO_2 的不足，采用定价招标选取了大庆市、吉林省和辽宁省等地方企业生产的液态 CO_2，由供方负责用汽车拉入试验区。

二是液相管道输送方式。榆树林油田建有 CO_2 液化站 1 座，主要供给树 101 和树 16 等试验区用气，该站距离树 16 区块较远，采用液相管道输送，管道长度 10.7km，管道规格 ϕ89mm × 11mm，材质为 Q345E，设计压力 32MPa，采用埋地敷设，管顶埋深为 –1.5m，全线保冷设计。

三是气相管道输送方式。榆树林油田自产部分的原料气体 CO_2 为徐深 9 天然气净化厂输送来的 CO_2 产品气，是高含 CO_2 天然气通过胺法脱除而来，采取干气管道输送，管道长度 13.8km，管道规格 ϕ219mm × 6mm，材质为 20 号，设计压力 4MPa，采用埋地敷设，管顶埋深为 –1.5m，目前平均日输气 330t/d。

（3）长庆油田。

长庆姬塬油田黄 3 试验区利用周边企业生产的液态 CO_2，经 400～500km 用汽车拉入试验区。

二、CO_2 注入技术

目前，CO_2 驱地面注入技术主要分为液相注入和超临界注入两类。

1.CO_2 液相注入技术

1）流程与布局

液相注入工艺流程是液态 CO_2 从储罐中经喂液泵抽出增压，通过 CO_2 注入泵增压至设计注入压力，并配送至注入井口。根据液态 CO_2 输送方式的不同，又可以分为液相汽车拉运注入和液相管输注入。图 7–2–7 为带储罐及卸车系统的 CO_2 液相拉运注入流程示意图。

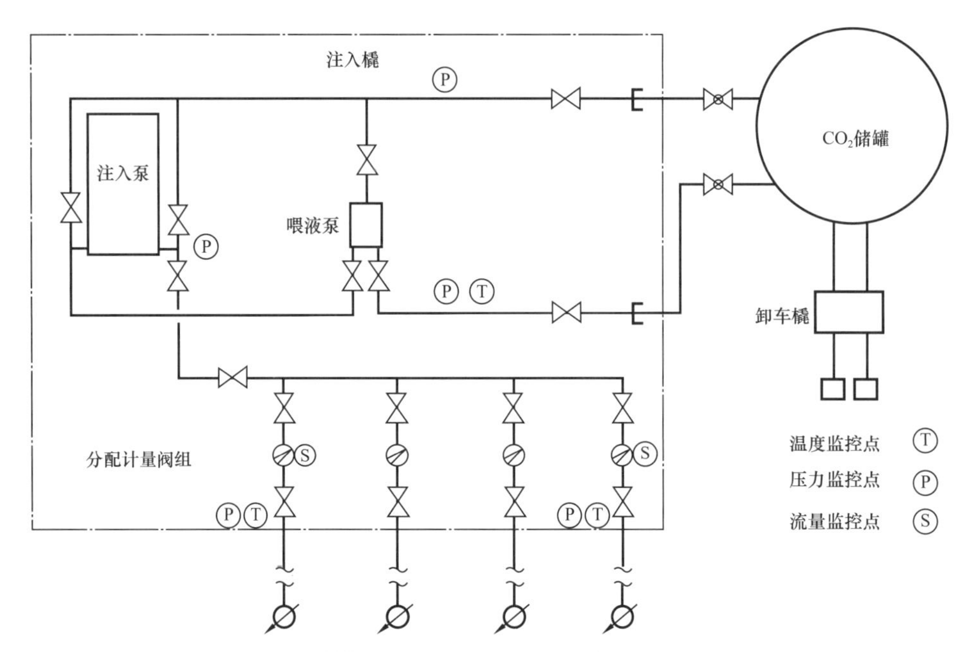

图 7-2-7　带储罐及卸车系统的 CO_2 液相拉运注入流程示意图

液相汽车拉运注入有两种模式：一是直接抽取罐车内 CO_2 注入，该模式适用于井数少、集中、注入量少的试注，机动灵活，更适于单井吞吐；二是利用固定、半固定 CO_2 储罐存储，再通过增压橇注入，该模式适于井数相对多，单车 CO_2 供给量不能满足注入量需求，需要连续注入的试注。

液相管输注入是指在注入站与液相 CO_2 气源较近条件下，直接利用液相 CO_2 短距离输送后，通过柱塞式注入泵增压注入，既节省工程初期投资，又有利于维护、运行费用低的优点。该流程采用液相短距离输送，比超临界气相输送输量大，注入规模大。所用增压泵为容积式注塞泵，较超临界压缩机工程投资低很多，后期维护费用低，日常维修保养无须专业人员，普通维修人员即可完成。

CO_2 液相注入站布局有集中建站和橇装式分散小站两种形式。集中建站有单泵单井流程和多泵多井流程，具体选取哪种形式，应根据不同油区开发油藏条件，开发具体要求和注入规模择优选择。CO_2 液相管输注入流程图示意图如图 7-2-8 所示。

2）储罐保冷

液态 CO_2 储存采用低温、低压储罐，一般温度范围为 -30～-20℃，压力范围为 1.5～2.5MPa。液态 CO_2 储罐一般采用真空粉末绝热保冷工艺和聚氨酯硬质泡沫塑料浇注成型保冷工艺。

3）预冷工艺

在注入系统启动之前，除液态 CO_2 和储罐处于低温状态下外，其他管道、阀门和机泵都处于环境状态下。液态 CO_2 在流动过程中要克服各种阻力降压，将导致部分液态 CO_2 气化。预冷就是使液态 CO_2 从自流至喂液泵，经喂液泵增压，使液态温度由泡点状态转为“过冷”状态。液态 CO_2 一部分流经喂液泵电机转子与定子间，对电动机冷却，自身

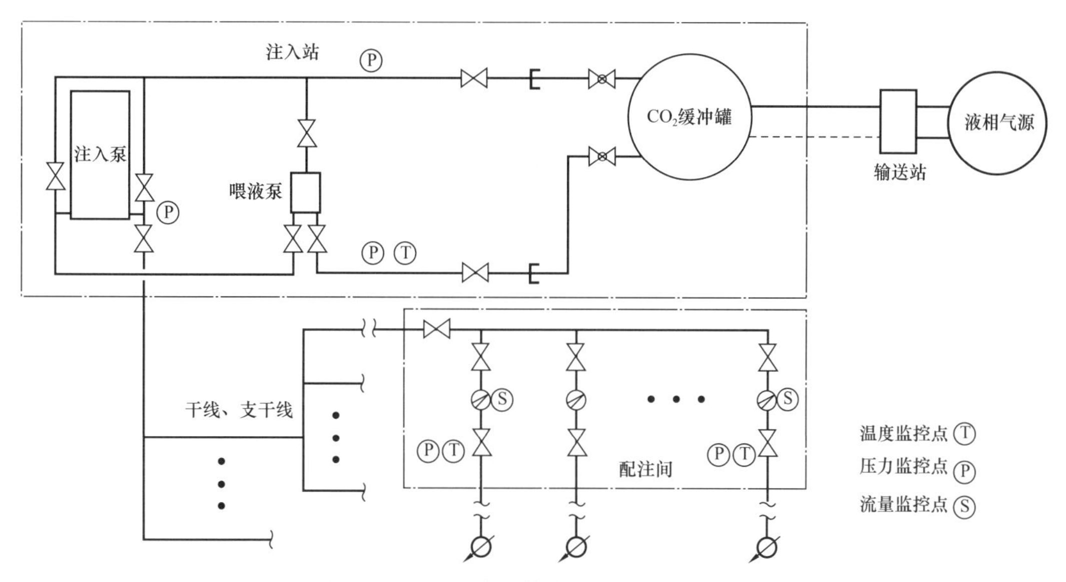

图 7-2-8 CO_2 液相管输注入流程图示意图

气化，这部分气液混合物再经管道回流到储罐内；另一部分进入注入泵，对泵头进行预冷。循环预冷工艺通过喂液泵和注入泵使 CO_2 在系统内往复循环，直到达到注入系统启动的温度和压力条件。

4）喂液工艺

采用喂液工艺是防止 CO_2 注入泵产生“气锁”现象。液态 CO_2 经喂液泵增压 0.2～0.3MPa，加上储罐内压力，喂液泵出口压力可达 2.2～2.3MPa，以保证注入泵腔内的 CO_2 为过饱和蒸气压以上的液相状态。为避免液态 CO_2 气化而影响喂液泵和注入泵的吸入，需要维持液态 CO_2 处于“过冷”状态，喂液泵的排量应大于注入泵的总排量，多余液量用于冷却喂液泵和注入泵，再经注入泵入口的回流管道回到储罐内。

根据实际生产经验及夏季高温最不利情况下换热量计算，喂液泵额定流量按注入规模的 1.5～2.0 倍选择较为合理，保证正常注入的同时，剩余流量回流基本能够带走环境造成的注入泵温升。

另外，由于 CO_2 驱注入 CO_2 时间较长，注入量前后期变化也较大，因此喂液泵应采用变频控制，可适时调节排量，以增强 CO_2 驱注入的适应性。

5）加热注入

液态 CO_2 出注入泵后，需根据井筒工程要求确定是否需经换热器换热，以保证井口注入温度，防止长期低温注入而引起套管断裂。根据实际经验，一般需经换热器换热，使液体由 -20℃升至 10℃进入注入阀组。

6）液相输送

液态 CO_2 输送包括低压（2.0～4.0MPa）输送和高压（≥10MPa）输送，沿程阻力计算可按本节前述公式进行计算。不同温度下纯 CO_2 黏度随压力变化曲线如图 7-2-9 所示。

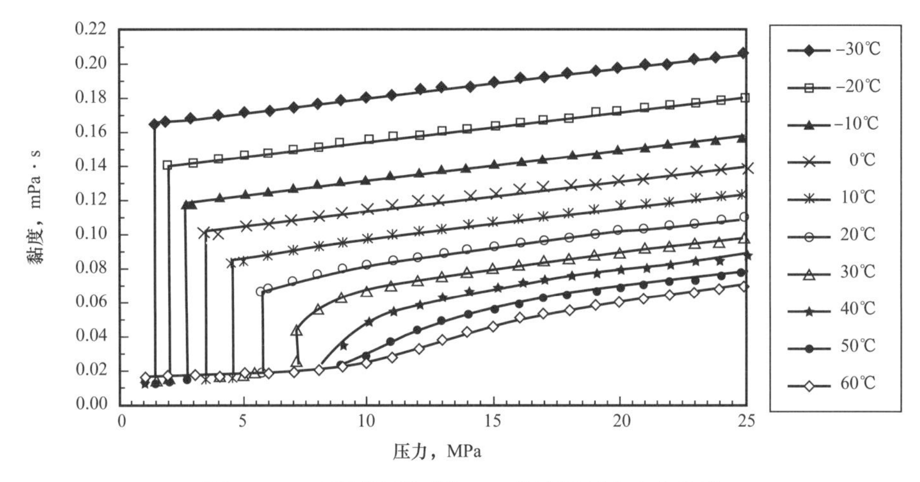

图 7-2-9　不同温度下纯 CO_2 黏度随压力变化曲线

2. 超临界注入技术

超临界注入是一种把 CO_2 从气态加压至超临界状态（31.06℃，7.4MPa）后注入地下的驱油注入工艺。

1）注入流程

图 7-2-10 为 CO_2 超临界注入模式及流程示意图。为了满足注入 CO_2 纯度控制应满足油藏工程混相驱的要求，当气井气或产出伴生气 CO_2 含量高于 CO_2 注入纯度要求时，采取超临界直接注入；当产出气 CO_2 含量低于 CO_2 注入纯度要求时，应与更高纯度的 CO_2 气混合达到注入纯度要求后，即混合注入方式；当产出气与纯 CO_2 气混合后 CO_2 含量仍低于 CO_2 纯度注入要求时，需将产出气分离提纯后注入。

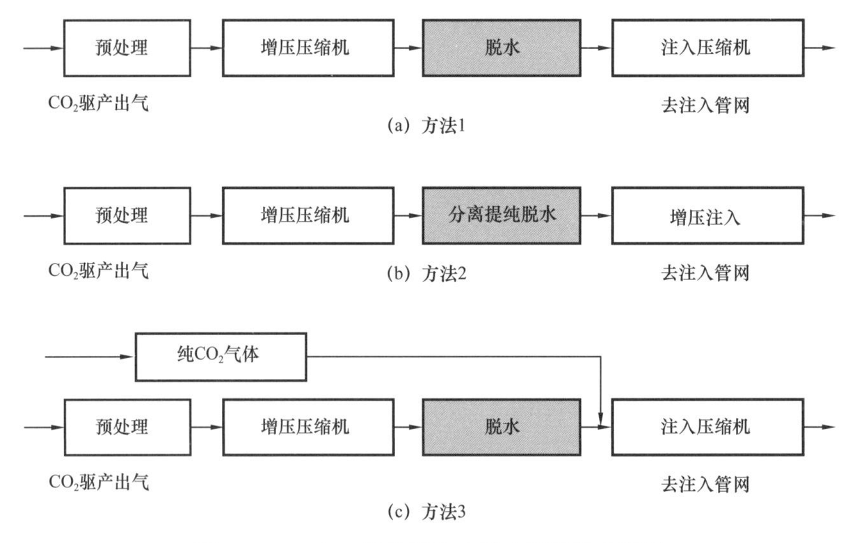

图 7-2-10　CO_2 超临界注入模式及流程示意图

2）相态临界点、泡点线和露点线的确定

一种混合气体组分，采用软件计算 CO_2 混合气质，从相包络线可以看出，以 CO_2 含量为 93% 为例，介质的临界点压力为 7.74MPa，温度为 26.45℃，两相区位于泡点线下方和露点线上方区。

3）含水量控制

含 CO_2 混合气体中如果有水存在，一方面酸气腐蚀性强，另一方面含 CO_2 混合气可能产生水合物会损害设备。因此应控制混合气体含水量，使酸气的露点达到可控要求。

4）相平衡分析与控制

主要以含 CO_2 混合气体的相包络线为相态参数控制依据，计算和修正压缩机各级进出口参数，确保多级增压时压缩机各级入口参数处于非两相区和非液相区。

5）预处理

当混合气含有较多机械杂质时，应通过预处理除去大直径液体和固体颗粒，以保证压缩机入口气质要求。

3. CO_2 驱试验主要注入方式

1）吉林油田

黑 59 CO_2 驱先导试验区 CO_2 注入采用集中建站、单泵对多井高压液态注入工艺。黑 59 液态 CO_2 注入站设计注入能力 240t/d。液态 CO_2 通过耐低温管道输送到配注间，在配注间对单井注入进行分配和计量。平均单井日注 30t，井口最大注入压力不超过 23MPa，连续注 6 个月后进行水气交替注入。

（1）液相注入。黑 79 扩大试验注入工程采用集中建注入站、单泵对多井高压液态注入工艺。站外采用枝状管网布置，在配注间进行单井注入的计量与分配。注配间内建有加注缓蚀剂的装置，注气管道新建，采用耐低温的管材，埋地敷设。吉林油田 CO_2 驱液相注入站工艺流程示意图如图 7–2–11 所示。

（2）超临界注入。黑 46 CO_2 驱工业化推广工程，CO_2 气注入采用超临界注入，优选合理注入半径为 8～10km，黑 46 循环注入站注入量范围为 32.25×10^4～$64.50\times10^4m^3/d$。在注入站内，管输来的高纯净 CO_2 气经增压至 28.0MPa，为站外注入井提供超临界状态的 CO_2。吉林油田 CO_2 驱超临界循环注入工艺流程示意图如图 7–2–12 所示。

2）大庆油田

榆树林油田 CO_2 驱注入是采取水气交替注入方式，即注气与注水采取一管双注。自产或外购液态 CO_2，在树 101 注入站，一部分经注入泵升压至树 101 注气阀组，经调配至所属注气井混相注入；另一部分经注入泵升压后输至 11.0km 之外的树 6 试验区注气阀组，经调配至所辖注气井混相注入。井口注入压力为 18～19MPa，单井日注入量为 10～15t，注入温度为 –10～0℃。

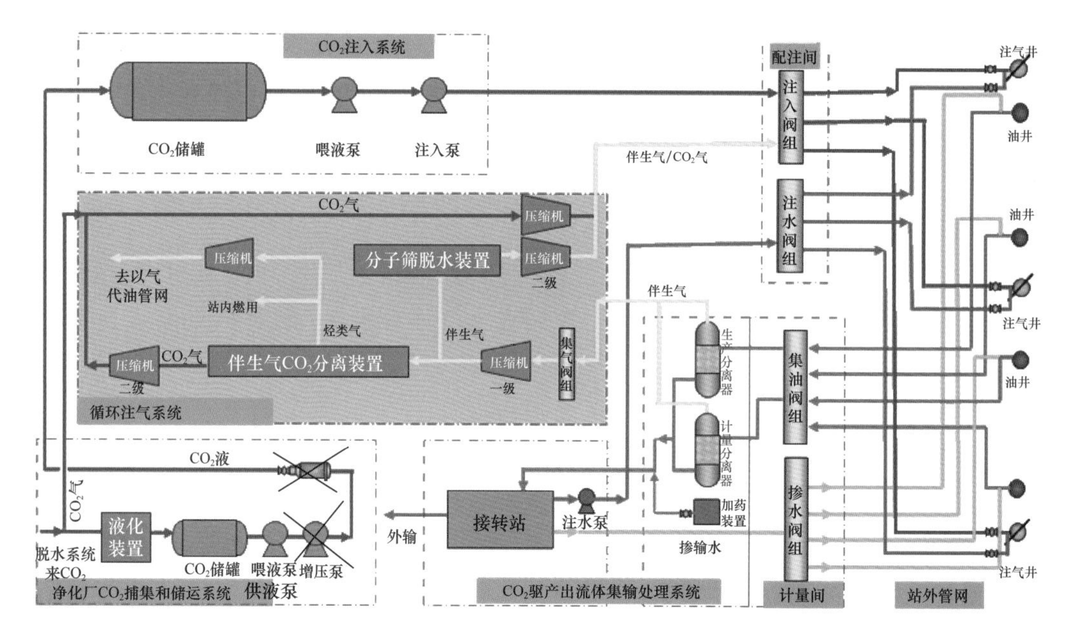

图 7-2-11　吉林油田 CO_2 驱液相注入站工艺流程示意图

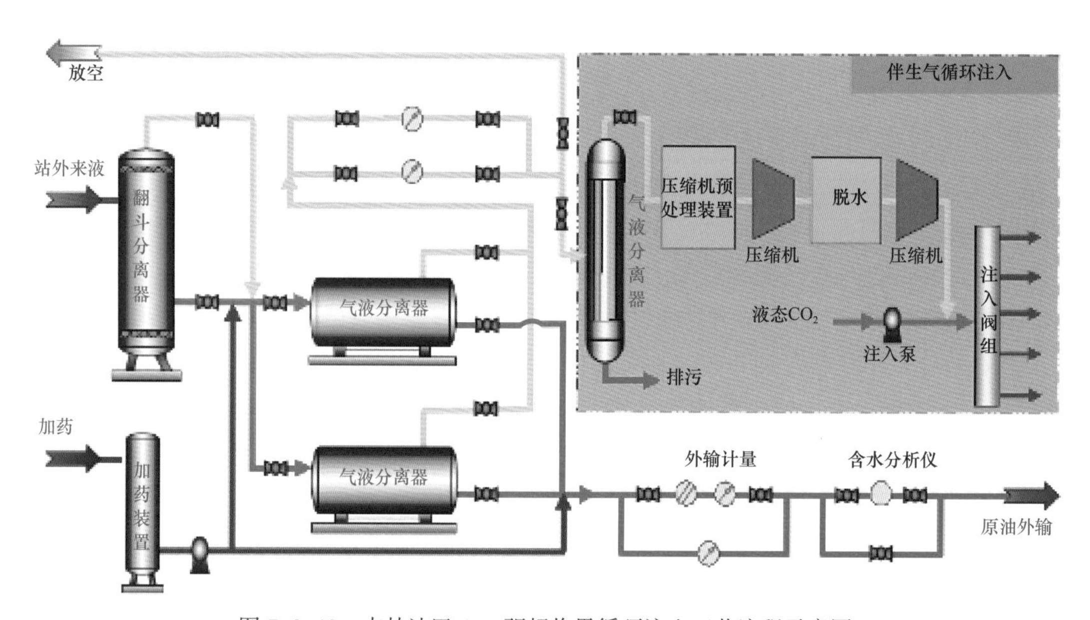

图 7-2-12　吉林油田 CO_2 驱超临界循环注入工艺流程示意图

海拉尔油田 CO_2 驱 38 注均集中在苏德尔特油田贝 14 区。苏 6 区生产的液态 CO_2 经车运拉至 100km 外的贝 14 接转注入站。根据贝 14 油区建设生产实际，CO_2 驱注入实行单井注水利用已建系统注水，新建注气分系统，实现气水交替注入，即注水由德二注→配水间→注水井的已建注水系统，单井注气由新建在贝 14 接转注入站，按注入站→配气间→注入井的方式新建注气系统。

贝 14 接转注入站辖 38 口注入井，包括先导试验区 9 口和工业化推广区 29 口，已建注入泵 17 台，先导试验区 9 口注入井井口压力为 14.5～19.2MPa。

3）长庆油田

黄 3 CO_2 驱试验区液态 CO_2 注入设计压力小于 18.0MPa，单井日注量 15t，9 口注入井最大 CO_2 注入需求量 135t/d，采取水气交替注入方式。通过对注入站集中和分散建设的方案比选，确定与综合试验站合建 1 座 200t/d 集中橇装注入站，设计单井注入压力 18MPa，注气温度 −5～0℃，从综合试验站的液态 CO_2 配注一体化集成装置分配到各注入井。

4. 推荐的 CO_2 注入技术

总体来看，目前试验区采用 CO_2 液相注入和超临界注入两种工艺，其中吉林油田基本采用超临界注入，其他试验区多采用液相注入。超临界注入工艺具有对气源气质要求较低和操作运行成本较低等优势，推荐采用该技术。CO_2 液相注入与超临界注入技术对比见表 7-2-4。

表 7-2-4　CO_2 液相注入与超临界注入技术对比表

项目	CO_2 液相注入	CO_2 超临界注入
压注气源要求	液相 CO_2，水分指标应控制在 200mg/L 以下，防止产生水合物	不影响油藏混相压力，例如吉林 90%
进口相态	液态进入压注泵	气态进入压缩机
出口压力	最大出口压力（国内）≤42MPa	最大出口压力：国内≤25MPa，国外≤35MPa
输送方式	液态 CO_2 可用管道或车船输送，方式灵活	短距离采用气态管道输送，远距离采用超临界管道输送
总成本	拉运液态 CO_2 注入＞高含 CO_2 伴生气、液化注入＞捕集的 CO_2 超临界注入＞CO_2 气井气液化注入＞ CO_2 气井气超临界注入	

三、采出液集输与处理技术

1. 采出液集输技术

1）主要集输技术

由于 CO_2 驱油井伴生气量大、含 CO_2 高以及 CO_2 比热容远低于天然气的比热容，各试验区块采出液集输以依托常规集输处理工艺为主，接转站外集油工艺和接转站内处理工艺略有调整。目前多数采用三级布站方式，集油工艺技术多以小环掺水 / 羊角式环状掺水、油气混输为主，接转站内处理工艺加强气液分离[7]。

（1）小环掺水与油气混输集油工艺。每 2～3 口油井 1 个环（集油环长度尽量小于 1.5km）。当采出井距处理站较远时，采用集油阀组间串接方式进站。

环形集油工艺流程的特点是：

① 各油井串联在环形单管上，进行集油。

② 将单井井场水套炉加热改为掺热水加热。

③ 掺水和集油是一根环形总管，作为热源的热水从集油阀组间进入总管，然后同收集的各油井产物一起返回到集油阀组间。

④ 采用油井动液面恢复法或便携式示功图法进行单井产量计量。环形流程具有节省钢材、节省投资、相对容易管理等优点。但由于将单井串联在集油总管上，油井之间压力干扰较大，井网调整和流程改造比较困难；此外，油气见气后易造成计量准确性变差。

适用条件：

① 油井密度较大，产量较低，需要加热输送的油田。

② 油井井网调整较少的油田。

③ 交通比较方便的油田。

（2）“羊角式”环状掺水与油气混输集油工艺。大庆油田在芳 48 扩大试验时，地面采出集油系统开展了电加热管集油试验，取得了良好效果。

榆树林油田树 16 CO_2 驱试验区研发了“羊角式环状掺水、油气混输集油工艺”[8]（图 7-2-13），油井采出流体（油、气、水混合物）从井筒经井口节流阀进入羊角式单管自压集油段，高含 CO_2 油井伴生气由于节流造成的瞬时体积膨胀做功[9]，热量损失将在此管段处稳定并以管道电加热方式补充热量；若补充的热量无法满足输送要求，会在此管段发生冻堵现象，不影响集油环上其他油井生产，关井后可立即采取电加热解堵措施，快速恢复油井生产。油井采出流体从羊角式单管自压集油段直接流入环状掺水集油段，与上游来的掺水或上游油井采出流体与掺水混合后的流体混合，沿着环状掺水集油管线流向下一口油井自压集油段出口处。

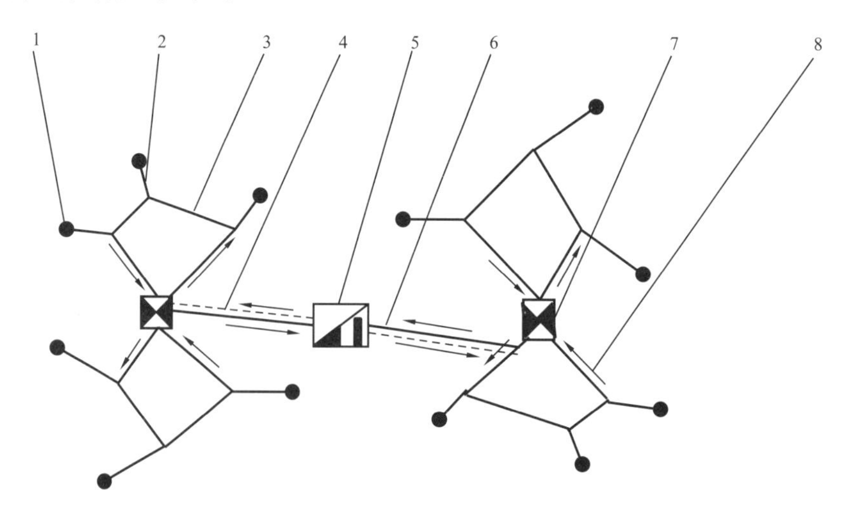

图 7-2-13 “羊角式环状掺水、油气混输集油工艺”流程示意图

1—油井；2—羊角式单管自压集油段；3—环状掺水集油段；4—站间掺水管线；5—接转站；6—站间回油管线；7—集油阀组间；8—采出液在管线内流动方向

该工艺具有以下特点：

① 油井井口处设置羊角式单管自压集油段，避免了 1 口井集油管线发生冻堵影响环上其他油井生产。

② 油井井口羊角式单管自压集油段管材采用电加热管系列，具备加热维温的作用，保障流体正常输送。

③ 油井井口羊角式单管自压集油段管材采用金属电加热管系列，在管线发生冻堵时，可以采取电加热解堵这一最简便的管线解堵措施，快速恢复油井生产。

④ 油井井口羊角式单管自压集油段管材采用碳钢内衬 316L 不锈钢电加热管，可解决高含二氧化碳油井采出流体对管材的腐蚀问题。

（3）双气—双液分离接转工艺。大庆油田通过跟踪 CO_2 驱前期先导试验、扩大试验，发现常规接转站工艺无法满足生产需要。主要原因在于，采出流体气液比间歇性过高，而且伴生气中 CO_2 含量通常在 90% 以上，造成节流、捕雾、过滤等产生压降的生产环节极易发生冻堵，例如分离器捕雾网冻堵、集气包进口冻堵等现象，严重影响生产；同时，存在原油发泡严重、油井间歇性出现气段塞等问题。因此，研发了“双气—双液分离接转工艺”，工艺流程如图 7-2-14 所示。

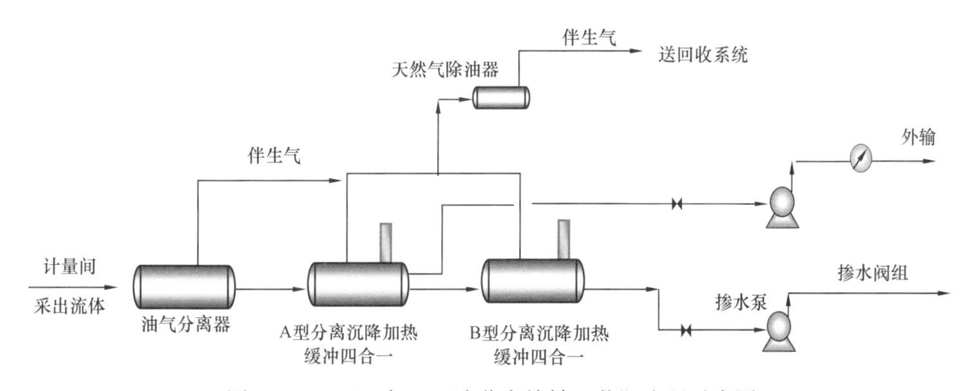

图 7-2-14 “双气—双液分离接转工艺”流程示意图

该工艺具有以下特点：

① 含 CO_2 的油、气、水三相介质混输至接转站，先进入气液分离器，进行气液一级分离，分离出来的气相经由分气包内的捕雾器由气相出口流出输至天然气干燥除油器。气液分离器入口处设置拉西环式填料函，可以大幅消除高含 CO_2 伴生气对原油的发泡效应，提高气液分离效率；分气包和捕雾元件尺寸根据分离出来的气相表观速度个性化设计，提高分离出来的气相（湿伴生气）品质。

② 气液一级分离环节分离出的液相进入 A 型分离沉降加热缓冲组合装置进行一级加热三相分离。在 A 型分离沉降加热缓冲组合装置中，含气液相在分离沉降加热段被加热的同时，介质中的气液相沉降分离，气相经由分气包内的捕雾器由气相出口流出输至天然气干燥除油器，温度升高后的液相介质进入游离水脱除段和缓冲段，最后低含水油由油相出口流出经外输泵加压后输往下游处理站，含油污水由水相出口流至 B 型分离沉降加热缓冲组合装置。

③ 一级加热三相分离环节分离出的含油污水进入 B 型分离沉降加热缓冲组合装置进行掺水二级加热两相分离。在 B 型分离沉降加热缓冲组合装置中，含气与含油污水在分离沉降加热段被加热的同时，介质中的气相与液相沉降分离，气相经由分气包内的捕雾器由气相出口流出输至天然气干燥除油器，温度升高后的液相介质进入缓冲段，缓冲后含油污水由液相出口经掺水泵加压后输至所辖集油阀组间为站外集油提供掺水。

④ 液相采取两级加热分离方式，即一级加热三相分离和掺水二级加热两相分离，大幅提高了分离出来的液相（低含水油和含油污水）品质，同时还大幅降低了下游液相处理工艺由于液中带气带来的生产波动，保障了脱水等处理设备平稳运行。此外，采用二级加热，低含水油加热到外输所需温度即被输送至下游脱水处理站，含油污水继续被加热到掺水温度再被输送至所辖集油阀组间为站外集油提供掺水，实现了能量最优利用，既节能又减排。

⑤ 气液分离器、A 型分离沉降加热缓冲组合装置和 B 型分离沉降加热缓冲组合装置分离出来的气相都被管输至天然气干燥除油器进行气相二级分离。在天然气干燥除油器中，含油、含水湿伴生气先经过设置在容器上方裸露于环境中的光管干燥段降温，同时气中的水蒸气和轻烃类冷凝析出；气相携带着液滴进入除油段经过聚结分离、重力分离、过滤分离，气相由分气包流出至天然气外输管线输至天然气处理厂统一集中处理，液相由液相出口流出输至 A 型分离沉降加热缓冲组合装置中的缓冲段。

⑥ CO_2 驱双气—双液分离接转工艺采用多功能组合装置，用 1 台处理设备取代了常规流程中的三相分离器、加热炉、游离水脱除器、缓冲罐等多台处理设备，可大幅简化工艺流程，降低工程建设投资，减少操控点，降低操作人员工作劳动强度。

榆树林油田 CO_2 驱工业化试验区树 16 接转站，处理能力 1700t/d，采用“双气—双液分离接转工艺”，2015 年 7 月投产以来，系统运行平稳，各工艺环节运行参数满足试验需要。

海拉尔油田 CO_2 驱工业化试验区贝 14 接转站，处理能力 3400t/d，采用“双气—双液分离接转工艺”，2016 年 7 月投产以来，系统运行平稳，各工艺环节运行参数满足试验需要。

2）CO_2 驱试验区主要集输方式

（1）吉林油田。

黑 59 CO_2 驱先导试验区采出液的收集采用单井→计量间→转油站集油方式，计量间集中油水计量，转油站经计量间至单井供掺水保温。站外集输油管道采用芳胺类固化的玻璃钢管材，掺水管道站外采用玻璃钢管材，站内管道和阀门选用碳钢材质。

黑 79 CO_2 驱扩大试验区内油井采出液采用小环掺水，串井连接流程进黑 79 试验站，再输至大情字井联合站处理。

黑 46 CO_2 驱工业化应用试验区站外油井集输利用已建小环掺水流程进入计量间，单井环产液量经卧式翻斗计量，减差经水表计量的掺水量后，实现单环液计量。CO_2 驱中后期产气量大幅增加后，已建混输管道能力不适应时，对远离接转站或串联多个计量站的集

中处，建分离操作间，进行气液分输。

（2）大庆油田。

大庆榆树林油田 CO_2 驱树 16 采油井已建“羊角式环状掺水、油气混输集油系统”密闭集输生产；扩边区块暂未建集油系统，采用单井罐拉油生产，考虑到 CO_2 驱油井间歇见气，研发了适宜的井场集油罐，采出液拉至接转站后与水驱井产液混合处理。采出物气油比为 200～300m^3/t，伴生气中 CO_2 含量约占 70%。

大庆海拉尔油田 CO_2 驱 130 口采油井集中在贝 14 接转注入站，油井采出液的收集采用单井软件量油，小环掺水集油，进贝 14 接转注入站后预脱出供本站回掺的游离水，低含水原油输往德二联与其他水驱原油混合处理。

大庆油田 CO_2 驱集输系统，井口羊角段采用电加热管；集油环采用钢骨架增强塑料复合连续管和双金属复合管（碳钢内衬 304 不锈钢材质）；集油阀组间与接转站之间管道采用双金属复合管（碳钢内衬 304 不锈钢材质）；接转站内油气分离器采用双金属复合材质（碳钢内衬 316L 不锈钢材质）；接转站内“四合一”组合装置烟火管采用 316L 不锈钢材质；接转站内进站阀组及油气分离器进出口管线、阀门采用 316L 不锈钢材质；其他站内管道、泵阀等采用碳钢材质。

（3）长庆油田。

通过对试验井采出液“集中”和“分散”收集处理方案的比选，优选集中处理一线井和二线井采出液，即新建综合试验站 1 座，一线井采用井口翻斗计量、单管深埋（1.3m），不加热集油直接进综合试验站，二线井仍按原生产方式进已建生产系统。直接进综合试验站的一线井，其中集油半径大于 2.5km 或高差大于 100m 的，集中设置井场增压橇，输至综合试验站。综合试验站由多个橇装装置组成，具有对含 CO_2 采出液气液分离、原油脱水、外输、采出水处理回注及伴生气分离、CO_2 气捕集、提纯、液化等功能。一线井新建出油管道，小口径管选用芳胺玻璃钢管道，ϕ89mm 以上管道选用非金属内衬管道。

配合先期 3 口试注井，部署采出井 28 口（其中一线井 18 口、二线井 10 口），虽然仍按已建系统生产，但可检测试注效果。另外，结合试验要求，选择 3 条新建井组出油管道试验玻璃钢管、玻璃钢金属内衬管和柔性复合管。

2. 采出液处理技术

CO_2 驱采出物处理包括采出物分离、脱水、采出水处理等各环节。CO_2 驱采出流体与水驱相比分析见表 7-2-5。可以看出，根据目前阶段取得的研究、试验成果，结合目前多数采出液与同区水驱采出液混合处理的实际，处理含 CO_2 采出液可以延用水驱采出液的处理工艺，但需要根据 CO_2 采出液的具体情况，对采出液脱水及采出水处理工艺中的一些关键参数做出适当调整。

CO_2 驱采出液较水驱更为稳定、处理难度加大，破乳处理难度大于水驱，随着开采难度的加大，需调整破乳剂的浓度、处理温度和处理时间以满足生产需求。

表 7-2-5　CO_2 驱采出液与水驱采出液对比表

项目	CO_2 驱采出液	水驱采出液
含水率	含水率变化不大	逐年增高，呈低中高含水期
井口出液温度	相同开发数据下，一般比水驱低 5～10℃	随含水升高，产液量增加而升高
气液比	后期气液比显著增加	基本稳定，或后期略升
采出液特性	初期原油密度、黏度和凝点均比水驱低，流动性能好；中后期重组分产出，密度、黏度和凝点升高，呈泡沫油特征，流动性呈先易后难；油水界面稳定，脱水难度大	典型的水驱采出液流动和其他物理特征
采出水特征	油水界面相对稳定，水中颗粒物量大，粒径小，采出水处理难度大	典型水驱含油采出水特征

1）CO_2 驱对采出油水性质的影响

从跟踪监测可以得出，CO_2 驱采出液比水驱采出液稳定，并且 CO_2 驱采出液破乳处理难度也大于水驱，因此，对 CO_2 驱采出液的油水性质进行了研究，以探究 CO_2 驱采出液稳定性机理。不同条件下形成的乳状液稳定性指数（TSI）变化规律如图 7-2-15 所示。

CO_2 驱采出油与水驱油样相比，反常点及析蜡点长高，相同剪切速率下的黏度也有所增高。并且随着压力的升高，析蜡点及黏度都逐渐升高。

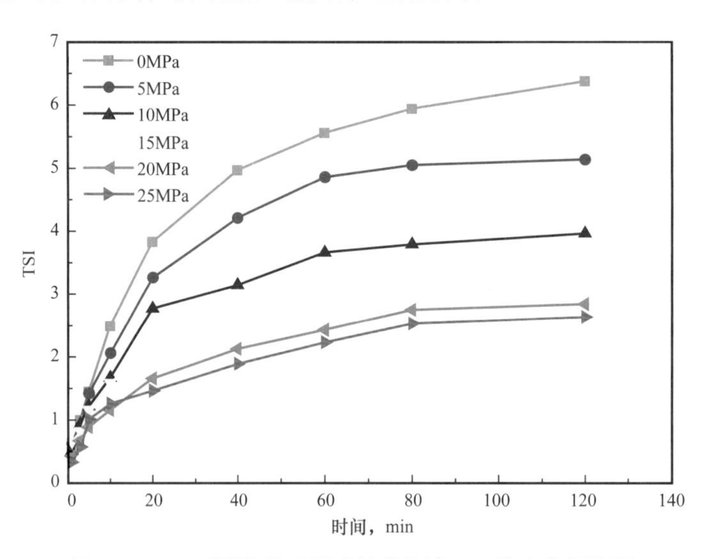

图 7-2-15　不同条件下形成的乳状液 TSI 值变化规律图

CO_2 驱采出液中固体颗粒含量明显增加，吉林油田采出污水中油滴的粒径大小主要集中在 0.8~2.2μm，平均粒径为 1.25μm，含油量为 420mg/L，固体悬浮物含量为 232mg/L，CO_2 与水相中离子反应生成难溶固体颗粒，以及 CO_2 与地层或管线反应均可以引起采出液中固体颗粒含量的增加。吉林扶余油田采出水粒度分布曲线如图 7-2-16 所示。

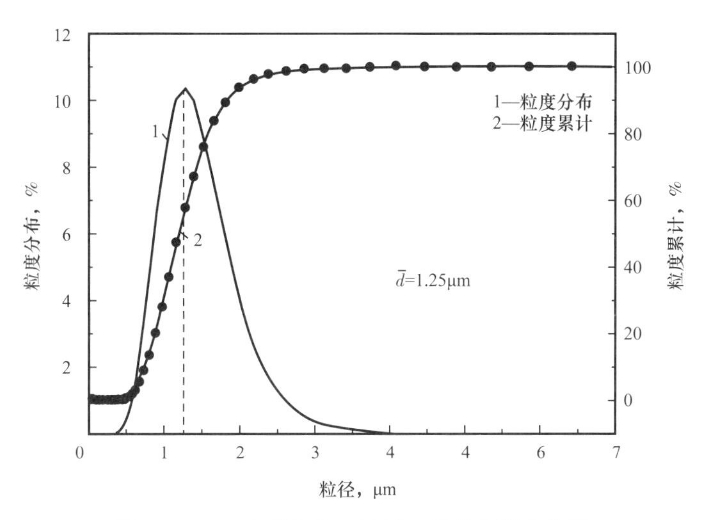

图 7-2-16　吉林扶余油田采出水粒度分布曲线

CO_2 液驱采出液较水驱更为稳定、处理难度加大。CO_2 驱采出油与水驱油样相比，反常点及析蜡点长高，相同剪切速率下的黏度也有所增高。并且随着压力的升高，析蜡点及黏度都逐渐升高，采出液破乳处理难度也大于水驱。

2）CO_2 驱现场采出液处理工艺方法

由于 CO_2 驱采出液处理难度大于水驱采出液，因此，在处理工艺流程中增加新工艺措施或调整工艺参数，形成新的脱水处理工艺流程。

联合站通常采用一段自然沉降＋三段热化学沉降的脱水工艺。针对 CO_2 驱采出液的处理工艺，增加沉降罐的容量，确保采出液在罐内的停留时间较水驱采出液增加 1 倍。此外，可以通过升高脱水炉温度及增加破乳剂用量的方法来处理 CO_2 驱采出液；针对更难处理的采出液，可以采取化学沉降＋电脱水破乳的方式，满足脱水要求。

四、采出气处理技术

根据 CO_2 驱油的特点，CO_2 驱油的气油比、产气量及 CO_2 浓度均随注入时间而变化，同时由于采出气中又含有液烃，要实现采出气循环注入就必须对其进行预处理。

吉林油田黑 46 区块采出气处理及循环注入分为以下 4 个阶段：

（1）气液分离及预处理。油井产物在接转站或分离操作间经气液分离器进行气液分离后，含 CO_2 采出气经计量后进入旋流分离器，脱除直径 10μm 以上液滴，出口气体经过滤分离器，继续脱除直径 5μm 以上的所有液滴和固体杂质，完成预处理。

（2）采出气压缩。预处理后的气体进入采出气压缩机进行增压，压缩机选用往复式压缩机，分两级压缩，一级压缩进口压力为 0.2～0.3MPa，出口压力为 0.8～1.0MPa；二级压缩机出口压力为 2.3～2.5MPa。

（3）变温吸附脱水。经采出气压缩机压出的 2.5MPa 气体，进入变温吸附脱水单元，经 2 台除油过滤器除去油雾后，再进入由三塔组成的等压吸附干燥系统，装置出来的 2.5MPa 干气水含量小于 30mg/L，去注入压缩机。

（4）超临界注入。脱水后的产出气与净化厂来的纯净 CO_2 气体在静态混合器内进行充分混合，进入注入压缩系统。气体压缩仍采用往复式压缩机、风冷设计，需三级压缩，去注入分配器分配注入。吉林油田黑 46 CO_2 驱采出气处理及循环注入流程示意图如图 7–2–17 所示。

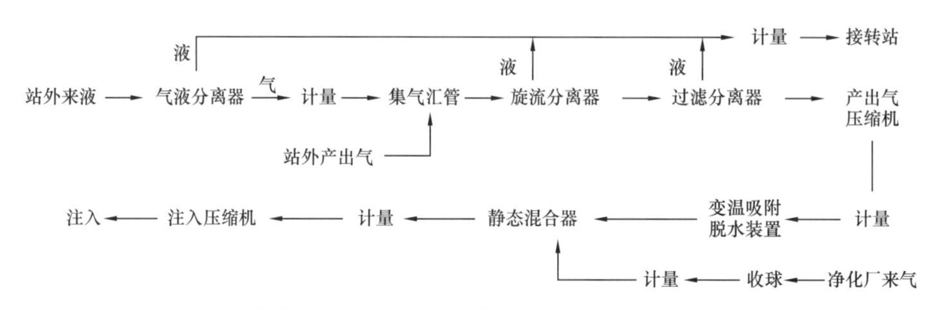

图 7–2–17　吉林油田黑 46 CO_2 驱采出气处理及循环注入流程示意图

大庆海拉尔油田贝 14 工业化试验区为了简化工艺，降低投入，提高 CO_2 驱油效果，设计依托贝 14 转油站建成 $9\times10^4m^3/d$ 含 CO_2 采出气增压、超临界回收注入系统。设计采用国外压缩机机头，国内组橇形式生产的 CO_2 高压压缩机组，单台设备价格与国外同类产品相比可降低 60%。贝 14 CO_2 采出气循环利用和超临界注入示意流程如图 7–2–18 所示。

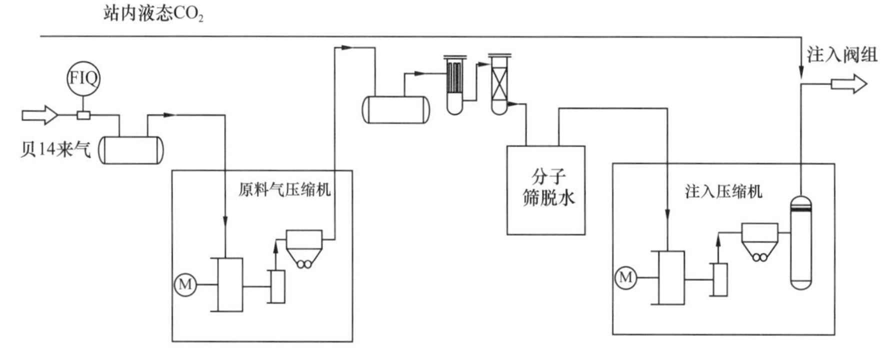

图 7–2–18　贝 14 CO_2 伴生气循环利用和超临界注入示意流程

长庆油田黄 3 区 CO_2 驱油开发规划，预测试验周期内含 CO_2 采出气量为 0.6×10^4～$1.6\times10^4m^3/d$。设计在综合试验站内建 $1\times10^4m^3/d$ 橇装脱碳装置 1 套，采出气脱碳采用膜 / 变压吸附工艺，对捕集的 CO_2 气通过增压、脱水、冷冻和提纯回用液态 CO_2。

各试验区块的 CO_2 驱油田伴生气多作为站场的燃料气。工业化推广试验区块都已建成伴生气的处理工艺装置，伴生气下一步将进行循环注入。

五、采出水处理技术

1. CO_2 驱采出水处理现状

目前吉林油田、大庆油田和长庆油田的 CO_2 驱试验及扩大试验区块的采出水处理均

依托已建采出水处理系统。

1）吉林油田

吉林油田 CO_2 驱脱出的采出水进入已建的情联采出水处理站进行处理。目前情联采出水处理站采用常规的除油、除悬浮物处理流程，即“一级气浮 + 二级过滤”，处理后的采出水用于油田注水，工艺流程如图 7-2-19 所示。

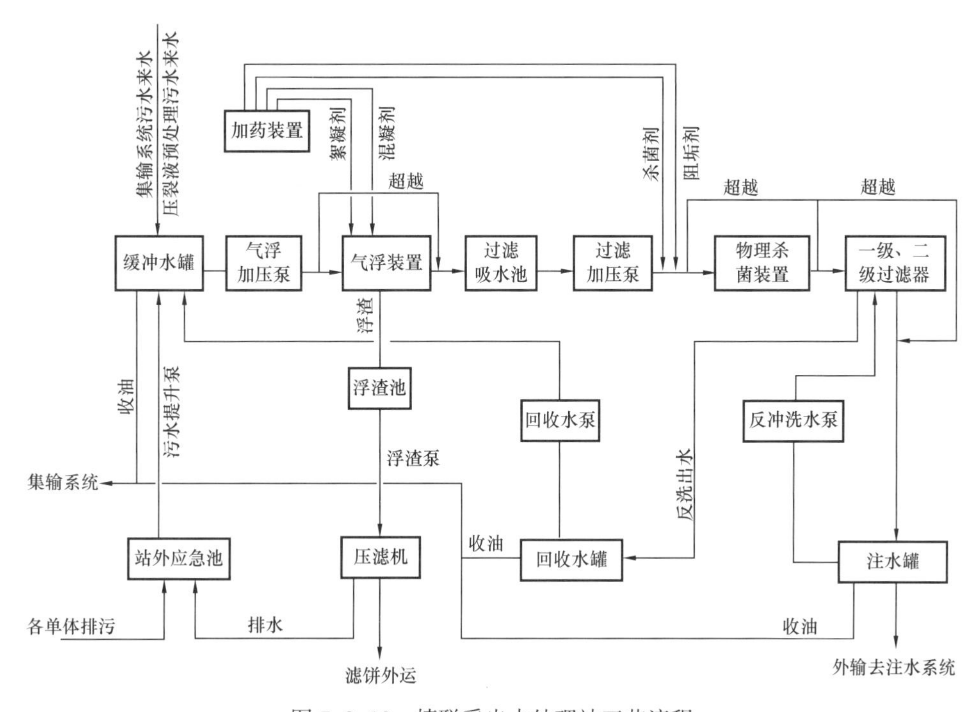

图 7-2-19　情联采出水处理站工艺流程

目前吉林油田情字井区块总采出水量为 8100m^3/d，其中 CO_2 驱试验区采出水量为 866.7m^3/d，仅占区块总采出水量的 10.7%。

含有 CO_2 驱试验区采出水的混合含油采出水，经情联采出水处理站处理后，出水水质指标能够满足本区块的“含油量＜20mg/L、悬浮物含量＜20mg/L、粒径中值＜3μm”注水水质指标要求。

2）大庆油田

由于大庆油田 CO_2 驱试验区产液量少，为了节约建设投资，未建独立的采出水处理系统，采出液输至附近的已建水驱脱水系统，掺混后统一处理，处理后的含油污水输至污水处理站处理。

（1）大庆油田榆树林 CO_2 试验区树 16 接转站采出水随采出液直接管输至榆二联，与水驱采出液混掺后统一处理。脱水后的含油污水输至东 16 污水处理站达标处理后回注。东 16 污水处理站采用“曝气 + 微纳气浮 + 流砂过滤 + 膜过滤”，出水指标达到“5，1，1”（含油量≤5mg/L，悬浮固体含量≤1mg/L，粒径中值≤1μm），工艺流程如图 7-2-20 所示。图 7-2-21 为东 16 污水处理站主要装置。

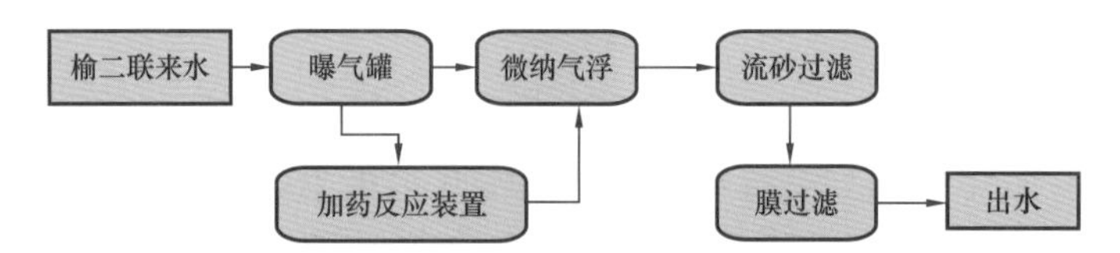

图 7-2-20　东 16 污水处理站站内水处理工艺流程示意图

(a) 大庆榆树林油田东16污水处理站
(“流砂过滤罐+膜过滤”工艺)

(b) 气水反冲洗系统

(c) 流砂过滤器

(d) 膜过滤装置

图 7-2-21　东 16 污水处理站主要装置

(2)大庆油田海拉尔 CO_2 试验区贝 14 接转站采出水随采出液直接管输至德二联，与水驱采出液混掺后统一处理。经德二联脱水站脱水后的含油污水直接在德二联污水处理站达标处理后回注。德二联污水处理站采用“除油缓冲 + 悬浮污泥过滤 + 单阀滤罐过滤”(SSF 悬浮污泥过滤工艺)，出水指标达到“8，3，2”(含油量≤8mg/L，悬浮固体含量≤3mg/L，粒径中值≤2μm)，工艺流程如图 7-2-22 所示。

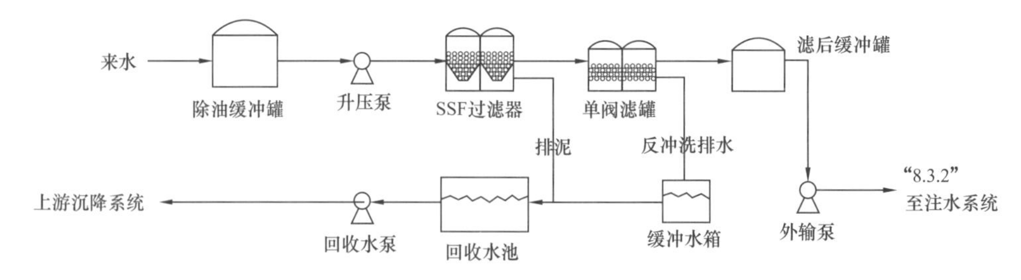

图 7-2-22　德二联污水处理站工艺流程示意图

2. CO_2 驱采出水处理技术

在 CO_2 驱采出水处理的实际运行中，吉林油田 CO_2 驱采出水量仅占区块总采出水量

的 10.7%，混合后的采出水 pH 值降低仅 0.1 个单位左右，大庆油田尽管 CO_2 驱采出水量的占比大，但其混合采出水 pH 值降低不会超过 1 个单位。

从实际处理效果看，无论是吉林油田还是大庆油田，CO_2 驱采出水混入常规水驱，依托已建采出水处理系统，其处理后控制指标均能满足注水水质指标要求，因此可以得出结论，已建采出水处理工艺完全可以满足 CO_2 驱采出水的处理需求，也就是说 CO_2 驱采出水的处理完全可以依托已建常规水驱采出水处理系统。

通过针对吉林油田和大庆油田 CO_2 实验驱采出水现状及已建采出水处理工艺的适应性分析，可以得出结论，应用于水驱的常规除油、除悬浮物工艺，对处理 CO_2 驱采出水是完全适应的。针对 CO_2 驱采出水处理推荐的工艺流程也是与常规水驱采出水处理工艺流程相同的，如图 7-2-23 所示。

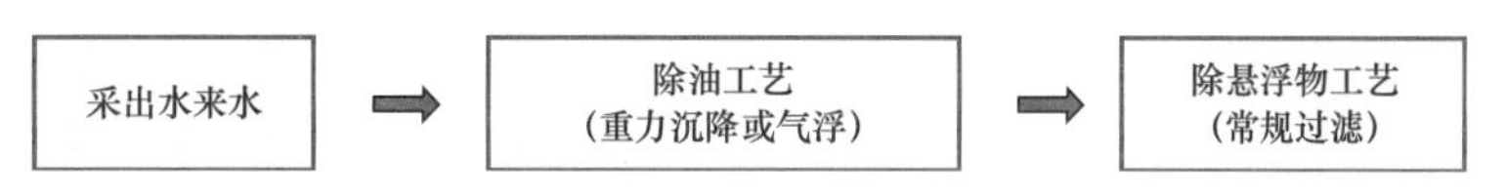

图 7-2-23　推荐的 CO_2 驱采出水处理工艺

至于除油和除悬浮物工艺采用哪种技术，可以结合油田自身特点及习惯，选择与之适应的处理技术。

六、防腐技术

CO_2 驱油地面工程包括 CO_2 输送、注入、采出物分离和集输处理以及产出气循环利用等工艺环节。无论 CO_2 输送采用液态或气态，注入采用液态或超临界注入，其过程中一旦 CO_2 溶于水后，对其接触的钢质管道、容器都有很强的腐蚀作用。

1. CO_2 腐蚀规律

研究表明，CO_2 溶于水后，对钢铁腐蚀性影响因素繁多，影响过程也十分复杂，但其主要影响因素为介质中水含量、CO_2 分压和介质温度。当 CO_2 分压一定时，温度是影响 CO_2 对金属腐蚀的重要因素，且 90℃时趋于最大值，后随温度升高，金属的腐蚀速率反而会呈降低趋势；但当 CO_2 分压较高时（＞0.210MPa），则易发生严重的局部腐蚀。

在油、气、水三相集输条件下，当采出物中含有 CO_2 后，对金属管材的腐蚀速率较高，当采出液含水 10% 时，其腐蚀速率为 0.3943mm/a，当含水 90% 时，其腐蚀速率可达 1.5304mm/a；

当经气液分离后，集采油水两相液时，则其腐蚀速率比三相时，在相同生产条件下要低 60%～70%。油水两相采出液腐蚀规律的特点是：当采出液含水较低（≤5%）时，或当水中 CO_2 浓度较低（≤50mg/L）时，对碳钢管道的腐蚀速率均小于 0.076mm/a；当采出液在中高含水阶段（＞70%），只要采出液中含有 CO_2，都会对碳钢材质产生不同程度的腐蚀；当采出液含水为 20% 时，碳钢管材腐蚀速率为 0.1499mm/a；当含水为 80% 时，则为 0.4149mm/a。当 CO_2 浓度≥100mg/L 时，对碳钢管材的腐蚀速率为 0.2370mm/a，当 CO_2 浓度≥200mg/L 时，则对碳钢管材的腐蚀速率为≥0.2500mm/a。

2. 二氧化碳驱防腐措施

1）CO_2 输送干线

当输送干气 CO_2 时，由于输送条件下（温度 0～60℃，压力 2.5～28MPa）对金属管材腐蚀较轻，可采用碳钢管材加缓蚀剂防腐方式，并在管道首末端设置腐蚀监测设施。

2）对于 CO_2 注入

（1）注入井口。注入井口应加装气水切换装置，井口气水共通阀、管段应选用 316L 不锈钢材质。

（2）注入管网。注入管网工作压力一般为 20～28MPa，注入温度为 0～40℃，当注入介质为干气 CO_2 时，由于基本没有腐蚀，可采用碳钢管线；当采用液相注入和超临界工艺注入时，注入管网可采用耐低温材质，并设有腐蚀监测装置和注缓蚀剂设施。

3）采出液集输处理

CO_2 驱采出物在未经气液分离前呈油、气、水三相状态，其一般生产参数为：温度 20～60℃，压力 0.5～6.0MPa；经气液分离后，液相压力为 0.5～2.5MPa。根据采出液三相和两相液体腐蚀规律研究成果，其集、输管网的防腐可采取以下措施：

（1）在井口，采出液阀门及集输未经气液分离的管网均应选用防腐材质。

（2）集输气液分离后的油、水两相流体管网防腐方式选择，可根据油田开发生产情况，通过对以下两项措施的技术经济比选，择优选择：

一是直接选用非金属管材或内衬防腐措施的金属管材；

二是当油田预测中低含水期较长，建设期可选用碳钢管道，定期投加缓蚀剂生产。待油田进入中高含水期，也恰是碳钢管道已达寿命期后再更换为非金属管道或内涂环氧粉末碳钢管道。

4）产出气循环利用

产出气循环利用环节包括伴生气脱水前的湿气系统和脱水后的干气系统。

湿气系统工作温度一般为 40～60℃，压力为 0.5～2.5MPa，饱和含水，CO_2 含量大于 20%。根据实验数据，当温度为 60℃、压力为 2.5MPa 时，CO_2 对碳钢的腐蚀速率为 2.6466mm/a，呈严重腐蚀。因此，凡涉及处理湿气的分离、增压设施及相关阀门管段，均应选用不锈钢或内衬不锈钢的复合材质。

脱水后的干气系统，由于系统腐蚀较轻，因此，其处理设施及相关管段、阀门均可选用碳钢材质，但需投加缓蚀剂和设置腐蚀监测设施。

七、技术路线

结合多年来 CO_2 驱重大开发试验的设计及运行情况，以及美国 CO_2 驱技术现状和发展趋势，推荐中国石油 CO_2 驱大规模工业化推广阶段的地面工艺技术路线如下。

1. 捕集和输送

对于含 CO_2 的天然气，采用醇胺法较好，或采用膜分离法 + 醇胺法组合工艺和变压吸附工艺。对于 CO_2 驱采出气，可选择变压吸附工艺。

从今后大规模工业化推广的角度出发，CO_2 输送推荐管道输送，特别是超临界输送。

2. 注入

CO_2 注入技术有液相注入和超临界注入两种，超临界注入工艺具有对气源气质要求较低、操作运行成本较低等优势，在工业化推广阶段推荐采用。

3. 采出液处理

沿用水驱采出液的集输处理工艺，对部分关键参数进行适当调整。

4. 采出气处理

推荐采用循环回收注入技术，采出气仅进行脱水。

5. 防腐

1）输送与注入系统

CO_2 输气管道介质为干气，正常工况下没有腐蚀性，采用碳钢材质；CO_2 注入系统采用碳钢＋缓蚀剂防腐方式；液相注入系统采用耐低温 16Mn 钢。

2）产出液集输处理系统

油、气、水三相系统采用不锈钢材质；集油与掺水管道采用非金属管材，如芳胺类玻璃纤维复合管等；接转站及联合站内的液相系统采用碳钢＋缓蚀剂防腐方式。

3）产出气循环利用系统

干气系统，CO_2 不存在腐蚀性，采用碳钢材质；湿气系统，采用材质防腐方式，管道和阀门采用不锈钢（316L）材质，设备采用内衬不锈钢（316L）的复合板材。

八、发展方向

作为一项具有重大发展前景的提高采收率技术，在业界中对 CO_2 驱的气源条件、地质基础研究和提高采收率幅度，给予了较大的关注，而在建设投资占主体的地面工程发展研究中，关注程度、工作深度和广度尚亟待加强。就目前我国 CO_2 驱地面工程的总体状况看，与国外成熟的技术对比，突出显现为在攻关的方向和理念方面仍存在较大的差距，并成为工业化推广应用 CO_2 驱的制约因素。

1. CO_2 气源超临界输送技术研究

国内小规模试验工程和短途运输中采用的 CO_2 低温液化输送，与工业规模的 CO_2 长距离输送有本质区别，需要深化和建立以超临界 CO_2 的常温和普通碳钢管道输送作为主线的基本理念和技术体系；同时，开展适于国内气源条件的超临界输送工艺计算软件及相关参数研究，以及超临界注入气质组分和水露点有效控制技术研究。

此外，国外在 40 年的长期实践中，为保证 CO_2 驱地面生产系统优化和平稳运行积累了大量的经验和数据，各主要 CO_2 驱工程公司均针对如 CO_2 对压缩（密度）和水饱和度等特殊敏感的性质以及环境和操作条件变化对运行的影响等方面研究制订了完备详尽的公司内部设计规范、标准、计算方法和模型图板等，这些对保证生产平稳、安全和优化运行至为重要的基础手段，在国内仍待加强研究。

2. 低成本防腐技术研究

国外在 CO_2 EOR 地面生产系统的总体布局、工艺流程和操作条件设定等基本工艺设计中，普遍采用行之有效的工艺措施制约腐蚀条件的形成，减少系统中的腐蚀环节，从而可以减少依靠不锈钢等昂贵材料应对腐蚀问题。在应对 CO_2 腐蚀的防腐材料应用中，国外多年来已广泛应用以玻璃钢管材、非金属衬里管材、容器设备的非金属衬里或涂层等为基础的 CO_2 驱防腐体系。

国内目前仍主要使用不锈钢材质为基本防腐措施，使成本远比国外高，因此我国目前 CO_2 驱地面生产系统工艺设计中，还须强化这些理念和相应的设计手段，并加强非金属材料、涂层等抗腐蚀材料在 CO_2 驱地面设施中的应用研究，扭转工程上不得不大量依靠耐腐装置和设备，导致成本居高难下的局面。

3. 驱油用 CO_2 压缩机国产化设计

CO_2 增压设施，如超临界 CO_2 压缩机和超临界 CO_2 增压泵等，是 CO_2 驱的关键核心设备。无论用泵增压液态 CO_2 或用压缩机增压气态 CO_2，均需绕开临界温度、远离临界点，控制相态变化；用泵增压时要保持低温增压（远离液相泡点曲线避免气化），用压缩机增压时要保持高温增压（远离中、高密相区域）。

目前，在国外相关增压设施已形成专业化的产品。国内 CO_2 压缩机已是成熟产品，对于 CO_2 跨临界压缩技术国内也基本掌握，但目前绝大部分是为化工生产所用，仅适用于压缩纯 CO_2，而油田驱油用的压缩机压缩的是含有烃类的 CO_2，这在相态图上是有区别的。因此，国内压缩机制造厂还需与油田进行结合，针对国内 CO_2 驱的气质特点，绘制变化了的相态图，根据变化后的相态图，进行“级间”冷凝冷却器和控制温度方式的设计；此外，还应完善 CO_2 压缩机、泵的设计选用规范。

第三节　新设备和新材料

一、CCS-EOR 伴生气变压吸附 CO_2 捕集工艺

为了降低 CO_2 捕集成本，吉林油田结合 CO_2 驱的工业化推广及产能建设需要，开展了变压吸附技术捕集 CO_2 试验，试验规模为 $8\times10^4m^3/d$。进行试验的气体有 3 种组成，分别为：气田的天然气、CO_2 驱产生的伴生气、2 种气体的混合气体。伴生气变压吸附 CO_2 捕集装置如图 7-3-1 所示。

该试验的工艺流程为：原料气田天然气或伴生气（2.8MPa，下称原料气）经预处

图 7-3-1　伴生气变压吸附 CO_2 捕集装置

理后进入气液分离器分离油水后再直接进入变压吸附（PSA）装置，变压吸附工序由 12 个吸附塔组成（每个吸附塔在一个吸附周期中需经历吸附、12 次均压降、逆放、抽真空、多次均压升、终充等工艺过程），从下部进入处于吸附状态的吸附器，原料气中的 CO_2 在吸附剂上被选择性地吸附，从吸附器上端导出的合格（达到管输标准）净化天然气［CO_2 含量≤3.0%（体积分数）；H_2S 含量≤20mg/L；露点≤-20℃］，经稳压后送出界区（≥2.5MPa）；吸附在吸附剂上的气体经降压、真空及 CO_2 冲洗联合方式的解吸，得到 CO_2 纯度为 99% 以上的产品，既可用于三次采油，也可液化使用。

控制系统软件包充分体现变压吸附的技术特点，不仅能实现系统的实时控制、优化操作，而且能保证装置的长期、稳定和安全运行。控制系统在原料气流量发生较大变化时，可以自动地调整装置运行参数，使装置处于最佳运行状态，获得最高的回收率。

根据现场试验情况，产品气指标达到了设计要求，详情见表 7-3-1。

表 7-3-1　伴生气（以 88%CO_2 含量为例）及脱碳后产品气指标

项目		PSA 原料天然气	净化天然气	CO_2 气
流量，m^3/h		3400	396.00	3004
压力，MPa（表）		2.70	≥2.50	0.02
温度，℃		25	25	30
组分摩尔分数 %	CH_4+N_2	6.7	56.91	0.076
	C_2	2.70	20.85	0.31
	C_{3+}	1.3	10.04	0.15
	C_{4+}	0.5	3.77	0.07
	C_{5+}	0.8	5.49	0.18
	O_2	0.2	0.19	0.24
	CO_2	88	2.94	99.2
回收率 / 脱除率		CH_4 回收率 99.0% / CO_2 脱除率 99.61%		

二、管材优选

通过多年的摸索和研究，并结合现场应用情况，目前在 CO_2 驱管材选择方面已经取得了很大的进步。

1. 注入部分

（1）CO_2 注入管道选材：设计压力大于等于 6.3MPa 或设计压力小于 6.3MPa 且设计温度大于等于 −40℃、小于 0℃时，选用 Q345E，并应符合 GB/T 6479—2013《高压化肥设备用无缝钢管》的规定；设计压力小于 6.3MPa 且设计温度大于等于 0℃时，选用碳钢材质，并应符合 GB/T 9711—2017《石油天然气工业 管线输送系统用钢管》的规定。

（2）CO_2 储罐壳体材质宜选用 16MnDR。

2. 油气集输部分

CO_2 驱油气集输管道可采用非金属管材、碳钢管材或不锈钢（或内衬不锈钢）管材，选材应通过技术经济分析确定，并应符合下列要求：

（1）采用非金属管材时，应耐 CO_2 腐蚀与渗透。

（2）采用碳钢材质时，应采取防腐措施。

（3）CO_2 湿气管道法兰材质宜选用 S31603 锻件。

三、CO_2 压缩机

目前，CO_2 压缩机按工作压力及功能分低压、中压和高压三种。

低压一般用于气态 CO_2 输送，压力小于 7.0MPa；中压用于超临界 CO_2 输送，压力为 8.0~16.0MPa；高压用于 CO_2 埋存和注入，压力大于 16.0MPa，一般超临界注入压力大于 20.0MPa。

一是低压 CO_2 压缩机国内使用较为广泛，主要用于 CO_2 分离及液化前增压，技术较为成熟。

二是中压 CO_2 压缩机，由于国内没有超临界输送案例，目前没有专用中压 CO_2 压缩机在国内投入使用。

三是高压 CO_2 压缩机，在我国部分开展 CO_2 驱油与埋存的油田已使用多年，第一台国产高压 CO_2 压缩机在 2010 年吉林油田黑 59 区块投入使用，验证了 CO_2 超临界注入的可行性，该压缩机设计排量 $5\times10^4m^3/d$，设计出口压力 25MPa。后期吉林油田又投产 $20\times10^4m^3/d$ 高压 CO_2 压缩机，设计出口压力 28MPa。如图 7−3−2 所示。由于 CO_2 介质特殊性，高压超临界注入压缩机选择应满足下列要求：

（1）宜采用低转速、低活塞线速度机组；

（2）活塞杆宜采用耐 CO_2 腐蚀材质；

（3）机组应进行脉动分析；

（4）高压回流宜采用加热回流。

图 7-3-2　CO_2 高压超临界注入压缩机

四、橇装布站技术设备

长庆油田结合黄 3 先导试验区 CO_2 驱地形地貌特点，在试验区中心建设综合试验站 1 座，采用一体化橇装布站技术。该站建成后将具有功能集成、结构橇装、操作智能、管理数字化、投产快速和维护总成的特点，同时兼顾 CO_2 驱地面系统的快速建产及后期再利用的需求。

站内设备将按照一体化、橇装化设计思路，注入、集输及配套系统尽量采用一体化装置。长庆油田 CO_2 驱橇装化布站效果及部分橇装设备图如图 7-3-3 所示。

(a) 黄3综合试验站效果图

(b) 液态CO_2注入橇

(c) 压缩一体化集成装置

图 7-3-3　长庆油田 CO_2 驱橇装化布站效果及部分橇装设备图

按照“一体化、橇装化”设计思路，与重大科技专项相结合，研发注入、集输及配套系统共形成一体化集成装置 6 类 16 套，详情见表 7–3–2。

表 7–3–2　长庆油田黄 3 先导试验区及一体化集成装置应用统计表

站场	系统	序号	装置名称	规格	数量，套
综合试验站	集输	1	油水加药一体化集成装置	加药泵 3 台	1
		2	两相分离一体化集成装置	$300m^3/d$	1
		3	三相分离一体化集成装置	$300m^3/d$	1
		4	外输计量一体化集成装置	*DN*80mm	1
		5	多相计量一体化集成装置	*DN*80mm	1
	注入	1	CO_2 注入一体化集成装置	$5m^3/h$、25MPa	1
		2	采出水回注一体化集成装置	$5m^3/h$、25MPa	1
	采出水处理	1	采出水处理一体化集成装置	$100m^3/d$	1
	气体处理	1	抽气机一体化集成装置	$2000m^3/d$	1
		2	变压吸附一体化集成装置	$10000m^3/d$	1
		3	压缩一体化集成装置	$7500m^3/d$	1
		4	分子筛脱水一体化集成装置	$7500m^3/d$	1
		5	制冷一体化集成装置	$7500m^3/d$	1
		6	提纯一体化集成装置	$7500m^3/d$	1
	配电	1	配电一体化集成装置	500kV·A	1
	仪表通信	1	自控通信集成装置		1
小计					16

五、CO_2 驱油井井口集油罐

大庆油田 CO_2 驱先导试验和工业化试验在边远区块，针对油井较为分散且产量较低，不利于集中建站集输的具体情况，采取单井井场架设高架罐集油、罐车拉运的生产方式。

由于 CO_2 驱油井采出流体不但气液比高，而且易发生间歇性伴生气量过大，采用常规井口集油罐经常发生伴生气携带原油外泄，既污染井场不利于环保，又造成油气损失。因此，在开发试验过程中研制了新型集油罐（图 7–3–4），以解决油井间歇产出大量 CO_2 等伴生气情况下使用常规集油罐出现的安全和环保问题[10]。与常规井口集油罐相比，新型集油罐主要在以下 5 方面进行了改进：

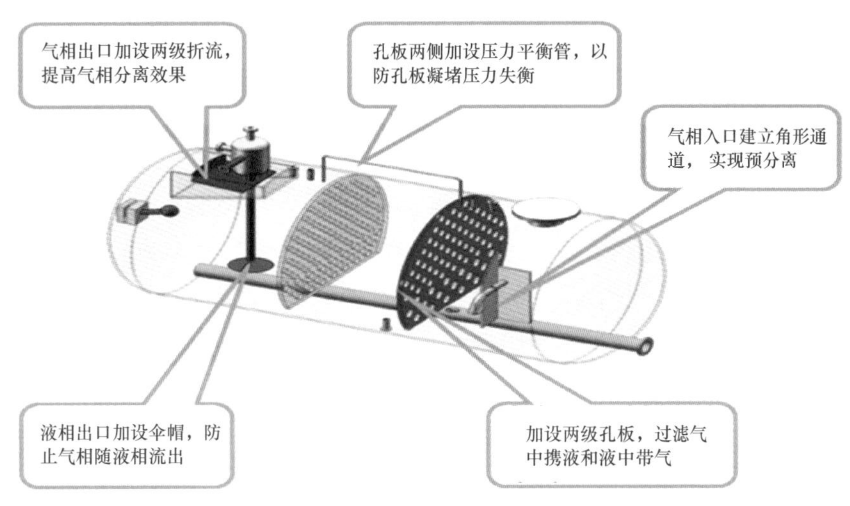

图 7-3-4　CO_2 驱油井井口集油罐结构示意图

（1）入口侧面近分气包侧增设一挡板，建立角形通道，气相与液相可在角形通道内预分离并且分别规整流型，以减少气相携带液滴量、减少液相携带气泡量，提高分离效率。同时，角形挡板背向气相与液相出口，可延长气相与液相介质流动路径，在不增大集油罐容积的情况下可以提高气相与液相沉降分离时间，以提高气相与液相分离效率。

（2）在集油罐内部挡板与集气腔间沿径向截面布置 2 级孔板组，既可以大幅削弱间歇性高气油比对气液分离效果带来的影响，又有助于气液分离、提高分离效率。而且，采取孔板组方式还避免了 CO_2 驱采出介质易凝堵常规波纹板形气液分离构件的问题发生。孔板为大半圆形，圆缺位于容器底部，便于气液两相介质携带的泥沙沉积和清理。孔板上开设圆孔以角形布置，在不增大集油罐内径的情况下，可以尽量多布置圆孔，有助于提高气相与液相分离效果。根据气相与液相物性不同，位于液面以下的孔径大于位于液面以上气相空间的孔径，既便于气相与液相介质流动，又有利于进一步减少气相携带液滴量、减少液相携带气泡量，提高气相与液相分离效果。根据集油罐的处理量与容积，设置 2 级孔板组，一级孔板孔径大于二级孔板孔径，分级分离，可提高气相与液相分离效果。

（3）由于 CO_2 驱油开发的油井采出介质具有低温性，在产油井时原油有可能凝堵孔板组上的孔，再启动油井时孔板组两侧可能出现较大压力差，从而导致压力容器失效，甚至带来集油罐爆炸等安全问题。为了避免此类问题发生，集油罐上部设置有一压力平衡管，平衡管两端分别连接于孔板组两侧气相空间，以平衡孔板组两侧腔体压力；同时，孔板组两侧的容器顶部各设置 1 个压力表，当孔板组两侧出现压力不平衡时，可报警，以防压力容器失效，避免安全事故发生。

（4）收液口位于集气腔侧液面下距容器底部 250cm 左右，以防泥沙随液相流出集油罐、给后续采出液处理工艺和设备带来负担。收液口的外沿设置伞形收液罩，对液相中的气泡起到折流作用，既可提高分离后的液相介质质量，又可防止液相携带气泡量过多对后续采出液处理工艺和设备带来的影响。

（5）集气腔进口处设有 2 级折流板，既可进一步保证分离后的气相介质质量，又可防止安全阀启动时带来的原油随气相一起外泄，减少油气损失，减少污染程度。折流板呈弓形，一级折流板尺寸远大于二级折流板并半包裹住二级折流板，既可提供折流通道、又可保证足够的绕流路径，提高分离后的气相介质质量。2 级折流板沿着液相回流方向与水平呈 15° 角，以保证液相顺利回流至罐内。

早在 2014 年 5 月，对大庆油田采油八厂芳 186–133 井井口高架罐开展了改造试验，该集油罐改造后至今稳定运行，芳 186–133 井生产参数见表 7–3–3。解决了油井间歇产出大量 CO_2 等伴生气情况下使用常规集油罐时，气液分离效果不好、安全阀开启频繁、伴生气携带一定量原油外泄，导致安全阀失效或凝堵等安全问题、环境和井场污染等环保问题以及油气资源损失。

表 7–3–3　芳 186–133 井生产参数表

序号	参数名称	单位	数值
1	井口回压	MPa	≤1.5
2	井口出油温度	℃	–5
3	产液质量含水	%	5.5
4	日产油	t	1.2～3.0
5	气油比	m^3/t	180～675
6	CO_2 含量	%	51.5～95.9

榆树林油田 CO_2 驱工业化试验区树 101 区块，85 口油井采取井口架罐集油方式，井场设置了 41 座井口拉油罐，全部借鉴新型集油罐结构，2014 年 10 月陆续投产，至今平稳运行，累计产油量 6.6×10^4t 以上。

参考文献

[1] 汤林，等 . 油气田地面工程关键技术［M］. 北京：石油工业出版社，2014.

[2] 何江川，王元基，廖广志，等 . 油田开发战略性接替技术［M］. 北京：石油工业出版社，2013.

[3] 廖广志，马德盛，王正茂，等 . 油田开发重大试验实践与认识［M］. 北京：石油工业出版社，2018.

[4] 马德盛，王强，王正波，等 . 提高采收率［M］. 北京：石油工业出版社，2019.

[5] 孙锐艳，马晓红，王世刚 . 吉林油田 CO_2 驱地面工程工艺技术［J］. 石油规划设计，2013，24（2）：1–6，31.

[6] 马晓红，于生，谢伟，等 . 高含二氧化碳天然气脱碳技术［J］. 油气田地面工程，2012，31（4）：45–46.

[7] 庞志庆，宋扬 . 大庆油田 CO_2 驱集油工艺技术研究［J］. 石油规划设计，2016，27（1）：45–46

[8] 王林，孟岚，聂怀勇 . 二氧化碳驱掺水集油工艺模拟计算方法应用研究［J］. 化工管理，2018，34（3）：189–190.

[9] 王林，孟岚，刘学，等 . 二氧化碳驱油井井口节流特性室内模拟研究［J］. 油气田地面工程，2018，37（7）：1–3.

[10] 王林，孟岚，庞志庆，等 . 大庆油田 CO_2 驱油井井口集油罐研究［J］. 油气田地面工程，2016，35(3)：11–15.

第八章　天然气驱地面工程

天然气驱是将高压天然气注入油层部位，在油藏的高温高压环境下形成混相，有效提高采收率。该技术可以使油藏采收率在水驱基础上进一步大幅提升，应用前景广阔。

第一节　概　　述

本节主要介绍了天然气驱油机理、发展历程及效果，总结了目前天然气驱地面工程的建设情况及存在的难点。

一、驱油机理

天然气是一种低碳烃类气体，注入油藏后不会伤害油层，油气分离技术也比较可靠易行，注入天然气在补充油层能力的同时可以将原油驱替到油井中，具有较好的应用前景[1]。天然气驱油机理主要是使原油膨胀、降低原油黏度、改变原油密度、气化和萃取原油轻组分、压力下降造成溶解气驱、高压下混相等[2]。目前天然气驱提高采收率技术主要有顶部注气向下驱油的重力稳定驱方法、水气交替注入的水平混相驱方法、降低最小混相压力方法和加大注入体积增大波及效率方法4类[3]。天然气混相驱原理示意图如图8-1-1所示。

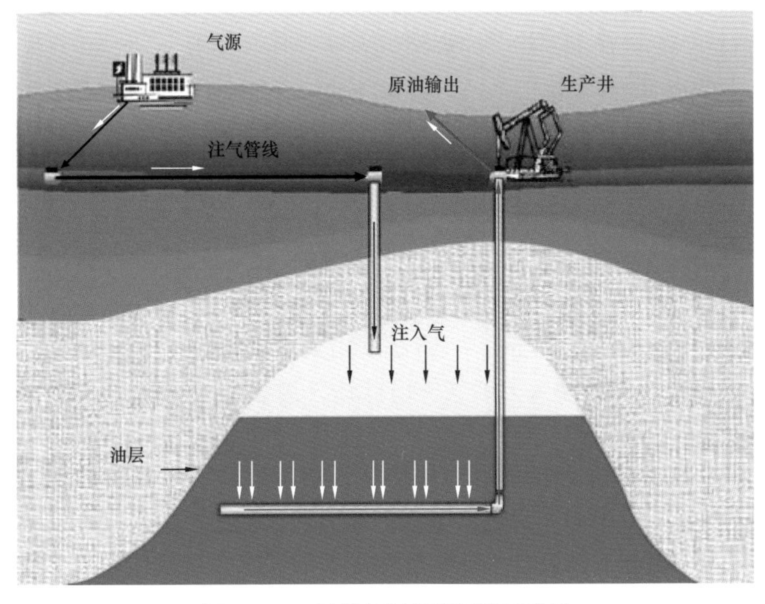

图8-1-1　天然气混相驱原理示意图

二、发展历程及驱油效果

早在20世纪初，天然气驱作为保持油层压力的技术措施被提出来，美国先后在宾夕法尼亚州、俄亥俄州和得克萨斯州等地开展了注天然气项目。但这些项目的主要对象仍为枯竭油藏，注气目的是保持油藏压力，因此该阶段注气仍属于“二次采油”范畴[4]。

20世纪30年代开始进行注气提高采收率的研究，但由于油气黏度比值大，易导致气窜，气驱油藏的采收率通常会低于水驱油藏的采收率，因此天然气驱的应用受到了限制[5]。20世纪50年代，为了降低气窜带来的不利影响，提出了水气交替注入开采方式，以降低注入气的流度[6]。70年代，人们提出了天然气混相驱开采方式，天然气驱步入“三次采油”范畴，多个国家相继开展了天然气驱项目，并取得了较好的开发效果[7]。由于天然气是优质能源，到20世纪90年代注天然气项目开始减少，据2014年世界EOR项目调查统计，世界上烃气驱项目占EOR项目总数的11%，产量占比9.7%，其中56%的烃气驱项目分布在加拿大[8]。

与国外相比，我国开展天然气驱研究和实践都相对较晚且发展缓慢，由于受气源和压缩机装备等制约，较长一段时期局限于室内研究和小型矿场实验。近几十年，随着注气工艺技术的发展和认识的提高，天然气驱有了一定的发展，先后开展了吐哈鲁克沁油田天然气吞吐试验、辽河油田兴古7天然气重力驱试验和塔里木油田东河天然气辅助重力驱试验等油田规模化矿场试验，取得了良好的开发效果。

2005年在吐哈鲁克沁油田玉西区块开展了先期注气吞吐试验，新建玉西注气站1座，注气规模$18\times10^4m^3/d$，采用液化天然气（LNG）作为气源。玉西注气取得了一定的试验成果，但是由于注气压力不足，仅为33MPa，且无水平井试验数据，不能有效反映注气吞吐的增产效果。为此2007年在玉西接转站新建了1座注气站，开展注气吞吐的先导试验，注气气源采用神泉联合站的干气，注气压力45MPa，注气规模$8\times10^4m^3/d$，自2005年至2017年，共进行了56口井114井次的天然气吞吐工作。结合前期吞吐效果与认识，根据开发要求，2018年开展60井次的天然气吞吐工作，在西区注气站新增压缩机1台，该站最大注气规模为$16\times10^4m^3/d$。

辽河油田兴古7区块2008年投入全面开发，截至2014年6月末共完钻各类井63口，其中：油井56口，日产油1046t，日产水$81.5m^3$，日产气$24.4\times10^4m^3$，累计产油376.8×10^4t，累计产气$9.61\times10^8m^3$，累计产水$18.4\times10^4m^3$，采油速度1.21%，采出程度10.70%；注水井4口，目前全部停注，累计注水$8.6\times10^4m^3$；转注氮气井3口，日注气$9.7\times10^4m^3$，累计注气$837.5\times10^4m^3$。兴古7潜山天然气重力驱注气开发试验地面工程于2018年7月建成投产，开始注入天然气，设计注气规模$70\times10^4m^3/d$，注气井3口，最大注气压力28MPa。

2014年，塔里木油田东河油田开展顶部注天然气辅助重力驱重大开发试验。针对地层能量不足和注水开发效果差等问题，塔里木油田认识到注天然气驱开发适合东河油藏上部低渗透储层补充能量和下部高含水油藏三次采油的需求，创新性提出了注气重力辅助混相驱开发方式，2013年7月编制完成注天然气重力辅助混相驱重大开发试验方案，2014

年 7 月第一口注气井开始注气，东河油田进入注气提高采收率的开发新阶段。塔里木油田东河天然气驱注气井组初期增油 3×10^4t/a，预计试验区年产油 14×10^4t，稳产 5 年，期末累计增油 101×10^4t，采出程度 45.95%，比水驱提高采收率 17.7%。截至 2018 年 12 月底，累计注气 $2.86\times10^8\text{m}^3$，累计增原油 25.4×10^4t，开发试验效果显著。连续 5 年 SEC 储量[1]正修正，累计增加 SEC 储量 140×10^4t，经济社会效益显著，技术水平整体达到国际先进水平。

2018 年，在东河油田注气驱试验的基础上，在塔中油田开展扩大试验，编制完成了“塔中 4 油田 402 井区 CIII 油藏天然气复合驱重大开发试验方案”，进一步探索注天然气与注轻烃复合驱技术。2018 年 6 月审查方案通过，进入施工建设阶段，预计 2020 年建成投产。

三、地面工程建设情况

1. 总体工艺

1）注气部分

综合考虑注气组分要求，选择可靠、稳定的天然气作为气源。根据油藏注气量、压力等参数，选择合适的高压压缩机。压缩机将气源来气增压后，通过注气阀组分配至各注气井。注气系统流程框图如图 8-1-2 所示。

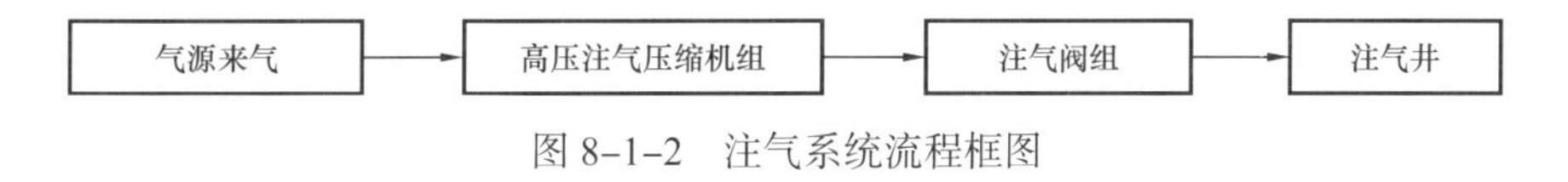

图 8-1-2　注气系统流程框图

2）油气处理部分

集油流程采用一级布站方式，采用常温不加热单管密闭集输，油井采出物直接输至联合站原油处理单元。油藏注气受效后，单井气油比会急剧上升，一般情况下，需要新建天然气处理单元来处理油井产出的天然气，处理后的天然气可以作为循环注气气源，亦可作为商品天然气外输。东河油田油气处理系统流程框图如图 8-1-3 所示。

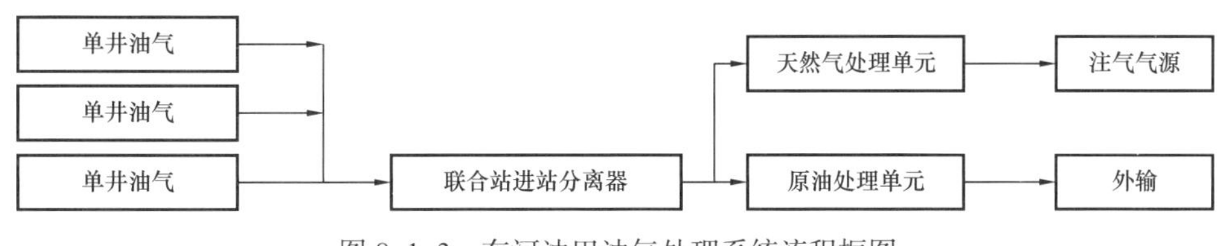

图 8-1-3　东河油田油气处理系统流程框图

2. 油田建设现状

吐哈油田 2005 年建成玉西注气站，采用液化天然气（LNG）作为注气气源，由于注

---

[1] SEC 储量即利用 SEC（Secucrities and Exchange Commission）准则评估出的油气储量。

气压力低，目前该注气站已停运。2007 年新建注气站 1 座，与玉西接转站合建，注气气源采用神泉联合站的干气，建设有注气压缩机 1 台，注气压力 45MPa，燃气驱动，注气规模 $8\times10^4m^3/d$，并预留一台同型号压缩机的位置。站外建设配气阀组 2 套，以满足每口井轮注的需求。2018 年注气站扩建压缩机 1 台，注气压力 45MPa，该站最大注气规模为 $16\times10^4m^3/d$，从阀组至单井采用串接方式。鲁克沁油田 2017 年共进行了 56 口井 114 井次的天然气吞吐工作，2018 年开展 60 井次的天然气吞吐工作。

辽河油田兴古 7 注气开发试验地面工程主要由供气干线、注气站和注气井场组成。新建的兴古 7 注气站设有注气压缩机 3 台，注气规模 $70\times10^4m^3/d$，注气压力 28 MPa。区块目前有注气井 3 口，单井注气量为 $20\times10^4m^3/d$，注气井场预留 1 口注气井的位置。该工程属注气稳产，原油气集输及处理系统能够满足注气开发需要，无需对原系统进行改扩建。兴古 7 区块已建投产各类井 63 口，其中油井 56 口，计量站 7 座，兴一联合站及兴三联合站共 2 座联合站。各类集输管道共 66.3km。

塔里木东河油田注气开发试验地面工程 2016 年 9 月 25 日建成投产，承担着东河 1 油田注天然气辅助重力驱开发试验的注气任务。目前地面工程共建成注气站 1 座、注采井组 4 个、注气管道 3.7km，设计日注气量 $40\times10^4m^3$。注气站主要工程内容为 4 台高压注气压缩机、2 台低压气压缩机及其配套的工艺、电气、仪表等，压缩机单台能力为 $20\times10^4m^3/d$。注气气源来自东一联和哈六联，气源气通过注气压缩机经 3 级增压至 50MPa 后，通过注气计量阀组管输至各注气井。东河塘油田注气开发试验地面工程新建压缩机厂房如图 8–1–4 所示。

图 8–1–4　东河塘油田注气开发试验地面工程新建压缩机厂房

塔里木塔中 4 油田 402 井区 CIII 油藏天然气复合驱重大开发试验注气站部分将新建 $40\times10^4m^3/d$ 注气压缩机 3 座；新建轻烃增压泵橇 3 座，每座橇设 3 台 $0.655m^3/h$ 隔膜计量泵；新建塔二联至塔一联注气站输气和输烃管道各 1 条，两条管道同沟敷设；站外注气和注烃部分注入区块新建配注阀组区 1 个，设 6 井式注气、注烃计量阀组各 1 套，新建 8 口注气、注烃井井场工艺管线。

四、地面工程难点

1. 采出物物性特点

由于吐哈鲁克沁油田整体采用井下掺稀油开采，吞吐油井放喷后，采出混合液基本不含天然气，因此天然气吞吐对地面混合原油物性及采出水物性影响不大。原油密度 $0.8971g/cm^3$，原油黏度 42.8mPa·s，凝固点 -12℃，含蜡 3.87%，胶质 + 沥青质含量为 21.93%。采出水含油高、悬浮物含量高、矿化度高、含铁高，总矿化度为 8.3×10^4mg/L，总铁 6.14～11.5mg/L，乳化较严重，腐蚀性较强，处理难度大。天然气吞吐在放喷初期，气量大，压力高，随着放喷时间的延长，气量逐渐减少。由于产气量不均匀，难以回收处理。

辽河油田兴古 7 潜山原油性质好，属稀油，地面原油密度为 0.8133～$0.8423g/cm^3$，平均 $0.8252g/cm^3$，原油黏度为 3.77mPa·s，凝固点为 18～31℃，含蜡 7.6%～24.8%，胶质 + 沥青质含量为 1.76%～7.38%。天然气相对密度为 0.655，甲烷含量为 86.16%，属溶解气。据地层水数据分析，认为兴隆台潜山地层水为 $CaCl_2$ 型，地层水总矿化度平均 5693mg/L。

塔里木油田东河 1 井区 CⅢ油藏原油具有低黏度、低凝固点、低含硫和中密度、中含蜡的特点。地层水矿化度高，总矿化度为 23.4×10^4mg/L，Cl^- 含量为 14.3×10^4mg/L，相对密度 1.1585，水型为 $CaCl_2$ 型。通过对 DH1-H2 井油气组分和性质分析，注天然气开发后原油组分变重、溶解气组分变轻，说明注入气已经在地层中与原油混相。DH1-H2 井在注气见效后，原油有黏度降低、密度降低的趋势，胶质与沥青质含量和含蜡量均以不同程度波动下降。DH1-H2 井气油比上升后，产出气 C_1 和 C_2 组分含量增加，C_3 及以上组分含量降低，产出气密度降低趋势。注入气体后，地下原油与注入气进行了一定程度组分交换。由于气体的抽提作用，随着气体注入比例增加，地层压力大于饱和压力时，地层原油性质变好，轻质组分含量增加。由于注入烃类气体组分的不同，原油在地面脱气后对原油轻质组分的抽提作用也表现出不同。注入的烃类气体越富，对原油轻质组分的抽提作用就越小，脱气后原油密度增加的程度就越小；注入的烃类气体越干，对原油轻质组分的抽提作用就越大，脱气后原油密度增加的程度就越大。

2. 给地面工程带来的难点和问题

1）气源与注入技术

随着天然气驱规模扩大，管道气和气田气作为气源占比增多，在规划的天然气驱区块，应提前统筹规划气源工程。辽河油田目前属于稳产开发后期，自产天然气少，采用注天然气驱油，需要外购天然气，容易受外供气量的影响，且成本较高。

2）集输与处理技术

（1）吐哈鲁克沁油田天然气吞吐后，天然气采用井口放喷方式生产，难于回收，天然气放空燃烧，能耗较大；天然气吞吐采用单井轮换注入方式，设计压力高，需要完善天然气回收管网，合理选择管材，控制工程投资。

（2）部分高产气井和高压井开井时温度急剧下降（可达 -30℃），地面管线耐温不足（20 号钢最低耐温 -20℃），需进一步研究选择合适的管材；天然气驱实施后，部分注气受效井原油胶质和沥青质含量上升，而井口集输管线均为 2.5MPa 的低压管线，异物堵塞容易造成井口管线超压风险。

（3）气源复杂，部分注入气水露点不合格，易产生水合物造成注气分离器前节流阀和燃料气一级节流阀后堵塞。

第二节 关键技术

天然气驱地面工程形成了天然气注入技术、采出液集输与处理技术、伴生气集输与处理技术等三方面的技术。

一、天然气来源与注入技术

1. 天然气气源

各油田天然气驱气源根据实际情况各不相同，吐哈油田天然气吞吐早期采用液化天然气（LNG）作为气源，LNG 气化后进入天然气缓冲罐，然后进入注气压缩机增压。2007 年，吐哈油田玉西注气站开始采用神泉联合站的干气注气。辽河油田兴古 7 潜山注气开发试验注气气源引自辽河油田天然气利用工程管网东线的大力阀室，属秦皇岛—沈阳天然气管道的外购气。塔里木油田东河油田注气开发试验地面工程气源主要采用东河天然气站外输气及哈拉哈塘油田外输气，在注气气源不足的状况下采用英轮管线返输天然气。

2. 注入工艺

天然气驱地面工程注入工艺主体流程为过滤器 + 注气压缩机组 + 配注阀组 + 注入井。

吐哈油田玉西注气站气源气进站压力 1.3MPa，进站后首先进入缓冲罐，再经入口过滤器后进入提压压缩机，提压压缩机出口气进入二级缓冲罐，然后再进入注气压缩机组，最终增压至 45MPa 通过注气管线输至各注气井。目前建设有注气压缩机 2 台，燃气驱动，注气规模 $16 \times 10^4 m^3/d$。站外建设高压配气阀组 2 套，阀组每个头串接若干吞吐油井，保证每个配气头注 1 口井，实现多井同注，提高注气效率，方便生产运行管理。

辽河油田兴古 7 注气站的来气进站后经过滤分离器分离，然后经 3 台注气压缩机增压至 28MPa，进行注气驱油。兴古 7 注气站工艺原理流程图如图 8-2-1 所示。

塔里木油田东一联低压伴生气经过新建两台低压压缩机增压至 6.2MPa，与东河天然气站高压气混合后进入东河天然气站脱水脱烃处理单元，处理后的天然气与东河外输管线返输天然气（6.0MPa，25℃）及哈六联来气（5.5MPa，20℃）混合后作为注气气源。气源气通过注气压缩机入口分离器除去气相中的液滴后，进入高压注气压缩机经 3 级增压至 50MPa 后，通过的注气计量阀组管输至各注气井。

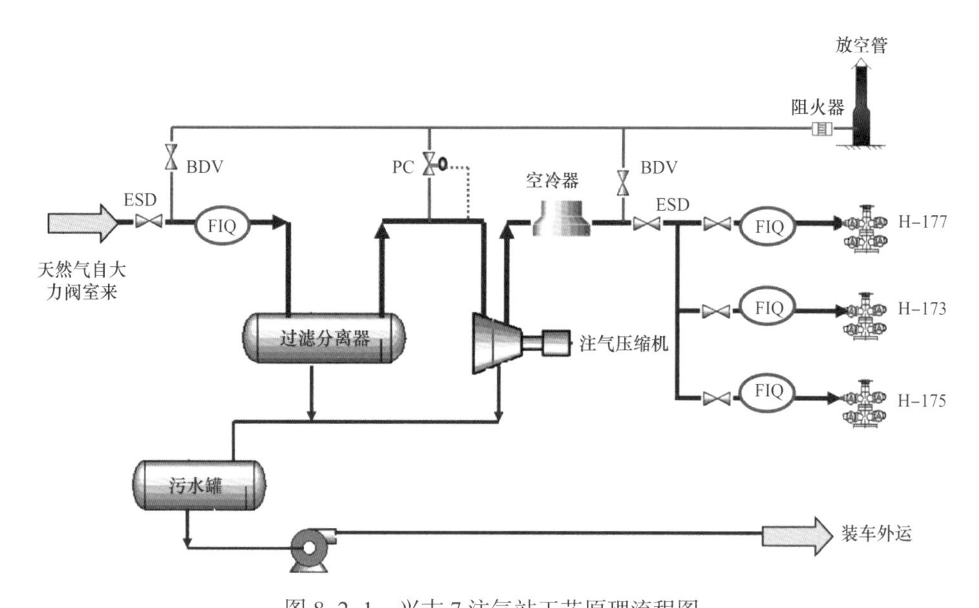

图 8-2-1　兴古 7 注气站工艺原理流程图

ESD—紧急关断阀；BDV—事故排放阀；PC—电脑控制；

FIQ—带累积量的流量指示仪表；H-177，H-173，H-175—注入井井号

塔中 4 油田 402 井区 CIII 油藏天然气复合驱项目，塔二联输送来的天然气、塔一联和塔二联输送来的轻烃经注气站注气压缩机和轻烃增压泵增压后，分别由注气干管和注烃干管输送至配注阀组进行计量，然后经注气支管和注烃支管输送至注入井注入地下。

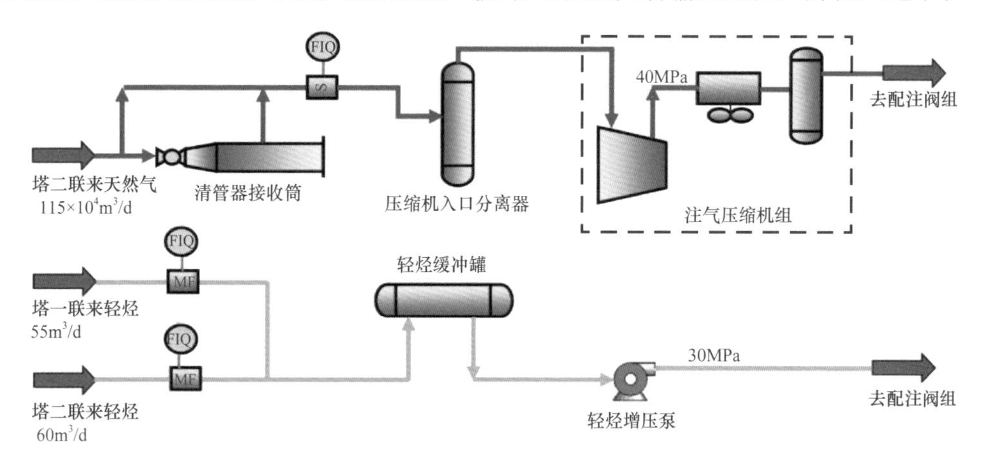

图 8-2-2　塔中 4 天然气复合驱注入工艺原理流程图

塔中 4 天然气复合驱注入工艺原理流程图如图 8-2-2 所示。主要流程是自塔二联来的天然气（5.3～6.3MPa，115×10^4m^3/d）进站后通过清管器接收筒旁通管线，经计量后，接至压缩机入口分离器除去夹带的液滴，再进入 3 台注气压缩机增压至 40MPa，然后通过注气干管输送至注入井区配注阀组。自塔一联来的轻烃（0.1～1.4MPa，55m^3/d）和塔二联来的轻烃（0.1～1.4MPa，60m^3/d）进站计量后汇合进入轻烃缓冲罐，再由轻烃增压泵增压至 30MPa，然后由注烃干管输送至注入井区配注阀组。

二、采出液集输与处理技术

天然气驱实施后对已建地面油气集输与处理系统形成一定冲击。吐哈油田在天然气吞吐后，放喷时气量大、压力高，随着时间的推移气量逐渐减少，存在产气量不均匀的现象。未实施天然气吞吐之前，鲁克沁油田产出液不含气，单井计量及区块计量均直接采用质量流量计进行计量。实施天然气吞吐之后，井口放喷后产出液不定时的少量含气，因此需要设置单井计量分离器和区块计量分离器，油气分离后对产出液进行计量，以满足生产要求。

目前，鲁克沁油田单井来油经集油阀组倒井计量，集中输至鲁中联合站和玉北脱水站进行处理，脱水合格后外输。西区和玉北区块单井产液统一进入脱水站进行处理，脱水合格后输至鲁中联合站统一外输；中区单井来油进入联合站进行集中处理。鲁中联合站原采用一段三相分离器低温预脱游离水，二段和三段热化学沉降脱水工艺，热化学沉降脱水温度 40℃。为保证联合站平稳可靠运行，增加了 2 具两相分离器对原油进行脱气处理，以减少天然气对处理流程的冲击。

辽河油田兴古 7 区块采出油、气、水经各单井采出管线输送至各计量站，后经兴三联油、气、水分离后，采出水去兴一联采出水处理系统处理，原油在站内稳定后外输至渤海装车站，湿气去轻烃处理厂处理。兴三联合站 2014 年扩建后原油脱水及储运系统设计规模为 100×10^4t/a，原油稳定装置设计规模为 100×10^4t/a，天然气外输规模为 3.0×10^8m^3/a。兴古 7 块油产量随开发时间逐年递减，未出现原油增产情况，因此兴三联合站原油脱水及储运、原油稳定系统能够满足本工程需求。

塔里木油田东河天然气驱各井来液进入东一联合站处理，工艺流程示意图如图 8-2-3 所示。东一联原油处理工艺采用常规三相分离加热化学脱水工艺，各低压井来原油（0.57MPa）进入东一联进站阀组，经过计量、分离、原油换热、脱水，然后外输。东一联站内分离器分出来的天然气，经天然气除液罐除去液滴后，在 0.2MPa 时输送到东河天然气站。

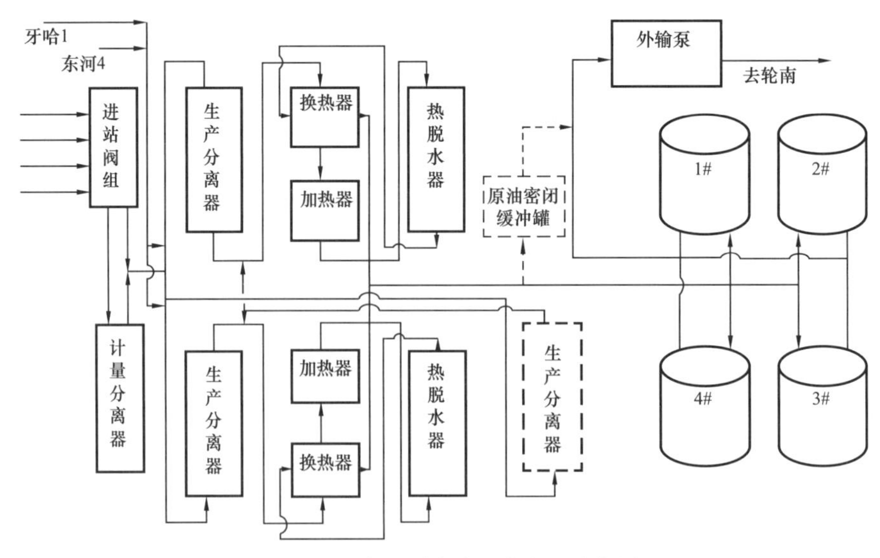

图 8-2-3　东一联合站工艺流程示意图

三、伴生气集输与处理技术

天然气驱区块伴生气一般是处理后用于循环注气。辽河油田兴三联分离出的湿气去 $80\times10^4m^3/d$ 轻烃处理厂处理，轻烃装置操作最大弹性为 110%，最大处理规模为 $90\times10^4m^3/d$，能够满足兴古 7 天然气驱项目 2021 年之前的伴生气处理需求。塔里木油田东河天然气驱各井来液在东一联分离后输送到东河天然气站处理。东河天然气站 2008 年 9 月建成，2010 年 7 月改扩建，设计处理量 $22.5\times10^4m^3/d$，主要采用分子筛干燥塔脱水、丙烷制冷脱烃工艺，湿气经净化处理后输至注气系统循环注气。

由于吐哈油田鲁克沁油田无天然气处理设施，且在实施天然气吞吐之后，放喷时气量大、压力高，随着开发的推进，气量逐渐减少，产气量不均匀，回收难度大，因此目前吐哈油田天然气吞吐伴生气采用井口放空不回收。

四、技术路线

经过技术攻关，天然气驱形成了配套的地面工程技术路线，包括气源与注入技术和集输与处理技术两大系列。

1. 气源与注入技术

随着天然气驱规模扩大，管道气和气田气作为气源占比增多，天然气驱需因地制宜选择合理的气源，推荐优先选用自产伴生气。

注气压缩机推荐选用国产橇装化高压注气电驱压缩机，天然气增压再通过计量阀组后管输至各注气井注入。

2. 集输与处理技术

天然气驱油气集输与处理推荐充分依托已建地面集输管道和处理设施，新建区块单井集输推荐采用常温不加热单管密闭混输工艺。采出液处理一般为常规三相分离预脱水 + 热化学脱水。分离出的天然气通过常规脱水、脱烃流程后用于循环注气。

五、发展方向

天然气驱为今后一段时间油田开发核心接替技术，中国石油先后在吐哈油田开展了天然气吞吐试验，在辽河油田和塔里木油田开展了注天然气驱试验，取得了良好的效果，为下一步扩大试验规模打下了基础。

目前天然气驱下一步攻关研究方向主要有：

（1）随着天然气驱规模扩大，管道气和气田气作为气源占比增多，在规划的天然气驱区块，应当提前统筹好气源工程；

（2）国产高压注气电驱压缩机已取得成功应用，下一步应并做好压缩机的运行管理和维护维修工作；

（3）天然气驱实施后，集输管材、分离设备和伴生气处理设施等存在一定的不适应性和能力不足，应进一步总结天然气驱的生产特点和规律，用于指导后续天然气驱区块的地面工程方案设计。

第三节　新设备和新材料

天然气驱地面工程中涉及的新设备和新材料主要是注气用的高压压缩机，目前已实现国产化。

2013 年塔里木油田东河油田注气试验项目新增压缩机为大中型压缩机，单台注气机组处理量为 $20 \times 10^4 m^3/d$，入口压力为 6.0MPa，出口压力高达 50.0MPa。国内生产厂尚无高压天然气压缩机生产制造经验，且暂无超过 50MPa 压缩机国内成橇的实际运行业绩。但因全进口压缩机供货周期较长，引进机组费用高，为加快注气试验进程，中国石油自主研发并推动了国内首台 50MPa、$20 \times 10^4 m^3/d$ 大排量国产高压注气压缩机研发和应用。

塔里木油田东河油田注气站内新建 4 台高压压缩机用于高压注气，其中 1 台国产压缩机、3 台进口压缩机，单台排量均为 $20 \times 10^4 m^3/d$，试验阶段实现高压稳定注气 $40 \times 10^4 m^3/d$，取得了初步成功。

高压注气压缩机首次采用国产机组，机组是由中油济柴动力总厂成都压缩机厂制造的国产电驱注气试验压缩机。压缩机于 2016 年 10 月完成安装调试，10 月 25 日完成 72h 考核并通过验收。

机组经过 2 年的试验运行，其性能达到设计标准，满足现场生产要求。截至 2018 年底机组累计运行 11324h，累计注气 $8850 \times 10^4 m^3$，注气压力在 41～43MPa，期间机组故障停机次数 30 次，均为一般故障，没有发生较严重故障的情况，机组完好率达到了 99.5%。东河油田注气工况下的高压大排量注气压缩机组国产化在国内属于首次，此次成功试验对中国石油装备制造具有重大意义。

表 8-3-1 为国产与进口高压压缩机主要技术参数。

表 8-3-1　国产与进口高压压缩机主要技术参数

类别	国产压缩机	进口压缩机	
机组型号	DTYI000H103X103X135 × 60	L7042/MH64	L5794/MH64
压缩机型号	ACFCM	MH64	MH64
压缩机行程，mm（in）	139.7	152.4（6）	152.4（6）
进气压力，MPa	5～6	5～6	5～6
进气温度，℃	10～40	10～40	10～40
排气压力，MPa	50	50	45
排气量，$10^4 m^3/h$	20	20	20
排气温度（冷却后），℃	≤55	≤55	≤55

续表

类别	国产压缩机	进口压缩机	
冷却方式	水冷	水冷	水冷
转速，r/min	992	—	—
机组最大轴功率，kW	1000	—	—
电动机型号	YBBP5603-6	L7042	L5794
额定转速，r/min	1000	1200	1000
功率，kW	1000	1104	858
电压，kV	10		
电流，A	72.1		
频率，Hz	50		
效率 η，%	95.3		

在集输系统中，吐哈油田单井集输管线、采出水管线采用了柔性高压复合管和玻璃钢管等新型材质，施工周期短，耐腐蚀性好。

参考文献

[1] 汤林，等. 油气田地面工程关键技术［M］. 北京：石油工业出版社，2014.

[2] 何江川，王元基，廖广志，等. 油田开发战略性接替技术［M］. 北京：石油工业出版社，2013.

[3] 廖广志，马德盛，王正茂，等. 油田开发重大试验实践与认识［M］. 北京：石油工业出版社，2018.

[4] 马德盛，王强，王正波，等. 提高采收率［M］. 北京：石油工业出版社，2019.

[5] 汤林. 油气田地面工程技术进展及发展方向［J］. 天然气与石油，2018，36（1）：1-12.

[6] 崔茂蕾，王锐，吕成远，等. 高压低渗透油藏回注天然气微观驱油机理［J］. 油气地质与采收率，2020，27（1）：1-6.

[7] 盛聪，吕媛媛，王丽莉，等. 厚层块状砂岩油藏天然气驱提高采收率方案研究［J］. 油藏评价与开发，2018，8（1）：24-28.

[8] 聂法健. 挥发性油藏天然气驱提高采收率技术与应用研究［J］. 石油地质与工程，2017，31（1）：111-114.

第九章　其他开发试验地面工程

油田重大开发试验还包括微生物驱、聚合物驱后聚表剂驱和烟道气驱。此三项驱油技术因不同程度上受驱油机理、开发技术和配套关键技术的制约，虽在部分区块进行了现场试验，但仍需继续开展关键技术研究，进一步发展和完善该项技术。

第一节　微生物驱

一、驱油机理

微生物驱是利用微生物自身在油藏中的活动及其代谢产物（包括聚合物、表面活性剂、气体、有机酸及有机溶剂等）进行有效驱油以增加石油产量的一种提高原油采收率的三次采油技术。微生物驱一般结合水驱采油，将微生物和营养液混合而成的微生物处理液由注入井注入目的层，使微生物作用于油层，当微生物处理液被注入水推进并通过油层时，微生物通过代谢作用产生生物表面活性剂、气体、酸、醇等代谢产物的同时，不断增殖[1, 2]。代谢产物通过物理和化学作用将岩石表面黏附的和岩石孔隙中的原油释放出来，使原来不能流动的原油以油水乳状液的形式被驱入水驱生产井中，在采油生产井中被采出。微生物驱具有改善吸水剖面和提高洗油效率的双重效果，具有施工成本低、施工工序简单、环境友好和适应范围广等优点。微生物驱原理示意图如图 9-1-1 所示。

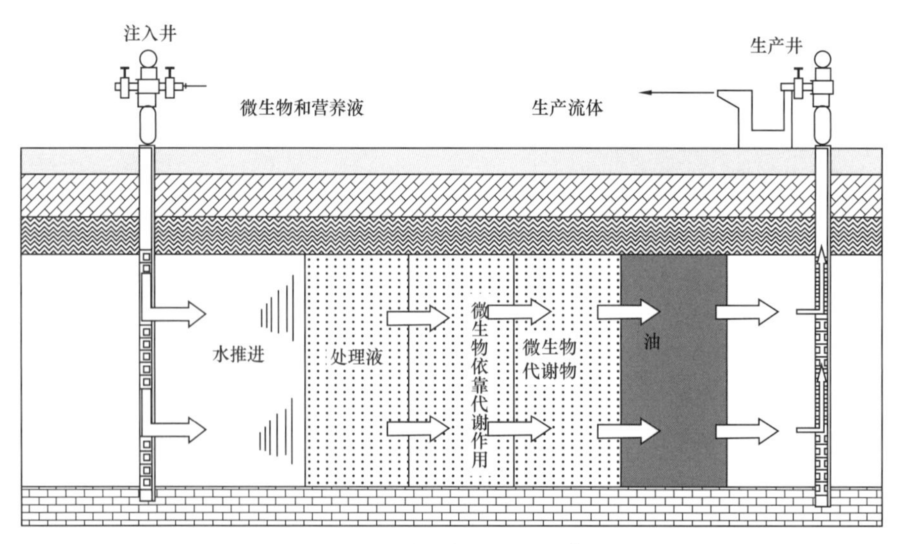

图 9-1-1　微生物驱原理示意图

微生物驱采油机理可分为两个方面：一是细菌对油层的直接作用，细菌在岩石表面繁殖占据孔隙空间，使原油从岩石表面剥离而驱出原油；细菌降解原油，大分子（重质成分：蜡、胶质与沥青质）变成小分子，原油黏度降低而使原油易于流动。二是细菌代谢产物的作用，包括表面活性剂、气体和酸等对原油的乳化降黏作用，改善原油流动性。

二、发展历程及驱油效果

微生物驱（Microbial Enhanced Oil Recovery，MEOR）开发技术是指将地面分离培养的微生物菌液和营养液注入油层，或者单纯注入营养液、油层内微生物，使其在油层生长繁殖，生成有利于采油的代谢产物，提高采收率的采油技术。

1. 国外微生物驱的研究与应用

最早提出利用微生物采油的是美国学者 Beckmann（1926 年），美国能源研究院的 Zo-Bell（1947 年）进行了补充试验，得出了微生物能将石油从沙粒上释放出来的结论。20 世纪 50 年代开始，美国、英国、加拿大、俄罗斯、罗马尼亚、荷兰及日本都进行了微生物驱矿场试验。美国能源部先后资助了 47 个微生物采油研究项目，研究结果和矿场试验证明，在注水开发后期的油藏实施微生物驱油技术，可使采收率再提高 16%。英国在 20 世纪 90 年代开展了广泛的微生物提高采收率技术的研究，研究包括微生物提高采收率技术分析、油藏模拟器模拟研究、效益预测研究等，研究结论认为 MEOR 有着巨大的应用潜力。

目前，美国、英国、加拿大、俄罗斯、罗马尼亚、荷兰及日本都在进行微生物采油试验研究，其技术正在日益完善。

1）俄罗斯

近 10 年来，俄罗斯在内源微生物采油技术的研究与矿场应用方面发展迅速。目前，该技术已进入工业化应用阶段，在罗马什金、鞑靼和巴什基尔等老油田共取得了 55×10^4t 的增油量，并延长了油藏的开发寿命。在各种微生物提高采收率方法中，俄罗斯与德国专家联合研制的，以向地层注入梭状芽孢族（Clostridium）或杆菌（Bacillus）族的糖解微生物与含糖量不少于 40% 的糖蜜及无机添加剂为基础的工艺，在石油开采中得到推广。从 1983 年到 1992 年，鞑靼、巴什科尔托斯坦和西西伯利亚等地区的一些油田进行了微生物提高采收率工艺的工业性试验。试验证明，所研究的微生物提高采收率工艺是高效的。如在鞑靼的五一油田，从 1992 年开始注微生物试验，试验区包括 5 口注入井和 24 口采油井。饱和油的地层厚度为 8.3m，孔隙度为 0.110，原始含油饱和度为 0.97。原油为重质、高硫、高黏石油（温度 20℃条件下黏度为 99.8mPa·s，硫的质量分数为 0.035，石蜡的质量分数为 0.03，脱气石油的密度为 902kg/m^3）。1992—1994 年在试验区总共注入 1052.3t 糖蜜。糖蜜发酵，形成大量可改变地层水、石油、气体和碳酸盐围岩特性的代谢物（CO_2、低级脂肪酸、乙醇等），大大改善了残余原油的驱替过程。细菌群落富集发酵菌和甲烷形成菌，增大了它们的代谢活性。到 1996 年 1 月 1 日，在试验区增加原油产量超过 4800t。在试验区内增加的采油量占原油总产量的比例，从开始试验到 1996 年 1 月平均为

30.6%，并且在采油井产量增加的同时显著地降低了产液的含水率。到2002年增加的采油量约14×10^4t，每注入1t糖蜜，增加采油量为4.58t。每增加1t采油量，工艺费用不超过5美元。迄今，整个鞑靼共和国使用微生物提高采收率技术增加的产油量在50×10^4t以上。罗马什金油田从1992年开始先后在8个区块进行了微生物采油试验，到2002年累计增产油量超过32×10^4t。

2）美国

美国的微生物提高采收率技术研究是从20世纪40年代开始的，80年代在许多油田进行了先导性试验，已研究出各种各样的MEOR采油工艺技术，如1986年在得克萨斯州的奥斯汀白垩系地层使用的微生物控制结蜡、解堵除垢、单井吞吐、调剖技术等。Brown等在Creek Unit油田的一个区块，通过注入营养物质激活储层内微生物进行深部调剖和选择性封堵高渗透层，在最初的3年多时间里共增油6.9×10^4bbl（$1.1 \times 10^4m^3$），预计增油40×10^4～60×10^4bbl（6.4×10^4～$9.5 \times 10^4m^3$），延长油田经济寿命5～11年。近20年来，美国能源部先后资助了47个微生物采油研究项目，目前有8个项目正在进行。研究结果和矿场试验证明，在注水开发后期的油藏实施微生物驱油技术，可使采收率再提高16%。如俄克拉何马州Delawware-Childers油田1986—1993年开展的两个微生物矿场试验项目，采收率分别提高13%和19.6%。

3）阿拉伯国家

过去的10多年间，沙特阿拉伯和埃及的工程师们在实验室对微生物提高采收率技术进行了研究，为这项技术在阿拉伯国家的研究应用奠定了基础。研究包括微生物对界面张力、相变和岩石润湿性的影响，营养物类型、细菌种类、渗透率、API重度和矿化度对MEOR的影响，MEOR模拟技术，MEOR对环境的影响等。目前已从沙特阿拉伯原油和地层水中分离出了12种细菌，并已初步完成了这些微生物特性和细菌代谢活动与提高原油采收率关系的研究，认为：尽管阿拉伯地区的地层盐度较高，但1%的糖蜜浓度仍能增加油的相对渗透率。在研究中，Desouky等开发了一维模型以模拟微生物提高原油采收率过程。该模型包含5个分量（油、水、细菌、营养物和代谢物），具有模拟细菌吸收、扩散、趋药性、生长和腐败及营养物消耗、渗透率伤害和孔隙度降低等功能。实验室结果与模拟结果的比较证实了开发模型的有效性，该模型可用来研究本源细菌、段塞大小、培育时间、残余油饱和度、绝对渗透率和注入流量对原油采收率的影响。研究结果显示，使用以糖蜜为介质的链球菌可采出更多的油。原油采收率对注入的本源菌的浓度变化、细菌繁殖段塞大小、培育时间和残余油饱和度较敏感。绝对渗透率的变化或注入流量对采油量没有影响。Sayyouh根据7个阿拉伯国家（沙特阿拉伯、埃及、科威特、卡塔尔、阿拉伯联合酋长国、伊拉克和叙利亚）300多个地层的数据分析，研究了阿拉伯国家应用MEOR的可行性，预计利用MEOR技术可采出30%的剩余油。

4）北海地区

英国在20世纪90年代开展了广泛的微生物提高采收率技术的研究。研究包括微生物提高采收率技术分析、油藏模拟器模拟研究、效益预测研究等。2001年，挪威国家石油公司在北海的Norne油田进行了MEOR的现场试验，获得成功。该试验不需要注入外

源微生物，而是直接应用油藏中或注入水中的喜氧微生物，这些喜氧微生物利用原油作碳源，在油藏中产生表面活性物质。现场实施时，注入海水，并在注入水中加入一些营养和氧气。这项技术将在Norne油田获得30×10^6bbl增油量，相当于在后来的15年开发期间提高采收率6%。微生物运移模拟器（MTS）被认为可以作为工业化应用模拟器。这些模拟器在其发展过程中经过严格检测，并且在一些油田应用得很成功。CMG公司（Computer Modelling Group Ltd）提供的STARS（Steam Thermal and Advanced Processes Reservoir Simulator）模拟器性能较强。英国石油开发商根据Norne油田的现场试验结果，用STARS模拟器对英国陆上油田实施MEOR进行了评价，认为MEOR有着巨大的应用潜力。预计在已开发的油田通过MEOR可以获得2.2×10^8～2.9×10^8bbl的增油量，在未开发的油田将有0.4×10^8～0.9×10^8bbl的增油量。

2. 国内微生物采油技术研究与试验

我国从20世纪60年代开始研究微生物采油技术，20世纪90年代以来，加快了微生物采油技术的研究步伐。迄今，我国先后在大庆油田、辽河油田、吉林油田、华北油田、长庆油田和新疆油田等开展了微生物驱先导性试验，已基本掌握了菌种培育技术，研制出了油田专用系列菌种，微生物采油技术发展步伐在不断加快。

1）吉林油田

吉林油田从1992年开始针对扶余油田进行微生物提高采收率技术研究，经历了5个发展阶段：（1）1992年至1995年的起步和探索阶段，得出吉林扶余油田油层条件适合微生物采油技术的基本认识；（2）1996年至1998年微生物采油可行性研究阶段，通过广泛调查油田储层内原生菌，筛选出优秀菌种；（3）1999年至2001年进入相关系统研究阶段，开展了菌种特性研究，建立了菌种检测体系，确定了放大培养方式及现场注入方式，完成了现场试验方案并开展现场试验；（4）2002年至2004年为扩大试验阶段，主要进展是研制了新型玉米淀粉营养基，完善了地面注入工艺；（5）2005年至2007年为工业化试验阶段，建立了新型培养站，开展了较大规模试验，微生物驱油技术趋于成熟。吉林油田微生物驱工业化试验共实施了17个注采井组，涉及周围生产井98口。微生物驱现场注入15天后，一线生产井陆续见到了动态反应，主要表现为产液量基本平稳，含水下降，产油量上升，平均单井产油由试验前的1.0t/d上升为2.1t/d，累计增产原油3346t，井组含水下降9.3%。注入井注入压力上升，初步显示出高渗透层被封堵的特征。注水井吸水剖面得到明显改善，平面矛盾也得到了一定程度的缓解。

2）华北油田

华北油田从2007开始在宝力格油田以巴51断块低温稠油油藏降低原油黏度为突破口，开展微生物单井吞吐、微生物驱和凝胶驱等先导技术试验，初步具备了菌种研发和性能评价等方面的技术能力。2010年以来，在先导试验的基础上，自主研发具有华北油田自主知识产权的高效降黏菌种，首创微生物驱采出液地面增殖循环利用技术，持续优化完善组合驱技术，将技术成果推广应用于宝力格油田。宝力格微生物驱起到明显的增油效果，目前已经在宝力格油田各个断块建立了稳定的微生物场，菌体浓度维持在10^8个/mL，减缓自然递减 2.1%，含水上升速度下降 13.2%，累计增油 9.249×10^4t，原油黏度进一步下降，油田开发形势得到有效改善。

3）长庆油田

长庆油田自 2010 年开始，在华庆油田长 6 油藏进行了 3 个井组的微生物驱先导试验，通过 5 年时间的试验，取得了较好的驱油效果，试验井组 14 口油井有 9 口见效，三口暴性水淹井不同程度恢复产能，其他低含水井产液量和产油量也呈上升的趋势，而综合含水基本保持稳定，2017 年 9 月中旬扩大至 19 个井组。华庆油田长 6 油藏微生物驱先导试验累计注入微生物活化水 $13.5\times10^4m^3$，平均单井日注 $24m^3$。试验井组递减减缓，含水平稳，增油效果明显：对应 14 口油井中，9 口见效，见效比例 64.3%，累计增油 4473t。2016 年 6 月底又在绥靖油田延 9 油藏进行了 11 个井组的试验，36 口对应油井中 6 口已见效，累计增油 914t。

4）其他

胜利油田在 20 世纪 90 年代初开始微生物采油技术的研究，目前已建成国内第一个石油微生物技术研究中心。经过多年研究，其微生物清防蜡技术已基本成熟，并进入工业化应用阶段。至 90 年代末，研究方向从单井向区块转化，微生物驱先后在 4 个区块进行了现场试验，累计增油超过 6×10^4t。辽河油田锦州采油厂 1995 年率先开展了将微生物处理技术适用于针对稠油中胶质与沥青质组分的研究，1996 年进入矿场试验阶段，1996—1997 年先后在辽河油田千江块进行微生物吞吐 26 井次，取得了良好的效果。2001 年以来，大港油田与长江大学合作，在孔店油田开展内源微生物驱油矿场应用试验，2004 年扩大应用到 3 个区块。截至目前，已累计增油约 2.2×10^4t，投入产出比 1 ∶ 13.2，取得了明显的效益。中原油田文明寨油田储层非均质强、吸水差异大、部分小层动用程度低、常规驱油技术难见成效。2005 年以来，在 M42 和 M159 等井组进行了 12 井次微生物驱油，对应油井 29 口，见效 25 口。截至 2005 年 6 月，日增油 38.2t/d，累计增油 7000t，含水下降了 3.6%。

三、地面工程建设情况

1. 吉林油田

吉林油田微生物驱工业化验区位于扶余油田东二区南部，四家子高点东翼。区块面积 $1.4km^2$，于 1970 年投入开发，截至 2006 年 12 月末，试验区共有油水井总数 162 口，其中油井 129 口、水井 33 口。试验前该区块平均单井产液 7.3t/d、产油 0.7t/d，综合含水 90.2%，区块累计产油 135.05×10^4t、累计产水 720.8×10^4t，采油速度为 0.95%。进入高产液、高含水开发阶段，储层矛盾较为突出。

吉林油田扶余微生物驱工业化试验，配套建设了一座微生物菌种培养站，主要功能是菌种培育和营养物生产。微生物菌种培养能力为 $10m^3/d$，菌种浓度达到 10^8 个 /mL，营养物生产能力为 20t/d。

2. 华北油田

华北油田宝力格区块位于内蒙古自治区东乌珠穆沁旗西部，2001 年投入开发。宝力格油田现有油井 195 口，开井 181 口，日产液 3061t，日产油 629t，日产水 $2432m^3$，产出水全部在宝一联处理，过滤器反冲洗及水罐排污等水量 $420m^3/d$ 左右，合计日采出水处理量 $2850m^3$；现有水井 100 口，开井 92 口；其中宝一联辖水井 59 口，开井 52 口，注水 $2842m^3/d$。2007—2009 年在巴 51 断块开展微生物单井吞吐、微生物驱、凝胶驱等先导技术试验。华北油田宝力格微生物驱油藏分布图如图 9-1-2 所示。

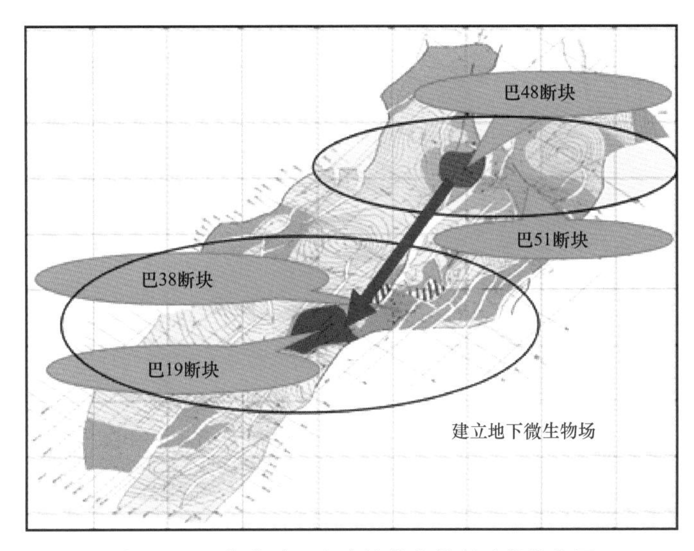

图 9-1-2　华北油田宝力格微生物驱油藏分布图

宝一联主体工艺以三相分离器为核心，包含脱水、加热、外输、储油及伴热集油系统，所属 5 座计配站全部采用伴热集油工艺。随着产能规模的不断扩大，2003 年、2004 年和 2008 年分别针对巴 38 断块、巴 48 断块和巴 51 断块的开发配套建设了宝一站、宝二站和宝三站及所辖共 6 座计配站，均以三相分离器为核心工艺，包含油气水分离、升温、掺水系统，单井全部采用双管掺水集油工艺，同步建设并投运内输线 3 条。宝一联辖采油井 195 口、注水井 59 口，建设规模 $25 \times 10^4/a$，站内建有原油处理、采出水处理、注水工艺。目前，实际注水能力 $3600m^3/d$，注水系统能满足生产需要；采出水处理系统设计处理能力 $4000m^3/d$，目前日采出水处理量 $2850m^3$。宝二站、宝三站和巴 10 站均拥有独立的注水系统，但未配套建设采出水处理工艺，三座站点所属单井的产出水均在宝一联进行处理后回注至巴 19 与巴 38 断块。

3. 长庆油田

长庆油田自 2010 年开始，在华庆油田长 6 油藏进行了 3 个井组的先导试验，通过 5 年时间的试验，取得了较好的驱油效果。2016 年 6 月底又在绥靖油田延 9 油藏进行了 11 个井组的试验。

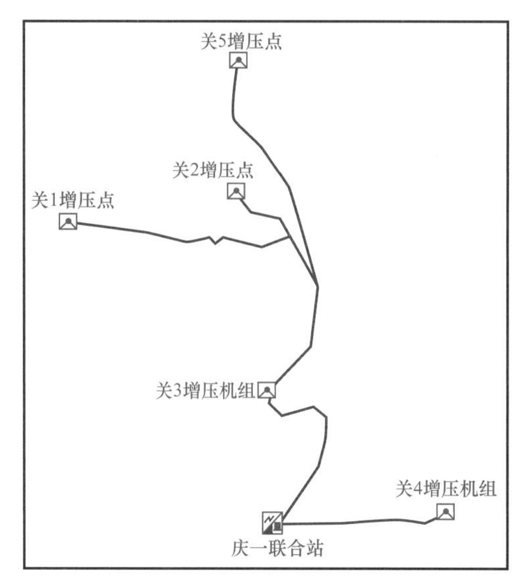

图 9-1-3　华庆油田长 6 区块地面集输系统总体布局图

华庆油田长 6 区块地面集输系统总体布局如图 9-1-3 所示。华庆油田长 6 油藏试验区原油处理由庆一联负责，该站于 2009 年建成投用，处理层位为长 6，处理后的长 6 净化油输至华池输油站。注水由庆一注负责，该站于 2009 年建成投用，处理层位为长 6，该站接收庆一联集输系统脱出的采出水，处理后回注地层。长 6 油层原油为低密度、低黏度、高凝点，原始地层水矿化度高（为 113.2g/L），原油伴生气总烃含量为 98%，地层温度为 69.7℃。

绥靖油田延 9 油藏微生物驱试验区位于陕西省靖边县杨米涧乡，延 9 油藏地面原油密度 0.8489g/cm^3，黏度 6.08mPa·s，沥青质含量 2.72%。地层水矿化度 6.7g/L，水型 $NaHCO_3$，pH 值 8.2。注水由杨米涧集油站负责，杨米涧集油站于 2003 年投产，处理层位为延 9，目前接收 4 个站点来液，处理后的侏罗系净化油输至白于山联合站。采出水采用“一级沉降＋过滤”工艺。目前日配注 1161m^3，其中新 14 区 32 口井，配注 930m^3/d；杨 42 区 11 口井，配注 231m^3/d。净化水罐出口含油 45mg/L，悬浮物含量为 68mg/L。微生物驱注入井 43 口。

四、关键技术

微生物驱油技术是指将微生物及其营养源注入油藏地层中，利用微生物自身直接作用及具有驱油作用的代谢产物，来提高原油采收率的一种技术。微生物驱油技术适应性强，可充分依托已建地面系统，采出液无须特殊处理，集输系统无须改造，微生物回注可依托原有采出水注水系统，改造工作量小。

1. 菌种培育技术

菌种是微生物驱的关键和工作主体，微生物驱就是将适当的菌种注入适宜的油层从而提高采收率。根据筛选的菌种来源，微生物驱可分为外源微生物驱油技术和内源微生物驱油技术。

1）外源微生物驱油技术

外源菌种培育流程示意图如图 9-1-4 所示。外源微生物驱油技术是从海洋、土壤、油水井等环境中取菌样，经过室内筛选、富集、驯化和纯化的特殊菌种，再注入油层的驱油技术。该技术的优点是菌种来源广，注入工艺简单，见效较快；缺点是有效期短、长期大量注入成本较高。外源微生物驱油技术的关键是菌种及营养体系筛选和优化（与油藏的适应性）。需要建立从自然界分离、纯化、培养“嗜胶沥菌种”的技术方法，自主培育新菌种。吉林油田和华北油田（巴 19）对该技术进行了研究。

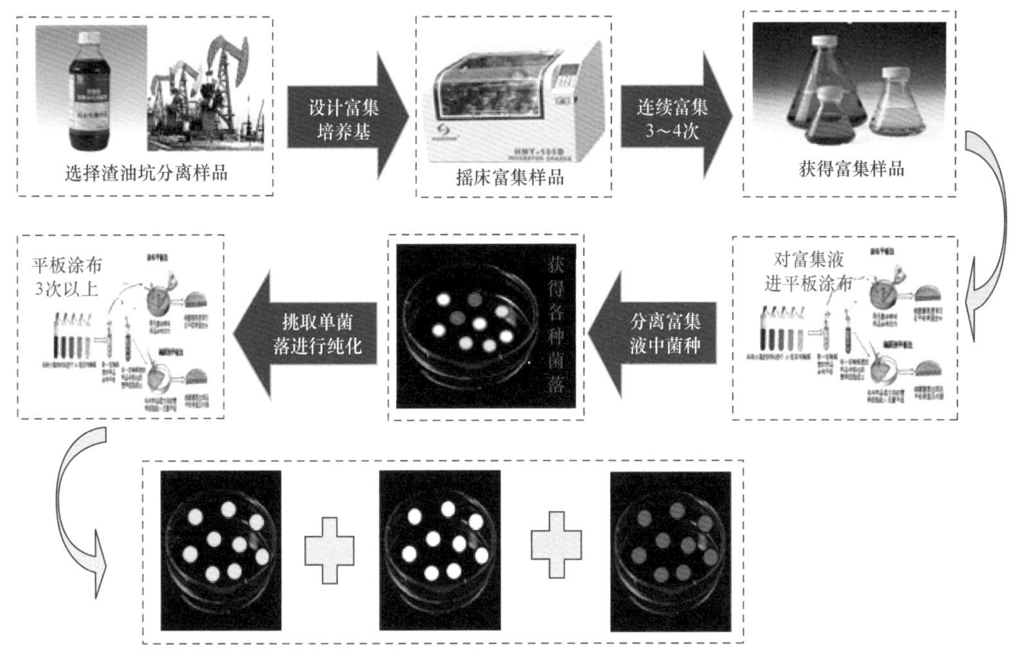

图 9–1–4　外源菌种培育流程示意图

吉林油田微生物驱培养基营养液的灭菌通过机械过滤和膜过滤完成，培养基灭菌采用蒸汽加热完成，将饱和蒸汽导入已装有培养基的培养罐将两者同时进行灭菌。灭菌后营养液通过泵直接注入菌种培养罐。菌种培育过程中，微生物在合适的培养基、pH 值、温度和通气搅拌等条件下进行生长代谢活动[3]。通过调整各种参数来控制培育条件，使菌体的代谢沿着生产需要的方向进行，以达到预期的生产水平。室内放大培养菌液浓度可达 10^9～10^{10} 个 /mL，在培养站 $1m^3$ 培养罐中，培养 24h 菌液浓度为 10^5～10^6 个 /mL。试验区内的 13 口监测油井均多次检测到目的菌，其浓度有的高达 10^5～10^6 个 /mL，个别高达 10^7 个 /mL，说明微生物菌种在地层环境中生存下来，并且繁殖较好。

2）内源微生物驱油技术

内源微生物驱油技术是指从油井采出液中分离、选育的地下内源菌种，将激活剂和空气周期性地注入地下，使内源菌发挥驱油作用。该技术的优点是菌种来自油层，比外源微生物驱更能适应油藏环境，能够长期在地下生存，采油的有效期长、投入产出比更高；缺点是菌种分离选育难度大，菌液浓度不高。该技术的关键是菌种的分离、激活剂的筛选。长庆油田、华北油田（巴 51）和新疆油田应用了该技术。微生物菌属分类统计（长庆油田华庆长 6 区块）详见表 9–1–1。

华北油田已经在宝力格油田各个断块建立了稳定的微生物场，菌体浓度维持在 10^8 个 /mL。微生物作为一种生命体，有其自身的生长和死亡过程，地层建立微生物场的目的是为了保持有益微生物菌群的活性，使其在地层中不断地生长繁殖，使菌体代与代之间紧密衔接起来，真正发挥微生物采油技术作为一个“生命体”的优势。要使微生物在地层中保持稳定，稳定微生物场，延长其作用时间，就必须为其提供足够的生长空间和营养物质。

表 9-1-1　微生物菌属分类统计表（长庆油田华庆长 6 区块）

<table>
<tr><th colspan="2">类别</th><th>菌属名称</th><th>功能</th><th>菌属比例，%</th></tr>
<tr><td rowspan="4">功能菌</td><td>烃氧化菌</td><td>芽孢杆菌属、假单胞菌属、海洋螺旋菌属、生丝单胞菌属、嗜盐菌等</td><td>降低原油的黏度，改善流动性</td><td>39</td></tr>
<tr><td>厌氧发酵菌</td><td>拟杆菌属、肠杆菌属、乳酸菌属等</td><td>降低界面张力，改善流动性</td><td>37</td></tr>
<tr><td>硝酸盐还原菌</td><td>弓形杆菌、硫黄单胞菌属等</td><td>抑制硫酸盐还原菌</td><td>12</td></tr>
<tr><td>产甲烷菌</td><td>Proteiniphilum</td><td>将化合物转化为甲烷和二氧化碳的古细菌</td><td rowspan="2">3</td></tr>
<tr><td rowspan="2">有害菌</td><td>腐生菌</td><td>—</td><td>恶化水质、破坏油层</td></tr>
<tr><td>硫酸盐还原菌</td><td>脱硫单胞菌属、Desulfotignum 菌属等</td><td>腐蚀设备和管道</td><td>9</td></tr>
</table>

根据现场生产实际，地层中的微生物会随着油井不断的生产而被采出，地层中的有益菌群和未被消耗的营养物质随采出液进入联合站。通过开展联合站内的采出水处理工艺和回注工艺研究，使地层中的有益菌群在采出水处理工程中不受影响甚至得到进一步增殖，通过采出水回注使采出液中的有益菌群和营养物质再次回补到地层，达到微驱产采出液的循环利用。

宝一联微生物驱采出液地面发酵工艺可以有效地激活宝一联采出水中的有益菌体，显著增加菌体浓度，产生有益代谢产物，降低地面发酵液的表面张力；地面发酵液注入地层后能够在地层中迅速生长繁殖，使产出液菌体浓度升高到 10^6 个 /mL，原油黏度进一步下降，油田开发形势得到有效改善，微生物采油起到明显的增油效果。

2. 营养物生产技术

吉林油田微生物驱营养物生产技术方案是以淀粉为原料生产微生物营养液，其主要成分为葡萄糖，采用酶法生产工艺。淀粉生产葡萄糖的方法有酸水解法和酶法。酸水解法生产葡萄糖，由于需要高温、高压和盐酸催化剂，因此在生产葡萄糖的同时，必定伴有葡萄糖的复合分解反应，产生一些不可发酵糖及一系列有色物质，降低了淀粉的转化率。而酶法生产葡萄糖从 20 世纪 60 年代就已经实现了工业化生产，以酶制剂作为催化剂生产葡萄糖，反应条件温和，副分解反应较少，能够提高淀粉转化率和糖浓度，改善糖质量，是理想的制糖方法。

3. 菌种发酵技术

根据菌种发育工艺的不同，微生物驱可分为地面法和油层法两种模式。

1）地面法

地面法是在地面上建立发酵厂，为微生物的生长和代谢提供必须的营养物质，再将微

生物代谢产物注入地层中，从而达到提高采收率的目的。这种方法的优点是地层条件对微生物的生长和代谢活动没有影响。

2）油层法

油层法是微生物在油层发酵，建立地下微生物场。对于外源微生物菌种，菌种经地面培养后同营养物一起注入油层；对于内源微生物菌种，是通过向油层中注入营养物，来激活油藏中已存在的有益微生物菌群，以此来达到提高采收率的目的。

4. 菌种注入技术

微生物驱油注入大多依托已建注水系统，将细菌培养物（包括微生物、营养物及代谢产物）直接注入所选油层。注入方式可以混合后注入，也可按顺序注入。若采用顺序注入方式，大多采用先注入营养物质再注入微生物菌体。

5. 采出水处理技术

对微生物驱油工艺而言，主要应做到怎样将微生物体系既毫无损失又不被破坏，既符合地质方案的要求又符合工艺施工简便的需要注入地层。当利用集输系统脱出的采出水进行地面微生物扩培时，需满足水质预处理、微生物增殖、切换调节、温度可控等要求。根据前期技术试验总结，生物扩培设施的技术要求：

进口指标：含油≤200mg/L，悬浮物含量≤200mg/L，含铁量≤10mg/L，硫化物≤50mg/L，总矿化度≤40000mg/L，pH 值为 6～9。

出口指标：含油≤10mg/L（有过滤），含油≤15mg/L（无过滤），悬浮物含量≤10mg/L（有过滤），悬浮物含量≤30mg/L（无过滤），菌浓＞10^6/mL，含铁量≤0.5mg/L，硫化物≤2mg/L，pH 值为 6～9。

菌液：浓度 0.05%（微生物挂膜增殖阶段投加 150L）。

激活剂：浓度 0.01%～0.1%（30～300kg，根据微生物增殖池中菌浓调整，小于 10^6 个 /mL 时投加，激活地层功能菌）。

注入介质：增殖的微生物活化水。

注入方式：连续注入。

单井注入量：25～30m^3/d（注水配注量）。

油藏中本源微生物物种丰富，所占比例大于 0.02% 的超过 20 种以上，其中烃氧化菌、厌氧发酵菌等驱油功能菌（变形菌纲和弯曲菌纲）占绝对优势，利于微生物采油。

目前，长庆油田已经推广了采出水生化 + 过滤处理工艺，采出水处理中已应用的生化处理技术是利用微生物菌群代谢对采出水除油降杂的工艺，来水经过预处理除油和降温后进入微生物反应区，调试初期投加经现场验证的高效特种微生物菌种，该驯化菌属好氧菌，通过微生物协同作用充分降解采出水中的油及有机物。最后进入微生物分离区，进一步处理无机的悬浮颗粒，沉淀后上清液进入中间水池，进行后续过滤、回注。

与之相比，微生物活化水驱油工艺与采出水生化处理同为依托油藏原生菌种进行特定驯化后利用，且定向驯化的主要营养剂基本一致，与生化处理菌种不同的是驱油菌属厌氧菌或兼性厌氧菌。

菌种在生物扩培过程中利用水中原油及有机组分进行外源呼吸以自我增殖，同时降低水中含油及悬浮物。与采出水生化处理的除油降杂作用机理一致，既有驱油菌扩培的功能，也能达到采出水处理的目的。

（1）微生物活化水驱油扩培装置水力停留时间为 15h。

（2）反应池温度控制在 20～38℃，并按要求投加菌剂和激活剂。

（3）风机进气量应确保反应池中溶解在水中的氧含量在 2.0mg/L 以上。

（4）来水调节池、生化反应池、采出水沉淀池、净化水罐应定期排污。

（5）采出水处理流程中不得加入杀菌剂及其他化学药剂。

根据前期技术试验总结，目前微生物驱扩培地面工程的建设模式分为橇装模式和常规模式两种。扩培规模不小于 1000m^3/d 的采用常规模式，其他的采用橇装模式。

一体化橇装微生物驱扩培装置集成度高、节约用地、施工周期短。

常规模式需建设钢筋混凝土的缓冲除油池、气浮池、生物扩培池、沉淀池等，建设周期较长，适用于大规模的微生物驱扩培工程。橇装模式生物扩培装置流程示意图如图 9–1–5 所示。

五、发展方向

微生物提高采收率的概念自 1926 年提出，从 20 世纪 50 年代开始研究，特别是近 10 年来的大规模研究和试验，已使该技术逐步进入了工业化应用的阶段，各种类型的微生物采油工艺技术在世界各石油开采国得到了广泛的应用，均显示了良好的发展前景，同时由于其本身所具有的绿色环保优势，必将成为老油田提高采收率的新途径。

微生物驱油技术由于创新性的驱油体系，以及成本低、适应范围广、环境友好、施工方便等优点，在油田应用中取得了显著的驱油效果，含水率下降、产油量增加、原油物性改善、残余油饱和度减小，使原油的采收率得到明显提高。但由于该技术本身具有限制因素，加之大多油田具有较差的地质条件和较大的开发难度，微生物驱油技术在油田应用中仍存在一些问题亟待解决，今后的应用研究应着重于以下几点：

（1）微生物地面发酵繁殖后的驯化，以及在无氧环境下的驯化，进一步简化地面工艺，优化微生物驱油的应用效果。

（2）微生物发酵繁殖后，产生的杂质在经过过滤器时容易堵塞过滤器，需研究如何防止地面设备和地层堵塞的技术和工艺。

（3）在油田应用微生物驱油技术时，可考虑将微生物驱油技术与压裂等措施结合起来应用，使得油藏微裂缝发育，有助于取得更好的驱油效果。

（4）继续深入微生物驱油技术在油田中应用的模拟研究，筛选确定出驱油菌种营养物及代谢机制，增强微生物与岩石以及外源微生物与内源微生物的配伍性，提高应用微生物驱油技术的成功率。

（5）在油田应用微生物驱油技术时，加强对微生物的监测，在地层环境下，研究微生物的增殖性、二次原油回收试验和微生物代谢性能强化等，强化微生物驱油性能。

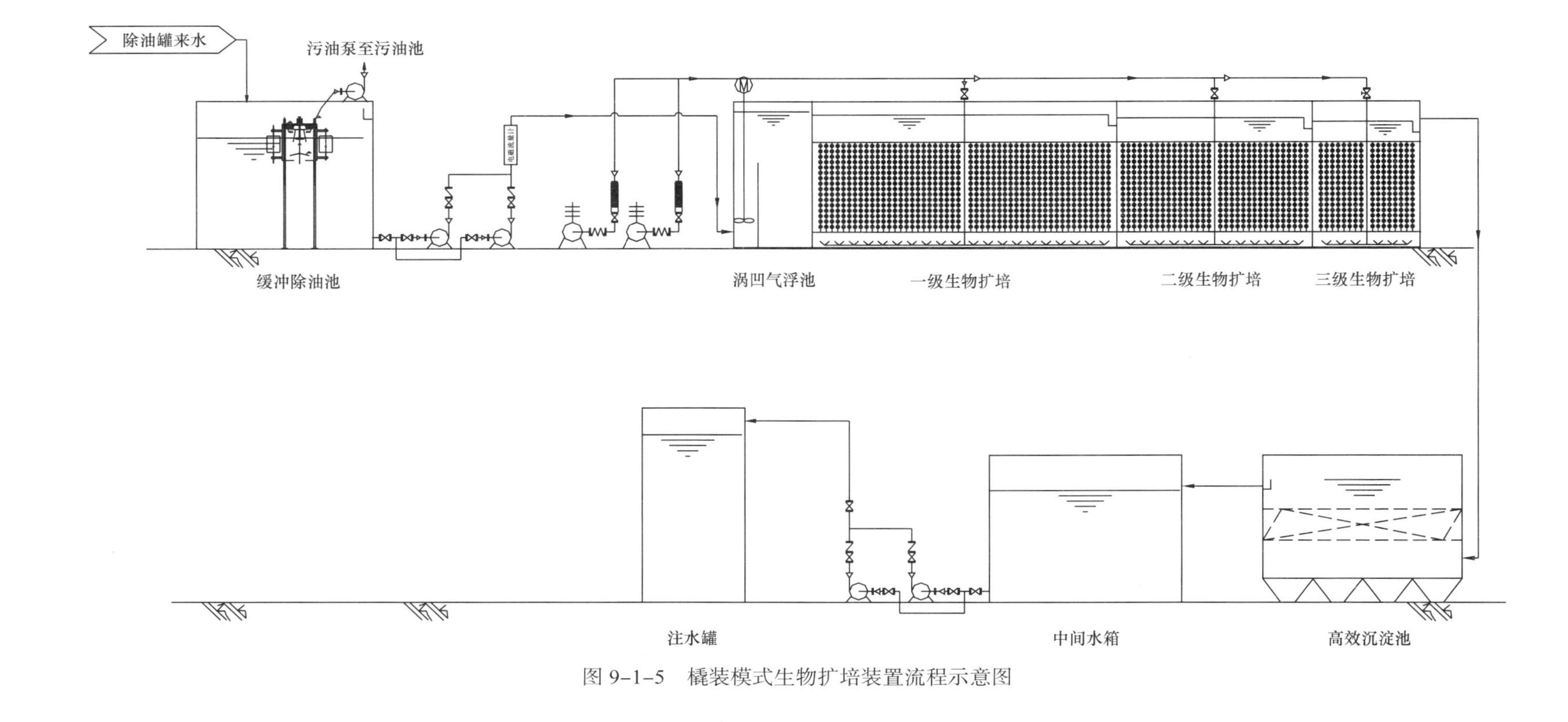

图 9-1-5　橇装模式生物扩培装置流程示意图

（6）微生物活化水驱油营养剂投加。用激活本源微生物的方法驱油时所使用的营养液生产成本较高，目前营养剂投加量较大，800m^3/d 微生物驱油扩培装置日投加量最大约为1.8t，采用粉剂破袋，螺旋输送进溶药罐，搅拌均匀后一次性泵输至扩培池的模式，未针对扩培池内微生物增殖情况及需求，进行持续性加药，下一步加强微生物扩培及营养剂投加的精确匹配等方面进行研究。营养剂也应进一步优化筛选，既减小现场投加量，又能确保成本低廉、货源广泛。

（7）采油井单井微生物处理与微生物驱油的协同作用提高采收率研究。目前多为结合水驱的微生物驱油技术应用，筛选油藏区块开展微生物驱油技术试验应用，后期针对高含水油井，研究单井微生物采油作业与微生物驱油协同作用提高采收率技术及应用的可行性。

（8）研究抑制有害菌增殖的技术手段。微生物驱油增殖的菌群可能对地面集输系统产生危害，例如腐生菌及硫酸盐还原菌，会恶化水质、破坏油层、腐蚀设备管道等，应综合研究促进功能菌增殖的同时抑制有害菌滋生的微生物扩培条件和激活剂配方。

第二节　聚合物驱后聚表剂驱

一、驱油机理

聚表剂是以普通聚丙烯酰胺碳氢链为骨架，在其分子链侧基上接枝共聚所选择制备的功能性单体和功能基团，使原来的高分子聚合物碳氢链改造成带有大量表面活性剂的碳氢链。这就使得聚表剂水溶液可以兼备聚合物和表面活性剂的物理和化学双重特性，而且还具有两者不具备的新特性。首先，它具有一般聚合物的优点，通过改善水油流度比，可以提高波及体积；通过增加局部压力梯度，增加与油之间的剪切应力，使聚表剂能够驱替孤岛状、膜状残余油；聚表剂溶液的黏弹性对各种残余油类型都有作用，可以减少残余油饱和度，提高驱油效率。其次，它还具有乳化性，乳状液的形成改变了水驱油后残余油在地层中的存在状态，因而改变了各种作用力的相互关系，如毛细管力、附着力、驱动力等，使原来不能流动的残余油重新处于可流动的状态。最后，聚表剂能改变孔隙介质的润湿性，在亲水模型中渗流时，局部地区使壁发生润湿性从水湿到油湿的转变，使黏附油的连续路径延伸很长，使油沿这些通道运移且无须克服毛细管阻力而渗流，有利于提高原油的采收率[4]。在亲油模型中，聚表剂驱油也会产生油膜桥接与沿壁流动，并形成油丝，在微观研究中可看到乳化作用，乳状液的形成改变了水驱油后残余油在地层中的存在状态，从而提高采收率。

二、发展历程及效果

国外从 20 世纪 70 年代就开始了聚表剂类产品的研制开发，美国南密西西比大学 CharlesMcCormick 研究组从 1978 年开始一直在研究作为流度控制剂的三次采油用聚合物。从最初的“智能聚合物”和“疏水改性聚电解质”到把这两种聚合物优势集中在一个体系上称为 HM 型智能聚合物，进而到目前研究的适用于提高采收率的刺激响应型聚合物，其

分子组成中含有特定活性成分。

2005 年，大庆油田分别在采油一厂北一区断东、萨 I 组和采油四厂杏五试验区开展了聚表剂驱油先导性矿场试验。北一区断东试验区连续吸水剖面资料表明，聚表剂驱厚层调堵作用比较明显，聚表剂驱后吸水厚度比例不断增加。对比北一区断东试验区注入初期与聚表剂驱阶段油层动用状况，有效厚度动用由 64.8% 上升到 89.9%，提高了 25.1%。改注Ⅲ型聚表剂后小于 1m 油层有效厚度动用比例由 49.5% 上升到 62.2%，提高了 12.7%，聚表剂驱扩大波及体积作用明显，油层动用程度高；试验区见到较好增油降水效果。中心井含水率最高下降 9.9%，试验结束时阶段采出程度达到 9.9%。井距加密到 106m 时试验区流场主要方向与原一次聚合物驱井网主流线一致，聚表剂驱含水率仅下降 4.9%，试验结束时阶段采出程度 9.1%。

三、地面工程建设情况

2005 年起大庆油田在采油一厂北一区断东、萨 I 组和采油四厂杏五试验区等 6 个区块开展了聚表剂驱油先导性矿场试验。其中采油一厂北一区断东试验区聚表剂注入井 20 口，位于中 216 注入站辖区，采出井 27 口，根据试验方案计算，试验区每天注入功能聚表剂干粉 6591kg，配制成 5000mg/L 的母液 1318.18m^3/d。大庆油田其他聚表剂区块见表 9-2-1。

表 9-2-1　大庆油田聚表剂试验区块概况

序号	试验区名称	注采方式	目前聚表剂型号	注入时间	注入浓度 mg/L
1	采油一厂北一区断西聚表剂驱先导性试验区	6 注 12 采	10203-Ⅲ型	2005 年 11 月	1500
2	采油一厂中区西部二、三类油层 106m 小井距先导性试验区	4 注 9 采	10203-Ⅲ型	2005 年 11 月	1500
3	采油四厂杏五区葡 I3_3 油层聚表剂驱先导性矿场试验区	4 注 9 采	10203-Ⅲ型	2005 年 10 月	1000
4	采油一厂北一区断东中 216 站聚表剂驱先导性矿场试验区	20 注 22 采	10203-Ⅲ型	2007 年 5 月	2000
5	采油六厂北西块聚表剂驱先导性矿场试验区	20 注 28 采	10203-Ⅲ型	2008 年 5 月	1500
6	采油八厂升平油田升 30-26 井区聚表剂驱先导性矿场试验区	4 注 6 采	10203-Ⅲ型	2007 年 4 月	1000

四、关键技术

1. 聚表剂配制与注入技术

由于聚表剂分子结构引入了带有表面活性的功能单体，这与聚合物在物料特性、流变特性方面都有较大的差异。采用已建的聚合物配注工艺设备进行聚表剂配注时，由于介质发生变化，应用已建工艺设备存在两个问题：

一是聚合物分散装置不适宜直接用于聚表剂分散作业。细粉含量多，加料时易产生粉尘，对呼吸道、眼睛及皮肤有一定的刺激性。干粉在滤网处堆积，不易进入料斗，加药时间由原来的 10min（分子量 3500 万）增加至 30min。易受潮结块，使得螺杆下料器发生堵塞，至使下料量不均匀，影响分散装置的正常运行，配比精度降低。

二是聚合物熟化系统不适于聚表剂的溶解熟化。由于聚表剂母液黏度大，搅拌器负荷大；聚表剂在熟化罐内搅拌时，产生大量的气泡，由于母液黏度较大，气泡很难逸出，以致对后续工艺流程造成不利影响。

聚表剂驱配制注入采用配注合一工艺，与聚合物配注工艺流程相同，清水罐中的低矿化度清水经离心泵升压，计量后进入分散装置的水粉混合器。聚表剂干粉加入分散初溶装置的料斗内，计量后进入水粉混合器与水混合，进混合罐进行分散初溶，再由螺杆泵送熟化罐，经过一定时间的搅拌熟化，使聚合物干粉完全溶解后，用转输螺杆泵增压，经过粗过滤器和精过滤器过滤，转送至母液储罐，由注入泵注入到注入井。聚表剂配制注入工艺流程如图 9-2-1 所示。

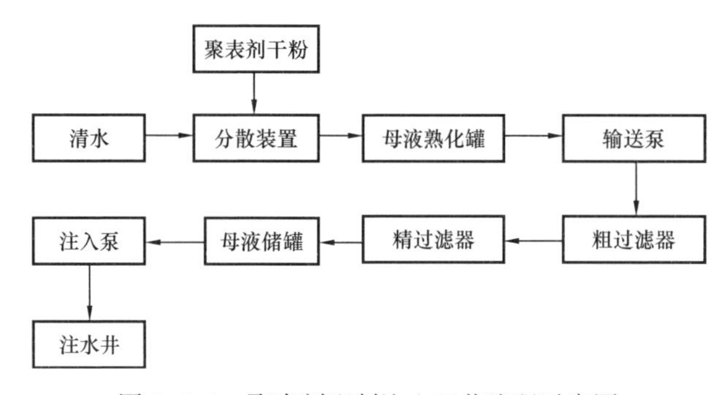

图 9-2-1　聚表剂配制注入工艺流程示意图

聚表剂配制注入工艺流程中，分散装置、母液搅拌熟化、外输和注入等工艺设备均需要进行技术改进，以适应聚表剂的特性。

1）聚表剂的分散

对于已建的风送式分散装置，由于聚表剂的分散度低于聚合物，需要加大分散装置的鼓风力度，将分散前后预吹风的时间由 30s 提高到 90s，强化了分散效果；针对聚表剂干粉易产生刺激性气味的实际问题，对分散装置的润湿罐采取密闭抽吸措施，减少或避免刺激性气味散发到操作间内；将下料管改进为水粉混合器，以解决下料过程中聚表剂干粉与水混合不均导致过滤器被大量“鱼眼”堵死的问题。水分混合器的工作原理：离心泵增压后的清水进入混合器，在混合器的上部形成真空，将聚表剂吸入混合器与水进行充分混合、润湿，提高混合质量。经混合器排出的混合物沿切线方向进入旋风式扩散槽，由于混合物在扩散槽内产生的高速螺旋线旋转运动，含在其中的气体分离出来，从中心的风道排入空气中，以减少溶液中的含气量。试验结果表明：聚表剂配制浓度误差为 0.13%～2.46%，聚表剂配制黏度误差为 1.35%～4.18%，改进后的分散装置可以满足聚表剂配制工艺要求。

2）聚表剂母液的搅拌熟化

聚表剂母液的搅拌熟化采用双螺带搅拌器，双螺带搅拌器在全流域形成轴向大循环，消除了中间混合死区，减少了近壁区域流体的停滞，大大提高了高黏弹性聚表剂溶液的混合速率。现场应用试验表明，与常规的螺旋推进式搅拌器相比，熟化时间由 180 min 降低为 120min，减少了 60min，有效提高了生产效率。

3）聚表剂的外输和注入

聚表剂母液采用螺杆泵外输，管输压降的水力计算利用聚合物母液压降的计算方法，聚表剂母液配制管输压降计算结果与现场实测结果相比，在 3.39%～10.7% 范围内，可以满足设计要求。另外，通过改进注入泵液力端泵阀结构等措施，可以有效减轻气锤现象造成的泵阀损坏现象，并且可以提高运行效率 3%。

2. 油气集输与处理工艺

根据已建聚表剂驱试验区采出液开展了油水分离性质研究。试验结果表明，在相同脱水条件下，聚表剂驱采出液与聚合物驱采出液相比，脱水沉降时间延长，静电场脱水电流升高。为了确定完整的原油脱水工艺，聚表剂驱试验区建设一套小型脱水试验装置，全面开展聚表剂驱采出液原油脱水技术研究工作。

聚表剂驱采出液小型动态脱水试验系统为橇装设备，分为 4 个单元：油气分离供液单元、游离水脱除单元、电化学脱水单元、液体输送缓冲单元，工艺原理流程如图 9–2–2 所示。

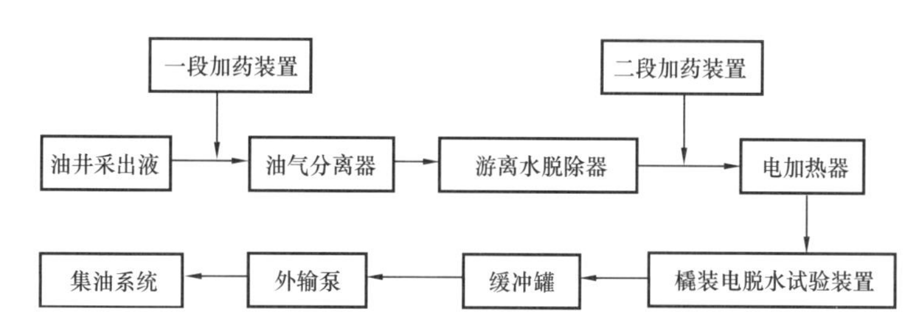

图 9–2–2　聚表剂驱采出液小型动态脱水试验系统工艺原理流程图

采用了小型试验装置以中心井采出液为介质进行单井实液的全流程脱水技术试验，油井来液→电加热器→油气分离器→游离水脱除器→电加热器→电脱水器→废液回收缓冲罐→外输泵→外输→计量间外输汇管。小型试验的目的是为工业性放大试验提供依据。聚表剂驱采出液的处理方法，采用两段脱水工艺，即游离水脱除和电脱水。

1）游离水脱除工艺技术

结合聚表剂驱采出液室内试验结果，考虑到游离水沉降时间长，游离水脱除器内部采用了高效的蜂窝状的陶瓷填料。陶瓷亲水性，可以有效地降低脱后的油中含水率，避免含水过高对后续电脱水的影响；适当减小填料板距，增大比表面积，增大水相中油滴的碰撞、聚结机会，有利于油滴的聚结上浮。填料的纵向为直管型，易于堵塞物的清理，具有可再生性。游离水脱除器工况运行效果良好，聚表剂驱采出液化学剂浓度为 612～645mg/L，在投加破乳剂 30mg/L 条件下，经游离水脱除器沉降 30min，处理后的油中含水低于 7%，水中含油量为 2000～2800mg/L，满足指标要求。

2）电脱水脱除工艺技术

聚表剂驱采出液电脱水器采用的组合电极电脱水器，电极分上、下两部分，上部采用竖挂电极，下部采用一层平挂柱状电极，该组合电极脱水器极板不易附着污垢，同时便于附着物的清理。竖挂电极之间形成强电场，竖挂电极与平挂电极间形成弱电场，平挂电极与油水界面形成交变预备电场，其电场度从下至上逐步增强，增加了乳化液的预处理空间，处理后原油的含水率由下至上逐步减小，保证了脱水电场的平稳运行。电脱水器工况运行效果良好，聚表剂驱采出液化学剂浓度为 612～645mg/L，在脱水温度 50℃、交直流供电方式下，处理后油中含水低于 0.3%，水中含油低于 3000mg/L。

3. 采出水处理技术

含聚表剂采出水黏度大、油珠粒径小、乳化程度高、油水分离难度加大。采用已建聚合物驱采出液处理工艺很难使处理后水质达到大庆油田聚合物驱高渗透回注水水质指标的要求。污水处理现场试验装置采用“气浮罐＋一体化气浮机＋一级石英砂过滤器＋二级石英砂磁铁矿过滤器”工艺。设计处理规模为 2.0m^3/h，主工艺流程如图 9–2–3 所示。

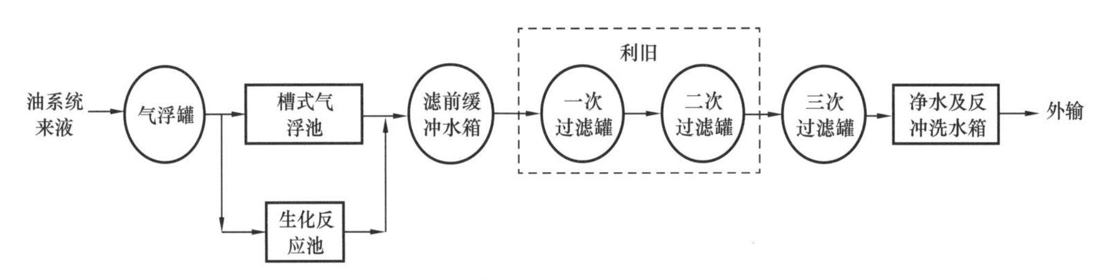

图 9–2–3　污水处理试验装置工艺流程示意图

来液首先进入气浮罐，气浮罐内在微气泡的作用下，去除水中浮油及大部分分散油；出水一部分进入气浮装置，另一部分进入生化反应池。其中气浮装置以溶气泵气浮技术为主，在微气泡和药剂的作用下，去除水中的大部分乳化油及部分悬浮固体；生化反应池中分为水解酸化池及接触氧化池，可以开展微生物处理技术研究。气浮装置和生化反应池出水均进入滤前缓冲箱，经过滤提升泵升压后依次进入一级过滤器和二级过滤器；最终进入净水及反冲洗水箱，经外输泵打回附近计量间。

现场试验表明，要实现聚表剂驱采出水达到聚合物驱高渗透“含油＜20mg/L、悬浮物含量＜20mg/L、粒径中值＜5μm”注水水质指标的要求，试验确定以下两种工艺：

一是在来水投加 700mg/L 的絮凝剂条件下，“气浮罐＋一体化气浮机＋一级石英砂＋二级石英砂磁铁矿”组合工艺，除油段累计处理时间 12h，气浮罐停留时间 8h，气浮泵出口压力 0.45MPa，回流比 R=25%，气水比 8.4%；一体化气浮机停留时间 4h，溶气泵运行参数为出口压力 0.35MPa，R=25%，气水比 7.0%；过滤段采用一级石英砂滤料和二级石英砂磁铁矿双层滤料，滤速分别为 6m/h 和 4m/h。

二是来水不投加絮凝剂条件下，“沉降罐 + 一级生物膜好氧池 + 二级生物膜好氧池 + 一级石英砂过滤”组合工艺，其中沉降罐有效停留时间 8h，一级生物膜好氧池有效停留时间 8h，二级生物膜好氧池有效停留时间 8h，累计停留时间为 24h；一级石英砂滤罐，滤速为 8m/h。

4. 技术路线

（1）聚表剂驱配注工艺：聚表剂的配注总体上采用聚合物的配注工艺，根据聚表剂的特性，对分散、溶解熟化和注入等关键设备进行调整。如分散装置采用称重式射流稳压型分散装置，熟化搅拌器采用双螺带搅拌器等。

（2）聚表剂采出液脱水工艺：采用两段脱水工艺，一段采用具有蜂窝状陶瓷填料的游离水脱除器，二段采用组合电极电脱水器。

（3）聚表剂采出水处理工艺：采用“气浮罐 + 一体化气浮机 + 一级石英砂过滤器 + 二级石英砂磁铁矿双层滤料过滤”处理工艺。

五、发展方向

目前聚表剂驱的配注采用聚合物驱的配注工艺，总体上能够满足生产要求。但由于聚表剂的类型比较多，采出液处理技术处于小型现场试验阶段，需要结合开发动态，进行工业性现场试验，优化完善聚表剂驱采出液处理技术，实现含聚表剂采出液油水的达标高效处理。

第三节　烟道气驱

烟道气驱油技术是利用锅炉烟气、火驱尾气等废气进行回注油藏的辅助采油技术，在环境保护方面，其进行了废气和 CO_2 的部分埋存，在辅助采油方面，其提高了原油产量，具有提高原油采收率和降低温室气体排放的双重效果，对稠油油藏的持续开发和降低开采成本具有重要意义。

一、驱油机理

烟道气是天然气、原油或煤炭等有机物在完全燃烧后生成的产物，通常含有 80%～85% 的 N_2 和 15%～20% 的 CO_2 以及少量的杂质。烟道气具有可压缩性、溶解性、可混相性和腐蚀性。烟道气可用作驱油，根据烟道气中所含气体的组成，驱油机理主要是二氧化碳驱和氮气驱机理[5]，主要有以下几个方面。

1. 烟道气中 CO_2 的驱油机理

烟道气中的 CO_2 驱油主要是利用 CO_2 的非混相驱机理。烟道气中 CO_2 浓度不高，不易达到混相驱的要求，但 CO_2 在原油中的溶解度较大，可使原油体积增加，降低黏度和界面张力，同时 CO_2 在油藏中还可起到改变岩石润湿性和提高岩石渗透率等作用。

2. 烟道气中 N_2 的驱油机理

（1）补充地层压力，N_2 的压缩系数大、膨胀性好，可起到有效补充油藏压力的作用。

（2）段塞混相驱，N_2 微溶于油，能够形成微气泡，易形成气体段塞混相驱，在推动混相段塞时，如果段塞长度能够保持适当则可达到很好的驱油效果。

（3）抽提效应，N_2 与地层油接触溶解产生抽提效应，在合适的油层压力下产生混相状态驱油效率明显提高。

（4）辅助蒸汽吞吐混相，在注入蒸汽的同时加入烟道气，可在相同的注气速度下改善蒸汽前缘形状，增大蒸汽垂向波及体积提高采收率。

3. 其他驱油机理

（1）顶部气重力驱机理。在垂向连续渗透率较好的油藏中，当向油藏顶部或已形成的气顶注入烟道气时，原油与烟道气因密度差异产生重力分异作用，气顶膨胀推动油气界面下移，达到重力泄油的效果。

（2）改善储层渗透性。烟道气中的 CO_2 溶于地层水中可形成碳酸水，碳酸水与储层岩石发生反应并将其溶解，从而增加油层的渗透性和油井的吸收能力。

（3）强化蒸馏作用。注蒸汽开采时，受蒸汽的影响，相同温度下馏出量增加。混注烟道气时，油水混合物气化压力减小，更容易达到油层当前压力产生蒸馏。

4. 火驱尾气烟道气驱

火驱尾气回注地层驱油是烟道气驱中的一种。将处理后的火驱尾气压缩到足够高的压力，再通过管道输送到回注井，然后通过井筒注入预先选定的储层。然而不同的气体组成需使用不同的回注系统装置，这就为尾气回注装置的设计增加了很大的难度。此外在所需处理的气体中，可能含有剧毒和腐蚀性强的 H_2S 和 CO_2，因此在回注工艺和装置的设计过程中，装置操作安全性和工艺流程一样重要。火驱尾气回注工艺流程示意图如图 9-3-1 所示。

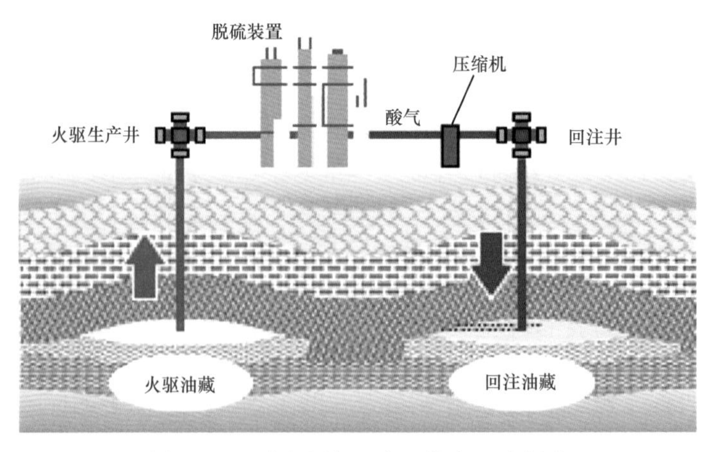

图 9-3-1　火驱尾气回注工艺流程示意图

目前国际上基本没有火驱尾气物性及相态方面的研究，已有的酸气系统相态分析模型均不能适用于火驱尾气。火驱尾气中 H_2O，CO_2，H_2S 和 O_2 的存在将造成该系统的复杂特征，这些特征以及回注过程中压力和温度的巨大变化对系统的相平衡分析、物性及超临界特性计算、组分中的化学反应将造成重大影响，使得分析计算过程不稳定或结果不准确，影响地面工艺设计。

二、发展历程及效果

稠油火驱开采过程中会产生大量伴生气。伴生气中含有 H_2S，SO_2 和非甲烷总烃等有害气体，不能直接排放。当前伴生气处理技术成本高、环境污染较大，需要开展伴生气处理技术研究。

新疆油田计划在红浅井区、风城作业区开展火驱工业化推广工作，对配套伴生气处理技术需求更为迫切。火驱伴生气处理技术已经成为稠油火驱开采能否进一步推广关键因素。

烟道气提高采收率先导试验是红浅火驱先导试验产出烟道气利用、埋存和驱油的配套项目[6, 7]，为红浅 1 井区火驱工业化开发烟道气利用的储备技术。2016 年 5 月，烟道气提高采收率预可行性研究报告通过了中国石油勘探与生产公司专家组审查，确定了红山嘴油田红 48 断块克下组油藏为先导试验区块；2016 年 6 月，先导试验方案通过中国石油天然气股份有限公司审查；2018 年 9 月完成实施方案，确定试验区 13 注 27 采井网模式，含油面积 $2.66km^2$，地质储量 430×10^4t，采用气水交替、片状轮注方式，西区和东区交替注入水和气，预测水气交替驱生产 16 年，累计注气 $4.84\times10^8m^3$，累计产油 49.5×10^4t，埋存烟道气量 $1.22\times10^8m^3$，最终采收率 29.73%。

新疆油田火驱分为先导试验区和工业化开发试验区。2018 年 10 月完成地面建设后，12 月先导试验区开始注气投产。2019 年 10 月完成增压站来气工艺变更，工业化试验区引入烟道气开始注气。地面工艺流程图如图 9–3–2 所示。

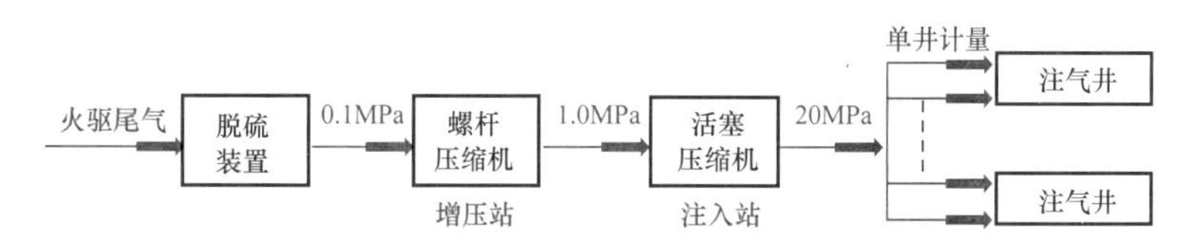

图 9–3–2　烟道气驱工艺流程示意图

2018 年 12 月投注以来，地面设备频繁故障影响（压缩机变频模块烧坏、氧气超过 2%、压缩机进杂质等），试验区不能连续、稳定注气。迄今共注气 8 口井，累计注气 $184.5\times10^4m^3$，有两段相对稳定的注气阶段。

第一阶段先导试验区投注阶段（2018 年 12 月至 2019 年 3 月）：投注 5 口井，注气压力为 13～14MPa，受地面设备维修及火驱先导试验区来气稳定性影响，日注气量（$7100m^3$）远低于日配注量（$17500m^3$），注气整体未见明显效果，累计注气 $40.4\times10^4m^3$。

第二阶段工业化开发投注阶段（2019 年 10—11 月）：完成地面工艺改造，满足正常供气，投注 7 口井，日注气 5×10^4～$7\times10^4m^3$，受来气量和来气压力不稳定的影响，单井注气量波动较大，阶段注气 $95.4\times10^4m^3$。整体注气时间较短，生产效果不明显。

三、地面工程建设情况

新疆油田“红山嘴油田红48断块火驱烟道气提高采收率重大开发试验地面工程”在红浅1井区红18井区开展火驱伴生气回注试验，在红48南断块采用300m反七点井网部署，动用含油面积2.66km^2。试验区部署总井数40口，其中注气井13口，生产井27口。

根据先导试验的目的及油藏工程参数，地面工程配套建设1座增压站、1座注入站、输气管道和注气系统设计（13口井）；回注规模$10\times10^4m^3/d$，注气压力为20MPa。

增压站设置在红浅1井区火驱先导试验站，注入站设置在红48断块，两地直线距离为19.87km；注气系统设计实施方案采用水气交替方式（13注27采），水气交替周期为1个月，即将红48断块目前13口注水井分为两片，项目投产后东部7井组注气，西部6井组正常注水；一个月交替一次。

红48断块烟道气驱投产后，跟踪了3口井（0016井、0023井和h0120井）的物性数据，物性分析如下。

1. 采出液物性分析

1）原油物性分析

原油物性波动情况如图9-3-3至图9-3-5所示。

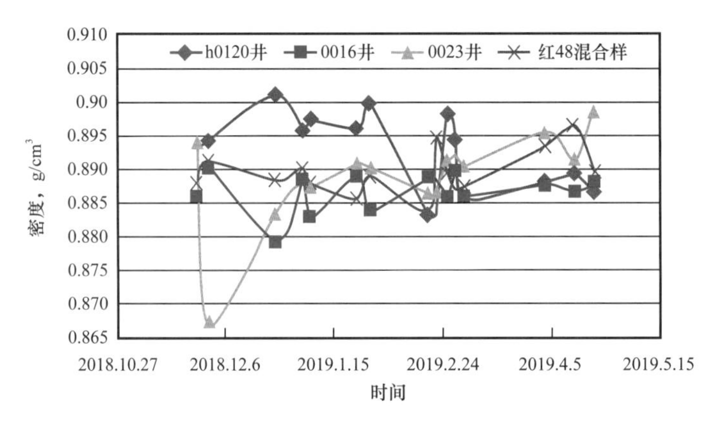

图9-3-3　烟道气驱采出原油密度波动图

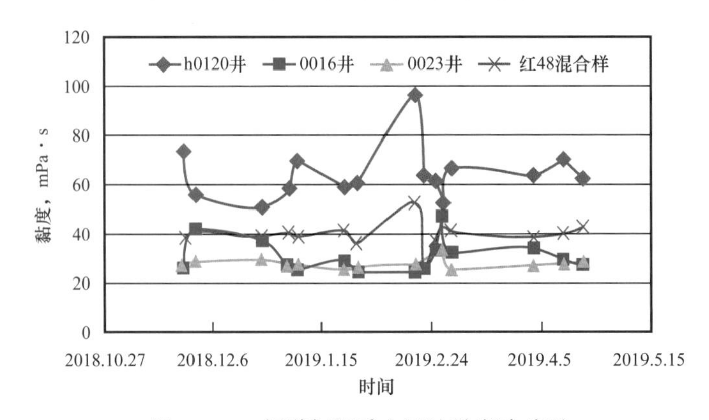

图9-3-4　烟道气驱采出原油黏度波动图

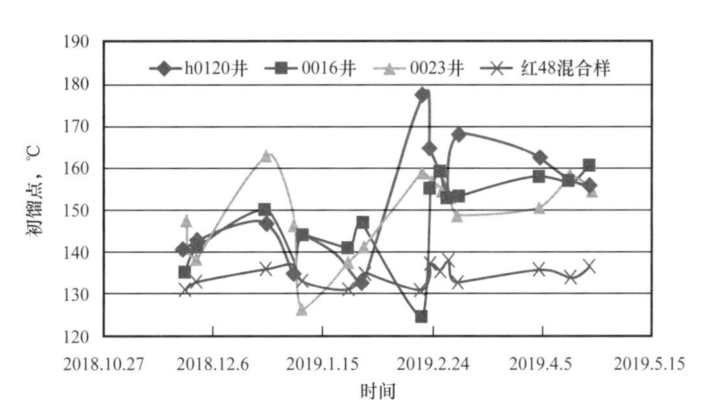

图 9-3-5　烟道气驱采出原油初馏点波动示意图

由图 9-3-3 至图 9-3-5 可以看出，各井和混合原油的物性均在一定范围内波动，没有明显变化规律，且注气前后没有明显变化趋势。

2）采出水物性分析

采出水物性波动情况如图 9-3-6 和图 9-3-7 所示。

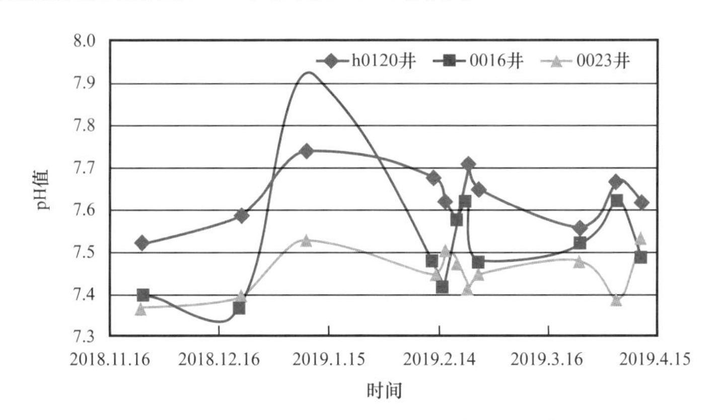

图 9-3-6　烟道气驱采出水 pH 值波动示意图

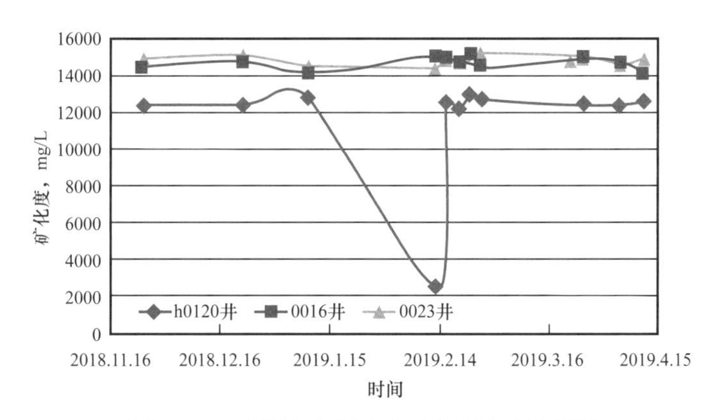

图 9-3-7　烟道气驱采出水矿化度波动示意图

从图 9-3-6 至图 9-3-7 可以看出，与原油物性波动特点一致，各井和混合采出水的物性均在一定范围内波动，没有明显变化规律，且注气前后没有明显变化趋势。

3）伴生气物性分析

伴生气物性波动情况如图 9-3-8 至图 9-3-11 所示。

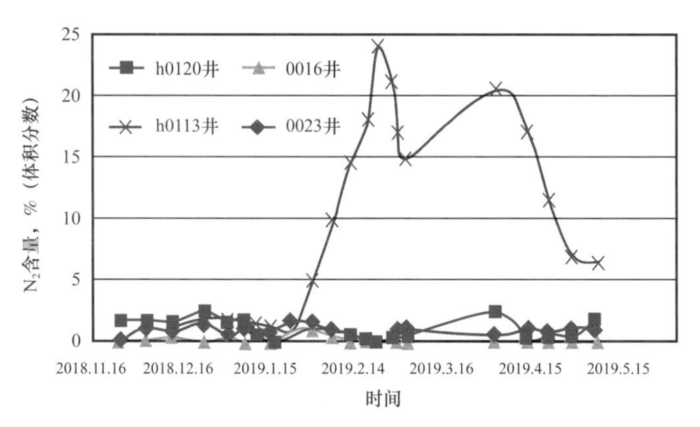

图 9-3-8　烟道气驱伴生气中 N_2 含量波动示意图

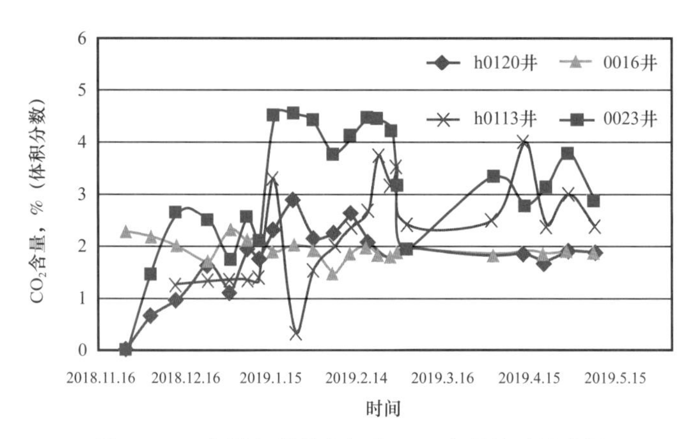

图 9-3-9　烟道气驱伴生气中 CO_2 含量波动示意图

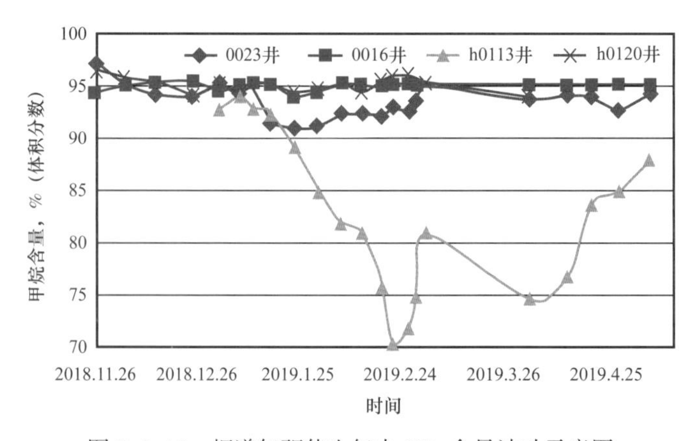

图 9-3-10　烟道气驱伴生气中 CH_4 含量波动示意图

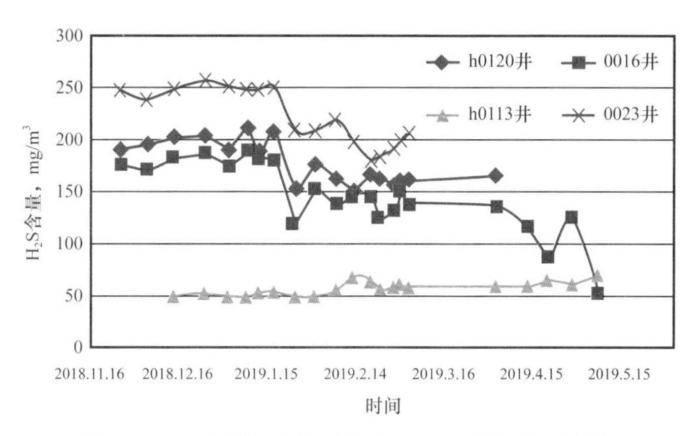

图 9-3-11 烟道气驱伴生气中 H_2S 含量波动示意图

由图 9-3-8 至图 9-3-11 可以看出，火驱尾气回注伴生气物性变化具有以下规律：

h0113 井氮气含量比注气前显著升高、甲烷含量明显降低；由于注入气中主要以氮气和二氧化碳为主，h0113 井氮气含量明显升高表明 h0113 井与注入井连通，有注入气通过 h0113 井排出；h0113 井伴生气中二氧化碳含量比注气前稍有升高，但二氧化碳升高比例远小于氮气升高比例，说明地层对注入气中二氧化碳有明显的吸附作用；h0113 井硫化氢含量没有明显变化趋势。

除 h0113 井外，其他井氮气含量波动不大，表明注入气还未对其他井造成影响。0023 井、0016 井和 h0120 井伴生气中各组分均有上下波动情况，由于这几口井未见注入气，故其组分变化应属于伴生气的正常波动。

完成火驱尾气回注采出油、气、水的物性跟踪分析，初步掌握了火驱尾气回注初期采出油、气、水的物性变化规律。火驱尾气回注初期采出原油和采出水没有明显变化，伴生气中甲烷含量明显降低，氮气含量明显增加，表明该井已见回注火驱尾气，但组分中二氧化碳含量增加不明显，说明火驱尾气回注确实可以降低二氧化碳的排放量。

2. 脱水试验

对红山嘴联合站红西线油样、烟道气回注 h0113 井油样及两者的掺混油样进行原油掺混脱水评价试验，以烧杯法进行脱水评价试验。

破乳剂为新疆油田采油一厂稀油处理站现场破乳剂，破乳剂加药浓度分别为 30mg/L，50mg/L 和 75mg/L，脱水评价温度分别为 30℃，40℃，50℃和 60℃，沉降一定时间后测定原油中剩余含水和污水含油值。试验结果详见表 9-3-1 至 9-3-4。

由表 9-3-1 至表 9-3-4 可以看出，采用现场破乳剂，烟道气驱采出原油和常规采出原油均可在 60℃、75mg/L 加药浓度下沉降 12h 达到含水低于 0.5% 的指标要求，烟道气驱采出原油脱水难度稍高于常规原油，差距较小。

表 9-3-1 常规原油脱水试验数据

原始含水 %	温度 ℃	破乳剂浓度 mg/L	原油脱水率，%							原油含水 %	污水含油 mg/L
			0.5h	1h	1.5h	2h	4h	8h	12h		
37.9	30	30	10.3	22.4	77.7	80.3	82.1	86.7	87.8	6.9	177
		50	12.8	30.2	82.4	83.0	85.0	88.3	89.6	6.0	169
		75	15.5	36.9	82.1	83.2	85.7	88.7	90.0	5.8	155
	40	30	12.0	29.9	81.4	82.7	83.2	87.9	89.4	6.1	172
		50	15.1	31.7	84.7	87.5	89.5	91.5	92.0	4.7	153
		75	18.4	38.4	86.8	88.3	90.8	92.9	94.6	3.2	144
	50	30	49.8	72.7	84.8	86.7	88.7	92.9	93.9	3.6	162
		50	64.3	73.5	87.0	88.6	91.2	93.3	94.2	3.4	150
		75	78.3	84.7	88.6	89.7	91.7	98.4	99.5	0.3	140
	60	30	71.8	80.8	85.8	86.9	89.5	94.3	97.6	1.4	144
		50	73.2	84.0	88.8	90.4	92.0	97.2	99.3	0.4	134
		75	76.1	88.1	90.5	92.0	94.3	99.2	99.6	0.2	124

表 9-3-2 烟气驱原油脱水试验数据

原始含水 %	温度 ℃	破乳剂浓度 mg/L	原油脱水率，%							原油含水 %	污水含油 mg/L
			0.5h	1h	1.5h	2h	4h	8h	12h		
38.5	30	30	9.5	20.8	75.9	77.2	80.8	84.2	86.1	8.0	195
		50	11.9	28.0	80.8	82.0	83.2	86.4	87.9	7.0	176
		75	14.3	34.1	82.0	81.8	84.5	87.7	89.1	6.4	167
	40	30	10.3	28.0	79.9	82.0	82.2	85.9	87.9	7.0	188
		50	14.1	29.2	81.9	84.3	87.9	90.0	90.5	5.6	167
		75	17.1	36.9	85.4	86.8	88.9	91.5	93.6	3.9	153
	50	30	48.1	70.3	83.8	85.4	87.4	90.7	92.9	4.3	179
		50	62.1	72.1	86.0	87.2	90.1	92.4	93.2	4.1	166
		75	75.3	82.8	87.0	88.5	90.8	96.7	99.3	0.4	155
	60	30	70.0	78.8	84.1	85.6	88.1	92.9	97.1	1.8	163
		50	71.8	82.5	87.1	89.3	90.8	95.8	98.9	0.7	151
		75	74.7	86.5	89.2	91.0	93.1	98.1	99.2	0.5	139

表 9-3-3　常规：烟气驱（2：1）原油脱水试验数据

原始含水 %	温度 ℃	破乳剂浓度 mg/L	原油脱水率，%							原油含水 %	污水含油 mg/L
			0.5h	1h	1.5h	2h	4h	8h	12h		
38.1	30	30	10.1	21.3	76.5	78.3	81.3	85.3	87.2	7.3	181
		50	12.4	28.3	81.3	82.8	84.3	87.6	88.9	6.4	172
		75	15.1	35.2	82.8	82.9	85.3	88.1	89.7	6.0	158
	40	30	11.2	28.9	80.5	82.2	82.9	86.8	88.7	6.5	178
		50	14.6	30.2	83.6	85.8	88.9	90.4	91.3	5.1	156
		75	17.8	37.5	86.1	87.2	89.7	92.1	94.3	3.4	147
	50	30	48.8	71.5	84.2	86.3	88.1	91.8	93.2	4.0	169
		50	63.5	72.8	86.2	87.6	90.5	92.8	93.9	3.6	155
		75	76.2	83.5	87.8	89.1	91.2	97.4	99.3	0.4	144
	60	30	70.6	79.5	84.8	86.2	88.9	93.7	97.8	1.3	150
		50	72.8	83.0	87.9	90.1	91.7	96.5	99.2	0.5	139
		75	75.7	87.2	89.6	91.3	93.7	99.0	99.5	0.3	130

表 9-3-4　常规：烟气驱（1：1）原油脱水试验数据

原始含水 %	温度 ℃	破乳剂浓度 mg/L	原油脱水率，%							原油含水 %	污水含油 mg/L
			0.5h	1h	1.5h	2h	4h	8h	12h		
38.2	30	30	9.8	21.1	76.2	77.8	81.1	84.7	86.6	7.6	193
		50	12.2	28.1	81.0	82.3	83.7	86.8	88.2	6.8	175
		75	14.7	34.4	82.2	82.1	84.9	87.9	89.4	6.1	162
	40	30	10.8	28.2	80.1	82.1	82.5	86.3	88.1	6.9	186
		50	14.2	29.6	82.4	84.9	88.2	90.1	90.9	5.3	161
		75	17.2	37.1	85.9	87.0	89.1	91.8	93.9	3.6	152
	50	30	48.2	70.9	84.1	85.7	87.5	90.9	93.0	4.1	176
		50	62.6	72.4	86.1	87.3	90.1	92.5	93.4	3.9	160
		75	75.8	83.1	87.1	88.8	91.0	96.9	99.3	0.4	149
	60	30	70.1	79.0	84.2	85.7	88.2	93.1	97.3	1.6	159
		50	72.1	82.7	87.3	89.7	91.1	95.9	99.0	0.6	145
		75	75.1	86.8	89.4	91.1	93.2	98.8	99.3	0.4	137

四、关键技术

自 2019 年 10 月注入烟道气以来，根据烟道气驱试验安排，先后开展了烟道气注入和尾气处理等工艺技术研究。

1. 烟道气注入工艺

红 48 断块火驱烟道气试验，注气规模 $10\times10^4m^3/d$，注气压力为 20MPa。通过伴生气注气工艺研究，确定一套两级布站、组合压缩机、脱水集输的伴生气回注工艺。伴生气脱水选用分子筛脱水工艺；选用螺杆式压缩机和往复式压缩机组合增压方式；伴生气集输选用钢骨架复合管；注气管道选用碳钢管。

2. 采出液集输与处理工艺

目前烟道气驱采出液集输采用“采油井场→计量站→注入站→红山嘴联合站→处理站”的集输工艺。各单井来液经计量站轮井计量后，去注入站进行气液分离，气相分离后放空，液相通过已建集油干线输至红山嘴联合站进行转输，最终输至处理站处理。

烟道气驱采出液的处理采用开式流程，依托已建的原油处理系统，采用大罐热化学沉降脱水工艺。

采出水处理依托已建系统，采用“重力沉降—混凝反应—过滤”工艺，处理后回注。

3. 热氧化尾气达标排放处理技术

红 48 断块火驱烟道气试验的采出尾气主要成分为氮气和二氧化碳，直接排放仍存在非甲烷总烃不达标的环保风险。工程采用“热氧化—半干法脱硫除尘一体化”工艺，消除了轻烃、饱和含水等因素对脱硫系统的影响，满足尾气处理达标排放要求。新疆油田烟道气驱伴生气处理工艺原理图如图 9-3-12 所示。

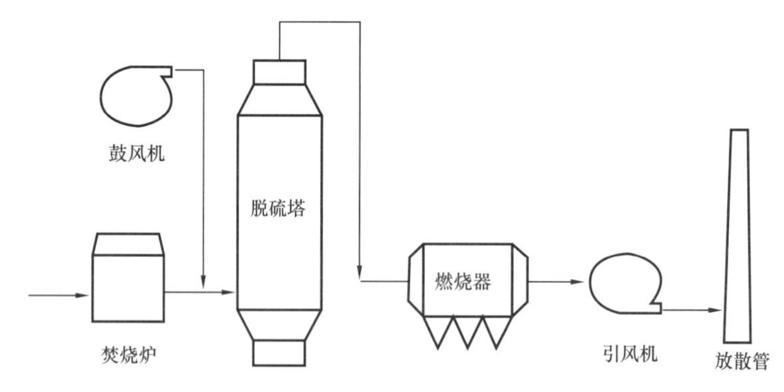

图 9-3-12　新疆油田烟道气驱伴生气处理工艺原理图

4. 地面设备平稳运行保障技术

2018 年 12 月投注至 2019 年 11 月，地面设备频繁故障影响，试验区不能连续、稳定

注气。事故原因及频次见表 9–3–5。

表 9–3–5　烟道气停注故障分析表

序号	故障原因	故障频次	故障时间	占比 %
1	压缩机变频模块烧坏	5	2018.12—2019.2	18.5
2	电源故障	3	2019.7—2019.9	11
3	氧气超标（>2%）	3	2019.6	11
4	压缩机进水过滤器堵塞	8	2019.7—2019.11	30
5	其他原因	8	2018.12—2019.11	30

从表 9–3–5 中可以看出，烟道气驱地面设备故障原因如下：

（1）主要故障集中在增压站的螺杆压缩机上，故障占比 60%。

（2）电源及变频故障占比 30%，主要集中在投产初期。

（3）氧气超标导致的停注占比 11%，主要集中在 2019 年 6 月的 12—13 日，为来气氧气超标。

（4）在解决了变频、电源等问题后，导致停注的主要原因为螺杆式压缩机的进水过滤器频繁堵塞（2~7 天）。

（5）进水过滤器的主要堵塞杂质为粉尘、硫化物和油的混合物。

根据以上原因分析，今后在保障地面设备安全平稳运行方面要做好以下几点：

（1）做好压缩机的仪控、电源和变频设备的检查、运行保障工作。

（2）原料气（烟道气）脱硫后进增压压缩机（螺杆式压缩机）前要进行预处理，去除烟道气中的粉尘和脱硫过程中产生的杂质。

（3）对烟道气来气要进行在线检测和预警管理，防止因氧气超标可能存在的燃爆风险。

五、发展方向

随着红浅火驱工业化不断推进，烟道气处理和利用成为火驱技术系列的关键环节，必须进行烟道气回注配套地面工程技术的提升和完善，提高火驱整体开发效益。

（1）根据烟道气（含 85%N_2、13%CO_2）组分组成，通过探索硫化氢和氧气的反应规律，解决硫化氢和氧气反应生成的硫黄堵塞空冷器，严重影响压缩机的平稳运行的问题。

（2）通过对硫黄物性的研究，开发一种简易便捷的管道硫黄处理方法，并筛选一种溶解性能好、价格低、可重复利用的硫溶剂，形成硫黄溶解回注技术。

（3）通过对火驱烟道气伴生气对集输管道的腐蚀机理、影响因素的研究，为不同工况下的管材选择提供技术依据。

参考文献

[1]汤林，等.油气田地面工程关键技术[M].北京：石油工业出版社，2014.

[2]何江川，王元基，廖广志，等.油田开发战略性接替技术[M].北京：石油工业出版社，2013.

[3]王天源，修建龙，崔庆锋，等.微生物驱数值模拟研究进展[J].中南大学学报(自然科学版)，2019，50(6)：1474-1484.

[4]廖广志，马德盛，王正茂，等.油田开发重大试验实践与认识[M].北京：石油工业出版社，2018.

[5]马德盛，王强，王正波，等.提高采收率[M].北京：石油工业出版社，2019.

[6]马涛，王海波，邵红云.烟道气驱提高采收率技术发展现状[J].石油钻采工艺，2007，29(5)：79-84.

[7]李平友，王华杰，李俊汉，等.注烟道气提高原油采收率技术进展[J].内蒙古石油化工，2018(2)：82-85.

[8]刘涛，汪庐山，胡婧，等.微生物驱油过程中配气对菌群结构及驱油效果的影响[J].油田化学，2019，36(1)：143-147.